Jan Koolman, Hans Moeller
Klaus-Heinrich Röhm (Hrsg.)

Kaffee,
Käse,
Karies...

Biochemie im Alltag

WILEY-VCH

Jan Koolman, Hans Moeller,
Klaus-Heinrich Röhm (Hrsg.)

Kaffee, Käse, Karies...

Biochemie im Alltag

Geschrieben von studentischen Autoren der
Universitäten Marburg und Tübingen

 **WILEY-VCH**

Weinheim · New York · Chichester · Brisbane · Singapore · Toronto

Herausgeber:
Prof. Dr. J. Koolman
Institut für Physiolgische
Chemie
Deutschhausstraße 1
D-35033 Marburg

Prof. Dr. H. Moeller
Universitäts-Kinderklinik
Rümelinstraße
D-72070 Tübingen

Prof. Dr. K.-H. Röhm
Institut für Physiologische Chemie
Medizinische Forschungseinheit
Lahnberge
D-35033 Marburg

Die Boxen wurden von T. Brandt, E. Hedderich, J. Koolman und K. Stegmann geschrieben. T. Ulrichs hat die Grafik gestaltet, und die chemischen Formeln hat K.-H. Röhm erstellt.

Die Deutsche Bibliothek – CIP-Einheitsaufnahme

Kaffee, Käse, Karies ... : Biochemie im Alltag / Hrsg.: Jan Koolman
... Geschrieben von studentischen Autoren der Universitäten Marburg und Tübingen. –
1. Aufl. – Weinheim : Wiley-VCH, 1998
    ISBN 3-527-29530-5

Umschlaggestaltung: Grafik-Design Schulz, D-67136 Fußgönheim
Satz: Text- und Software-Service Manuela Treindl, D-93059 Regensburg
Druck und Bindung: Franz Spiegel Buch GmbH, D-89081 Ulm
Printed in the Federal Republic of Germany

Vorwort

Der Mensch gestaltet Alltag und Umfeld mit vielfältigen biochemischen Prozessen: vom Kochen und Backen bis zur Körperhygiene, von der Brauerei, der Käseherstellung bis hin zur Abwassertechnik. All dies sind wichtige Kulturtechniken. Viele haben eine lange Geschichte und sind untrennbar mit der Entstehung von Hochkulturen verbunden, z. B. die Ledergewinnung oder der Weinbau. Die meisten dieser Verfahren sind durch handwerkliche Erfahrung entstanden, wurden aber vielfach in unserem Jahrhundert durch die biochemischen Wissenschaften theoretisch begründet und teilweise auch in der Praxis verbessert.

Diese *„Biochemie im Alltag"* war das Thema eines Kompaktseminars für 26 Studierende der Biochemie, Chemie, Humanbiologie, Medizin und der Physik – einige sind inzwischen promoviert – zusammen mit drei Dozenten im Sport- und Studienheim der Universität Marburg im Kleinwalsertal.

Ziel des einwöchigen Seminars war es, Wissenschaft fachübergreifend zu erarbeiten und verständlich darzustellen. Die Studierenden behandelten in Referaten ausgewählte Techniken und Verfahren, in denen Biochemie im Alltag angewandt wird. Die Auswahl der Themen war willkürlich und folgte den Interessen der Teilnehmer.

Am Ende des Seminars beschlossen die Teilnehmer unerwartet, die Referate als Buch zu veröffentlichen. Es folgte ein beschwerlicher Weg des Schreibens und Überarbeitens. Die Redaktionsarbeit lag hauptsächlich bei den Studierenden. Sie bestimmten den

Charakter des Buches, der unter anderem dadurch geprägt ist, daß die Individualität der Beiträge der einzelnen Autoren erhalten blieb.

Wir Dozenten sehen in diesem Buch das Ergebnis akademischer Lehre, wie wir sie uns wünschen, aber nicht als Regelfall erwarten können: ergebnisorientiert und realitätsbezogen, aber auch neugierig, kreativ und mit Freude an der Sache. Deshalb möchten wir danken:

- den studentischen Autoren, die freiwillig umfangreiche Arbeit in das Ausarbeiten der Referate und Schreiben ihrer Beiträge gesteckt haben und geduldig Änderungen ihrer Werke ertrugen,
- dem studentischen Redaktionskomitee für die engagierte und kompetente Arbeit. Viel häufiger als vorausgesehen saß der Teufel zäh im Detail und mußte dort mühselig aufgespürt und entfernt werden.
- dem studentischen Zeichner Timo Ulrichs für seine grafische Interpretation der wissenschaftlichen Texte,
- dem Fachbereich Humanmedizin der Philipps-Universität Marburg (und damit dem Steuerzahler) für den finanziellen Zuschuß, der den Studierenden die Teilnahme am Seminar erleichtert hat.

Marburg und Tübingen, im Dezember 1997

Jan Koolman, Hans Moeller und Klaus-Heinrich Röhm

Verzeichnis der Autoren und Herausgeber

Martin **Albrecht**
Geschwister-Scholl-Straße 21
35039 Marburg

Martin Albrecht stammt aus der hessischen „Goethestadt" Wetzlar und hat in Marburg Humanbiologie studiert. Während der Diplomarbeit beschäftigte er sich mit Zell-Zell-Interaktionen im Hoden. Die Promotion führt er zur Zeit im Institut für Anatomie und Zellbiologie in Marburg durch. In seiner Freizeit spielt er Gitarre, hört sehr viel (und sehr laut) Musik oder schlendert sonntags über den Flohmarkt.

Benjamin **Bader**
Olgastraße 6
44141 Dortmund

Benjamin Bader ist mittlerweile Bürger der Stadt Dortmund, wo er am Max-Planck-Institut für molekulare Physiologie promoviert. Nach Abitur und Zivildienst im badischen Mosbach studierte er im lieblichen Marburg Humanbiologie. Mit dem Umzug in den Ruhrpott ist er nicht nur in eine kulturell interessante Region Deutschlands gekommen, sondern auch der Nordseeküste ein Stückchen näher – er ist leidenschaftlicher Segler und Windsurfer.

Thomas **Blatt**
Im Gessel 8
56179 Vallendar

Thomas Blatt promoviert zur Zeit im Fachbereich Physiologische Chemie bei der Beiersdorf AG in Hamburg. Sein Geburtsort ist Bendorf am Rhein, eine kleine Stadt in der Nähe von Koblenz. Nach Abitur und zweijähriger Bundeswehrzeit hat er von 1991 bis 1996 in Marburg Humanbiologie studiert. Sein größtes Interesse in der knapp bemessenen Freizeit gilt dem Sport.

VII

Dr. Thorsten **Brandt**
Germanenstraße 92
58509 Lüdenscheid

Thorsten Brandt wurde 1965 im ebenso idyllischen wie verschlafenen Marburg geboren. Dort studierte er Physik und promovierte anschließend in Humanbiologie. Als gelernter Naturwissenschaftler war er in der Lage, durch angewandte Forschung einen Zugang zum Objekt seines Kapitels zu finden. Durch seine berufliche Tätigkeit in der Industrie hat er wenig Zeit für seine Hobbies: Naturwissenschaft und Küche, Wein und Bier.

Andreas **Doll**
Geschwister-Scholl-Straße 21
35039 Marburg

Andreas Doll besuchte das Mataré-Gymnasium in Meerbusch vor den Toren Düsseldorfs. Nach dem Zivildienst und einer soliden Ausbildung zum biologisch-technischen Assistenten in Köln landete er im Marburger Diplomstudiengang Humanbiologie. Während seines Studiums verbrachte er ein Jahr an der biologischen Fakultät der Universität von Sevilla. Auch sonst zieht es ihn gerne und oft mit dem Rucksack bepackt in die Ferne. Im Laufe seiner Diplomarbeit ergründete er die tieferen Geheimnisse der Molekularbiologie. In seiner Freizeit streift er gerne durchs Internet, kocht und fotografiert Personen.

Markus **Fries**
Geschwister-Scholl-Straße 11,
Zi. 240
35039 Marburg

Markus Fries ist in der am Rhein gelegenen Kleinstadt Bendorf geboren. Nach Abitur und Wehrdienst hat er in Marburg Humanbiologie studiert. An der biomedizinischen Forschung interessieren ihn besonders medizinische Aspekte und strukturelle Fragestellungen. Seinen Ausgleich sucht er in sportlichen Aktivitäten.

Christoph **Geisen**
Lenbachstraße 10
45147 Essen

Christoph Geisen ist 1969 in Bendorf am Rhein geboren (dort, wo es den besten Riesling gibt). Nach monoedukativer Klosterschule und Bund hat er in Marburg Humanbiologie studiert. Zur Diplomarbeit ging er nach Heidelberg ans DKFZ und anschließend nach Essen zur Doktorarbeit im Bereich Tumorforschung. Nebenbei versucht er trotz Zeitmangel so viel Sport (Squash, Surfen, Ski, Judo ...) wie möglich zu machen.

Wolff **Graulich**
Goldbergstraße 44
35091 Coelbe

Wolff Graulich ist gebürtiger Rheinländer und lebt seit Beginn seines Studiums der Humanbiologie in Marburg. Nach seinem Diplom im Fach Molekularbiologie arbeitet er nun an seiner Promotion im Bereich der Gentherapie und Angiogenese am Institut für Molekularbiologie und Tumorforschung. In seiner Freizeit beschäftigt er sich mit Wandern, Lesen und seiner kleinen Familie.

Anirudh **Gupta**
Department of Neurobiology
Weizmann Institute of Science
76100 Rehovot, Israel

Anirudh Gupta, geboren in Langen, hat im Fachbereich Humanbiologie an der Philipps-Universität Marburg mit Schwerpunkt Molekularbiologie diplomiert. Derzeit arbeitet er am Weizmann Institut of Science, Israel, an neurobiologischen Fragestellungen mit Schwerpunkt Elektrophysiologie. Anirudh Gupta wäre kein echter Inder, würde er nicht den Tee und das indische Essen genauso lieben wie das Land seiner Väter. Sein Interesse gilt vor allem Reisen und fremdländischen Kulturen.

Esther **Hedderich**
Ladenspelder Straße 53
45147 Essen

Esther Hedderich kommt aus Marburg und ist nach ihrem Humanbiologiestudium nach Essen gezogen. Mittlerweile ist sie mit dem Autor des Hanf-Kapitels verheiratet. Sie hat ihr Hobby (Bücher) zum Beruf gemacht und arbeitet in einer Universitätsbuchhandlung. Nebenbei studiert sie an der Fernuni Hagen Neue deutsche Literatur, Geschichte und Psychologie.

Regina **Heidenreich**
Friedrichstraße 35
35037 Marburg

Regina Heidenreich ist Humanbiologin mit Hauptfach Zellbiologie. Sie hat ihre Diplomarbeit am Max-Planck-Institut für Medizin in Bad Nauheim durchgeführt. Ihre Hobbys sind Kochen, Lesen und Reisen.

Bernadett **Karges**
Sonnenweg 32
35041 Marburg-Michelbach

Bernadett Karges ist in Marburg geboren und dort auch elf Jahre zur Schule gegangen. Nach dem Erwerb eines Internationalen Baccalaureats in Swaziland zog es sie wieder nach Marburg zum Studium der Chemie und Medizin. Nach erfolgreichem Abschluß will sie sehen, welche Betätigungsfelder sich für sie in Südafrika auftun. Zu ihrem haarigen Kapitel bleibt nur anzumerken, daß sie sich – blond und langhaarig – gut mit dem Thema identifizieren kann.

Michael **Kersting**
An der Berghecke 20
35043 Marburg-Ginseldorf

Michael Kersting hat in Marburg Humanbiologie und Betriebswirtschaftslehre studiert. Er ist bekennender Kaffeetrinker. Zur Zeit arbeitet er an seiner Promotion über molekulare Zusammenhänge beim Bronchialkarzinom. Neben den neuesten Computerentwicklungen interessiert er sich für Wirtschaftspolitik und fährt leidenschaftlich gerne Motorrad.

Astrid **Klein**
Freiherr-v.-Stein-Straße 35
35041 Marburg

Astrid Klein wurde in Weiler, einem Ort zwischen Eifel und Rhein, geboren. Nach Ausbildung zur biologisch-technischen Assistentin und fünfjähriger Berufstätigkeit in einem ökotoxikologischen Labor hat sie in Marburg Humanbiologie studiert. Seit 1996 ist sie in der Marketing-Abteilung eines diagnostischen Unternehmens tätig. In ihrer Freizeit gilt ihre Liebe vor allem dem Tanzen. Darüber hinaus liest und reist sie gerne.

Julia **Koch**
Varziner Straße 15
12161 Berlin

Julia Koch studierte von 1991 bis 1997 Humanbiologie in Marburg. Nach Abschluß des Studiums kehrte sie dem Laboralltag den Rücken und war einige Zeit für eine Tageszeitung tätig. Zur Zeit lebt sie in Berlin und arbeitet an einer Karriere als Medizinjournalistin.

Prof. Dr. Jan **Koolman**
Institut für Physiologische Chemie
Deutschhausstraße 1
35033 Marburg

Jan Koolman ist Hochschullehrer am Physiologisch-Chemischen Institut der Philipps-Universität Marburg. Geboren in Lübeck, hat er an der Universität Tübingen Biochemie studiert. Promotion dann im Fachbereich Chemie und Habilitation im Fachbereich Humanmedizin in Marburg. Sein Forschungsgebiet sind die Insektenhormone. Sein Interesse gilt besonders Büchern und Reisen.

Thomas **Korff**
Herrmann-Reion-Straße 6
37075 Göttingen

Thomas Korff studierte in Marburg Humanbiologie und widmete sich anschließend in Göttingen einer Doktorarbeit zum Thema Angiogenese. Der in Kassel gebürtige Pfarrerssohn begeisterte sich schon früh für klassische Musik und Computer. Außerdem ist er ein leidenschaftlicher „Magic The Gathering"-Spieler.

Dr. Claus **Kremoser**
Ursrainer Ring 3
72076 Tübingen

Claus Kremoser hat in Tübingen Biochemie studiert und anschließend am MPI für Entwicklungsbiologie, ebenfalls in Tübingen, über die Entwicklung des Sehsystems bei Prof. Dr. Friedrich Bonhoeffer promoviert. Seit Herbst 1996 arbeitet er als Fachberater für Biotechnologie bei der Schitag Ernst & Young Unternehmensberatung in Stuttgart. Seine Interessen liegen beruflich in der Verknüpfung von Wissenschaft und Wirtschaft. In der knappen Freizeit spielt er Fußball, fährt Rad, stöbert in Fachliteratur oder liest Romane, bevorzugt von Thomas Mann, Stefan Zweig oder anderen Klassikern.

Stephan **Lanz**
Erich-Ollenhauer-Straße 46 d
65187 Wiesbaden

Stefan Lanz hat nach abgeschlossenem Humanbiologie-Studium an der Marburger Uni und erfolgloser Jobsuche wieder Lust auf Forschung bekommen. Er promoviert zur Zeit am Zentrum für molekularbiologische Medizin in Köln zum Thema „Gefäßentwicklung". Besonders wichtig sind ihm sein Urlaub und der Umweltschutz.

Holger **Lindner**
In der Badestube 52
35039 Marburg

Holger Lindner blieb nach seinem Abitur in Marburg, um hier Humanbiologie zu studieren. Während dieser Zeit war er studentischer Beratungsassistent der Fakultät für dieses Fach. Obwohl er mit der Diplomarbeit am Institut für Physiologische Chemie sein Studium abgeschlossen hat, steht er noch im gleichen Labor – diesmal, um eine Dissertation anzufertigen. In seiner Freizeit beschäftigt er sich mit Soziologie und Philosophiegeschichte, verbringt sie in Laufschuhen oder auf dem Fahrrad.

Prof. Dr. Hans **Moeller**
Universitäts-Kinderklinik
Rümelinstraße 23
72070 Tübingen

Hans Moeller ist Kinderarzt an der Universitäts-Kinderklinik in Tübingen. Geboren in Hamburg, Studium von Medizin und Biochemie (zusammen mit J. Koolman und K. H. Röhm) in Tübingen, Habilitation in Kinderheilkunde in Tübingen. Schwerpunkte: Endokrinologie, Salz- und Wasserhaushalt,

Sportmedizin. Interessen: Fragen der Lehre, Philosophie und eigener Sport, das alles in kleinen Dosen.

Thomas **Paul**
Bachstraße 29
47229 Duisburg

Thomas Paul ist geboren und aufgewachsen in Duisburg-Rheinhausen. Er studierte in Aachen und Freiburg bis zum Physikum Medizin und Zahnmedizin, dann in Tübingen Medizin und Biochemie. Die Richtung seiner beruflichen Zukunft ist noch nicht entschieden. Sein leidenschaftliches Interesse gilt Irland und dem Golfspielen.

Peter **Pytel**
6748W 115th St.
Worth, IL 60482, USA

Peter Pytel, geb. Goihl ist seit seiner Geburt nicht mehr in Hattingen gewesen. Aufgewachsen ist er in Mbesa, Bielefeld und Uelzen. Er steht nun am offiziellen Ende des Medizinstudiums an der Philipps-Universität Marburg. Mit dem Ruf der Lehrbücher konkurrieren Reisen, Fotoapparat, Raymond Chandler, Brett- und Computerspiele und seine Ehefrau. Manchmal erfolgreich, zum Glück...

Bernd **Rödel**
Ladenspelder Straße 53
45147 Essen

Bernd Rödel ist in der Nähe von Köln aufgewachsen. Nach seinem Humanbiologiestudium in Marburg ist er zur Promotion nach Essen gegangen. Er ist mittlerweile mit der Autorin des Waschmittel-Kapitels verheiratet. Neben Biowissenschaften interessiert er sich noch für Computer und Datennetze und hofft, in diesem Bereich weiterarbeiten zu können.

Prof. Dr. Klaus-Heinrich **Röhm**
Institut für Physiologische Chemie
Medizinische Forschungseinheiten
Lahnberge
35033 Marburg

Klaus-Heinrich Röhm lehrt und forscht als Biochemiker am Fachbereich Humanmedizin der Universität Marburg. Nach seinem Diplomstudium der Biochemie in Tübingen wechselte er als Doktorand nach Marburg, wo er – von Auslandsaufenthalten abgesehen – bis heute geblieben ist. Seine Arbeitsgebiete sind die Enzyme und der Aminosäure-Stoffwechsel.

Dr. Mechthild **Röhm**
Marktgasse 17
35037 Marburg

Mechthild Röhm kam als examinierte Lehrerin nach einer Kinderpause zum Diplomstudium der Biologie. Nach der Promotion arbeitete sie auf dem Gebiet der Pflanzenphysiologie. Heute ist sie in der Erwachsenenbildung tätig. Ihr Beitrag zu diesem Buch entstand eher zufällig, weil sie in Hirschegg kurzfristig für einen nicht erschienenen Seminarteilnehmer ein sprang.

Sascha **Roehrig**
LMB/Genzentrum
Feodor-Lynen-Straße 25
81377 München

Sascha Röhrig wurde in Bergisch Gladbach geboren, um dann nach einer mehrjährigen Reise auf den Country Roads von West Virginia in Marburg sein Humanbiologiestudium im Bereich der Entwicklungsbiologie des Huhnes abzuschließen. Vom Huhn auf den Wurm gekommen, promoviert er zur Zeit am Genzentrum in München. In seiner Freizeit trinkt er gerne ein Glas Rotwein zum Erhalt der Gesundheit (5 ml pro kg Körpergewicht = knappe Flasche).

Maike Schmidt
Department of Anatomy
and Physiology
University of Dundee, MSI/WTB
Dundee DD1 5EH, U. K.

Maike Schmidt hat Humanbiologie in Marburg studiert und promoviert seit 1997 in Dundee, Schottland. Neben ihrer Unordnung liebt sie laute Musik und die Ruhe der schottischen Highlands.

Sigrid Schmitt (geb. Zakel)
Schwimmbadweg 8
35398 Gießen

Sigrid Schmitt, geb. Zakel wurde 1971 in Hermannstadt (Rumänien) geboren. Seit ihrem 5. Lebensjahr lebt sie in Gießen. Von dort aus absolvierte sie auch das Studium der Humanbiologie an der Philipps-Universität Marburg. Im Rahmen einer Promotion am Biochemischen Institut der Justus-Liebig-Universität Gießen beschäftigt sie sich zur Zeit mit Hepatitis-B-Viren. Ihr persönliches Interesse gilt allem, was das Leben lebenswert macht, vor allem Reisen, gutem Essen und Lesen.

Karolin Stegmann
An der Berghecke 20
35043 Marburg-Ginseldorf

Karolin Stegmann ist 1970 in Hamburg geboren und hat in Marburg Humanbiologie und Philosophie studiert. Zur Zeit arbeitet sie an ihrer Promotion im Bereich Humangenetik. In ihrer Freizeit gilt ihre Leidenschaft moderner Literatur und dem Kochen ausgefeilter Menüs.

Meike Teuchert
Vaerstenberg 16 a
58313 Herdecke

Meike Teuchert ist in Dortmund geboren. Nach dem Abitur hat sie in Marburg Humanbiologie studiert. Seit Oktober 1996 promoviert sie im Institut für Virologie der Philipps-Universität Marburg. In ihrer Freizeit trifft sie sich gerne mit Freunden, unternimmt Radtouren und geht spazieren.

Dr. Timo Ulrichs
Schwartzkopffstraße 3
10115 Berlin

Timo Ulrichs arbeitet zur Zeit als Arzt im Praktikum an der Charité und am Max-Planck-Institut für Infektionsbiologie in Berlin. Sein Forschungsschwerpunkt ist die Immunologie. Er wurde in Fulda geboren und hat in Marburg Medizin studiert. Während des Studiums führten ihn zahlreiche Famulaturen und Praktika ins Ausland (USA, Frankreich, Südafrika). Außer dem Reisen gilt sein Interesse besonders der Natur und der Kunstgeschichte.

Nikolaus Wolf
Friedhofstraße 10
71566 Althütte

Nikolaus Wolf wollte eigentlich Astronom werden und kam eher zufällig zur Biochemie. Sein Interesse gilt auch heute noch den Sternen, daneben aber allerlei irdischen Dingen. Wie sein Beitrag zu diesem Buch vermuten läßt, ist er bekennender – aber nicht militanter – Vegetarier der gemäßigten Ovo-Lacto-Richtung.

Über Anregungen und Kritik aus dem Leserkreis freuen wir uns. Sollte einer der Autoren nicht unter der angegebenen Adresse erreichbar sein, kann sicherlich einer der Herausgeber helfen.

Im Anfang war...

... das Gewürz. Seit die Römer bei ihren Fahrten und Kriegen zum erstenmal an den brennenden oder betäubenden, den beizenden oder berauschenden Ingredienzien des Morgenlandes Geschmack gefunden, kann und will das Abendland die „especeria", die indischen Spezereien, in Küche und Keller nicht mehr missen. Denn unvorstellbar schal und kahl bleibt bis tief ins Mittelalter die nordische Kost. Noch lange wird es dauern, ehe die heute gebräuchlichsten Feldfrüchte wie Kartoffel, Mais und Tomate in Europa dauerndes Heimrecht finden, noch nützt man kaum die Zitrone zum Säuern, den Zucker zur Süßung, noch sind die feinen Tonika des Kaffees, des Tees nicht entdeckt; selbst bei Fürsten und Vornehmen täuscht stumpfe Vielfresserei über die geistlose Monotonie der Mahlzeiten hinweg. Aber wunderbar: bloß ein einziges Korn indischen Gewürzes, ein paar Stäubchen Pfeffer, eine trockene Muskatblüte, eine Messerspitze Ingwer oder Zimt dem gröbsten Gerichte zugemischt, und schon spürt der geschmeichelte Gaumen fremden und schmackhaft erregenden Reiz. Zwischen dem krassen Dur und Moll von Sauer und Süß, von Scharf und Schal schwingen mit einmal köstliche kulinarische Obertöne und Zwischentöne; sehr bald können die noch barbarischen Geschmacksnerven des Mittelalters an diesen neuen Incitantien nicht genug bekommen. Eine Speise gilt erst dann als richtig, wenn toll überpfeffert und kraß überbeizt; selbst ins Bier wirft man Ingwer, und den Wein hitzt man derart mit zerstoßenem Gewürz, bis jeder Schluck wie Schießpulver in der Kehle brennt. Aber nicht nur für die Küche allein benötigt das Abendland so gewaltige Mengen der „especeria"; auch die weib-

liche Eitelkeit fordert immer mehr von den Wohlgerüchen Arabiens und immer neue, den geilen Moschus, das schwüle Ambra, das süße Rosenöl, Weber und Färber müssen chinesische Seiden und indische Damaste für sie verarbeiten, Goldschmiede die weißen Perlen von Ceylon und die bläulichen Diamanten aus Narsingar ersteigern. Noch gewaltiger fördert die katholische Kirche den Verbrauch orientalischer Produkte, denn keines der Milliarden und Abermilliarden Weihrauchkörner, die in den tausend und abertausenden Kirchen Europas der Mesner im Räucherfasse schwingt, ist auf europäischer Erde gewachsen; jedes einzelne dieser Milliarden und Abermilliarden muß zu Schiff und zu Lande den ganzen unübersehbaren Weg aus Arabien gefrachtet werden. Auch die Apotheker sind ständige Kunden der vielgerühmten indischen Specifica, als da sind Opium, Kampfer, das kostbare Gummiharz, und sie wissen aus guter Erfahrung, daß längst kein Balsam und keine Droge den Kranken wahrhaft heilkräftig erscheinen will, wenn nicht auf dem porzellanenen Tiegel mit blauen Lettern das magische Wort „arabicum" oder „indicum" zu lesen ist. Unaufhaltsam hat durch seine Abseitigkeit, seine Rarität und Exotik und vielleicht auch durch seine Teuernis alles Orientalische für Europa einen suggestiven, einen hypnotischen Reiz gewonnen.

aus: Stefan Zweig (1995) Magellan, der Mann und seine Tat. S. Fischer Verlag, Frankfurt/M.

Inhalt

Inhalt

Inhalt

Inhalt

Inhalt

Inhalt

Inhalt

Inhalt

Inhalt

Bier

Thorsten Brandt

Bier ist eines der meistkonsumierten Getränke in Deutschland. Fast jeder von uns hat schon mehr oder weniger davon zu sich genommen. Trotzdem besteht über die genaue Herkunft, die Inhaltsstoffe und die Herstellung von Bier eine gewisse Verwirrung.

Der lange Weg zum Reinheitsgebot

Eher verschwommen ist die Vorstellung der meisten von Begriffen wie „Stammwürze" und „obergäriges" oder „untergäriges" Bier. Die Bedeutung des Wassers für den Geschmack des Bieres liegt genauso im Dunkeln wie andere an der Theke kontrovers diskutierte Themen. An diesem Punkt stellt sich die Frage nach der Biochemie des Bierbrauens. Wo also beginnen? Zur Herstellung von Bier ist ein Mindestmaß an Zivilisation notwendig. Der Mensch mußte sich niederlassen, Getreide anbauen und dies auch noch in einem technologisch nicht ganz selbstverständlichen Prozeß in ein nahrhaftes und berauschendes Getränk verwandeln. Ganz im Gegensatz zu Wein, bei dem die Ursprünge zwar sicherlich noch weiter in die Vergangenheit reichen, zu dessen Herstellung aber nur Trauben oder anderes Obst verderben mußte. Man kann also sagen:

1

Bier = Zivilisation.

Die Anfänge des Bieres liegen folglich da, wo die Anfänge unserer Kultur liegen, im Zweistromland (Mesopotamien; griech. mesos: zwischen, potamos: Fluß). Dort wurde schon ungefähr 5000 v. Chr. Getreide angebaut, Gerste und Emmer, ein Verwandter des bei uns angebauten Dinkels. Das Volk der Sumerer (ca. 3500–1800 v. Chr.) entwickelte die erste Hochkultur in dieser Region. Und da ein weiteres Zeichen für Zivilisation, außer dem Brauen, die Verwendung einer Schrift ist, stammt aus dieser Zeit die erste bekannte Veröffentlichung über Bier. Auf dem sogenannten „Monument bleu" (Tontäfelchen mit Keilschrift, von einem Herrn Blau gefunden und heute im Louvre ausgestellt) findet sich auch die Beschreibung eines Brauverfahrens. Dieses „erste" Bier wurde aus eingeweichten Brotfladen hergestellt und anschließend der Fruchtbarkeitsgöttin Nin-Harra geopfert. Einige Jahrhunderte nach den Sumerern herrschten im Zweistromland für etwa 200 Jahre die Babylonier. Die nächsten schriftlichen Belege über das Thema Bier finden sich auf der Stele des Hammurabi (König in Babylon 1728–1686 v. Chr.), einer ungefähr zwei Meter hohen Dioritsäule, auf der 282 Paragraphen in Keilschrift eingemeißelt sind. Darunter befinden sich auch einige wenige, die sich mit unserem Thema befassen. Da wir in Deutschland immer so stolz auf unser „Reinheitsgebot" sind, kann an dieser Stelle nicht unerwähnt bleiben, daß sich unter den Paragraphen des Codex Hammurabi auch folgender befindet:

„Bierpanscher werden in ihren Fässern ertränkt oder so lange mit Bier vollgegossen, bis sie ersticken."

Daß auch die Ägypter Bier kannten, weiß man, wie so vieles, aus ihren Gräbern. Es wurden sowohl Grabinschriften über das Brauen (Grab des Kenamon bei Luxor, um 1500 v. Chr.) als auch Krüge mit eingetrocknetem Bier gefunden. Wenn wir nun einen zeitlichen und geographischen Sprung nach Griechenland machen, kommen wir zur ersten naturwissenschaftlichen Veröffentlichung über unser Getränk. Aristoteles von Stageira (384–322 v. Chr.), ein gewissenhafter Experimentator, beschrieb neben vielen anderen Dingen auch die unterschiedlichen Wirkungen von Wein und Bier:

„Bier besitzt die Eigentümlichkeit, den, der zuviel getrunken hat, nach rückwärts fallen zu lassen, während allzu reichlicher Weingenuß ein Niederstürzen nach allen Seiten verursacht."

Die Römer übernahmen von den Griechen die Fertigkeit des Brauens, allerdings auch die Geringschätzung für das Produkt und tranken deshalb lieber Wein. Daher beschäftigen wir uns im folgenden nur noch mit den nördlicheren Gegenden Europas, in denen es wegen des Klimas näher lag, zur Herstellung berauschender Getränke Getreide statt

Trauben anzubauen. Der römische Geschichtsschreiber Tacitus (55–117 n. Chr.) berichtet von den Germanen, daß sie sowohl Met (in Wasser verdünnter und vergorener Honig) als auch Bier kannten:

„Tag und Nacht zechen sie, und man könnte sie ebensogut durch die Lieferung berauschender Getränke überwinden wie durch Waffengewalt."

Daß uns ein Römer darüber berichten muß, liegt daran, daß unsere Vorfahren zwar zivilisiert genug waren, aus angefeuchtetem Brot Bier zu brauen, aber der Gebrauch einer Schrift noch weit in der Zukunft lag. Die Germanen würzten ihre Biere mit vielerlei Zutaten, zum Beispiel mit Eichenrinde, Eschenlaub, Pilzen, Koriander, Beeren und wahrscheinlich noch anderen erstaunlichen Dingen. Sie taten dies aus zweierlei Gründen: erstens, um dem Bier einen besonderen Geschmack zu geben, zweitens – und das mag der wichtigere Grund gewesen sein –, um es haltbarer zu machen. Bier hatte damals die unliebsame Eigenschaft, nach drei bis vier Tagen sauer und damit ungenießbar zu werden. Einen wichtigen Schritt auf dem Wege zu längerer Haltbarkeit taten die Germanen, als sie begannen, die Würze – das „Bier" vor der Gärung – zu kochen. Dies tötete eine Menge der vorhandenen Keime ab und machte das Bier damit haltbarer. Ein Inhaltsstoff, der sehr großen Einfluß auf die Haltbarkeit des Bieres hat, ist der Hopfen: Einige seiner Bitterstoffe sind keimtötend. Unsere Vorfahren wußten allerdings noch nichts von Bakterien, sondern nur, daß gehopftes Bier nicht so schnell verdarb und darüber hinaus noch angenehm bitter war. Im Zusammenhang mit dem Brauen wird Hopfen schriftlich erst im zwölften Jahrhundert von der Heili-

gen Hildegard von Bingen erwähnt, die über die gesteigerte Haltbarkeit gehopfter
Getränke berichtet.

Die Kirche und vor allem die Klöster hatten im frühen Mittelalter ein starkes Interesse am Bier: Man erkannte bald, daß man, wenn man nur stark genug braute, ein
durchaus nahrhaftes Getränk erhielt, das den Speiseplan in der Fastenzeit ergänzen
konnte.

Eine der ältesten Klosterbrauereien ist die des 725 n. Chr. gegründeten Benediktiner-
klosters Weihenstephan bei Freising in Bayern. Dort wird seit dem 9. Jahrhundert Bier
gebraut und seit 1146 auch ausgeschenkt. Die Klöster brauten nicht nur so viel, wie
die Brüder selbst konsumierten, sondern gaben ihr Bier auch an Pilger und die umgebenden Gemeinden ab.

Der erste „Bierboom" hatte aber keine geistlichen Wurzeln. Im 13. Jahrhundert
begann die Hanse einen regen Bierhandel, der bis zum Ausbruch des Dreißigjährigen
Krieges andauern sollte. Im 16. Jahrhundert gab es allein in Hamburg 600 Brauerei-
en, und norddeutsches Bier wurde bis nach Reval, Jerusalem und Ostindien verschifft.
Damit es nicht verdarb, wurde es sehr stark eingebraut. Die bekannteste Brauerei dieses Starkbieres stand in Einbeck. Die Bayern fanden auch schnell Gefallen an dieser
Art von Bier und begannen bald, selbst Bier der „Ainpöckschen Art" zu brauen, das
wir als „Bockbier" heute noch kennen und schätzen.

Ein wichtiges Datum für das Bier war der 23. April 1516. Auf dem Landesstädtetag
in Ingolstadt beschlossen damals Landadel und Ritterschaft das „Reinheitsgebot" für
alle bayerischen Brauer. Dieses Gebot wurde anschließend vom Landesfürsten, Wilhelm IV. von Bayern, abgesegnet und wird diesem seitdem zugeschrieben. Der Gründe für das Reinheitsgebot könnten damals wirtschaftlicher Natur gewesen sein: Man
erkannte, daß die Hanse mit dem Bierhandel Geld verdiente. In Bayern stand dem
nur eines entgegen – die schlechte Qualität des bayerischen Biers. So hoffte man, durch
das Reinheitsgebot, das auch Strafen für das Bierpanschen enthielt, die Qualität des
Produktes zu heben.

Zwar halten viele den Erlaß des Reinheitsgebotes für das wichtigste Ereignis in der
Geschichte des Bieres; noch wichtiger für die Entwicklung und den Geschmack des
„Gerstensaftes", wie wir ihn kennen, war aber die industrielle Revolution. Die damaligen Entwicklungen bestimmen auch heute noch den Charakter des Getränks. Die
wichtigen Erfindungen und Entdeckungen seien hier nur kurz in chronologischer
Reihenfolge erwähnt. Ihre spezielle Bedeutung für den Biergeschmack wird der Leser
im weiteren Verlauf dieses Kapitels erkennen.

Im Jahre 1818 wurde die Heißluftdarre erfunden, die schnell die bisher üblichen
Rauchdarren ersetzte (siehe unten). Als 1843 der Tscheche Balling ein einfaches Gerät zur Dichtemessung, die Zuckerspindel, erfand, wurde es möglich, die Dichte der
Würze und somit den Stammwürzgehalt vor dem Vergären zu bestimmen. Der Chemiker Louis Pasteur veröffentlichte 1870 eine bahnbrechende Arbeit über die Gärung;

seitdem ist der Einfluß der Hefe bei der Entstehung alkoholischer Getränke bekannt. Als dann 1876 der Deutsche Karl Linde die Ammoniak-Kältemaschine erfand, deren erster größerer Einsatzort die Münchener Brauerei Sedlmayr war, machte die Brautechnik einen enormen Schritt nach vorn – konnte man doch jetzt das ganze Jahr über sowohl unter- als auch obergäriges Bier herstellen (siehe den Abschnitt zur Hefe weiter unten). Seit 1880 wird Kohlendioxid, im Zusammenhang mit Getränken fälschlicherweise auch als Kohlensäure bezeichnet, als Treibmittel benutzt. Schließlich machte der dänische Chemiker Hansen in den Laboratorien der Carlsberg-Brauerei die für den Geschmack des heutigen Bieres wahrscheinlich wichtigste Entdeckung: Er züchtete 1883 die erste Reinzuchthefe der Welt. Seither sind die Brauer in der Lage, immer dieselbe Heferasse zur Herstellung eines Bieres einzusetzen.

Bliebe noch anzumerken, daß nicht nur die industrielle Revolution viel für das Bier geleistet, sondern auch das Bier einiges für unsere Zivilisation getan hat. Das erste Frachtgut zum Beispiel, das in Deutschland mit der Bahn transportiert wurde, waren 1836 zwei Faß Nürnberger Bier zum Fürther Bahnhofswirt. Im Bereich der Naturwissenschaften wurde, neben den Entdeckungen von Pasteur und Hansen, 1833 von Payen und Persoz zum ersten Mal die Wirkung eines Enzyms genauer beschrieben (siehe Box „Enzyme"). Das Enzym war die α-Amylase, von der weiter unten noch die Rede sein wird, und gefunden wurde sie in Braugerste.

Heute gibt es in Deutschland ungefähr 1250 Brauereien, das sind 75 % der Brauereien der EU und 40 % der Brauereien der Welt – genug, um allein hierzulande für eine unüberschaubare Zahl verschiedener Biere zu sorgen. Zusammen produzieren die deutschen Brauereien jedes Jahr ca. 9,3 Mrd. Liter Bier – die größte jährlich 600 Mio. Liter, ein durchschnittlicher Betrieb 50 Mio. Liter und ungefähr 800 Kleinbetriebe je unter 1 Mio. Liter. In Deutschland trinkt jeder – Kinder und Säuglinge eingerechnet – im Mittel 148 L Bier pro Jahr. Dabei sind nicht etwa die Bayern die größten Biertrinker, sondern die Saarländer mit einem Schnitt von 237 L jährlich.

In Deutschland, wo es eine Grundstoffsteuer gibt, wird Bier nach seinem Stammwürzgehalt eingeteilt. „Würze" heißt das unfertige Bier direkt vor der Gärung. Der **Stammwürzgehalt** ist ein Maß für die Masse der in der Würze vorhandenen Stoffe außer Wasser (Extrakt). Hierzulande wird der Stammwürzgehalt in Prozent angegeben, das heißt, ein Bier mit 12 % Stammwürze hat 120 g Extrakt in 1000 g Würze. Der Alkoholgehalt nach der Gärung beträgt ungefähr ein Drittel des Stammwürzgehaltes. In Tabelle 1 sind die deutschen Biere nach Steuerklasse, Stammwürze (Stw.) und Alkoholgehalt eingeteilt. Man erkennt, daß es vier Steuerklassen gibt: Einfachbier (2–5,5 % Stw.), Schankbier (7–8 % Stw.), Vollbier (11–14 % Stw.) und Starkbier (16–28 % Stw.), wobei die Vollbiere mit 99 % Marktanteil das Gros der deutschen Biere ausmachen.

Nach dem Reinheitsgebot dürfen in Deutschland nur Malz – aus Gerste oder aus Weizen –, Wasser, Hopfen und Hefe verwendet werden. Wir werden uns daher etwas genauer mit den einzelnen Rohprodukten, ihrer chemischen Zusammensetzung und ihrer Umsetzung beschäftigen.

Tabelle 1. Bierklassen in Deutschland.

Bierart (Marktanteil)	Stamm-würze in %	unter-gärig	ober-gärig	Alkohol in Vol %	Kennzeichen
Einfachbier (0,1 %)	2 – 5,5			0,5 – 1,5	ohne bes. Charakter
Schankbier (0,2 %)	7 – 8			0,5 – 2,6	
Malzbier (Bayern u. Baden-Württemberg)	7		x	0,5 – 1,5	dunkel, malzaromatisch, süß
Berliner Weiße	7 – 8		x	2,6	hell, schwach hopfenbitter, viel CO_2, leicht sauer
alkoholfreies Bier	7,5	x		< 0,5	hell, dünn, manchmal süßlich
alkoholarmes Bier	7,5	x		1,5 – 2,6	hell, leicht hopfenbitter
Vollbier (99 %)	11 – 14			3 – 5,5	
Malzbier (außer Bayern u. Baden-Württemberg)	12 – 13		x	0,5 – 1,5	dunkel, malzaromatisch, süß
Lagerbier	11 – 12,5	x		3,5 – 4,5	hell, nicht sehr hopfenbitter
Weizenbier	11 – 12		x	4 – 5	hell, malzaromatisch, schwach hopfenbitter, viel CO_2, (Hefe, fruchtig)
Diätbier	11,3	x		3,7 – 4,8	hell, trocken, hopfenbitter
Altbier	11,2 – 12		x	4,5 – 4,9	meist dunkel, aromatisch, hopfen-bitter
Kölsch	11,2 – 11,8		x	4,3 – 5	hell, aromatisch, hopfenbitter
Pils	11,5 – 12	x		3,8 – 5,5	hell, herb betonter Hopfen
Exportbier	12,5 – 14	x		5 – 5,5	hell, vollmundig, weniger herb als Pils
Märzen	12,5 – 14	x		5,5	tiefgoldfarben, vollmundig, malz-aromatisch
Rauchbier	13,5	x		5	dunkel, herbwürzig, Rauchge-schmack
Starkbier (0,7 %)	16 – 28			5 – 11,25	
Bock	16 – 17	x		5,5 – 6,5	hell oder dunkel, vollmundig, malzaromatisch
Weizenbock	16 – 17		x	5,5 – 6,5	hell oder dunkel, malzaromatisch, fruchtig
Doppelbock	18 – 19	x		7,5	gold- oder dunkelbraun, ausge-prägtes Malzaroma, süßlich
Weizendoppelbock	18 – 19		x	7,5	hell oder dunkel, ausgeprägt malzig und fruchtig
Eisbock	28	x		11,25	dunkel, sehr malzaromatisch, süß

Trockener Gerstensaft

Am Anfang des Bierbrauens steht die **Gerste,** eine in Nordeuropa häufig angebaute Getreideart. Die Körner der Gerste bestehen zu 12–20 % aus Wasser und zu 80–88 % aus Trockensubstanz, diese wiederum zu 60–65 % aus Stärke.

Stärke ist ein Polysaccharid (siehe Box „Kohlenhydrate") und dient Pflanzen als Energiespeicher. Sie setzt sich aus zwei Anteilen zusammen, die wiederum aus zahlreichen Zuckerbausteinen (Glucoseresten) bestehen (Abbildung 1). Der eine Anteil (17–24 %), die *Amylose,* ist ein spiralförmiges Molekül aus 60–2000 Glucoseresten,

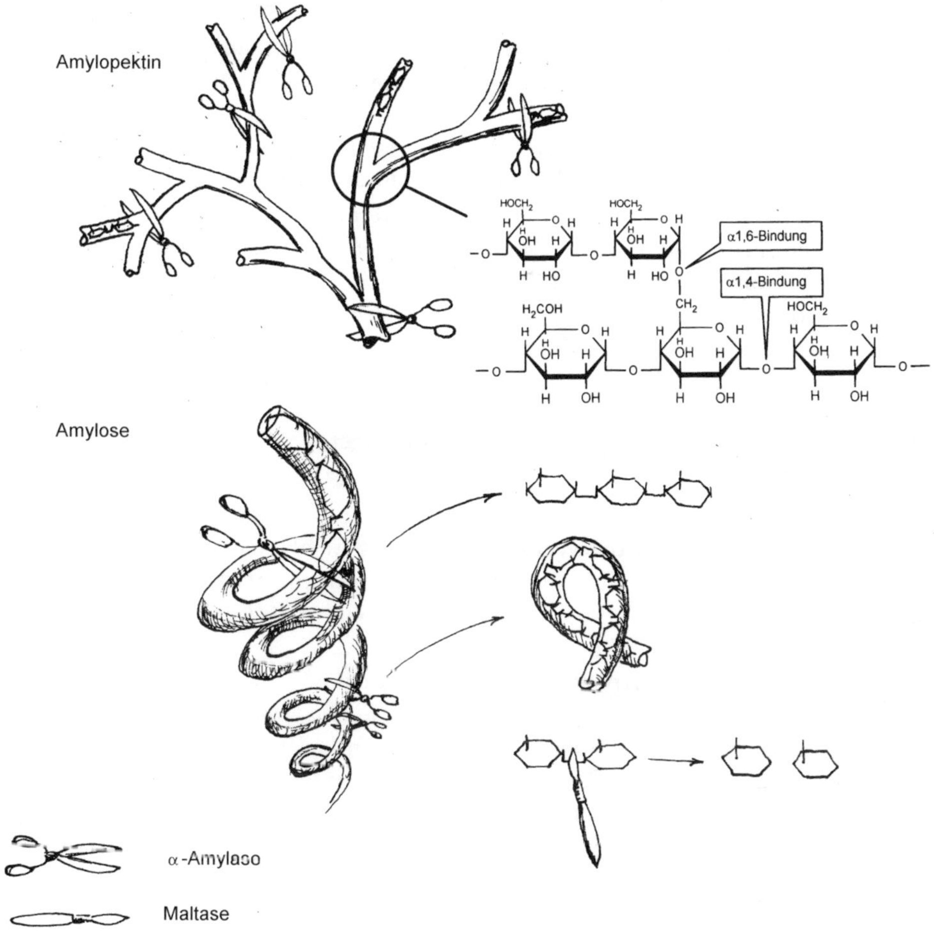

Amylopektin

α1,6-Bindung

α1,4-Bindung

Amylose

α-Amylase

Maltase

Abbildung 1 Die Stärkebestandteile Amylopectin und Amylose werden durch verschiedene Enzyme zerlegt.

die kettenartig miteinander verknüpft sind (ca. 6–8 Reste pro Windung). Die Bausteine werden durch sogenannte $\alpha(1,4)$-Bindungen zusammengehalten.

Der Name gibt Auskunft darüber, welche der Kohlenstoffatome an der Bindung beteiligt sind und in welcher räumlichen Anordnung sie in der Bindung stehen. Bei $\alpha(1,4)$-glycosidischen Bindungen ist das erste Kohlenstoffatom des linken Glucosemoleküls über ein Sauerstoffatom in α-Stellung mit dem vierten Kohlenstoffatom des rechten Glucosemoleküls verbunden. In β-Konfiguration besteht die Bindung zwischen der „oberen" Bindungsstelle des ersten Kohlenstoffatoms und der „oberen" des vierten Kohlenstoffatoms.

Der zweite Anteil der Stärke ist das *Amylopectin*, ein ebenfalls aus Glucose aufgebautes, verzweigtes Molekül. Es besteht aus 6 000–40 000 Glucoseresten, die außer durch $\alpha(1,4)$-Bindungen auch durch $\alpha(1,6)$-Bindungen (Abbildung 1) verknüpft sind. Ungefähr jeder 15. Rest trägt eine $\alpha(1,6)$-Bindung, so daß es zu den abgebildeten Verzweigungen kommt.

Neben der Stärke sind in Gerste 10–14 % **Cellulose** enthalten, ein Strukturpolysaccharid aus langen Ketten $\beta(1,4)$-verknüpfter Glucosereste. Diese Ketten sind über Wasserstoffbrückenbindungen miteinander vernetzt. So entstehen lange, stabile Fasern (siehe „Naturfasern"). Die Cellulose befindet sich hauptsächlich in den Spelzen, den das Korn umgebenden Hüllen.

Die Spelzen enthalten auch sogenannte Hemicellulosen, die sich aus verschiedenen Polysacchariden (Xylanen, Xyloglucanen, Arabinanen und Galactanen) zusammensetzen. Eine Rolle beim Brauen spielen weiterhin die im Mehlkörper der Gerste enthaltenen gummiartigen β-Glucane (mit 70 % $\beta(1,4)$- und 30 % $\beta(1,3)$-Verknüpfungen) und Pentosane (Xylose, $\beta(1,4)$-verknüpft). Sie beeinflussen die Viskosität (Zähigkeit) des Bieres.

Ungefähr 8–13 % der Trockensubstanz der Gerste sind **Proteine** (siehe Box „Proteine"). Der Eiweißgehalt des verwendeten Korns ist für den Charakter und den Schaum des Bieres wichtig. Zuwenig Eiweiß führt zu einem „flachen" Bier, das Mühe hat, eine schöne Krone zu bekommen. Zuviel Protein ist zwar für den Schaum von Vorteil, macht das Bier aber „pappig".

Die **Gerbstoffe** und Polyphenole befinden sich hauptsächlich in den Spelzen. Ihr Anteil an der Trockenmasse beträgt nur 0,1–0,3 %. Die Gerbstoffe verdanken ihren Namen der Tatsache, daß sie früher zum Gerben von Leder und Pelzen benutzt wurden (siehe Kapitel „Leder"). Anthocyanogene (Pflanzenfarbstoffe), Catechine und Flavone begegnen uns in den Hüllen aller Pflanzen. Ihr Anteil in der Gerste hat auf Grund ihrer Bitterkeit einen starken Einfluß auf Geschmack und Textur des Bieres (wie es sich im Mund anfühlt). Auch die Farbe wird beeinflußt.

Die Kraft des Keimes...

Nachdem uns die wichtigsten Inhaltsstoffe der Gerste bekannt sind, kommen wir nun zur Verarbeitung der Gerstenkörner. In Abbildung 2 ist schematisch dargestellt, welche Rohstoffe beim Brauen in welchen Prozessen eingesetzt werden.

Der Grundstoff für die alkoholische Gärung ist nicht die reichlich vorhandene Stärke, sondern ihre Bausteine, Maltose und Glucose. Das heißt, Amylose und Amylopectin müssen zunächst in ihre Bestandteile zerlegt werden.

Die Gerste kann die Stärke, ihr Reservepolysaccharid, nicht direkt in Energie umwandeln, sondern muß es – wie alle Organismen – in Glucose zerlegen. Dazu besitzt das Korn Enzyme, die in der Lage sind, Stärke abzubauen. Diese werden aktiviert oder neu produziert, wenn das Korn zu keimen beginnt. Zur Keimung muß der Wassergehalt des Kornes von ca. 10 % bei 14–18 °C auf 42 % für helles und auf ca. 47 % für dunkles Malz gebracht werden. Dadurch werden pflanzliche Wachstumshormone wie die Gibberelline ausgeschüttet. Diese Stoffe fördern die Bildung der stärkespaltenden Enzyme. Wichtig bei der Keimung der Gerste ist vor allem, daß Sauerstoffzufuhr, Wassergehalt der Gerste, Keimtemperatur und Keimzeit genau kontrolliert werden, bestimmen sie doch die Enzymzusammensetzung und den Stärkeabbau im Korn. Der Stärkeabbau sollte 5 % nicht überschreiten.

Schwelken und Darren

Um den Keimvorgang zu unterbrechen, wird das *„Grünmalz"* – so nennt man die nun angekeimte Gerste – getrocknet. Für den Brauer heißt dieser Vorgang **„Schwelken"**. Hierbei muß er vorsichtig vorgehen, da die Enzyme, die empfindlich gegen feuchte Hitze sind, nicht zerstört werden sollen – sie werden beim Maischen wieder benötigt. Daher wird bei der Bereitung von hellem Malz der Wassergehalt der Gerste durch mehrstündige Behandlung mit 45–60 °C warmer Trockenluft auf etwa 10 % reduziert. Bei dunklem Malz läßt man die Enzyme länger wirken, das heißt, während der ersten zehn Stunden des Schwelkens fällt der Wasseranteil nicht unter 20 %. Dadurch wird der Gehalt an kurzkettigen Zuckern und an Aminosäuren (siehe Box „Proteine") erhöht. Wenn das Korn weniger als 10 % Wasser enthält, wird es bei höheren Temperaturen weiter getrocknet („**gedarrt**"), und zwar bei 80–85 °C (helles Malz) oder 100–105 °C (dunkles Malz). Während der dabei ablaufenden Bräunungsreaktionen, den sogenannten Maillard-Reaktionen (siehe Kapitel „Fleisch"), werden die meisten Farb- und Geschmacksstoffe des Malzes gebildet. Vereinfacht beschrieben werden Zuckermoleküle und Aminosäuren in Abwesenheit von Wasser zu Farb- und Geschmacksstoffen verknüpft.

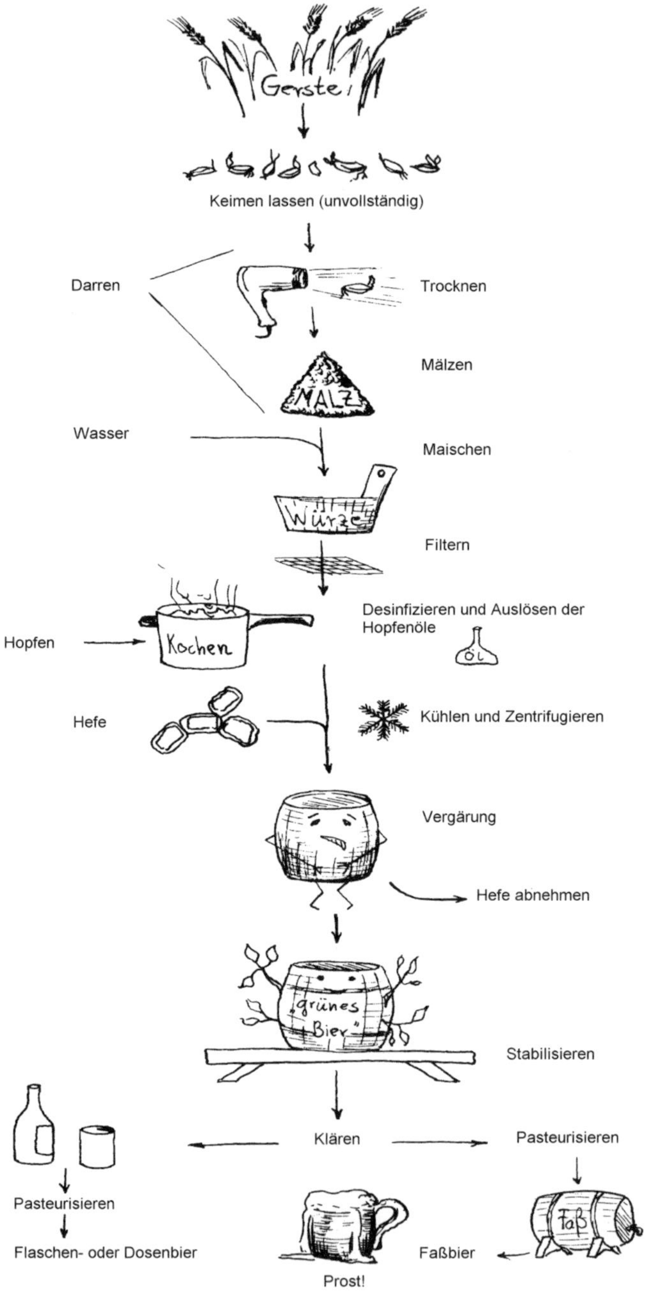

Gerste
Keimen lassen (unvollständig)
Darren
Trocknen
Mälzen
MALZ
Wasser
Maischen
Würze
Filtern
Desinfizieren und Auslösen der Hopfenöle
Öl
Hopfen
Kochen
Hefe
Kühlen und Zentrifugieren
Vergärung
Hefe abnehmen
„grünes Bier"
Stabilisieren
Klären
Pasteurisieren
Pasteurisieren
Flaschen- oder Dosenbier
Faß
Faßbier
Prost!

Abbildung 2 Schematische Darstellung der Bierherstellung.

Ist der Darrvorgang beendet, hat der Brauer in Abhängigkeit von den Darr-
bedingungen helles oder dunkles Malz, das wegen seines geringen Wassergehaltes (3,5–
4 % hell, 1,5–2 % dunkel) recht haltbar ist. Die stärkeabbauenden Enzyme sind noch
intakt, aber inaktiv. Neben dunklem und hellem Malz gibt es noch eine Reihe von
„Spezialmalzen", die zu unterschiedlichen Zwecken eingesetzt werden (Farbmalz,
Caramelmalz und Sauermalz).

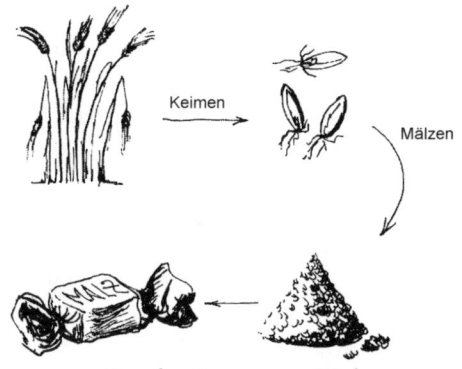

Von der Gerste zum Malz

Ein Spezialmalz, das besondere Erwähnung verdient, ist das Weizenmalz. Das Malz
für Weizenbiere muß laut Gesetz mindestens 50 % Weizenmalz enthalten (meist sind
es 60–70 %). Der dafür verwendete Brauweizen muß einen niedrigen Proteingehalt
(unter 11 %) haben. Er wird etwas anders gemälzt als die Gerste: Nach einer schnellen Keimung wird er unter langsamer Temperatursteigerung auf maximal 78–80 °C
gedarrt. Außerdem wird das Malz vor dem Maischen geschrotet, um durch die
Oberflächenvergrößerung eine gleichmäßigere Durchmischung von Substrat und Flüssigkeit zu ermöglichen. Anschließend wird das Malz im Maischbottich mit Wasser
vermischt.

Walle, walle manche Strecke, daß zum Zwecke...

Die Zusammensetzung des **Brauwassers** ist für die Qualität des Bieres so entscheidend,
daß man früher nur an Orten mit geeigneten Quellen gutes Bier brauen konnte. Bestimmte Wasserqualitäten eignen sich unterschiedlich gut für bestimmte Biersorten.
So ist zum Beispiel das sulfatreiche (und saure) Dortmunder Wasser besser zur Herstellung heller Biere geeignet als das carbonatreiche (eher alkalische) Münchener Wasser,
welches sich wiederum gut für dunkle Biere verwenden läßt. Salzgehalt und pH-Wert
des Wassers beeinflussen das Lösen der Geschmacks- und Aromastoffe aus dem Malz
während des Maischens und der Bitterstoffe aus dem Hopfen während des Würz-

kochens. Außerdem können diese Faktoren die Aktivität der Enzyme beeinträchtigen und zur Bildung unerwünschter Verbindungen oder zum Koagulieren (Zusammenklumpen) von Proteinen führen. Die Einflüsse einiger Salze bzw. ihrer Bestandteile auf die Eigenschaften des fertigen Biers sollen exemplarisch besprochen werden:

Von den Kationen (positiv geladenen Ionen) tragen Mg^{2+} und Ca^{2+} zusammen mit negativ geladenen Anionen (Hydrogencarbonat, Carbonat, Sulfat, Sulfid, Phosphat, Nitrat) am stärksten zur Wasserhärte und zum pH-Wert bei. Diese Ionen sind wichtig für die Auslösung der Gerb- und Bitterstoffe aus Gerste und Hopfen. Ein carbonatreiches (alkalisches) Wasser ist zum Beispiel besser in der Lage, Bitterstoffe aus dem Hopfen auszulösen, als ein saures, sulfatreiches Wasser, das wiederum mehr Gerstengerbstoffe in Lösung bringt. Daher muß der Brauer nicht nur die Härte seines Brauwassers kennen, sondern auch die Ionen, die für diese Härte verantwortlich sind, und regelmäßig deren Konzentration im Wasser prüfen.

Als fatal für den Gärprozeß kann sich eine zu hohe Nitratbelastung des Wassers erweisen: Aus dem Nitration (NO_3^-) entsteht durch Reduktion das giftige Nitrit (NO_2^-). Auch ein zu hoher Gehalt an Eisenionen kann Probleme bereiten, da diese mit den Gerbstoffen tintenartige (tiefschwarze) Verbindungen bilden und einen metallischen Geschmack hervorrufen. Die im Wasser vorhandenen Kupfer-, Zinn- und Eisenionen führen bei zu hohen Konzentrationen dazu, daß einige Proteine koagulieren und ausfallen, was eine Trübung des Bieres zur Folge hat.

Maischen ist mehr als Mischen

Durch das Mischen des geschroteten Malzes mit Wasser und vorsichtiges Erwärmen auf ca. 50 °C (**Maischen**) werden die beim Darren inaktivierten Enzyme reaktiviert. Die meisten Brauereien führen diesen Vorgang in heizbaren und mit automatischen Rührwerken versehenen Maischbottichen durch.

Es gibt mehrere Maischverfahren, zum Beispiel Ein-, Zwei- und Dreimaischverfahren, die sich in der Zahl der Wassergüsse und im Grad des Einkochens unterscheiden.

Der wichtigste Vorgang beim Maischen ist der enzymatische Abbau der im Malz vorkommenden Stärke. Dafür sind die schon im Abschnitt über die Keimung erwähnten Enzyme, die Amylasen, verantwortlich (lat. *amylum* = Stärke). Besonders wichtig sind die *α-Amylase*, die auch in tierischem Speichel und Bauchspeicheldrüsensekret vorkommt, und die pflanzliche *β-Amylase* (Abbildung 2).

Biochemisch funktioniert der Abbau wie folgt: Die β-Amylase ist bereits im ruhenden Korn vorhanden und wird bei der Keimung aktiviert. Sie spaltet aus Amylose und Amylopectin durch Aufbrechen der α(1,4)-Bindungen von den Molekülenden her

Maltose ab. Ihre Tätigkeit kommt in der Nähe von $\alpha(1,6)$-Bindungen zum Stillstand und hinterläßt sogenannte β-Grenzdextrine. Die α-Amylase zerlegt die Stärkemoleküle von der Mitte aus durch Spaltung der $\alpha(1,4)$-Bindungen. Dabei entstehen schnell größere Bruchstücke, die wiederum von der β-Amylase angegriffen werden können. Da auch die α-Amylase nur $\alpha(1,4)$-Bindungen angreift, entstehen vor allem α-Grenzdextrine aus etwa sechs bis sieben Glucoseresten; erst bei längerer Einwirkung werden auch Maltose und Glucose gebildet. Weitere Enzyme, die „mitmaischen", sind die *Grenzdextrinase* und die *Maltase*. Die Grenzdextrinase spaltet $\alpha(1,6)$-Bindungen im Amylopectin und den Grenzdextrinen. Sie verschiebt damit das Gleichgewicht weiter zu den kleineren Molekülen. In einem letzten Abbauschritt wird Maltose von der Maltase in zwei Glucosemoleküle zerlegt. Während des Maischvorganges entstehen durch die kombinierte Wirkung der Amylasen 40–45 % Maltose und 5–7 % Glucose. Der Rest sind größere Bruchstücke, darunter Maltotriose aus drei Glucoseresten (11–13 %), kleinere Dextrine aus 4–9 Resten (6–12 %) sowie größere Dextrine (19–24 %).

Der Stärkeabbau wird während des Maischens ständig kontrolliert, um den Prozeß steuern und beim gewünschten Abbaugrad beenden zu können. Man verwendet zur Kontrolle eine Farbreaktion der Stärke mit Iod. Steuern kann man durch Regulation des pH-Wertes und der Temperatur, da die verschiedenen Enzyme unterschiedliche Arbeitsbedingungen bevorzugen.

Während des Maischprozesses wird nicht nur die Stärke zerlegt, sondern auch Proteine, Hemicellulosen, Gummistoffe und Fette. Der Grad des Proteinabbaus ist für den Brauer eine wichtige Größe: Haltbarkeit und Schaumentwicklung des Bieres sind vom Proteingehalt der Würze abhängig. Ein hoher Anteil an großen Proteinmolekülen ist zwar gut für die Stabilität des Schaumes, wirkt sich aber negativ auf die Haltbarkeit des Bieres aus und kann zu Trübungen führen. Mit dem Proteingehalt ändert sich auch die Textur des Bieres; zuviel Protein macht es „breit und pappig", zuwenig läßt es „hohl und leer" erscheinen. Die Enzyme, die den Proteinabbau betreiben, nennt man Peptidasen, da sie auf die Peptidbindungen der Proteinmoleküle wirken. Der erreichte Proteingehalt am Ende des Maischens hängt von der Löslichkeit der Proteine und dem Enzymgehalt des Malzes ab.

Die Hemicellulosen und Gummistoffe beeinflussen die Viskosität der Maische und der Würze. Sie tragen somit direkt zur „Vollmundigkeit" des Bieres bei. Die Hemicellulosen werden von β-Glucanasen zu Gummistoffen umgesetzt. Die in der Gerste vorhandenen Polyphenole und Anthocyanogene werden beim höherer Maischdauer und -temperatur vermehrt freigesetzt und durch Peroxidasen und Polyphenoloxidasen abgebaut. Da Gerbstoffe viel zum Geschmack des Gebräus beitragen, ist die Regulation ihres Gehaltes eine für den Brauer wichtige Aufgabe.

Halten wir fest, daß beim Maischen die bei der Keimung begonnenen enzymatischen Abbauvorgänge bis zu einem vom Brauer gewünschten Maß weitergeführt werden. Das Ergebnis wird beeinflußt durch die Regulation der pH-Werte, der Temperaturen, der Zahl der Wassergüsse, der Dauer des Kochens (und wahrscheinlich auch überirdische Faktoren wie Mondphase und Wasseradern).

Was durch das Maischen entsteht, ist eine trübe, undurchsichtige und ziemlich zähe Flüssigkeit, die zunächst von den festen Bestandteilen befreit werden muß. Das geschieht zweckmäßigerweise durch mechanisches Filtrieren, wobei die noch in der Maische vorhandenen Gerstenspelze nach ihrem Absetzen als erste Filterstufe dienen. Der „Spelz" setzt sich, zusammen mit anderen ungelösten Bestandteilen des Malzes, nach Beendigung des Rührens am Boden des Maischbottiches ab und bildet dort den sogenannten „Treber". Dieser wird noch mehrmals mit Wasser übergossen, um die in ihm enthaltenen löslichen Stoffe zu extrahieren. Er wird anschließend getrocknet und als Viehfutter weiterverkauft. Die ablaufende Flüssigkeit wird in große flache Wannen geleitet, in denen sie rasch abkühlen kann; dabei ballen sich die größeren Proteinmoleküle zusammen und fallen aus. Das unfertige Bier wird auf diese Weise gereinigt, „geläutert" – die Wannen nennt man daher „Läuterbottiche" und das Produkt nicht mehr Maische, sondern **Würze**.

In der Pfanne liegt die Würze

Die Würze wird aus dem Läuterbottich in die **Würzpfanne** geleitet. Früher waren diese Behälter aus Kupfer – wegen dessen guter Wärmeleitfähigkeit – und hatten zur gleichmäßigen Verteilung der Wärme eine spezielle, sich nach oben verjüngende Form. Da man heutzutage über verfeinerte Werkstoffe und Heizmethoden verfügt, bestehen Würzpfannen inzwischen meist aus Edelstahl, der nur zu Dekorationszwecken verkupfert ist. Die Würze wird nun einige Zeit gekocht, um den enzymatischen Abbau endgültig zu beenden und vorhandene Mikroorganismen abzutöten.

Hopfen und Malz...

Zu der kochenden Würze wird als nächstes **Hopfen** gegeben, der dem Bier seinen angenehm bitteren Geschmack verleiht. Begeben wir uns daher in die Hopfengärten!

Der Hopfen (*Humulus lupulus*) ist ein mit dem Hanf verwandtes Schlinggewächs, das in unseren Breiten nicht nur kultiviert wird, sondern auch wildwachsend vorkommt (Abbildung 3). Der Brauer verwendet nur den sogenannten Aromahopfen. Dieser wird in Deutschland vorwiegend in Bayern (Hallertau) und in Baden-Württemberg (bei Tettnang) angebaut. Gerne nimmt man auch Saazer Hopfen, der wegen seiner weichen Bittere bekannt ist. Zum Brauen sind ausschließlich weibliche Hopfenpflanzen geeignet, da in deren Blütenständen das **Lupulin** enthalten ist. Lupulin ist ein Drüsensekret der Hopfenpflanze, dessen Bestandteile entscheidend zur Bitterkeit, Haltbarkeit, Farbe und Schaumbildung des Bieres beitragen. Das Bier wird durch die Hopfengabe haltbar, da das Lupulin bestimmte Erreger abtötet. Wegen seiner Wirkung auf Tuberkelbazillen wurde Bier bis ins 19. Jahrhundert sogar als Mittel gegen Tuberkulose verordnet.

Abbildung 3 Der Hopfen, ein Verwandter des Hanfs.

Bei den Bitterstoffen des Hopfens unterscheidet man Hopfensäuren, Hopfenöle, Polyphenole und Gerbstoffe. Die Hopfensäuren (Abbildung 4) sind *Humulon* und *Lupulon*. Beide werden beim Würzkochen in Isoformen (gleiche Summenformel, andere Struktur) umgewandelt, die unterschiedlich stark zur Bitterkeit beitragen. Zu den Hopfenölen zählen *Humulen* und *Myrcen*. Myrcen (auch in Lorbeer und Eisenkraut enthalten) ist eines der häufigsten Isoprenoide in der Natur (weitere wichtige Isoprenoide sind Geraniol, Cholesterol, Kautschuk und Ubichinon). Es hat einen starken Einfluß auf die Qualität des Bieres, da ein zu hoher Gehalt eine unangenehm kratzige Bitterkeit hervorruft.

Der Brauer kann die Lösung der Bitterstoffe aus dem Hopfen gut steuern, da der Extraktionsgrad stark vom pH-Wert der Würze abhängt: Bei einem pH-Wert von 5,2 lösen sich etwa 84 mg/L Humulon, bei pH 5,9 hingegen 480 mg/L. Angestrebt wird für helles Lagerbier ein Bitterstoffgehalt von 18–24 mg/L; bei obergärigen Bitterbieren kann er auf bis zu 60 mg/L zunehmen. Um dies zu erreichen, setzt der Brauer unge-

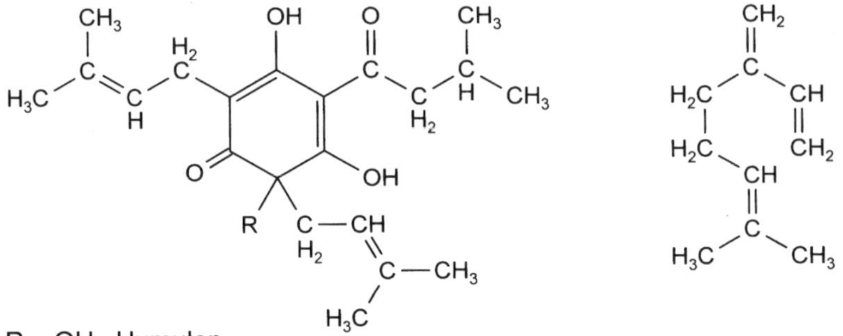

R = OH   Humulon

R = CH₃ -CH₂=CH -CH₂-   Lupulon   Myrcen

Abbildung 4 Humulon bzw. Lupulon und Myrcen, Bitterstoffe des Hopfens.

fähr 250–1500 g Trockenhopfen pro Hektoliter Würze ein (in manchen Brauereien wird heutzutage mit Hopfenextrakt gearbeitet, da dieser einfacher zu transportieren und zu lagern ist). Die Würze wird mehrere Stunden unter Wasserdampfabzug gekocht. Auf diese Weise läßt sich der angestrebte Stammwürzgehalt genau einstellen. Da sich einige der unerwünschten Bitterstoffe, zum Beispiel das Myrcen, gut im Wasserdampf lösen, wird ihr Gehalt dabei reduziert. Nach dem Kochen gelangt die nunmehr sterile Würze zum Abkühlen in sogenannte Kühlschiffe und wird, nach nochmaligem Filtern, in Gärtanks oder -bottiche überführt.

Damit die **Gärung** ablaufen kann, fehlt noch der letzte wichtige Grundstoff des Bieres, mit dem wir uns jetzt beschäftigen werden.

Hefen sind Pilze

Hefen, einzellige Pilze, kommen überall in der Natur vor. Im Mittelalter verließ man sich beim Bierbrauen darauf, daß die natürlichen Hefen früher oder später die Würze befielen. In normalen Wohnhäusern gelang daher nur jeder zehnte Bieransatz, während in Backstuben, wo es von Hefen wimmelte, immerhin jeder zweite zumindest vergor. Dies führte nicht immer zu gutem Bier, aber doch meistens zu einem mehr oder minder alkoholischen Getränk. Nicht alle Hefen eignen sich gleich gut zur Bierherstellung. Daher war man, nachdem Pasteur 1870 den Einfluß der Hefe auf die Gärung beschrieben hatte, in manchen Brauereien darauf bedacht, Hefegemische zu pflegen, die gutes Bier lieferten. Wahrscheinlich führte dies 1883 zur Entdeckung der Reinzuchthefen in den Laboratorien der Firma Carlsberg durch den Chemiker Hansen.

Wissenschaftlich gehören die Brauhefen zur Gattung *Saccharomyces* (wörtlich: „Zuckerpilz"). Es werden heute zwei Untergattungen zur Bierherstellung eingesetzt:

Saccharomyces cerevisiae (von lat. cerevisia, das Bier) und *Saccharomyces carlsbergensis* (zu Ehren der Brauerei, in der die erste Reinzuchthefe gezüchtet wurde). Hefezellen sind meist kugelförmig und haben einen mittleren Durchmesser von etwa 5 μm. Die beiden Gattungen unterscheiden sich in zwei wesentlichen Merkmalen: in der Temperatur, bei der sie die Gärung vollziehen, und in ihrem Verhalten während dieses Prozesses.

S. cerevisae vergärt Glucose am besten bei 15–25 °C und bildet dabei durch Zusammenschluß vieler Zellen Klumpen, in denen sich das während der Gärung gebildete Kohlendioxid sammelt. Dadurch steigen die Hefeverbände zur Oberfläche des Göransatzes und bilden dort die sogenannten Kräusen (Schaum). Wegen dieser Eigenschaft nennt man *S. cerevisae* eine **obergärige Hefe**. Im Gegensatz dazu ist *S. carlsbergensis* eine **untergärige Hefe**, die keine größeren Zellverbände bildet und daher während des Gärens auf den Boden des Gärtanks sinkt. Die optimalen Gärtemperaturen von untergärigen Hefen liegen zwischen 5 °C und 10 °C, so daß für diese Hefen eine Kühlung der Gärbehältnisse notwendig ist. Deshalb konnte man vor 1876 im Sommer nur obergäriges Bier brauen.

Und woher kommt der Alkohol?

Die Hefen müssen, wie alle anderen Organismen, aus ihrer Nahrung verwertbare Energie in Form von ATP gewinnen. Bei Anwesenheit von Sauerstoff bauen sie, wie fast alle anderen Lebewesen auch, Glucose zu Pyruvat ab (Glycolyse, siehe Kapitel „Alkohol-Stoffwechsel"). Dieser Stoffwechselweg ist in in fast allen Lebewesen vorhanden. In Abwesenheit von Sauerstoff ist die Hefe dagegen gezwungen, das Pyruvat über Acetaldehyd zu Ethanol („Alkohol") zu verarbeiten (**alkoholische Gärung**). Hierbei wird Kohlendioxid (CO_2) frei.

An der Decarboxylierung des Pyruvats zu Acetaldehyd durch das Enzym *Pyruvat-Decarboxylase* ist Thiamindiphosphat (TPP) als Coenzym beteiligt. Ein weiteres Enzym, die *Alkohol-Dehydrogenase,* überführt den Acetaldehyd in Ethanol.

Während der Hefegärung entstehen aber nicht ausschließlich Ethanol und CO_2, sondern auch eine Reihe von Nebenprodukten, die den Geschmack des Bieres beeinflussen. Obergärige Hefen bilden wesentlich mehr Nebenprodukte wie höhere Alkohole, Ester (Geschmacksstoffe), Aldehyde, Diacetyl („Buttergeschmack") und Acetoin („Gemüsegeschmack"). Die letztgenannten Stoffe möchte der Brauer nicht so gern im Bier haben. Organische Säuren wie Essigsäure und Milchsäure sind Nebenprodukte der Glycolyse und tragen zum sauren Geschmack des Bieres bei. Der Anteil der einzelnen Stoffwechselprodukte ist abhängig von der eingesetzten Heferasse, der Gärtemperatur und der Belüftung der Würze. Da die Hefe einen relativ kurzen Genera-

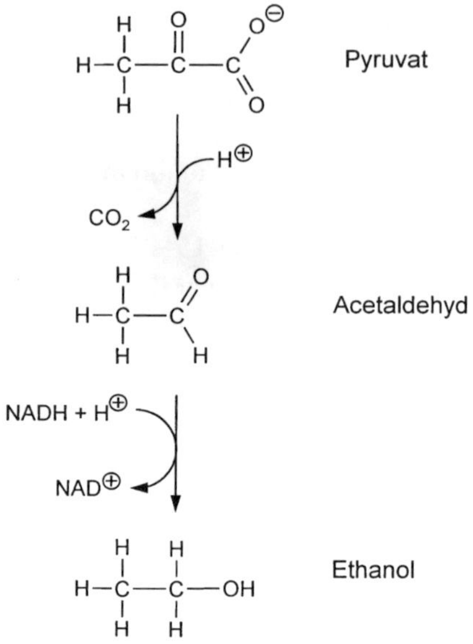

$$
\begin{array}{c}
\text{H} \quad \text{O} \quad \text{O}^{\ominus} \\
\text{H}-\text{C}-\text{C}-\text{C} \\
\text{H} \quad\quad \text{O}
\end{array}
\qquad \text{Pyruvat}
$$

$-\text{H}^{\oplus}$

CO_2

$$
\begin{array}{c}
\text{H} \quad \text{O} \\
\text{H}-\text{C}-\text{C} \\
\text{H} \quad \text{H}
\end{array}
\qquad \text{Acetaldehyd}
$$

$\text{NADH} + \text{H}^{\oplus}$

$\text{NAD}^{\oplus}$

$$
\begin{array}{c}
\text{H} \quad \text{H} \\
\text{H}-\text{C}-\text{C}-\text{OH} \\
\text{H} \quad \text{H}
\end{array}
\qquad \text{Ethanol}
$$

Abbildung 5 Vom Pyruvat zum Ethanol.

tionszyklus hat und man Mutationen (Erbgutveränderungen) der Kultur geringhalten möchte, verwenden die meisten Brauereien einen Hefeansatz nur für 4–10 Gärführungen und setzen dann wieder einen neuen Reinzuchtstamm ein. Die Inhaltsstoffe des fertigen Bieres sind in Tabelle 2 aufgelistet.

Zu guter Letzt

Nach der Gärung wird das Bier filtriert, manchmal sogar zentrifugiert, und so von der Hefe getrennt. Es ist jetzt aber noch keineswegs fertig, sondern wird zunächst durch Fällen unerwünschter Proteine und Reste der Hefezellen **stabilisiert** und **geklärt** sowie durch Pasteurisieren haltbar gemacht. Danach kommt das Bier unter Kohlendioxid-Überdruck in Lagertanks oder -fässer und muß bei niedrigen Temperaturen (4–10 °C) noch zwei bis drei Monate reifen. Da Lagern Geld kostet, wird dieser Prozeß in einigen Brauereien durch zwei- bis dreiwöchiges Lagern bei 0 °C abgekürzt. Nach dieser Ruhezeit wird das Bier in Flaschen, Dosen oder kleinere Fässer gefüllt und ist nun fertig zum Verkauf und Genuß.

Na dann, Prost und freudiges Probieren! Bei aller Liebe zu den Naturwissenschaften sollten wir unsere Experimente aber nicht so weit führen wie der anfangs zitierte Philosoph.

Tabelle 2. Inhaltsstoffe des fertigen Vollbieres. Prost!

Wasser 90–92 %
Ethanol 3,5–4,5 %

Extrakt 3,5–5 %	Kohlenhydrate 80–85 %	Dextrine 60–75 %	
		Mono-, Di-, Trisaccharide 20–30 %	Maltose 60 % Maltotriose 40 %
		Pentosane 6–8 %	Arabinose Xylose Ribose
	Protein 6–9 %	700 mg/L davon ca. 100 mg/L Prolin 15–20 mg/L hochmolekulare (30–100 kDa), koagulierbare Proteine	
	Glycerin 3–5 %	1200–1600 mg/L	
	Mineralstoffe 3–4 %	Anionen: 1/3 Phosphate, 2/3 Chloride + Silicate Kationen: K^+, Na^+, wenig Ca^{2+}, Mg^{2+}	
	Bitter-, Gerb-Farbstoffe 2–3 %	Gerbstoffe: 2/3 aus Malz 1/3 aus Hopfen zus. ca. 150 mg Bitterstoffe zus. 15–50 mg/L	Anthocyanogene 50–70 mg/L Catechine 10–12 mg/L Tannoide 10–40 mg/L Humulone 1–4 mg/L Lupulone 1–3 mg/L Isohumulone 13–48 mg/L
	Organische Säuren 0,7–1 %	zus. 300–400 mg/L	Pyruvat 50–70 mg/L Citrat 170–220 mg/L Malat 30–110 mg/L Lactat 30–100 mg/L
	Flüchtige Stoffe	höhere Alkohole 50–120 mg/L Essigsäure 120–200 mg/L Ameisensäure (bäh!) ca. 20 mg/L Acetaldehyd 5–10 mg/L Acetoin (auch bäh!) ca. 3 mg/L	
	Vitamine	Thiamin (B_1) 0,04 mg/L Riboflavin (B_2) 0,3–0,4 mg/L Pyridoxol (B_6) 0,5–0,8 mg/L Pantothensäure 0,9–1,1 mg/L Folsäure 0,8 mg/L Nicotinsäure 6,3–8,8 mg/L	Gesund ist es auch nooh!

19

Kohlenhydrate

Unter den Naturstoffen bilden Kohlenhydrate die mengenmäßig bedeutendste Stoffklasse, wir begegnen ihnen überall in der Natur. Das häufigste Kohlenhydrat ist die **Glucose**, ein kleines Molekül mit nur sechs Kohlenstoffatomen (Abbildung 6). Da Glucose süß schmeckt und erstmals aus Traubensaft isoliert wurde, wird sie auch als Traubenzucker bezeichnet. Verwandte Zucker sind die **Fructose** (Fruchtzucker), die **Galactose** und einige andere. Diese Zucker bezeichnet man auch als **Monosaccharide**. Chemisch gesehen sind es Aldehyde oder Ketone von Polyhydroxyverbindungen. Sie sind gut wasserlöslich und schmecken süß. Im Stoffwechsel der Zellen können die Monosaccharide miteinander zu **Oligosacchariden** verknüpft werden. Manche Pflanzen bilden z. B. die **Saccharose**, die wir als Haushaltszucker (Rohr- oder Rübenzucker) zum Süßen von Speisen verwenden. In diesem **Disaccharid** sind ein Glucose- und ein Fructosebaustein miteinander verknüpft. Ein anderes wichtiges Disaccharid ist der **Milchzucker**, der aus Glucose und Galactose besteht. Durch Verknüpfung zu langen Ketten lassen sich aus den Zuckerbausteinen sehr große Moleküle, die **Polysaccharide**, aufbauen, z. B. die **Cellulose** und die **Stärke** der Pflanzen. Aber auch in Tieren kommen Polysaccharide vor, z. B. das **Glycogen**, das als Speicherstoff besonders in Muskeln (Fleisch) und Leber zu finden ist, und das **Chitin** der Insekten.

Die Kohlenhydrate werden hauptsächlich für drei wichtige **Aufgaben** benötigt. Sie sind leicht verwertbare **Energielieferanten** für alle lebenden Zellen, die Glucose im Blut ist dafür ein gutes Beispiel. Sie sind in ihrer makromolekularen Form eine leicht verfügbare **Energiereserve**, so liefert das Glycogen den Muskeln die Energie für schnelle Arbeitsleistungen. Schließlich sind sie ein unübertroffener **Baustoff** der Natur, wie uns die Cellulose-Fasern in Pflanzen zeigen. Daneben haben manche Kohlenhydrate **Spezialaufgaben,** die mit ihren besonderen Eigenschaften zusammenhängen. So können z. B. die Pectine der Pflanzen ganz hervorragend Wasser binden, was beim Zubereiten von Gelees aus Früchten zu beobachten ist.

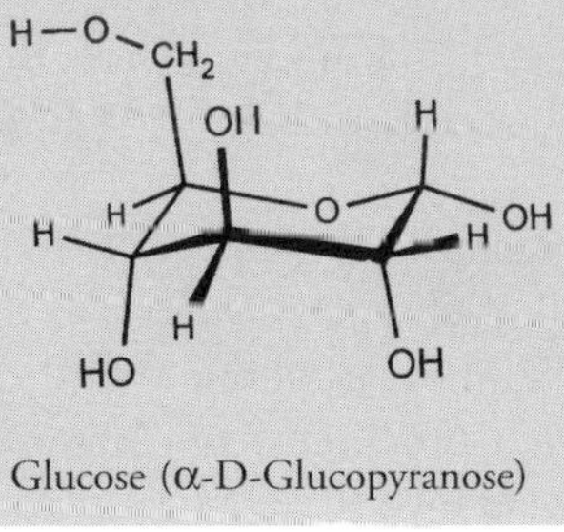

Abbildung 6 Strukturformel der Glucose (α-D-Glucopyranose)

Wein und Sekt

Christoph Geisen und Sascha Röhrig

Der Ursprung des Weinbaus liegt vermutlich in den alten Hochkulturen in West- und Mittelasien, die begannen, den dort vorkommenden wilden Wein zu kultivieren. Belege für den Weinbau existieren schon aus der Zeit um 8000–6000 v. Chr., und es ist bekannt, daß in Mesopotamien, Babylon sowie im alten Ägypten zur Zeit der jeweiligen Hochkulturen Wein hergestellt und getrunken wurde. Von Ägypten über Griechenland und Rom gelangte der Weinbau nach Gallien und – an Asterix vorbei – schließlich in das Gebiet an Rhein und Mosel. Nach der Römerzeit wurde der Weinbau weiterhin gepflegt und erlebte im Mittelalter, vor allem in den Klöstern, eine enorme Blüte. Nach dem 16. Jahrhundert verlor der Weinbau zunehmend an Bedeutung, was vor allem auf den Aufschwung des Brauereiwesens zurückging. Auch die Einführung von Tee und Kaffee und das Auftreten von Schädlingen wie der amerikanischen Reblaus wirkten sich negativ auf den Weinbau aus. All dies führte zu vermehrten Anstrengungen in der Rebenzüchtung und zur Verbesserung der Weinqualität. Heute ist Wein ein hochwertiges Getränk, dessen Herstellung noch immer sehr arbeitsintensiv ist.

Nach der deutschen Gesetzgebung ist Wein ein Erzeugnis, das ausschließlich durch vollständige oder teilweise alkoholische Gärung von frischen, auch eingemaischten Weintrauben oder von Traubenmost gewonnen wird. Alle Getränke, die nach dem gleichen Verfahren aus anderen Früchten, zum Beispiel Äpfeln, hergestellt werden, erhalten im täglichen Sprachgebrauch wie auch laut Gesetz noch den Zusatz der Ausgangsfrucht: Apfelwein, Heidelbeerwein usw. Wenn wir im weiteren also von Wein sprechen, so handelt es sich immer um den vergorenen Saft der Früchte der Weinrebe (*Vitis vinifera*).

Aus der Traube in die Daube

In Abbildung 1 ist der Prozeß der Weinbereitung schematisch dargestellt. Die Arbeit des Weinbauern (Winzers) kann man zeitlich und räumlich in verschiedene Phasen einteilen.

Im Weinberg (Wingert) fallen im Laufe des Jahres eine ganze Reihe von Arbeiten an, die das Wachstum der Rebstöcke und die Reifung der Trauben beeinflussen. Im Januar und Februar müssen die Reben geschnitten und das zerkleinerte Schnittgut in den Boden eingearbeitet werden. Von Anfang März bis Ende April werden die Zeilen zwischen den Reben begrünt, der Boden gelockert und gedüngt. In diese Zeit fällt auch das „Erziehen" der Reben. Damit meint man das Binden der Triebe zu den im jeweiligen Anbaugebiet üblichen Anbauformen. Von Mai bis August herrscht im Weinberg reges Treiben. Außer dem in der Regel viermaligen Spritzen gegen Schädlinge und „Unkraut" werden die Reben mehrmals beschnitten und ausgedünnt. Das Abschneiden der Nebentriebe (Ausgeizen) und des Laubes sowie das Ausdünnen bewirkt, daß die von der Pflanze produzierte Energie in die noch verbleibenden, fruchttragenden Triebe fließt. Dadurch wird die Qualität der Trauben entscheidend verbessert. Ab Mitte September beginnt dann die Weinlese. Sie kann sich je nach Lage und Witterung bis in den Dezember hineinziehen.

Nach der Weinlese erfolgen die weiteren Arbeitsschritte im Weinkeller. Zunächst werden die Trauben „entrappt", das heißt, von Stielen und Stengeln befreit, damit diese nicht bitter schmeckende Gerbstoffe in den Most abgeben können. Danach werden die Trauben gemahlen, und es entsteht die **Maische** – ein Gemisch aus Flüssigkeit, Kernen und Beerenhäuten. Die Maische aus weißen Trauben und für *Roséweine* bestimmten roten Trauben wird direkt weiterverarbeitet. Dagegen wird die Maische für *Rotwein* zunächst teilweise vergoren und erst dann gepreßt. Dadurch haben Farb- und Gerbstoffe Zeit, aus den Beerenhäuten in die Flüssigkeit überzugehen.

Das Auspressen der Maische heißt Keltern, die dabei gebildete Flüssigkeit **Most**, der verbleibende Rückstand ist der **Trester**. Der Most wird zunächst durch Absitzenlassen, Filtration oder Zentrifugation vorgeklärt. Weitere Maßnahmen können die Entsäuerung bei hohem Säuregehalt, der Zusatz von Zuchthefen oder die Zuckerung sein.

Bei der nachfolgenden Gärung des Mostes wandeln Hefen Zucker in Alkohol (Ethanol) und Kohlendioxid (CO_2) um (siehe Kapitel „Bier"). Die Vergärung wird

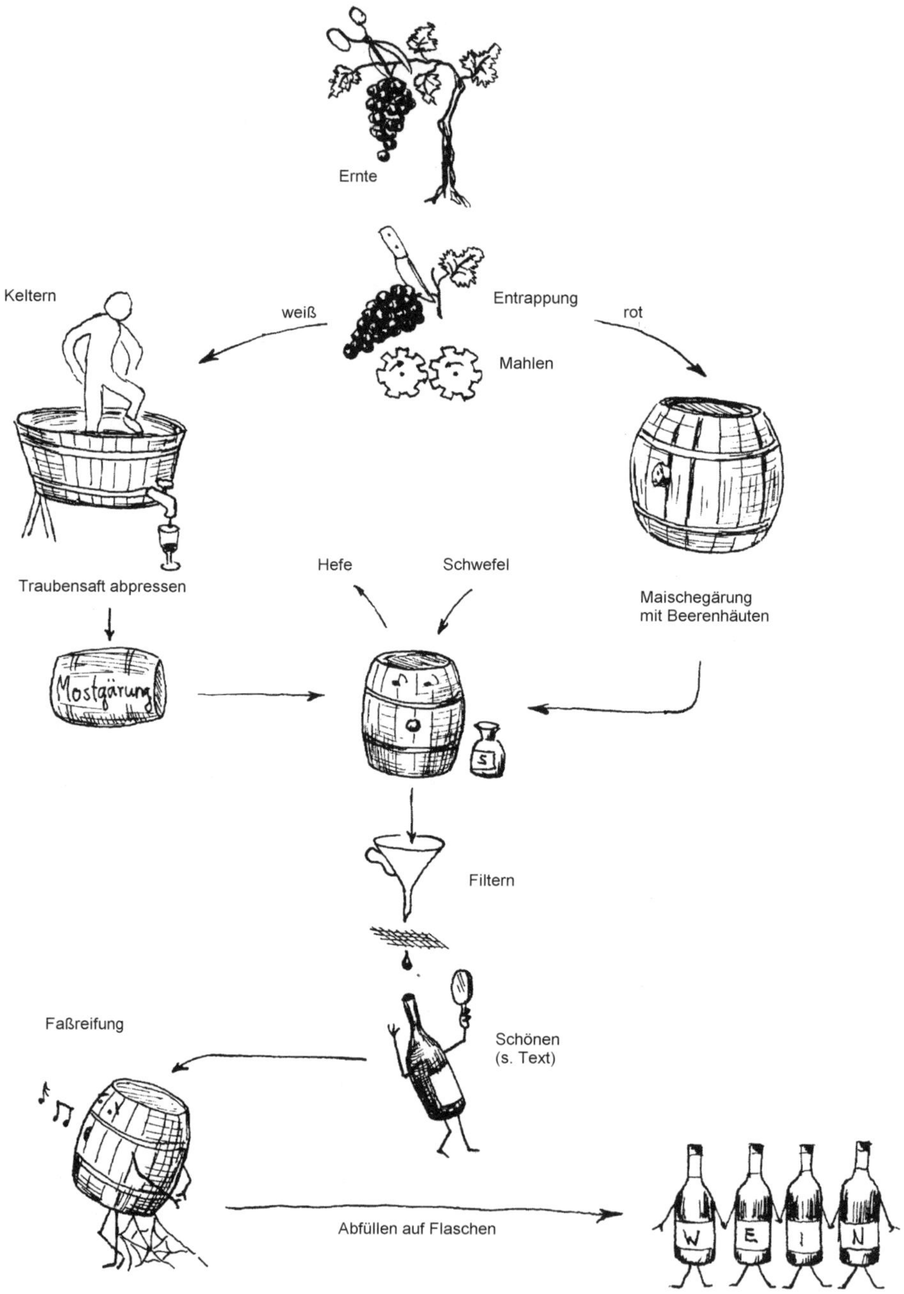

Ernte

Keltern   weiß   Entrappung   rot

Mahlen

Traubensaft abpressen   Hefe   Schwefel

Maischegärung
mit Beerenhäuten

Mostgärung

Filtern

Faßreifung

Schönen
(s. Text)

Abfüllen auf Flaschen

Abbildung 1 So entsteht das Getränk, das wir als Wein kennen.

24

heute fast ausschließlich in Kunststoff- oder Stahltanks mit mehr als 1000 L Fassungs-vermögen durchgeführt. Sie dauert im allgemeinen acht bis zehn Tage, bei Most mit hohem Zuckergehalt können es Monate sein. Das noch gärende Getränk heißt Fe-derweißer, Bitzler, Sauser oder Rauscher. Diese Bezeichnungen beschreiben die Eigen-schaften des Produkts und seine möglichen Folgen sehr treffend. Die Geschwindig-keit der Gärung läßt sich über die Temperatur steuern. Der Kellermeister kann den Gärungsprozeß auch jederzeit abbrechen, indem er die Hefe abfiltriert. Ein solcher Wein ist dann nicht durchgegoren. Das vollständig vergorene Produkt ist der Jungwein.

Nach der Gärung werden die meisten Weine zunächst geschwefelt und geschönt. Das Schwefeln, eine Behandlung von Wein und Fässern mit zumeist Natrium-hydrogensulfit bzw. Schwefeldioxid, dient zum Abtöten von Mikroorganismen und zur Verhinderung oxidativer Schädigungen des Weins während des (weiter unten be-sprochenen) Ausbaus. Unter der Schönung versteht man die Entfernung von Substan-zen, die beim Ausbau ausfallen und den Wein trüben könnten. Beispielsweise werden Proteine an Aktivkohle oder Bentonit (ein Lehm) gebunden, Eisen- und Kupferionen mit Blutlaugensalz ausgefällt („Blauschönung").

Ein Maß für den Zuckergehalt des Mosts und damit für den zu erwartenden Alko-holgehalt des Weins ist das sogenannte Mostgewicht. Gemessen wird die Dichte (das „spezifische Gewicht") des Mostes. Die traditionelle Einheit für das Mostgewicht heißt nach ihrem Erfinder *Grad Oechsle* (°Oe). 1 °Oe entspricht einem Zuckergehalt von 0,24 g/L; ein Most der Dichte 1,085 kg/L hat 85 °Oe, einer der Dichte 1,100 kg/L hat 100 °Oe.

Bei manchen Qualitätsstufen darf der Zuckergehalt des Weins auch durch die Zu-gabe von Süßreserve (unvergorenem, sterilisiertem Traubenmost) festgelegt werden. Danach erfolgt der zweite Abstich. Der nun endgültig „gesäuberte" Wein wird schließ-lich im Faß, Tank oder in der Flasche ausgebaut. Dieser Reifungs- und Veredlungs-prozeß geschieht im allgemeinen reduktiv, also unter Ausschluß von Luftsauerstoff. Nur Rotweine werden zum Teil oxidativ, unter Luftzutritt, ausgebaut.

Verschiedene Weine reifen unterschiedlich lange, so daß man keinen einheitlichen Zeitpunkt für die Abfüllung angeben kann: Bis dahin kann es wenige Tagen oder mehrere Jahre dauern. Abgefüllt wird heute weitgehend vollautomatisch unter steri-len Bedingungen. Nach der Abfüllung sollte der Wein erst einige Wochen in tempe-rierten Lagerräumen zur Ruhe kommen, bevor er in den Handel gelangt.

Reiner Wein

Wein enthält verschiedene Alkohole, in der Hauptsache Ethanol. In geringen Men-gen kommen auch Methanol und sogenannte „Fuselöle" (Propyl-, Butyl- und

Amylalkohol) vor. Jedoch sind die Mengen der letztgenannten Komponenten normalerweise niedrig, vor allem im Vergleich mit den in dieser Hinsicht stärker „belasteten" Destillaten wie Whisky oder Wodka. Auch Glycerol kommt in der Regel nur in geringen Mengen vor, ebenso wie andere Polyole, z. B. Arabitol, Mannitol und Sorbitol.

Als **Kohlenhydrate** findet man hauptsächlich Saccharose (Rohrzucker) und die Spaltprodukte Fructose (Fruchtzucker) und Glucose (Traubenzucker, siehe Box „Kohlenhydrate"). Die Glucose ist zum Teil mit Terpenen (Isoprenoiden) oder Farbstoffen verestert. Auf diese Weise werden die noch zu besprechenden Aroma- und Farbstoffe gebunden. In normalen Mengen getrunken, stellt Wein für Diabetiker im allgemeinen kein Problem dar, jedoch sollten trockene (wenig unvergorenen Zucker, sogenannten „Restzucker" enthaltende) Sorten getrunken werden.

An nicht vergärbaren Zuckern finden sich Xylose, Ribose und L-Arabinose (erhöht in Most aus edelfaulem Lesegut). Als weitere wichtige Zuckerkomponenten sind die Polysaccharide zu nennen, die sowohl aus der Traube (Pectine) als auch aus Pilzen stammen können.

Den Hauptanteil der **Säuren** bilden Weinsäure und Äpfelsäure. Während erstere sehr erwünscht ist, wird der „unreife" Geschmack der Äpfelsäure nicht geschätzt. Daher strebt man in Rotweinen den Abbau der Äpfelsäure durch Milchsäurebakterien oder durch Oxidation an. Manchmal fällt die Weinsäure in der Flasche als Weinstein (Kaliumhydrogentartrat) aus; diese Weinkristalle werden zwar von manchem als optischer Makel empfunden, mindern aber die Qualität des Weines in keiner Weise. Zitronensäure, Bernsteinsäure und Fumarsäure aus dem Stoffwechsel der Hefen sind nur in geringen Mengen vorhanden. Aus Pectinen kann auch Galacturonsäure in den Most freigesetzt werden. Bei Befall der Trauben mit dem Pilz *Botrytis cinerea* findet man vermehrt Glucon- und Schleimsäure, die sonst nur in niedrigen Konzentrationen auftreten.

Die im Wein enthaltenen **Proteine** (siehe Box „Proteine") stammen zumeist aus der Hefe, sind aber unerwünscht und werden daher beim Schönen weitgehend entfernt. Vorhandene Enzyme sind teilweise von Nutzen, wie zum Beispiel die Esterasen, die Pectine abbauen. Störende Oxidasen, die Farbstoffe sowie Aroma- und Bukettstoffe zersetzen können, versucht man durch reduktiven Ausbau (Sauerstoffausschluß, Schwefelung) auszuschalten.

Die **Gerbstoffe** des Weins gehören zu den Polyphenolen und Isoflavonoiden (siehe Kapitel „Bier", „Tee" und „Leder"); sie können auch als Polymere vorkommen. Die Catechine sind hauptsächlich in Rotweinen zu finden und bewirken den typischen Rotweingeschmack. Auch die in Mode gekommenen Barrique-Weine aus frischen Eichenfässern enthalten aus dem Holz gelöste Gerbstoffe, die den charakteristischen Holzton dieser Weine ausmachen.

Die **Farbstoffe** des Rotweins, die Anthocyane, gehören zur gleichen Stoffklasse wie die Gerbstoffe. Sie sind in der Beerenhaut angereichert, wo sie zum größten Teil an

Zucker gebunden als Glycoside vorliegen. Wie bereits erwähnt, sind sie in Rotweinen stärker vertreten als in den direkt gekelterten Weiß- und Roséweinen.

Bei den **Aromastoffen** handelt es sich in aller Regel um aus der Beerenhaut stammende Terpene (siehe Kapitel „Gewürze"), die während der Gärung starken Veränderungen unterworfen sind. Häufig werden sie auch als Bukettstoffe bezeichnet, wobei die umstrittene Nomenklatur und Definition des „Buketts" Probleme bereitet. Nicht nur die Nase, sondern auch eine Analyse durch Gaschromatographie kann zur Charakterisierung eines Weines beitragen. Auf diese Weise ist es auch möglich, Verwandtschaften zwischen verschiedenen Weinen festzustellen.

Wein- und Rebsorten

Wir hoffen auf Nachsicht, wenn wir im folgenden nur über deutsche Weine und Anbaugebiete berichten. Dies hat weniger mit „Weinchauvinismus" zu tun als mit dem beschränkten Raum, der für dieses Kapitel zur Verfügung steht.

Außer Boden und Klima hat vor allem die Rebsorte entscheidenden Einfluß auf den Charakter des Weins. Zu den traditionellen Sorten wie Riesling und Silvaner treten heute zunehmend Neuzüchtungen, so daß es mittlerweile weltweit an die 5000 Rebsorten gibt. Mit den Neuzüchtungen, die – wie der Müller-Thurgau – teilweise auch schon hundert Jahre alt sind, verband man die verschiedensten Absichten wie höhere Erträge, frühere Reifung oder bessere Resistenz gegen Schädlinge. Natürlich ergaben sich dadurch auch geschmackliche Nuancen oder veränderte Ansprüche an Boden, Klima und Bearbeitung. Für die klassischen Anbaugebiete Deutschlands sind die zugelassenen Rebsorten und die Ertragsobergrenzen staatlich festgelegt. Es kann 30 und mehr Jahre dauern, bis eine Neuzüchtung die amtlichen Prüfungen bestanden hat.

Weinkenner haben bekanntlich ihre eigene Fachsprache, die hier nicht im Detail erklärt werden kann. Tabelle 1 beschreibt deshalb in vereinfachter Form die Unterschiede zwischen den in Deutschland üblichen Rebsorten und den daraus hergestellten Weinen.

Natürlich gibt es in Deutschland nicht nur verschiedene Rebsorten, sondern auch sehr unterschiedliche Anbaugebiete, die den Charakter der Weine beeinflussen. Dabei spielen nicht nur die verschiedenen geographischen und klimatischen Gegebenheiten eine Rolle, sondern auch die unterschiedlichen Weinbautraditionen der einzelnen Landstriche. Die dreizehn deutschen Anbaugebiete sind in Abbildung 2 dargestellt.

Tabelle 1. Deutsche Weine

	Rebsorte*	Farbe	Duft, Geschmack	Säureausprägung	Körper, Gehalt
rieslingartige Weine	Riesling (21,3 %)	blaßgelb mit zartem Grünstich	feinfruchtig, Pfirsich, Apfel	betont rassig	leicht
	Kerner (7,4 %)	hellgelb bis strohgelb	feiner Duft, fruchtig, Eisbonbon, Drops	feinrassig bis rassig	mittel bis kräftig
	Faberrebe	hellgelb	fruchtig, leichter Muskatton	feinrassig bis rassig	mittel
Silvaner bzw. Müller-Thurgau-Art	Müller-Thurgau (23,4 %)	blaß- bis hellgelb	blumig duftend, zartes Muskataroma	sehr mild	mittel bis kräftig
	Silvaner (7,3 %)	blaß, fast wasserhell	dezent, sehr verhalten	mild bis feinrassig	leicht bis mittel
	Ruländer oder Grauburgunder (2,4 %)	stroh- bis goldgelb	deutlicher Duft (Honig), voller Geschmack, manchmal leichter Mandelton	mild bis feinrassig	gehaltvoll
Rebsorten mit Bukettcharakter	Scheurebe (3,6 %)	hellgelb bis goldgelb	sehr aromatisch, schwarze Johannisbeeren	feinrassig	mittel bis kräftig
	Morio-Muskat	hellgelb	sehr blumig (Lavendel), erinnert an Muskatgewürz	feinrassig	mittel bis kräftig
	Bacchus (3,3 %)	hellgelb	blumig, zarter Muskatton (manchmal an Kümmel erinnernd)	feinrassig	leicht bis mittel
Rotwein Rebsorten	Blauer Spätburgunder (6,3 %)	tiefrot	deutlich, manchmal zarter Brombeerton, zarter Mandelton	weich, samtig, feine Gerbsäure	gehaltvoll
	Blauer Portugieser (4,2 %)	hellrot	verhalten, fast neutral, feinfruchtig (Erdbeeren), manchmal Pfefferton	mild, etwas betonter als Burgunder	leicht
	Trollinger (2,3 %)	leuchtend hell- bis blaßrot	feinblumig, zarter Muskatton, fruchtig	betont rassig	leicht

* In Klammern: Anteil an der Gesamtrebfläche in Deutschland, Stand 1992.

Die Weinqualität – eine Staatsangelegenheit

Das deutsche Weingesetz teilt die in Deutschland erzeugten Weine in bestimmte Qualitätsstufen ein. Diese müssen dem Verbraucher auf dem Flaschenetikett mitgeteilt werden. Ist keine Qualität angegeben, steht zu befürchten, daß der Inhalt auch die niedrigste Stufe (Tafelwein) nicht erreicht.

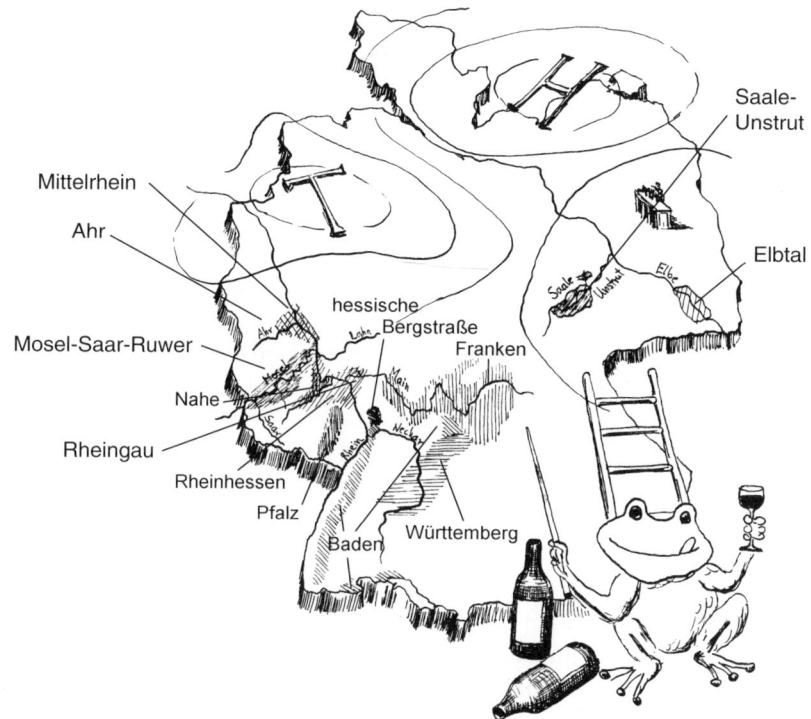

Abbildung 2 Eine Karte der 13 deutschen Weinanbaugebiete.

In Italien, Frankreich und anderen Ländern gelten abweichende Qualitätskriterien, die ebenfalls staatlich kontrolliert werden.

In Stichworten kann man die Anforderungen an die Qualitätsstufen deutscher Weine wie folgt beschreiben (die Reihenfolge ist aufsteigend):

Tafelwein: Angabe der Herkunft nicht erforderlich; natürlicher Alkohol (d. h. Alkoholgehalt bei Verwendung von unbehandeltem Most) mindestens 5 Vol.- %; Mostgewicht mindestens 44°Oe; Zuckerung des Mosts erlaubt; Gesamtsäure mindestens 4,5 g/L; „Deutscher Tafelwein" stammt von in Deutschland zugelassenen Rebsorten und Anbaugebieten.

Landwein: Herkunftsangabe vorgeschrieben; natürlicher Alkohol und Mostgewicht mindestens 0,5 Vol.- % bzw. 4°Oe höher als bei Tafelweinen des jeweiligen Anbaugebiets; Zuckerung des Mosts zulässig.

Qualitätswein bestimmter Anbaugebiete (QbA): Herkunft zu 100 % aus dem angegebenen Anbaugebiet; natürlicher Alkohol mindestens 7 Vol.- %; Gesamtalkohol (Alkoholmenge nach Zusatz von Zucker zum Most) mindestens 9 Vol.- %; Zuckerung des Mosts zulässig (je nach Anbaugebiet mit maximal 20–28 g/L).

Qualitätswein mit Prädikat: Herkunft zu 100 % aus dem angegebenen Anbaugebiet; Gesamtalkohol mindestens 9 Vol.- %; der Zusatz von Süßreserve ist untersagt.

Für die einzelnen Prädikate gelten die folgenden Bedingungen:

Kabinett: Darf erst ab 1. Januar nach der Lese abgefüllt und in den Handel gebracht werden

Spätlese: Aus Trauben hergestellt, die frühestens sieben Tage nach Beginn der Hauptlese geerntet wurden.

Auslese: Hergestellt aus Trauben einer Spätlese nach Entfernung kranker und unreifer Beeren; darf erst ab dem 1. März nach der Lese abgefüllt und in den Handel gebracht werden.

Beerenauslese: Aus vom Pilz *Botrytis cinerea* befallenen oder zumindest überreifen Trauben. Der Pilzbefall führt zur sogenannten Edelfäule. Dabei wird die Beerenhaut durchlässiger, Wasser verdunstet, und der Inhalt der Beeren wird konzentrierter. Dies und der Geschmack des Pilzes macht die Besonderheit von Beerenauslesen aus. Eine Steigerung ist die Trockenbeerenauslese, bei der nur stark geschrumpfte Beeren verarbeitet werden.

Eiswein gibt es nur als deutsches Prädikat. Er stammt von Trauben, die am Rebstock gefroren sind. Auch die Kelterung der Trauben erfolgt in gefrorenem Zustand. Man erhält einen besonders konzentrierten Most, weil das Wasser ausfriert.

Tafel- und Landweine unterliegen der lebensmittelrechtlichen Kontrolle. Qualitätsweine werden einer amtlichen Qualitätsprüfung unterzogen, die durch eine Prüfnummer dokumentiert wird. Es empfiehlt sich also, vor dem Kauf auf das Flaschenetikett zu schauen.

Perlweine und Dessertweine fallen nicht unter die oben genannte Klassifizierung. **Perlweine** sind leicht moussierende (sprudelnde) Weine, denen – meist künstlich – Kohlendioxid (CO_2) unter 1–2,5 bar Überdruck zugesetzt wurde. Ausgangsprodukte für Perlweine sind meist Tafelweine, nur selten werden Qualitätsweine eingesetzt. Sekt enthält ebenfalls CO_2, das jedoch auf natürliche Weise durch Gärung entsteht (siehe unten).

Dessertweine wie Portwein oder Sherry sind sehr süß und alkoholreich. Ihre Gärung wird durch Zugabe von eingedicktem Most oder Alkohol gestoppt. Deshalb sind Restsüße und Gesamtalkohol (etwa 17 Vol.-%) höher, als dies allein durch natürliche Gärung möglich wäre. Dessertweine (auch Südweine, Süßweine oder Likörweine genannt) dürfen in Deutschland nicht hergestellt werden.

Sekt

Früher kamen die Blasen eher zufällig in den Wein. Damals waren die Kühl- und Filtermöglichkeiten noch nicht so ausgereift wie heute, so daß zum Abschluß der Gärung noch Hefe in die Flaschen gelangen konnte. Das machte zunächst nichts, da die Temperaturen im Winter so niedrig waren, daß es zu keiner weiteren Gärung kam. Wenn im Frühjahr die Temperaturen stiegen, begann die Hefe jedoch wieder mit dem Abbau von Zucker, und die Gärung begann erneut. Da die Flaschen verkorkt waren, konnte das entstehende CO_2 nicht entweichen und blieb in seiner löslichen Form, als „Kohlensäure" (H_2CO_3), im Wein gebunden (nicht wenige Flaschen explodierten aber auch!).

Da das entstandene Getränk den Leuten schmeckte, machte man sich daran, es systematisch herzustellen und zu verfeinern. Heute stellt man „Wein mit Blasen" auf verschiedenen Wegen her. Die entstehenden Getränke haben – je nach Herstellungsverfahren – verschiedene Namen und müssen unterschiedliche Voraussetzungen erfüllen. So muß bzw. darf zum Beispiel Sekt nach EU-Recht

- mindestens 10 Vol.- % Ethanol,
- maximal 35 mg/L freie schweflige Säure und
- mindestens 3,5 bar Druck

haben und muß außerdem mindestens neun Monate vor seiner Abfüllung gelagert werden (inklusive Hefelager). Champagner, Cremant, Asti Spumante, Prosecco, Cava und wie die perlenden Weine noch alle heißen, müssen wieder anderen Qualitätsanforderungen entsprechen.

Bei der Herstellung dieser Getränke gibt es vor allem drei gebräuchliche Verfahren:

- traditionelle Flaschengärung
- Großraumgärung
- Transvasierverfahren.

Die traditionelle **Flaschengärung,** oder „Méthode champenoise", wird zur Champagnerherstellung (da darf man nicht anders) und zur Herstellung hochwertiger Sek-

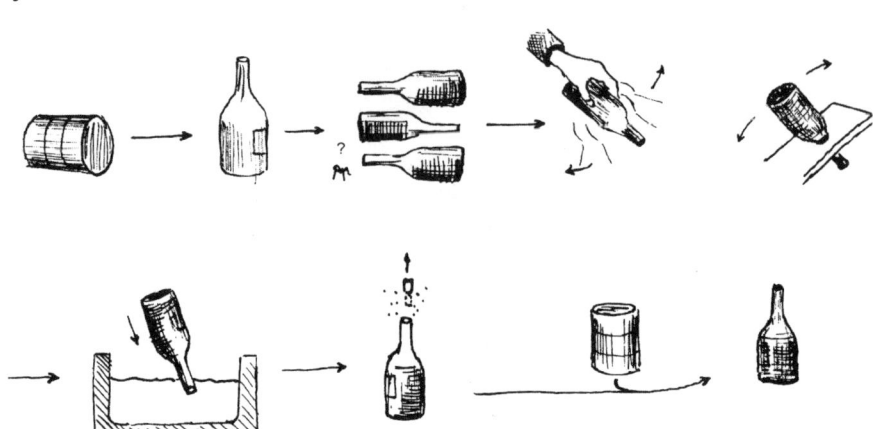

Abbildung 3 „Méthode champenoise" und das „Enthefen".

te eingesetzt. Dieses wahrscheinlich teuerste der drei Verfahren ist in Abbildung 3 schematisch dargestellt.

Nach der ersten Gärung wird der Ausgangswein zusammen mit einer speziellen Sekthefe, die vorwiegend CO_2 und wenig Alkohol produziert, in Flaschen gefüllt. Hinzu kommt noch eine Zuckerdosage als Nahrung für die Hefe. Anschließend werden die Flaschen mit einem Kronkorken verschlossen und waagerecht mit dem Hals voran in spezielle Gestelle gelegt. Nun beginnt die Hefe ihr Werk. Da sie intensiven Kontakt mit dem Wein haben muß, werden die Flaschen von Zeit zu Zeit gerüttelt und ein wenig gedreht. Dabei werden sie jedesmal etwas steiler in die Gestelle zurückgelegt, so daß nach mehreren Wochen die Flasche kopfunter liegt und die Hefe sich im Flaschenhals befindet. Dies erleichtert das Entfernen der Hefe.

Früher öffnete man die Flasche einfach mit dem Kopf nach unten, ließ die Hefe zusammen mit etwas Flüssigkeit herauslaufen und stellte die Flasche wieder aufrecht. Je nach Geschick verlor man dabei einen mehr oder weniger großen Teil des kostbaren Naß. Seit 1895 in Deutschland das sogenannte *Walfard*-Verfahren patentiert wurde, ist dieser Prozeß einfacher geworden. Hierbei wird der Flaschenhals für einige Minuten in ein −35 °C kalte Mischung von Salz und Eis gehalten, so daß der im Flaschenhals befindliche Hefepfropfen gefriert. Danach kann man die Flasche öffnen, und nur der gefrorene Teil schießt heraus. Der Flüssigkeitsverlust wird mit der sogenannten Fülldosage ausgeglichen, die zusätzlich eine letzte Geschmackseinstellung erlaubt.

Die heute gebräuchlichste Methode, Sekt herzustellen, ist die **Großraumgärung**, auf französisch „Méthode charmant" (Abbildung 4). Nachdem der Grundwein die erste Gärung hinter sich gebracht hat, wird er zusammen mit der Sekthefe und der Gärdosage in 100 000–200 000 L fassende Drucktanks gefüllt. Dort verrichten die Hefen die gleiche Arbeit wie bei der Flaschengärung. Der große Vorteil dieser Methode liegt in

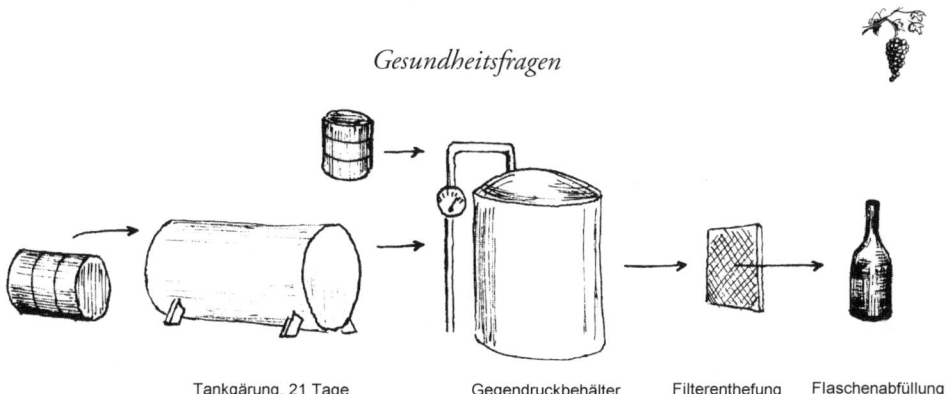

Tankgärung, 21 Tage   Gegendruckbehälter   Filterenthefung   Flaschenabfüllung

Abbildung 4 Die moderne Sektherstellung im Großraumverfahren.

der abschließenden Trennung von Hefe und Sekt. Der Sekt wird stark gekühlt, um das Kohlendioxid in Lösung zu halten. Anschließend wird er einfach filtriert.

Es gibt noch eine dritte Methode der Sektherstellung: das **Transvasierverfahren** (Abbildung 5). Hierbei findet die zweite Gärung in mehrfach verwendbaren Groß-flaschen statt, die dann in Tanks umgefüllt werden, um die Hefe wie bei der „Méthode charmant" zu entfernen. Das Transvasierverfahren bietet gegenüber der Großraum-gärung eigentlich keine geschmacklichen Vorteile, läßt aber die werbewirksame Be-zeichnung „Flaschengärung" zu.

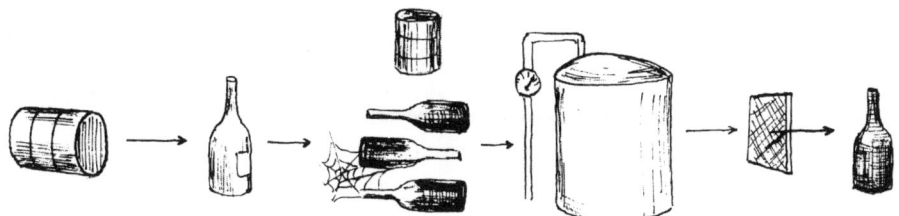

Abbildung 5 Das Transvasierverfahren.

Gesundheitsfragen

Wie alle alkoholhaltigen Getränke haben auch Wein und Sekt – im Übermaß getrun-ken – die bekannten akuten und langfristigen Folgen, die im Kapitel „Alkohol-Wir-kungen" näher behandelt werden.

Auch allergische Reaktionen auf Wein sind nicht selten. Vor allem Rotweine ent-halten sogenannte **biogene Amine**, darunter das Histamin, das bei empfindlichen Personen zu Unverträglichkeitsreaktionen führen kann. Weil der Alkohol ein im Ma-gen vorkommendes histaminabbauendes Enzym hemmt, wird Histamin manchmal in Mengen aufgenommen, die zu Unwohlsein, Juckreiz, Hautrötungen, Tränenfluß und anderen Reaktionen führen können. Die Winzer bemühen sich deshalb, durch verbesserte Hygiene die Histaminbildung der Mikroorganismen niedrigzuhalten.

In der Regel sind durchgegorene Weine besser verträglich als „neue" Weine oder Produkte, bei denen die natürliche Gärung abgebrochen wurde. Der Grund sind die schon erwähnten Fuselöle, die zu Beginn der Gärung in beträchtlicher Konzentration vorhanden sind, später aber weitgehend abgebaut werden.

Auch positive gesundheitliche Wirkungen des Weingenusses sind bekannt. Die in Frankreich auffällig niedrige Rate koronarer Herzerkrankungen (Herzinfarkte) wird als „*Französisches Paradoxon*" bezeichnet. Man führt diese Erscheinung auf den relativ hohen Weinkonsum in Frankreich zurück. Vor allem rote Trauben enthalten Farb- und Gerbstoffe (Anthocyane und Flavonoide) sowie pflanzliche Abwehrstoffe (Phytoalexine), die zum Teil in den Wein übergehen. Im menschlichen Körper scheinen diese Stoffe der Arteriosklerose und damit koronaren Herzerkrankungen vorzubeugen, indem sie den Anteil von Lipoproteinen hoher Dichte (HDL) im Blut erhöhen. Diese Lipoproteinkomplexe transportieren Cholesterol zur Leber und senken dadurch den Cholesterolspiegel im Blut. Es gibt Hinweise darauf, daß bei Rotweintrinkern das Apoprotein A$_1$, ein Bestandteil der HDL, vermehrt gebildet wird. Auch der Alkohol selbst soll – in mäßigen Mengen genossen – eine günstige Wirkung auf den HDL-Spiegel haben. Zusätzlich nimmt man an, daß die genannten Inhaltsstoffe des Rotweins auch die Zusammenballung von Blutplättchen (Thrombocyten) und dadurch die Bildung von Blutgerinnseln (Thromben) hemmen. Schließlich wirkt Wein gefäßerweiternd, möglicherweise wegen seines Gehalts an Salicylsäure und dem schon erwähnten Histamin. Nicht verschwiegen werden soll allerdings, daß es viele Stimmen gibt, die diese Untersuchungen anzweifeln. Manche Autoren halten eher den hohen Konsum von Milchprodukten für die Ursache der geringeren Anfälligkeit der Franzosen für koronare Herzleiden.

Was trinkt der Kenner?

Diese Frage läßt sich nicht sinnvoll beantworten. Jeder (jede) sollte die Weine trinken, der ihm (ihr) am besten schmecken. Trotz aller Empfehlungen und Regeln kann einem auch niemand vorschreiben, welcher Wein zu welcher Situation paßt und bei welcher Temperatur ein bestimmter Wein zu trinken ist. Auf keinen Fall sollte man sich aber scheuen, immer neue Sorten zu probieren und ab und zu auch einmal einen edlen (möglicherweise teuren) Tropfen zu erwerben.

Dem interessierten Leser sei außerdem die kurze Literaturliste am Ende des Buches oder ein Gang in die Buchhandlung empfohlen. Dort gibt es auch Weinreiseführer, die den Weinfreund so richtig auf den Geschmack bringen können, ein Wochenende oder auch länger in einem Weinbaugebiet zu verbringen. Ein Rat zum Schluß: Hierzulande wie auch im Ausland sollte man Gelegenheiten zu einer Weinprobe nicht auslassen. Häufig sind dies sehr angenehme Stunden, in denen man nicht nur dem Wein, sondern auch seinen Mitmenschen näherkommt.

Alkohol-Stoffwechsel

Holger Lindner

Alkohol (in unserem Zusammenhang, genauer gesagt, Ethanol) ist nicht nur eine Droge, wie wir im Kapitel „Alkohol-Wirkung" erfahren, sondern auch ein Gift. Dennoch findet man Ethanol fast überall auf der Welt als Bestandteil von Nahrungsmitteln und Getränken. Sein Brennwert ist hoch, er liegt mit 29,7 kJ/g zwischen dem von Fetten (38,9 kJ/g) und Kohlenhydraten sowie Proteinen (je 17,2 kJ/g) (siehe Boxen „Kohlenhydrate", „Proteine" und „Lipide").

„Zwischen Leber und Milz paßt immer ein Pils"

Eine Halbliterflasche Pils enthält etwa 16 g Alkohol. Davon können schon im Mund und in der Speiseröhre etwa 0,3 g durch Diffusion aufgenommen werden, im Magen weitere 3,2 g. Der Rest (12,5 g) wird im Dünndarm resorbiert.

Von Magen und Darm gelangt der Alkohol mit dem Pfortaderblut zur Leber, die der wichtigste Ort des Alkoholabbaus ist. Ein kleiner Teil wird aber schon im Magen durch eine Alkohol-Dehydrogenase (ADH) abgebaut. Dieses Enzym (siehe Box „Enzyme") hat eine Schutzfunktion: Es verhindert, daß Alkohol durch Diffusion zu benachbarten Organen gelangt, indem es für einen frühen Abbau sorgt, noch bevor der Alkohol den Blutkreislauf erreicht.

Wie schnell der Alkohol aufgenommen wird, hängt im wesentlichen davon ab, ob, wieviel und welche Nahrung man gleichzeitig zu sich nimmt. Manche Bestandteile der Nahrung wie Zucker, Aminosäuren und Neutralfette hemmen die Magenbewegung. Dadurch wird der Mageninhalt nur verzögert weitertransportiert. So kann beim sozialen Trinken wie dem Glas Wein bei einem kohlenhydratreichen Essen der Alkohol lange genug im Magen verbleiben, um fast völlig von der Alkohol-Dehydogenase abgebaut zu werden. Doch sobald Ethanol in den Dünndarm gelangt, sorgt die große Oberfläche der Darmwand für eine schnelle Aufnahme und den Übertritt ins Blut.

Einerseits also beeinflußt die Menge und die Zusammensetzung der Nahrung die Aufnahme und Verstoffwechselung des Alkohols, andererseits aber auch der Alkohol den Stoffwechsel von Fetten, Proteinen und Kohlenhydraten. Beim sozialen Trinken addieren sich die Alkoholkalorien zu denen der übrigen Nährstoffe. Beim Alkoholismus dagegen beginnt der Alkohol, die Kohlenhydrate und Fette in der Energiebedarfsdeckung zu verdrängen. Bald ist auch die Verwertung der Proteine verringert. Bis zu 41 % des Energiebedarfs können durch alkoholische Kalorien gedeckt werden. Der Alkohol ersetzt also wichtige Nahrungsstoffe, die dem Alkoholiker dann fehlen.

Ferner führt Alkohol zu Vitaminmangel. Betroffen ist besonders die Gruppe der B-Vitamine (Pyridoxin, Thiamin, Riboflavin und Cobalamin). Unklar ist noch, ob auch die Resorption von Vitamin C gestört wird.

Daß Alkohol bei Frauen meist schneller und stärker wirkt als bei Männern, hat vermutlich zwei Ursachen. Alkohol löst sich im Muskelgewebe erheblich besser als im Fettgewebe, das einen geringeren Wassergehalt hat. Da Frauen anteilig mehr Fettgewebe besitzen als Männer, steht dem Alkohol ein geringerer Verteilungsraum zur Verfügung, und der Alkoholspiegel des Bluts steigt auf höhere Werte.

Nach den Ergebnissen eines italienisch-amerikanischen Forscherteams von 1990 liegt eine weitere Ursache des höheren Blutalkoholspiegels bei Frauen in einer geringeren Aktivität der magenständigen Alkohol-Dehydrogenase. Der von Frauen im Magen resorbierte Alkohol erreicht also schneller und in größeren Mengen als bei Männern das Blut.

Ein Promille ist schnell erreicht

Nehmen wir für eine überschlägige Berechnung des Alkoholspiegels im Blut einmal an, daß die 16 g Alkohol der Flasche Pils vollständig resorbiert und vom Blut zu den Geweben des Körpers transportiert werden. Nach etwa 1 bis 1½ Stunden hat sich dann ein Verteilungsgleichgewicht eingestellt. Dabei ist der Alkoholgehalt der verschiedenen Gewebe nicht gleich: Nur sehr wenig löst sich zum Beispiel in den Knochen. Dem Alkohol stehen deshalb lediglich etwa 70 % der Körpermasse (das sind 49 kg bei einem 70 kg schweren Durchschnittskonsumenten) zur Verfügung. In diesem Raum, zu dem das Blut zählt, verteilen sich die 16 g Alkohol einigermaßen gleichmäßig; der Blutspiegel beträgt dann 16 g/49 000 g, abgerundet etwa 0,33 ‰. In unserer Modellrechnung führen also drei Flaschen Pils zu einem Promille.

Bei gleichem Alkoholkonsum zeigt der Alkoholspiegel aber starke individuelle Unterschiede, die vom Körpergewicht, dem Geschlecht, dem Fettgehalt, der gleichzeitig aufgenommen Nahrung und anderen Parametern abhängt. Auch der Alkoholgehalt des Getränks spielt eine Rolle: Hochprozentiger Alkohol, der „gekippt" wird, gelangt schnell ins Blut und bewirkt dort einen höheren maximalen Spiegel als dieselbe Menge Alkohol in einem weniger starken Getränk wie Bier, das langsamer genossen wird.

Die Ernüchterung

Der Blutspiegel nimmt glücklicherweise auch wieder ab – allerdings nur langsam und mit konstanter Geschwindigkeit, was in der Biochemie eine große Ausnahme darstellt. Die Geschwindigkeit der Abnahme des Alkoholspiegels hängt in erster Linie vom Körpergewicht und von dessen Anteil an Fettgewebe ab. Bei dem angenommenen Durchschnittskonsumenten werden in einer Stunde etwa 0,1 g Alkohol pro Kilogramm Körpergewicht abgebaut, das sind insgesamt 7 g, die der 49 kg große Verteilungsraum pro Stunde verliert. Ausgedrückt in der Promille-Angabe entspricht dies 0,14 ‰ pro Stunde. Man kann also leicht errechnen, daß es etwa sieben Stunden dauert, bis man nach dem Genuß von drei Flaschen Pils wieder nüchtern ist. Auch die Rechtsmedizin nutzt diesen Schätzwert, um den Blutalkoholspiegel zu einer möglichen Tatzeit zu berechnen.

Alkohol wird im Stoffwechsel durch Oxidation zu Kohlendioxid und Wasser abgebaut. Drei alkoholoxidierende Enzymsysteme sind hierfür verantwortlich: die bereits erwähnte *Alkohol-Dehydrogenase* (ADH) in Magen und Leber (siehe Abbildung 1 oben und Box „Zelle"), das *mikrosomale ethanoloxidierende System* (MEOS) vor allem in der Leber und die Katalase, ebenfalls ein Enzym der Leberzellen, auf die hier aber nicht eingegangen wird.

Im ersten Schritt des Alkoholabbaus entsteht Acetaldehyd. Dieser wird durch das Enzym *Aldehyd-Dehydrogenase* (ALDH), das sich in den Mitochondrien der Zellen befindet, weiter zu Acetat oxidiert. In Nebenreaktionen kann Acetaldehyd aber auch an Proteine binden und dadurch deren Funktion stören – dies macht den Acetaldehyd zum eigentlich giftigen Zwischenprodukt des Alkoholabbaus.

Aus dem Gleichgewicht gebracht

Bei der Oxidation von Ethanol zu Acetaldehyd werden Elektronen vom Ethanol auf Nicotinamid-adenin-dinucleotid (NAD$^+$) übertragen. Dieses Coenzym (Cosubstrat, siehe Box „Enzyme") der Alkohol-Dehydrogenase wird zu NADH reduziert:

$$\text{Ethanol} + \text{NAD}^+ \rightleftharpoons \text{Acetaldehyd} + \text{NADH} + \text{H}^+$$

In der Folge wird das gesamte Redoxgleichgewicht der Zelle zur reduzierten Seite hin verschoben (Tabelle 1). Dies ist die Hauptursache für die kurzfristigen Effekte durch Alkohol, die sich als Kater am Morgen danach bemerkbar machen. Aber auch die langfristige Verfettung der Leber und die vermehrte Einlagerung von Bindegewebe (Fibrosebildung bis hin zur Zirrhose) werden durch die reduktive Stoffwechsellage verursacht.

Tabelle 1. Redoxpaare von Metaboliten im Intermediärstoffwechsel

oxidierte Form	reduzierte Form
Pyruvat	Lactat
Acetacetat	β-Hydroxybutyrat
Glyceron-3-phosphat	Glycerol-3-phosphat
Oxalacetat	Malat

Beschäftigen wir uns kurz etwa genauer mit den biochemischen Vorgängen: Wie führt der NADH-Überschuß zu den genannten Folgen des Alkoholkonsums? Das Coenzym NAD$^+$ nimmt eine zentrale Stellung bei der Energiegewinnung in der Zelle ein; es ist Reaktionspartner vieler Stoffwechselreaktionen, z. B. der Glycolyse im Cytoplasma (siehe Box „Zelle"), des Citrat-Cyclus in der Mitochondrienmatrix (siehe Abbildung 1 unten) und der Atmungskette in der inneren Mitochondrienmembran. Diese Reaktionswege sorgen dafür, daß die mit der Nahrung aufgenommenen Stoffe zu Kohlendioxid und Wasser oxidiert werden. An vielen Reaktionen dieser Reaktionsketten nehmen NAD$^+$ und NADH teil. Sie helfen, Elektronen von den Substraten auf Sauerstoff zu übertragen, wodurch letztendlich Energie in Form von Adenosintriphosphat (ATP) erzeugt wird, das von der Zelle als universeller Energieträger genutzt wird. Während dieses Prozesses wird die Energie der Substrate zunächst mit Elektronen auf NAD$^+$ übertragen, welches dadurch zu NADH wird (Reduktion). NADH als Träger dieser energiereichen Elektronen reicht diese dann zur Endoxidation (der Bildung von Wasser aus Sauerstoff, Wasserstoff und ATP) an die Enzyme der Atmungskette weiter. Dadurch wird NAD$^+$ regeneriert.

Mit der Bildung von Lactat als Endprodukt der Glycolyse hat die Zelle jedoch eine Möglichkeit, auch bei Sauerstoffmangel, also fehlender Endoxidation, weiterhin NAD$^+$ zu regenerieren. Vor allem Skelettmuskelzellen nutzen bei hoher Belastung und relativem Sauerstoffmangel die Lactatbildung, um durch anaerobe Glycolyse weiterhin Energie gewinnen zu können – dies kann sich für uns als Muskelkater bemerkbar machen. Wie die Skelettmuskelzelle unter Sauerstoffmangel reagiert die Leberzelle bei gesteigertem Alkoholabbau mit der Bildung von Lactat, um NAD$^+$ aus NADH zu regenerieren und damit weiteren Alkohol abbauen zu können.

Der Tag danach

Kopfschmerzen und Gereiztheit, ständiger Harndrang sowie unter Umständen der erste Gichtanfall sind typische Katersymptome. Sie werden durch folgende Störungen verursacht:

Kopfschmerzen, Gereiztheit und in Extremfällen sogar Koma können durch einen Abfall des Blutzuckerspiegels (Hypoglycämie) ausgelöst werden. Der Blutzuckerspiegel wird üblicherweise von der Leber konstantgehalten. Wenn keine Glucose mit der Nahrung zugeführt wird, sorgt die Leber durch Freisetzung von Glucose aus gespeichertem Glycogen und durch Neusynthese von Glucose (Gluconeogenese) für einen konstanten Blutzuckerspiegel. Alkohol aber bremst nun die Gluconeogenese; ein intensiver Alkoholabbau kann daher zu einem ungewünschten Abfall des Glucosespiegels im Blut führen.

Alkohol blockiert in der Hirnanhangdrüse (Hypophyse) die Ausschüttung des antidiuretischen Hormons *Vasopressin,* welches die Nieren normalerweise daran hindert, zuviel Wasser auszuscheiden. Durch die verminderte Wirkung des Hormons fördert Alkohol also die verstärkte Bildung von Harn. Zusammen mit der erhöhten Flüssigkeitszufuhr, vor allem bei reichlichem Bierkonsum, führt dies zu einem häufig wiederkehrenden „Bedürfnis".

Der glücklicherweise seltene Gichtanfall nach Alkoholkonsum wird durch das Auftreten von Harnsäurekristallen in den Gelenken, vor allem in der großen Zehe, verursacht, weil die Bildung der *Harnsäure* durch Alkohol gefördert wird.

Andere Länder – andere Alkohol-Dehydrogenasen

Für die erhöhte NADH-Bildung und die Folgen ist also in erster Linie der Ethanol-abbau durch die Alkohol-Dehydrogenase (ADH) verantwortlich. Dieses Enzym ist aus zwei Untereinheiten zusammengesetzt; diese kommen in verschiedenen Formen, so-genannten **Isoenzymen,** vor, die unterschiedliche Eigenschaften aufweisen. Die Isoenzyme werden jeweils von verschiedenen Allelen (Varianten) des Gens der Alko-hol-Dehydrogenase verschlüsselt. Da einige Isozyme der ADH Alkohol wirksamer als andere oxidieren, bestimmt die genetische Ausstattung eines Menschen mit verschie-denen Allelen der Alkohol-Dehydrogenase wesentlich, wie gut er oder sie Alkohol ver-trägt, das heißt abbauen kann.

Genauer betrachtet sind bestimmte allele Formen dreier der möglichen Unterein-heiten der ADH (α, β und γ) die Ursache dieser Variabilität. Beim Vergleich von eth-nischen Gruppen verschiedener Kontinente fällt auf, daß regional unterschiedliche allele Kombinationen vorherrschen (Tabelle 2): Japaner, Vietnamesen und Chinesen vertragen Alkohol in der Regel schlechter als Europäer.

Die ADH kann durch verschiedene Medikamente blockiert werden, zum Beispiel durch Aspirin und einige H^+-Blocker (Cimetidin, Ranitidin; H^+-Blocker drosseln die Magensäureabsonderung). Die Einnahme dieser Medikamente kann deshalb schon beim „sozialen Trinken" den Anstieg des Blutalkoholspiegels beschleunigen.

Ethanol ist nicht das einzige Substrat der ADH. In der Leber ist das Enzym auch an der Inaktivierung von anderen Soffen beteiligt, z. B. von Digitalis, einem Herzglycosid, das als Medikament die Kontraktionskraft des Herzens steigert und seine Schlagfrequenz vermindert. Auch das als Frostschutzmittel bekannte Ethylenglycol

Tabelle 2. Vorkommen von Genen der menschlichen Alkohol-Dehydrogenase der Klasse I in der Leber von Europäern und Japanern (aus T. Li, W. Borson (1987) Dis-tribution and Properties of Human Alcohol Dehydrogenase Isoenzymes. Alco-hol and the Cell. Annals of the New York Academy of Sciences, Vol. 492)

Gen	Allel	Untereinheit	Häufigkeit bei Europäern	Häufigkeit bei Japanern
ADH_1	ADH_1	α	100 %	100 %
ADH_2	ADH_2^1	β_1	85 %	15 %
	ADH_2^2	β_2	15 %	85 %
	ADH_2^0	β_3	< 5 %	< 5 %
ADH_3	ADH_3^1	γ_1	60 %	95 %
	ADH_3^2	γ_2	40 %	5 %

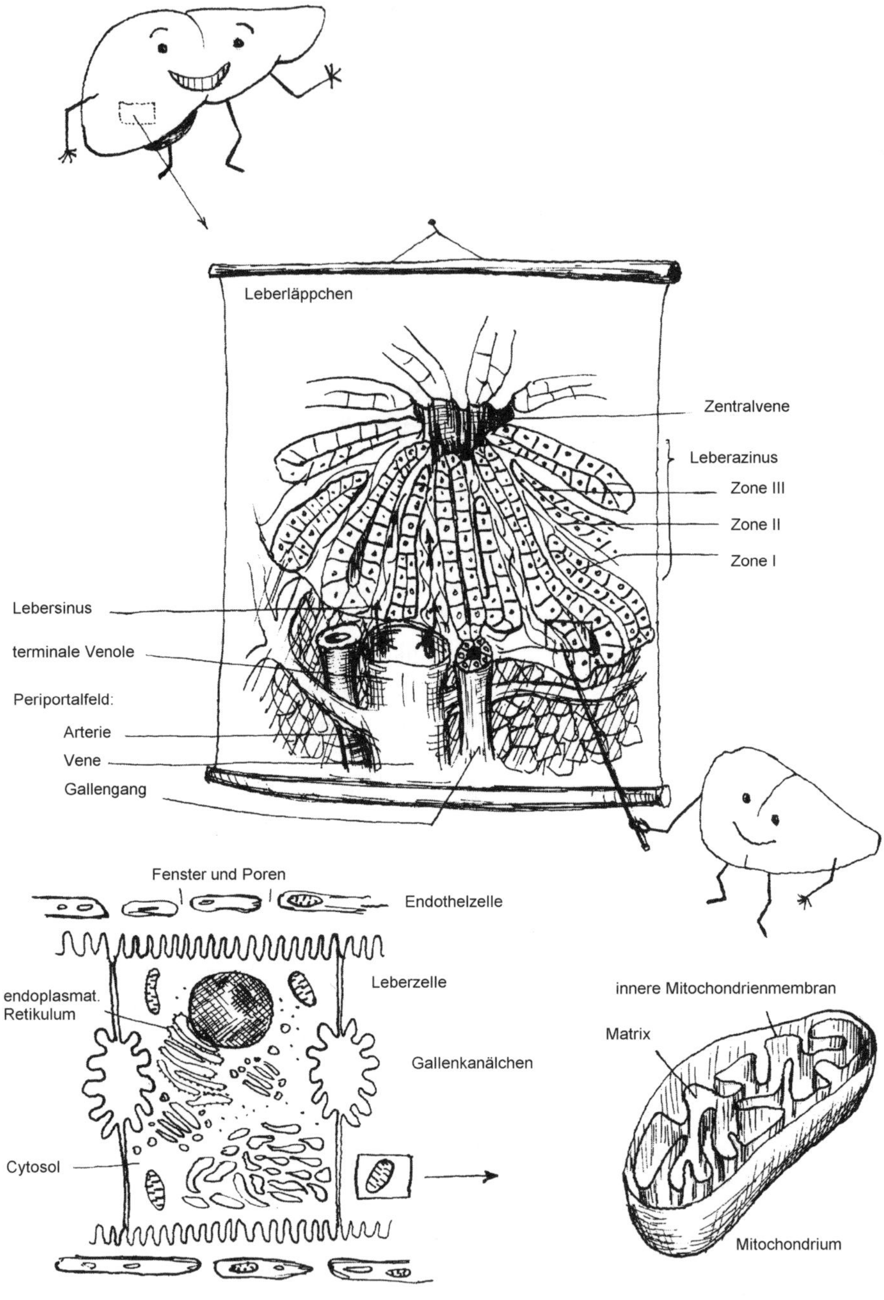

Leberläppchen

Zentralvene

Leberazinus

Zone III

Zone II

Zone I

Lebersinus

terminale Venole

Periportalfeld:

Arterie

Vene

Gallengang

Fenster und Poren

Endothelzelle

Leberzelle

endoplasmat.
Retikulum

innere Mitochondrienmembran

Matrix

Gallenkanälchen

Cytosol

Mitochondrium

Abbildung 1 Die Leber ist das für den Alkoholabbau wichtigste Organ.

kann von der ADH abgebaut werden. Diese Verbindung erlangte vor einigen Jahren traurige Berühmtheit, als sie von Weinpanschern zum Süßen von Wein eingesetzt wurde. Ethylenglycol wird zum giftigen Oxalat oxidiert, was einigen Weintrinkern die Leber ruinierte.

Arbeitsteilung in der Leber

Bei der Betrachtung der Stoffwechseleffekte des Ethanols und der daraus folgenden Leberschäden ist es wichtig, sich vor Augen zu halten, daß sich die Leberzellen abhängig von ihrer Position im Gewebe auf bestimmte Teilleistungen spezialisiert haben. Man spricht davon, daß das Lebergewebe **zoniert** ist.

Gehen wir zunächst etwas ausführlicher auf den Aufbau unseres wichtigsten Entgiftungsorgans ein:

Histologisch steht dem klassischen Leberläppchen dabei der in drei Zonen gegliederte **Leberazinus** gegenüber (Abbildung 2). Zwischen zwei Periportalfeldern (Felder in der Umgebung der Leberpforte) erstrecken sich eine terminale Arteriole mit sauerstoffreichem Blut und eine terminale Venole mit Pfortaderblut. Sie bilden die Achse, um die sich die drei Zonen gruppieren. Zusammen speisen Arteriole und Venole die radial auf eine Zentralvene zulaufenden Sinus (das sind venös-arterielles Misch-

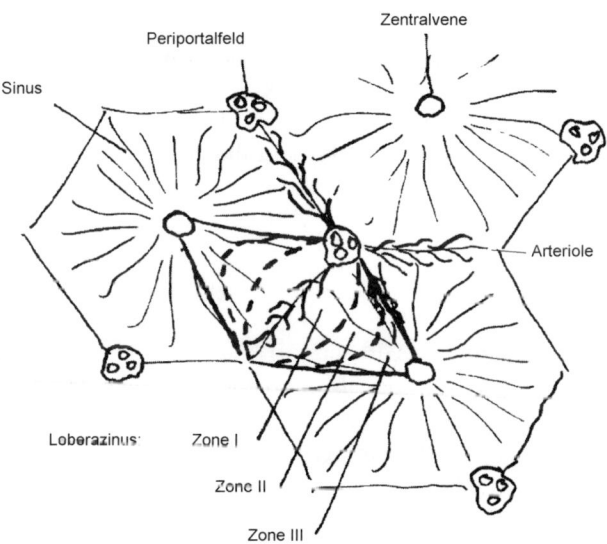

Abbildung 2 Die drei funktionellen Zonen des Leberläppchens.

43

blut führende Blutkapillaren). Über die Sinus wird das Blut in der Zentralvene gesammelt. Während des Durchtritts hat es über eine sehr große Oberfläche Kontakt mit den in Zellreihen organisierten Leberzellen. Die Fenster und Poren im Endothel (dem die Innenflächen von Blutgefäßen bedeckenden Epithel, Abbildung 1 unten) der Sinuswand erlauben den Leberzellen den Stoffaustausch mit dem Blut.

Die **Zone I** bildet einen den Periportalfeldern nahen Bereich dieses Gewebes. Sie profitiert als erste von der Sauerstoffzufuhr. Die Zellen nutzen den Sauerstoff zum Stoffwechsel und können mit seiner Hilfe Glucose aus Aminosäuren synthetisieren. Das beschriebene Absinken des Blutzuckerspiegels ist also vorrangig durch die Alkoholwirkung in Zone I bedingt.

In **Zone II** dominiert die Synthese von Fetten. Ein andauerndes Überangebot an NADH durch langfristigen Alkoholkonsum begünstigt die Verfettung der Leberzellen. Die molekulare Erklärung dafür ist wieder im Stoffwechsel zu finden: Die durch den Alkoholstoffwechsel verursachte reduktive Stoffwechsellage (siehe oben) fördert die Bildung der Ausgangsstoffe und die Synthese von Fetten, gleichzeitig hemmt sie deren Abbau.

Neben der Verschiebung des Redoxstatus der Leberzellen wirkt NADH auch direkt als Regulator auf verschiedene Enzyme des Energiestoffwechsels. Es hemmt dadurch die Glycolyse, den Citrat-Cyclus und den Abbau von Fettsäuren (β-Oxidation).

In der fortgeschrittenen Trinkerkarriere führt die Giftigkeit des Acetaldehyds zum Verlust der Abgabefähigkeit der Leber für Fette und damit zu deren Einlagerung. Es entsteht eine sogenannte *„Fettleber"*, die sich bei Absetzen der Alkoholzufuhr meist zurückbildet. Bei fortschreitender Fetteinlagerung jedoch schwellen die Zellen an und engen die benachbarten Blutkapillaren ein. Die Blut- und damit Sauerstoffversorgung der nachfolgenden **Zone III** wird beeinträchtigt.

Der Sauerstoffmangel schließlich ist einer der Faktoren, welche die Zellen der Zone III schädigen und dort zum Zelltod (Nekrose) führen. Die Zellen der Zone III übernehmen insbesondere die Entgiftungsfunktionen der Leber, in ihnen ist auch das mikrosomale ethanoloxidierende System (MEOS) konzentriert.

Entgiftung und Giftung

Die Leber kann Alkohol auch als Gift statt als Nährstoff behandeln. In der Tat werden 10–20 % des Ethanols durch das als **mikrosomales ethanoloxidierendes System (MEOS)** bezeichnete Entgiftungssystem abgebaut.

Die Komponenten des MEOS kommen in der Leberzelle in Membranen vor. Seine Enzyme, die NADPH-Reduktase und Isozyme des Cytochrom P450, sind Bestandteile der Membranen des glatten endoplasmatischen Retikulums (Abbildung 1 unten).

Cytochrom P450 oxidiert Alkohol direkt mit Sauerstoff. Dazu liefert das Coenzym NADPH über eine NADPH-Reduktase zusätzliche Elektronen, mit denen der Sauerstoff zu Wasser reduziert wird. Dabei wird Energie als Wärme frei, und Sauerstoff wird ohne ATP-Bildung umgesetzt.

$$\text{Ethanol} + \text{NADPH} + \text{H}^+ + \text{O}_2 \rightleftharpoons \text{Acetaldehyd} + \text{NADP}^+ + 2\,\text{H}_2\text{O}$$

Bei Zufuhr von Ethanol wird eine Zunahme der Membranen des glatten endoplasmatischen Retikulums beobachtet, und speziell die Cytochrome P450 werden verstärkt gebildet. Die Aktivität des MEOS kann schon nach leichtem Alkoholkonsum gesteigert sein; bei Alkoholikern bleibt diese Steigerung noch Tage bis Wochen nach Abstinenz bestehen. Neben der Anpassung des zentralen Nervensystems, die im Kapitel „Alkohol-Wirkung" ausführlich beschrieben wird, kommt es also zu einer Anpassung des Stoffwechsels, und der Alkoholiker braucht immer größere Mengen der Droge, um ihre physische Wirkung hervorzurufen.

Wie bereits erwähnt, treten alkoholbedingte dauernde Leberschäden zuerst in den Zellen der Zone III des Leberazinus auf (Abbildung 2). Hier ist das MEOS besonders stark ausgebildet. Zu der mangelnden Sauerstoffversorgung durch das Blut nach Leberzellverfettung in Zone II kommt dann noch der erhöhte Sauerstoffverbrauch durch das MEOS. Da die Zellen der Zone III ohnehin schon besonders vom Untergang bedroht sind, bleibt ihnen zur Energiegewinnung nur noch die bereits erwähnte anaerobe Glycolyse, die Lactatbildung, übrig. Zudem reduziert Cytochrom P450 den Sauerstoff nicht immer vollständig zu Wasser, sondern es entstehen auch Superoxidanionen, die ein Zellgift sind.

Keine bekannte Substanz kann den Alkohol vom MEOS verdrängen. Da die Cytochrome P450 des MEOS aber auch das Abbausystem vieler Medikamente bilden, werden diese bei gleichzeitigem Alkoholkonsum langsamer abgegeben, wodurch sich ihre Halbwertszeit im Blut (die Zeit, innerhalb derer die Hälfte der Substanz abgebaut wurde) verlängert. Von dieser akuten Wechselwirkung mit Alkohol sind besonders Beruhigungsmittel (Benzodiazepine, Meprobamat) und Schlafmittel (Barbiturate) betroffen.

Beim nüchternen Alkoholiker tritt der gegenteilige Effekt auf: Durch den chronischen Alkoholkonsum ist die Aktivität des MEOS gesteigert, und Arzneimittel werden schneller abgegeben. Dies betrifft zum Beispiel Warfarin, einen Hemmstoff der Blutgerinnung, und Isoniazid, ein Mittel gegen Tuberkulose. Auch Morphium und Methadon müssen bei Alkoholikern höher dosiert werden.

An chronischen Wechselwirkungen mit Alkohol beteiligen sich auch Substanzen, die vom MEOS zu Zellgiften oder Cancerogen (siehe Box „Mutagene und Cancerogene") aktiviert werden. Isoniazid (s. o.) und Halothan, ein Narkosemittel, können auf diese Weise dem Zelltod in Zone III des Leberazinus nachhelfen. Schmerzlindernde und fiebersenkende Mittel, z. B. Thomapyrin®, enthalten oft Paracetamol, welches durch Cytochrom P450 zu giftigen Produkten oxidiert werden kann. Daher reicht bei Alkoholikern eventuell schon ein Drittel der normalerweise notwendigen

Menge Paracetamol zu einem Selbstmord aus.

Benzol und Tetrachlorkohlenstoff, zwei organische Lösungsmittel, werden durch Cytochrom P450 zu Cancerogenen aktiviert.

Alkohol und Tabak werden häufig zusammen konsumiert. In 75 % der Fälle von Speiseröhrenkrebs ist ein direkter Zusammenhang zwischen Alkoholkonsum und Rauchen bei der Auslösung des Tumors wahrscheinlich.

Bei Alkoholismus verarmt die Leber an Vitamin A, weil sie das Vitamin verstärkt an andere Gewebe wie die Netzhaut abgibt und über die Galle ausscheidet – Prozesse, an denen ebenfalls das MEOS beteiligt ist.

Der Leberzelluntergang durch Alkohol nimmt letztendlich von Zone III seinen Ausgang. Die absterbenden Zellen dieser Zone werden durch Bindegewebe ersetzt *(Leberfibrose)*. Da dieses narbige Gewebe keine der Entgiftungsfunktionen der Leber besitzt, häufen sich die Giftstoffe im Organismus langsam an.

Acetaldehyd macht die Übelkeit

Das direkte Oxidationsprodukt des Ethanols, Acetaldehyd, kann an Proteine binden und Addukte bilden. Dies macht Acetaldehyd zu einem Gift.

Besonders weitreichende Folgen hat die Aldehyd-Bindung an das Strukturprotein Tubulin. Dieses Protein benötigen die Zellen zum Aufbau eines Bestandteils des Cytoskeletts (Gerüstes der Zellen), von dem unter anderem die Exportleistungen der Zellen abhängig sind. Durch die Adduktbildung zwischen Tubulin und Acetaldehyd verliert die Leberzelle ihre Fähigkeit, Stoffe wie Fette und Proteine zu exportieren, statt dessen lagert sie diese ein und schwillt an.

Die *Aldehyd-Dehydrogenase* (ALDH), die sich in jedem Gewebe findet, kann den Acetaldehyd zu Acetat abbauen:

$$\text{Acetaldehyd} + \text{NAD}^+ \rightleftharpoons \text{Acetat} + \text{NADH} + \text{H}^+$$

Ca. 95 % des Aldehyds werden noch am Entstehungsort, der Leber, weiteroxidiert. Eine Ausnahme bilden die Ostasiaten: Sie besitzen ein nahezu unwirksames Isoenzym der ALDH und können daher den Acetaldehyd nicht hinreichend abbauen – ein weiterer Grund für die Alkoholintoleranz dieser ethnischen Gruppe.

Auch chronischer Alkoholkonsum kann zu einer Verminderung der ALDH-Aktivität führen, wenn nicht genügend NAD$^+$ als Substrat der Reaktion zur Verfügung steht. Da Acetaldehyd auch die Mitochondrien schädigt, läßt die dort ablaufende NAD$^+$-Regeneration über die Atmungskette nach, und ein Teufelskreis schließt sich.

Disulfiram (Antabus®) wurde früher bei Alkoholismus therapeutisch angewandt (siehe Kapitel „Alkohol-Wirkung"). Es inaktiviert die ALDH und erzeugt durch erhöhte Acetaldehyd-Spiegel eine künstliche Alkoholintoleranz, die sich in Übelkeit, Kopfschmerzen, Erbrechen und möglicherweise sogar in Krämpfen äußert. Wegen ihrer zum Teil gefährlichen Nebenwirkungen wird die Substanz heute nicht mehr verwendet.

Zuletzt noch eine Positiv-Schlagzeile, die Alkohol vor allem in Form von Rotwein machte: Der Schutz vor Herzkranzgefäßverengung und Herzinfarkt, den der Rotweinkonsum den Franzosen bietet, wird als „french paradox" bezeichnet (siehe Kapitel „Wein"). Auf welchen Bestandteil des Rotweins die Schutzwirkung zurückgeht, ist noch umstritten. Wahrscheinlich sind es Inhaltsstoffe bestimmten roter Traubensorten (möglicherweise Flavonoide) oder Substanzen, die aus den Eichenfässern in den Wein übergehen. Ob eine Veränderung des Fettstoffwechsels oder ein Verminderung der Blutgerinnung für die positiven Effekte verantwortlich ist, wird ebenfalls noch erforscht.

Enzyme

Enzyme sind Biokatalysatoren. Ebenso wie Abgaskatalysatoren im Auto beschleunigen sie Reaktionen, ohne selbst dabei verbraucht zu werden.

Für alle Lebewesen sind Enzyme unverzichtbar, da sie koordinierte Stoffwechselwege ermöglichen. Wir brauchen Enzyme, um die aufgenommenen Nahrungsstoffe zu verdauen. So baut das Enzym Lactase Milchzucker und die Alkoholdehydrogenase Alkohol ab. Ohne Enzyme würden die meisten Umwandlungsreaktionen im Organismus nur äußerst langsam ablaufen, da ihre Aktivierungsenergien zu hoch sind. Enzyme eröffnen solchen Umwandlungen einen Reaktionsweg mit einer niedrigeren Aktivierungsenergie. Die Ausgangsstoffe können so die Hürde leichter überwinden und schneller zu Produkten reagieren (siehe Abbildung 3). Jedes Enzym bindet hochspezifisch nur sein Substrat, verändert es in bestimmter Weise und gibt das Produkt wieder ab.

Die meisten Enzyme sind **Proteine.** Viele benötigen Hilfsfaktoren, sogenannte **Coenzyme**, die zwar selbst keine Katalysatoren sind, aber an entscheidenden Schritten der Reaktion Hilfestellung leisten. Coenzyme können entweder dauerhaft oder vorübergehend an das Enzym gebunden sein. Ein solches Coenzym ist beispielsweise das Vitamin B_1 (Thiamin).

Enzyme setzt man z. B. bei der Fermentation von Tee und Tabak, bei der Herstellung von Bier und zur Erhöhung der Waschwirkung in Waschmitteln ein.

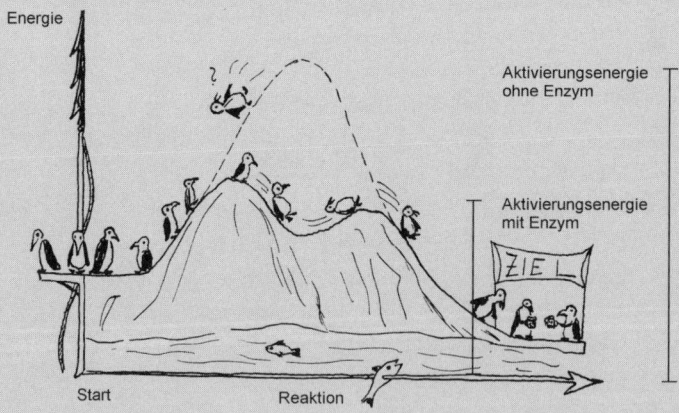

Abbildung 3 Reaktionsverlauf mit und ohne Enzym.

Alkohol-Wirkung

Thomas Korff

Alkohol ist keine Erfindung des Menschen, sondern eine der Natur. Trotzdem zeigt er beim Menschen (wie auch bei anderen Säugetieren) Wirkungen, auf die der Körper nicht eingestellt ist. Dessenungeachtet ist Alkohol als Genußmittel in fast allen Kulturkreisen zuhause.

Der Stoff mit dem gewissen Etwas

Man sollte bewußt nicht von „der Wirkung" des Alkohols sprechen, da es nicht nur eine genau umschriebene Wirkung des Alkohols auf den menschlichen Körper gibt, sondern mehrere, die sich gegenseitig beeinflussen und so neue Wirkungen hervorrufen. Man muß außerdem zwischen einer vorübergehenden und der langfristigen Wirkung des Alkohols unterscheiden. Was aber macht den Alkohol derart potent, daß er die uns wohlbekannten Effekte hervorrufen kann?

Ein Chemiker würde an dieser Stelle fragen, um welchen Alkohol es hier überhaupt geht. Für ihn bezeichnet „Alkohol" nicht nur einen einzelnen Stoff, sondern eine ganze Stoffgruppe. Der Alkohol, den wir trinken, heißt **Ethanol** oder Ethylalkohol (Abbildung 1). Das Ethanolmolekül enthält zwei Bereiche mit unterschiedlichen Eigenschaften: Die unpolare Ethylgruppe verleiht dem Alkohol die Fähigkeit, sich in Fett zu lö-

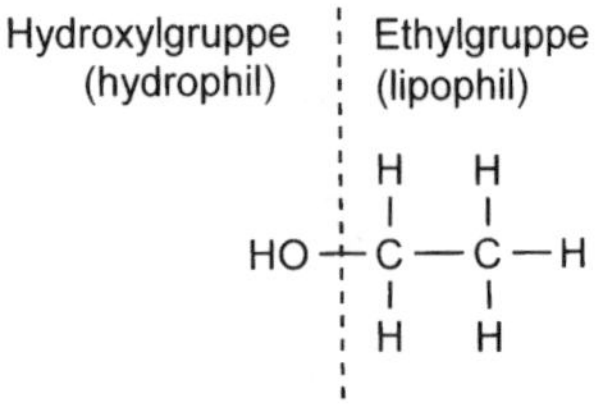

Hydroxylgruppe   Ethylgruppe
(hydrophil)   (lipophil)

$$HO - C - C - H$$

Abbildung 1   Alkohol hat einen amphiphilen Charakter.

sen. Sie verhält sich also „fettliebend" (lipophil). Die Hydroxylgruppe ist dagegen polar und ermöglicht es dem Alkohol, sich in jedem Verhältnis mit Wasser zu mischen. Sie ist also „wasserliebend" (hydrophil; siehe Box „Hydrophil-Hydrophob").

Durch diesen amphiphilen Doppelcharakter kann das Ethanolmolekül an jeden Ort des Körpers gelangen. Aufgrund seiner hydrophilen Eigenschaften löst es sich leicht im Blut und wird über diesen Weg im ganzen Körper verteilt. Seine lipophilen Eigenschaften ermöglichen es ihm andererseits, die aus Lipiden bestehenden Zellmembranen ungehindert zu durchdringen (siehe Box „Lipide"). So ist es nicht verwunderlich, daß beim Genuß von Alkohol ein Teil bereits in der Mundhöhle resorbiert wird und der Alkoholspiegel des Blutes fast immer genauso hoch ist wie der im Gehirn. Hat der Alkohol seinen Weg in das Gehirn gefunden, entfaltet er dort seine unvermeidliche – oft auch erwünschte – Wirkung. Doch was genau richtet er dort an?

Der Stoff in Aktion: Alles andere als berauschend!

Schon Shakespeare weist in „Macbeth" auf eine Wirkung des Alkohols hin:

MacDuff:
„What three things does drink especially provoke?"

Porter:
„Marry, sir, nose-painting, sleep, and urine. Lechery, sir, it provokes, and unprovokes: it provokes the desire, but it takes away the performance."

Das ist aber noch nicht alles. Alkohol hat – je nach Menge – ein breites Wirkungsspektrum, das vom leichten Beschwingtsein bis hin zum Tod reicht. Um die typischen Wirkungen zu veranschaulichen, betrachten wir eine Person bei exzessivem Alkoholkonsum. Daß wir diesen Zeitgenossen hier Willy nennen, heißt nicht, daß Alkohol nur auf Männer wirkt! Willy trinkt nur ab und zu und hat an diesem Abend noch nichts gegessen:

Willy nimmt also in einer Kneipe Platz und bestellt den ersten Drink. Der Alkohol gelangt durch Diffusion (durch die Mundschleimhäute) und Resorption (vor allem im Magen und Dünndarm) ins Blut. Da der Magen leer ist und den Alkohol nicht „abpuffern" kann, geschieht dies sehr schnell. Der aufgenommene Alkohol überwindet die Barriere zwischen Blut und Gehirn (Blut-Hirn-Schranke) und durchdringt auch die Membranen der Gehirnzellen. Diese Membranen sind wichtig für das Weiterleiten von Nervenimpulsen und damit ausschlaggebend für die Funktion des Nervensystems.

Aufgrund seiner Lipophilie löst sich Ethanol in diesen Membranen und bringt die Ordnung der dort befindlichen Moleküle durcheinander. Da die Membranordnung jedoch ein entscheidender Faktor für das Funktionieren der Nervenzellen ist, zeigt sich hier die erste Wirkung des Alkohols: Das Nervensystem arbeitet zwar noch, doch wird seine korrekte Funktion zunehmend eingeschränkt. Diesem Effekt fallen einige Gehirnbereiche früher zum Opfer als andere. Das „Hemmzentrum", welches uns an Sittlichkeit und Benehmen „erinnert", ist einer der zuerst betroffenen Teile; es wird durch den Alkohol „eingeschläfert" und somit in seiner Wirkung beeinträchtigt.

Zum Beispiel Willy: Ein Alkoholspiegel von 0,5 bis 1 Promille enthemmt ihn und gibt ihm zunächst ein Gefühl des Beschwingtseins und der Euphorie. Auch eine leichte Unkoordiniertheit der Bewegungen macht sich bemerkbar, da bereits Teile der bewegungssteuernden Gehirnzentren vom Alkohol beeinflußt sind. Willy leert schnell auch die nächsten Gläser und beschert seinem Körper dadurch einen Blutalkoholspiegel von 1 bis 2 Promille. Jetzt verstärken sich die Symptome, da sich auch die Wirkung des Alkohols auf die Membranen des Nervensystems verstärkt. Die Bewegungen werden immer unkontrollierter, Übelkeit und Schläfrigkeit kommen hinzu. Auch die Sprachmotorik wird fehlerhaft, weil Nervenimpulse nicht mehr exakt koordiniert werden können. Willy lallt deshalb bereits, als er beim Wirt weitere Alkoholzufuhr ordert.

Doch warum hat Willy noch immer Durst? Neben seinen Wirkungen auf die Nervenzellen hemmt Alkohol auch die Absonderung des Hormons Vasopressin aus der Hirnanhangsdrüse (Hypophyse). Beim Fehlen dieses Hormons sondert die Niere mehr Wasser ab. Weil dadurch dem Blut Wasser entzogen wird, erhöhen sich zwangsläufig seine Salz- und Proteinkonzentrationen. Dies wiederum führt zu einem Durstgefühl. Das Trinken von Wasser könnte in dieser Lage die Salzkonzentration des Blutes wieder normalisieren, doch da die zugeführte Flüssigkeit Alkohol enthält, bleibt der Durst bestehen. Willy, der sich gerade erleichtert hat, nimmt wieder an der Theke Platz und läßt seinen Blutalkoholspiegel auf 2 bis 3 Promille hochschnellen. Völlig enthemmt plaudert er in die Luft. Er zeigt emotionale Anfälle und zeitweise Sprachausfälle. Schließlich übergibt er sich und schlägt wild um sich, als der Wirt versucht, ihn aus der Kneipe zu entfernen. Willy findet sich auf der Straße wieder und kann kaum noch geradegehen. Er spürt keinen Schmerz, als er gegen einen Laternenpfosten prallt, weil sein Schmerzzentrum betäubt ist. Er hat immerhin Glück, daß der Wirt ihn rechtzeitig hinauskomplimentiert hat – denn bei 3 bis 4 Promille hätte er bereits in ein Koma fallen können, bei dem das Nervensystem so stark betäubt ist, daß das Bewußtsein schwindet. Bei einem Alkoholspiegel von 5 Promille und mehr folgt die Ausschaltung der lebenserhaltenden Systeme wie des Atemzentrums. Es kommt dann zu einer Verringerung der Atemfrequenz und schließlich zum Tod durch Atemstillstand oder Kreislaufzusammenbruch.

Als Willy morgens erwacht, ist er unausgeschlafen, zittrig und hat entsetzliche Kopfschmerzen. Kopfschmerzen und Übelkeit sind überwiegend auf sogenannte „Fuselöle" (höhere Alkohole) und auf Methanol zurückzuführen, die vor allem in Billigalkoholika enthalten sind. Viele ihrer Abbauprodukte sind giftig und verursachen die beschriebenen Symptome. Alkohol wirkt auch auf den Schlaf. Dieser besteht aus aufeinanderfolgenden Phasen, deren richtige Dauer und Reihenfolge für einen erholsame Nachtruhe ausschlaggebend sind. Das Fehlen oder die Verlängerung einzelner Phasen führt zu einem unausgeglichenen Schlaf. So werden die REM-Phasen (von engl. rapid eye movement), in denen wir die Augen schnell bewegen und auch träumen, je nach genossener Alkoholmenge mehr oder weniger stark unterdrückt und erst in den folgenden Nächten nachgeholt. Daher kommt es sowohl in der Nacht des Alkoholgenusses als häufig auch in der folgenden Nacht zu einem unruhigen Schlaf.

Das Zittern ist eine erste Entzugserscheinung als Folge des Alkoholexzesses vom Vorabend. Das Nervensystem versucht, dem beruhigenden Effekt von Ethanol entgegenzuwirken und arbeitet nun mit erhöhter Aktivität. Ohne Alkohol ist dies jedoch zuviel für den Körper. Es kommt zu einer unkoordinierten Stimulation der Muskeln, zum sogenannten Tremor: Willy kann kaum den Kaffee halten, mit dem er seinen umnebelten Geist zu klären versucht.

Alkoholismus, die schleichende Krankheit

„Warum trinkst du?" fragte der kleine Prinz. „Um zu vergessen" antwortete der Säufer. „Um was zu vergessen?" erkundigte sich der kleine Prinz, der ihn schon bedauerte. „Um zu vergessen, daß ich mich schäme" gestand der Säufer und senkte den Kopf. „Weshalb schämst Du dich?" fragte der kleine Prinz, der den Wunsch hatte, ihm zu helfen. „Weil ich saufe!" endete der Säufer und verschloß sich endgültig in sein Schweigen ...
(aus Saint-Exupéry: Der kleine Prinz)

Alkohol ist eine Droge, deren ständiger Konsum zur Abhängigkeit führen kann. Er verändert normale Körperfunktionen dauerhaft und führt so zu Entzugserscheinungen, denen der Körper ab einem bestimmten Stadium nicht mehr gewachsen ist: Die betroffene Person wird körperlich abhängig. Der Alkoholismus betrifft einen nicht unwesentlichen Teil der Bevölkerung. Etwa 7 % der Erwachsenen sind als schwere Trinker (als körperlich alkoholabhängig) einzustufen. Allein in den USA beliefen sich 1990 die Kosten für die Behandlung von Alkoholabhängigen auf 136 Milliarden Dollar.

Tabelle 1. Einteilung der Trinker

α-Trinker	Konflikt-/Erleichterungstrinker
β-Trinker	Gelegenheitstrinker
γ-Trinker	süchtiger Trinker mit psychischer und physischer Abhängigkeit, jedoch abstinenzfähig
δ-Trinker	Gewohnheitstrinker, Spiegeltrinker mit starker psychischer und physischer Abhängigkeit, der zum Wohlbefinden immer einen gewissen Alkoholspiegel benötigt, nicht mehr abstinenzfähig
ε-Trinker	episodischer Trinker mit Trinkanfällen in bestimmten Quartalen, „Quartalstrinker" (meist psychisch bedingt – Psychosen).

Das Kernproblem: Die Psyche

Alkoholismus hat mehr mit der Psyche zu tun als mit der Droge Alkohol selbst. Er betrifft meist Personen, deren soziales Umfeld gestört ist und die keine Möglichkeit sehen, ihre Probleme anders zu kompensieren als eben durch Alkohol. Auch der Charakter einer Person spielt eine wichtige Rolle. Bei hohem Gefährdungspotential – also geringen Kompensationsmöglichkeiten – genügt oft ein einziges größeres Problem (in der Partnerschaft oder am Arbeitsplatz), um jemanden zur Flasche greifen zu lassen.

An dieser Stelle tritt der Betroffene in einen sogenannten *Circulus vitiosus* (Teufelskreis) ein (Abbildung 2). Nach einem Alkoholexzeß leidet er unter Katererscheinungen und ist übermüdet, hat sich aber mit seinem eigentlichen Problem nicht auseinandergesetzt. Der Alkohol hat also das Problem noch verstärkt. Um den Körper wieder in den Griff zu bekommen, kommt es zum „Nachtrunk", der die Symptome tatsächlich bekämpft. Subjektiv hilft der Alkohol also ein weiteres Mal. Erneute Alkoholexzesse sind die Folge, wobei der Konsum immer mehr gesteigert werden muß, um den gleichen betäubenden Effekt hervorzurufen. In diesem Stadium ist der Betroffene bereits psychisch abhängig, weil er meint, ohne die Droge nicht mehr leben zu können. Nach einiger Zeit kommt ein Punkt, an dem er nicht mehr zum alkoholfreien Leben zurückkehren kann, weil der Körper den Alkohol zum „normalen" Funktionieren benötigt und mit Entzugserscheinungen reagiert. Der Alkoholismus entwickelt sich also schleichend, weil der Betroffene die Grenze zur Abhängigkeit unbewußt überschreitet.

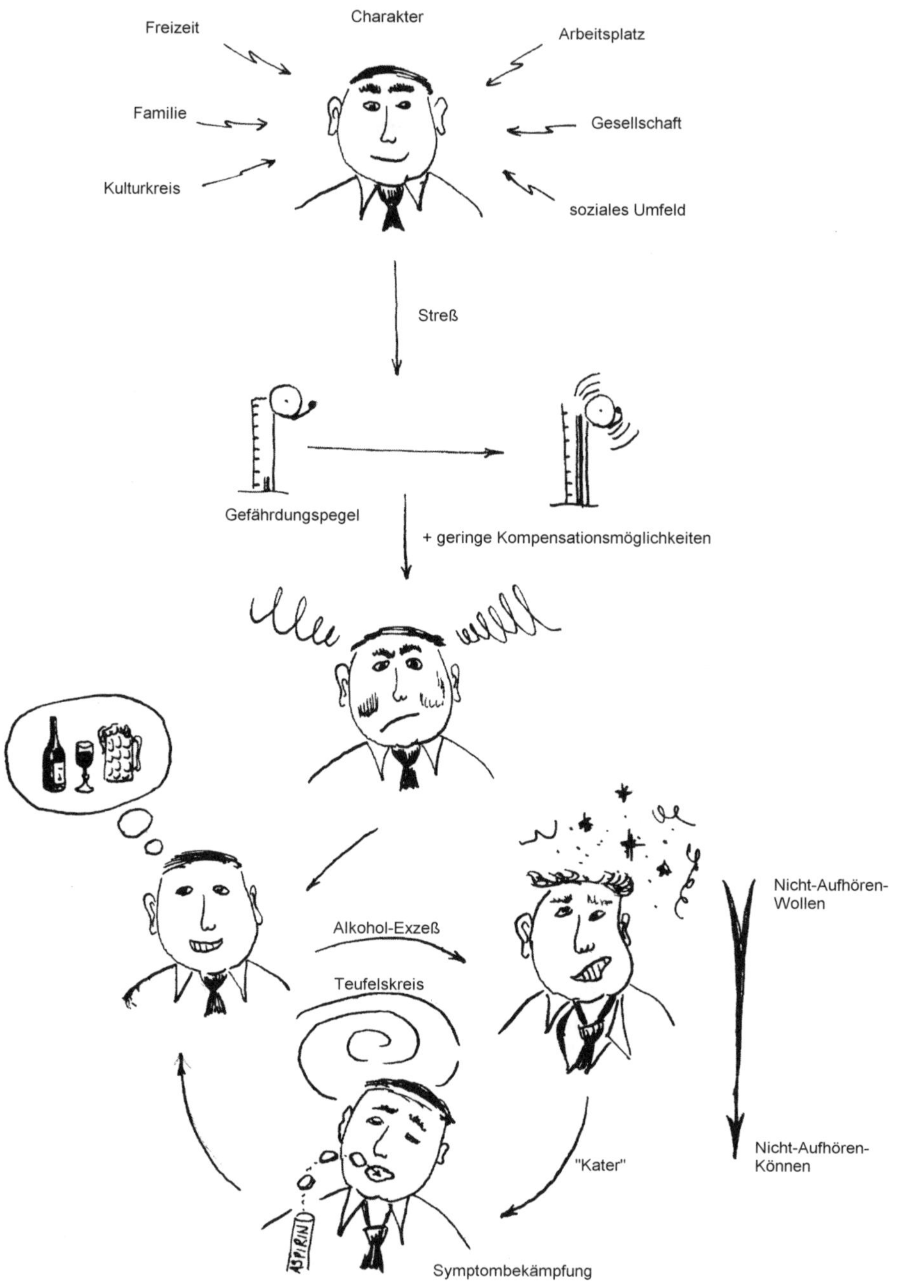
Freizeit
Charakter
Arbeitsplatz
Familie
Gesellschaft
Kulturkreis
soziales Umfeld
Streß
Gefährdungspegel
+ geringe Kompensationsmöglichkeiten
Alkohol-Exzeß
Teufelskreis
Nicht-Aufhören-Wollen
"Kater"
Nicht-Aufhören-Können
ASPIRIN
Symptombekämpfung

Abbildung 2 Die Entstehung des Teufelskreises Alkoholismus.

Es ist heute noch nicht möglich, die Wirkungen des Alkohols vollständig zu beschreiben. Die in diesem Zusammenhang unternommenen Tierexperimente lassen sich nicht ohne weiteres auf den Menschen übertragen. Einen Eindruck von der chronischen Wirkung der Droge auf den menschlichen Organismus sollen die folgenden ausgewählten Beispiele vermitteln.

Toleranz – der erste Schritt zur Abhängigkeit

Toleranz ensteht, wenn ein System auf Veränderungen von außen in einer Weise reagiert, die diese Einflüsse wenigstens teilweise ausgleicht. Auf dem Weg zur körperlichen Abhängigkeit vom Alkohol tritt, wie erwähnt, rasch Gewöhnung ein. Für eine gleiche Rauschwirkung muß dann zunehmend mehr Alkohol getrunken werden, das heißt, der Körper toleriert mehr und mehr Alkohol, bevor dieser seine Wirkung zeigt. Der Körper kann dann sogar mit sonst tödlichen Mengen zurechtkommen: Chronische Alkoholiker haben nicht selten einen Alkoholspiegel von 4 bis 5 Promille, eine Menge, die bei einem Ungewöhnten mit Sicherheit zum Tode führt.

Für diese Anpassung sind die beiden folgenden grundlegenden Mechanismen verantwortlich.

Metabolische Toleranz

Die Entstehung der metabolischen Toleranz beruht auf beschleunigtem Abbau des Alkohols durch eine Erhöhung der Menge der zuständigen Enzyme. Dies gilt vor allem für die Alkohol-Dehydrogenase (ADH), das wichtigste Enzym bei der Verarbeitung von Ethanol. Zusätzlich werden neue Ethanolabbauwege erschlossen, beispielsweise das mikrosomale ethanoloxidierende System (MEOS; siehe Kapitel „Alkohol-Stoffwechsel").

Neuronale Toleranz

Neuronale Toleranz ist der Versuch des Organismus, durch Anpassung an die veränderten Bedingungen die Funktion des Nervensystems aufrechtzuerhalten. Diese Reaktionen führen auch zu den ersten Entzugssymptomen. Wie erwähnt, sind vor allem die äußeren Membranen der Nervenzellen für die Weiterleitung von Nervenimpulsen verantwortlich (siehe Box „Erregungsleitung"). Diese wird durch Ionenkanäle vermittelt – Proteine, die in diesen Membranen verankert sind und geladene Teilchen wie Kalium-, Natrium- und Chlorid-Ionen aus der Zelle heraus- oder in die Zelle hineinlassen. Das Ein- und Ausströmen der Ionen ändert lokal das Membranpotential und führt zu einem elektrischen Impuls, der von Zelle zu Zelle weitergeleitet wird. Die Übertragung des Signals von einer Zelle auf die nächste übernehmen chemische Substanzen, die Neurotransmitter. Sie werden von einer Zelle ausgeschüttet und binden an Rezeptoren der Nachbarzelle.

Ionenkanäle und Rezeptoren funktionieren nur, wenn sie von speziellen Membranbestandteilen umgeben sind. Solange die Molekülbewegung gering ist, in der Membran also molekulare Ordnung herrscht, funktioniert eine Nervenzelle normal. Ethanol löst sich nun in den Membranen und schwächt den Zusammenhalt der Membranmoleküle. Durch die erhöhte Beweglichkeit der Bestandteile geht die Ordnung der Membran teilweise verloren, die Rezeptoren und Ionenkanäle verlieren ihre Umgebung und werden in ihrer Funktion beeinträchtigt. Außerdem kann Ethanol Ionenkanäle und Rezeptoren durch Anlagerung auch direkt stören. Bestimmte Rezeptorsysteme, wie das GABA-System (GABA = γ-Aminobuttersäure, Abbildung 3), können sich dann nicht mehr zuverlässig öffnen oder schließen. Die Folge ist eine dauerhafte Öffnung der Chloridkanäle und damit eine anhaltende Hemmung der nachgeschalteten Nervenzellen.

Darauf beruht vermutlich der beruhigende (sedative) Effekt des Alkohols. Die Hemmung des GABA-Systems hat außerdem eine Störung von Bewegungsabläufen zur Folge, weil es auch für die Bewegungsbildung im Großhirn von Bedeutung ist. Deshalb werden bei zunehmendem Alkoholkonsum die Bewegungen immer langsamer, unausgeglichener und unkontrollierter.

Was aber bedeutet nun Toleranz? Der menschliche Körper besitzt verschiedene Möglichkeiten, den Beeinflussungen des Nervensystems zu begegnen, so daß er auch im alkoholisierten Zustand noch einigermaßen funktionstüchtig bleibt. Der erhöhten Molekularbewegung in der Membran wirken die Zellen entgegen, indem sie auf bisher noch ungeklärte Weise die Zusammensetzung ihrer Membranen sowie die Membranbausteine selbst verändern. So ändert sich zum Beispiel Phosphatidylinositol – ein Baustein jeder Membran, der an der Aufrechterhaltung der Membranordnung beteiligt ist – unter chronischem Alkoholeinfluß. Die gebildete Molekülvariante scheint die Membran „resistenter" gegen Alkohol zu machen. Es können sich weniger Ethanolmoleküle in der Membran lösen, die Molekülarbewegung wird geringer und die Umgebung der Rezeptoren somit stabiler.

Auch Membranproteine passen sich an, indem sie ihre Struktur ändern (sogenannte Desensibilisierung). Außerdem kann der Körper die Anzahl der Rezeptoren auf der Zelloberfläche erhöhen, so daß weiterhin genügend funktionierende Rezeptoren für die Reizleitung zur Verfügung stehen. Um den beruhigenden Effekt des Alkohols auszugleichen, wird außerdem die Frequenz der Nervenimpulse gesteigert.

Alle diese Anpassungsmechanismen zeigen das Bemühen des Organismus, seine Aufgaben trotz des Alkoholspiegels noch zu erfüllen. Die erworbene Toleranz macht sich als zunehmende Verträglichkeit immer größerer Alkoholmengen bemerkbar:

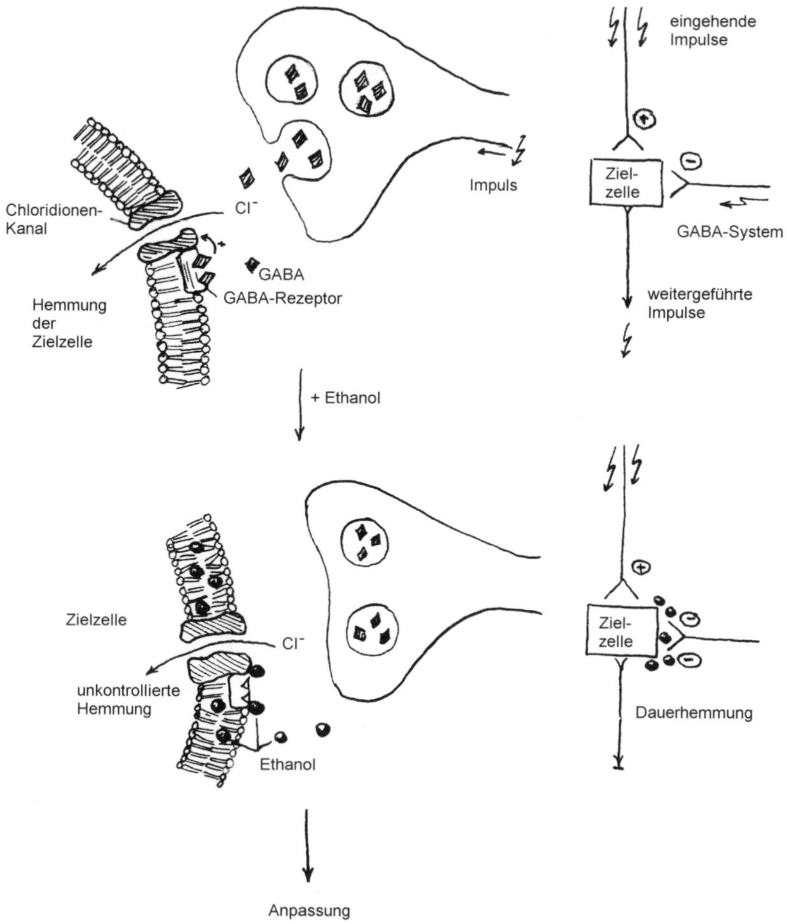

Chloridionen-Kanal

Cl⁻

Impuls

GABA
GABA-Rezeptor

Hemmung der Zielzelle

eingehende Impulse

Ziel-zelle

GABA-System

weitergeführte Impulse

+ Ethanol

Zielzelle

Cl⁻

unkontrollierte Hemmung

Ethanol

Ziel-zelle

Dauerhemmung

Anpassung

Abbildung 3 Wirkung von Ethanol auf das GABA-System.

Ausfallerscheinungen, unter denen ein ungeübter Trinker leidet, treten nun erst bei höheren Dosen auf. Um die gleiche berauschende Wirkung von Ethanol zu erzielen, muß der Betroffene dann die Trinkhäufigkeit und die Alkoholmenge steigern (Tabelle 2).

Tabelle 2. Wirkungen von Alkohol bei Alkoholikern und Gelegenheitstrinkern

Blutkonzentration Ethanol in Promille	Symptome bei Gelegenheitstrinkern	Symptome bei Alkoholikern
0,5 – 1	Euphorie, Enthemmung, Unkoordiniertheit	keine wesentlichen Effekte
1 – 2	Ataxie (schwankender Gang), Übelkeit, Schläfrigkeit	Unkoordiniertheit, Euphorie
2 – 3	Erbrechen, Betäubung, Sprachausfälle	Emotionalisierung, Ausfälle der Motorik
3 – 4	Koma	Schläfrigkeit
> 5	Tod	Koma, Betäubung

Der körperliche Zwang zu trinken

Der Übergang zur physischen Abhängigkeit ist schleichend und vom Individuum abhängig. Deshalb wird auch diskutiert, ob es Gene gibt, die ein Individuum zum Alkoholismus prädestinieren. Physische Abhängigkeit ist erreicht, wenn der Organismus den Alkoholspiegel als den Normalzustand betrachtet und sein Funktionieren auf diesen Status eingerichtet hat. Bei Alkoholentzug treten Effekte auf, die der Wirkung des Alkohols entgegengesetzt sind. Je nach körperlicher Konstitution und Grad des Alkoholismus sind diese Entzugserscheinungen unterschiedlich stark. Fast immer kommt es etwa acht Stunden nach Absetzen des Alkohols zu Unruhe, Tremor (unkontrolliertes Muskelzittern), Übelkeit und Erbrechen. Diese Symptome haben ihren Ursprung größtenteils im Nervensystem, das bei Abwesenheit des Alkohols überaktiv ist.

Schon 24 Stunden nach Alkoholentzug leiden 34 % der schweren Alkoholiker unter Krampfanfällen. Krämpfe entstehen, wenn eine Gruppe von Muskeln durch ständige ungezügelte Nervenimpulse aktiviert wird und sich unkontrolliert zusammenzieht. Dieses Phänomen wird in der Entzugsphase durch die Überaktivität des Nervensystems verursacht, weil unter anderem das GABA-System die Nervenimpulse für Muskelgruppen nicht mehr hemmen kann.Die Anfälle treten ein- bis sechsmal im Abstand von sechs Stunden auf und enden in 3 % der Fälle im sogenannten *Status epilepticus*, einem Krampfzustand, der über Stunden anhalten kann. In einem solchen Fall ist eine klinische Behandlung lebenswichtig.

Bei 5 % der Alkoholiker (> 5 % bei über Dreißigjährigen), die bereits drei bis fünf Jahre alkoholabhängig waren, kommt es nach einigen Tagen zum sogenannten *Delirium tremens*. Dieser Zustand ist von starkem Tremor, Herzjagen, Augenengstellung, Fieber, Halluzinationen, Agressivität, Übelkeit, unkontrollierten Muskelzuckungen und Krämpfen bestimmt. Das alkoholische Delirium tritt in mehreren abrupten Episoden innerhalb von Tagen bis Wochen auf und muß unbedingt stationär behandelt werden. Die Sterblichkeit beträgt 15 %. Der Grund für diese hohe Rate an Todesfällen ist der starke Wasserverlust – vier bis zehn Liter am ersten Tag des Deliriums sind keine Seltenheit – und die oft stark erhöhte Körpertemperatur der Betroffenen. Der Tod tritt meist durch einen Kreislaufkollaps ein.

Valium unterstützt den Entzug

Um der akuten Entzugserscheinungen Herr zu werden, erfolgt eine Behandlung mit Mitteln, deren Wirkung denen des Alkohols entspricht, die also ebenfalls beruhigend wirken und dem Organismus das Vorhandensein der Droge vortäuschen. Sie wirken aber meist nur an bestimmten Rezeptoren und Ionenkanälen des Nervensystems und beeinflussen nicht, wie der Alkohol, die Zusammensetzung der Membranen. Dadurch können sich die Membranverhältnisse normalisieren, ohne daß die durch Alkoholentzug ausgelösten Symptome lebensbedrohlich stark auftreten. Die gefährlichsten Entzugserscheinungen sind Krämpfe. An dieser Stelle setzt eine für die Entzugsbehandlung wichtige Stoffgruppe an: die Benzodiazepine, zum Beispiel Valium® (siehe Abbildung 4).

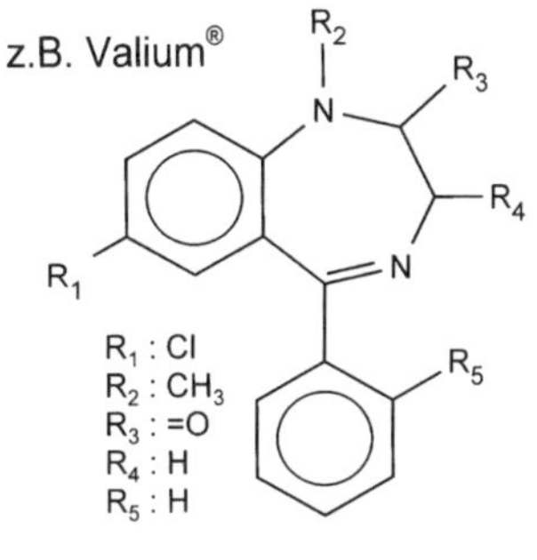

z.B. Valium®

R_1 : Cl
R_2 : CH$_3$
R_3 : =O
R_4 : H
R_5 : H

Abbildung 4 Benzodiazepine.

Benzodiazepine wirken bei Alkoholikern nur in hohen Dosen. Sie öffnen die Chloridkanäle der GABA-Rezeptoren und gleichen so die fehlende Alkoholwirkung (die Daueröffnung) zum Teil aus. Dadurch werden die Zielzellen ausreichend gehemmt, die Nervenimpulse gedämpft und die Krämpfe verhindert (siehe Abbildung 5). Ist die akute Entzugsphase überstanden, hat der Organismus sich wieder den „normalen" Umständen angepaßt, und seine Funktion ist nicht mehr von Alkohol abhängig.

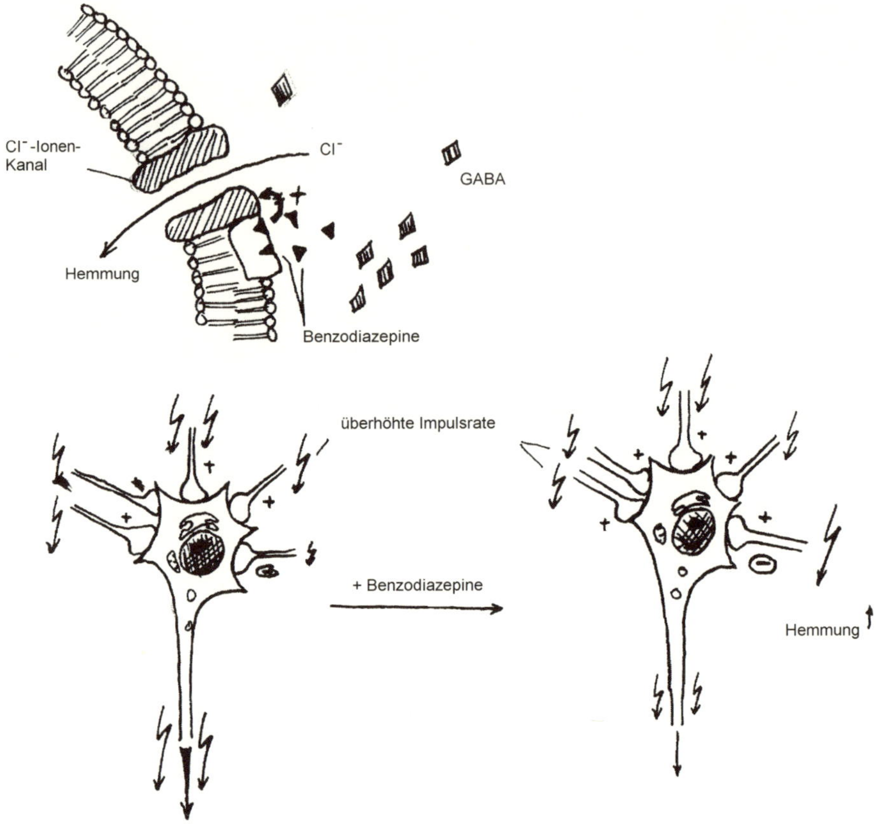

Cl⁻-Ionen-Kanal

Cl⁻

GABA

Hemmung

Benzodiazepine

überhöhte Impulsrate

+ Benzodiazepine

Hemmung ↑

Abbildung 5 Wirkung der Benzodiazepine auf das GABA-System.

Therapie danach: Die Sanierung der Psyche

Die größte Gefahr für den „Ex-Alkoholiker" ist der Rückfall. Aus der Klinik entlassen, steht er erneut vor seinen Problemen. Die Erinnerung an frühere „schöne" Rauscherlebnisse verführt dann leicht zum Griff nach der Flasche. Tatsächlich werden die meisten entwöhnten Alkoholiker rückfällig, so daß eine Nachbehandlung unbedingt nötig ist. Trotzdem ist die Erfolgsquote niedrig. Jeder Rückfall bewirkt, daß der Organismus sich nach Genuß von nur wenig Alkohol an seinen ehemaligen Zustand „erinnert", besonders dann, wenn die Entwöhnung erst kurze Zeit zurückliegt. Schnell paßt sich der Körper wieder an die Droge an, und der Betroffene ist erneut abhängig. Deshalb sollte sich eine psychologische Nachbehandlung anschließen, in der der Alkoholiker allein oder in einer Therapiegruppe betreut wird.

Diese Art der Rehabilitation wurde früher häufig mit einer sogenannten abhorrierenden (abschreckenden) Therapie kombiniert, die die Erinnerung an die angenehmen Rauschbilder negativ überlagern sollte. Für diese Therapie wird *Disulfiram* (Antabus®, von engl. „anti-abuse") eingesetzt, eine Verbindung, die ursprünglich in der Gummiindustrie als Quervernetzer und Antioxidationsmittel diente. Die Karriere von Antabus als Entzugsmedikament begann, als zwei dänische Wissenschaftler es als Wurmkurmittel an sich selber testeten. Nach Einnahme der Substanz besuchten sie abends eine Cocktailparty und tranken etwas Alkohol. Schon diese geringe Dosis löste bei ihnen den „Antabuseffekt" aus: Übelkeit, Herzjagen, Schwitzen, bohrende Kopfschmerzen und Angst bis zur Todesangst. Die Ursache dieses Effekts ist die Inaktivierung der Acetaldehyd-Dehydrogenase (ALDH) durch Abbauprodukte von Disulfiram. Der beim Ethanolabbau entstehende giftige Acetaldehyd häuft sich daraufhin an und verursacht die Antabus-Symptome (siehe „Alkohol-Stoffwechsel" und Box „Enzyme").

Die Antabusbehandlung erfolgte unter ärztlicher Aufsicht, da Alkoholgenuß unter diesen Bedingungen tödlich enden kann. Nach Verabreichung einer Wochendosis Antabus® gab man dem Patienten ein wenig Alkohol (5–10 g). Durch die danach auftretenden leichten Symptome sollte weiterer Alkoholgenuß vergällt werden. Heute verzichtet man meist auf eine derartige Therapie und verläßt sich vorwiegend auf psychologische Hilfen.

Steter Tropfen höhlt den Stein

Die Alkoholabhängigkeit fordert ihren Tribut jedoch nicht nur in Form von Entzugserscheinungen: Die ständige Einnahme von Alkohol in großen Mengen schädigt außer dem Gehirn auch weitere Organe des Körpers. Betroffen sind vor allem die Organe, die dem Alkohol besonders ausgesetzt sind – Magen, Darm und Leber, vor allem letztere, das größte Entgiftungs- und Stoffwechselorgan des Körpers, das auch die meisten alkoholverarbeitenden Enzyme enthält.

Unter dem Einfluß von Alkohol verändert sich der Stoffwechsel in den Leberzellen (siehe „Alkohol-Stoffwechsel"). Insbesondere der Fettsäurestoffwechsel gerät aus dem Gleichgewicht. Die Anhäufung von Fett in den Leberzellen führt zur Ausbildung einer **Fettleber**. Das Gewicht der Leber kann sich dabei verdreifachen. Eine Fettleber ist klinisch meist unauffällig und bleibt lange Zeit reversibel. Bei fortgesetztem Alkoholkonsum kommt es aber häufig zu Leberentzündungen (Fettleberhepatitis). Leberzellen sterben dabei ab und werden durch Bindegewebe ersetzt. Mit der Zeit entwikkelt sich eine gefährliche, nicht mehr umkehrbare **Leberzirrhose**. Die Leber verliert ihren normalen Aufbau und kann ihre Funktion nicht mehr erfüllen. Dann hilft nur noch eine umfassende Alkoholentzugstherapie mit anschließender körperlicher Erholungsphase. Ohne solche Maßnahmen und bei fortgesetztem Alkoholmißbrauch stirbt der Betroffene an den Folgen des Leberversagens (man spricht von „parenchymatöser Insuffizienz").

Bei der Ausbildung von Leberschäden spielen auch andere Faktoren wie die Ernährungsweise, im Alkohol enthaltene Fuselöle, Fehlabsorption von Nährstoffen durch Darmschädigung und nicht zuletzt die genetische Veranlagung eine Rolle. Einen klaren Hinweis auf den Zusammenhang zwischen Leberzirrhosen und Alkohol lieferte die Prohibition in Amerika: Während dieser Zeit sank die Zahl der Zirrhosen drastisch ab.

Wenn Alkohol das Brot ersetzt

Wie schon erwähnt, spielen neben dem Alkohol selbst auch andere Faktoren bei der Schädigung des Organismus durch Alkoholismus eine Rolle. Sekundäre Schäden sind solche, die nicht direkt durch den Alkoholeinfluß entstehen. Darunter fallen zum Beispiel alle Organerkrankungen, die als Folge der Leberschädigung auftreten. Besonders häufige Begleiterscheinungen des Alkoholismus sind Fehlernährung und Vitaminmangel.

Alkohol ist sehr energiereich (1 g liefert 29,7 kJ). Alkoholiker decken deshalb bis zu 60 % ihres Energiebedarfs durch Alkohol. Da sie andere Nährstoffquellen häufig vernachlässigen, ist auch die Zufuhr von Vitaminen (insbesondere von B_{12}, B_6, B_1 und Pantothensäure) gestört. So kann die Aufnahme von Thiamin (Vitamin B_1) bei Alkoholikern um bis zu 90 % verringert sein.

Thiamin ist die Vorstufe des Coenzyms Thiamindiphosphat, das für den Kohlenhydrat- und Energiestoffwechsel jeder Zelle unentbehrlich ist und daher gerade bei Alkoholkonsum vermehrt benötigt wird. Fehlt Vitamin B_1, arbeiten verschiedene Enzyme (z. B. der Pyruvat-Dehydrogenase-Komplex oder die Transketolase) nur noch unzureichend, was sich besonders in Geweben mit einem intensiven Energiestoffwechsel wie Muskel- oder Nervengewebe bemerkbar macht. Lähmungen und Schwächung aller Muskeln, einschließlich des Herzens, können sogar zum Tode führen. Der Muskelschwund, ein typisches Symptom des B_1-Mangels, ist an den Waden besonders auffällig.

Durch die Schädigung des Gehirns kommt es zu Tremor, Verlust der Muskelkoordination, zu Kopfschmerzen, Apathie, Erbrechen, Übelkeit, *Delirium tremens* und in seltenen Fällen sogar zum Koma. Psychische Folgen dieser Hirnschädigungen sind nachlassende Intelligenz, Desorientiertheit, Phantasien, Verwirrung, Merkschwäche und Halluzinationen. Diese Symptome werden zusammenfassend als **Wernicke-**

Korsakow-Syndrom bezeichnet. Auch das periphere Nervensystem ist betroffen. Die Nervenfasern verlieren durch den gestörten Energiestoffwechsel ihre Myelinhülle und sind dann nicht mehr in der Lage, Impulse normal weiterzuleiten. Taubheitsgefühl, Vibrationsunempfindlichkeit, Tremor, Gliedmaßenschwäche und Nervenentzündungen mit Druckschmerz sind die Folge (**Burning-Feet-Syndrom**).

Die Fülle der in besprochenen Wirkungen des Alkohols macht deutlich, wie potent diese Droge ist. Alkohol wirkt immer auf den gesamten Körper des Menschen und beeinflußt ihn an vielen Stellen gleichzeitig. Daß Alkohol bei uns ein legales und sozial akzeptiertes Genußmittel ist, darf nicht darüber hinwegtäuschen, daß der menschliche Organismus nicht für andauernden Alkoholkonsum geschaffen ist. Während sich der Mensch dem Taumel des Rausches hingibt, versucht sein Organismus – oft vergeblich – der Alkoholwirkung durch Anpassung auszuweichen und bringt sich gerade dadurch selbst in Gefahr. Deshalb sollte man bei jedem Glas Alkohol, das man zum Genuß erhebt, an die folgende chinesische Weisheit denken:

„Zuerst trinkt der Mann einen Schluck,
Dann trinkt der Schluck einen Schluck,
Und dann trinkt der Schluck den Mann."

Erregungsleitung

Im Körper höherer Organismen werden beständig Nachrichten übertragen. Dies geschieht auf unterschiedliche Weise, zum Beispiel durch Ausschüttung von Signalstoffen ins Blut und durch die Nervenleitung. Die Zellen der Erregungsleitung heißen **Neuronen**. Von anderen Zellen im Körper unterscheiden sie sich dadurch, daß sie langgestreckte Zellfortsätze besitzen, die als **Dendriten** und **Axone** bezeichnet werden. Meist hat ein Neuron mehrere Dendriten und nur ein Axon. Die Zellfortsätze stellen die Leitungsbahnen des Nervensystems dar: Mit den Dendriten werden die Signale empfangen und mit den Axonen weitergeleitet. Die Signalübertragung auf die nächste Zelle erfolgt am Axonende an einer Struktur, die als **Synapse** bezeichnet wird (s. u.).

Allgemein besteht zwischen dem Zellinneren der Neurone und der umgebenden (extrazellulären) Flüssigkeit eine elektrische Spannung, die auf der unterschiedlichen Konzentration von Ionen beruht: Außerhalb der Zellen finden wir mehr Natrium-Ionen (Na^+) und Chlorid-Ionen (Cl^-), in den Zellen überwiegen dagegen Kalium-Ionen (K^+) und negativ geladene Proteine. Die ungleiche Verteilung von

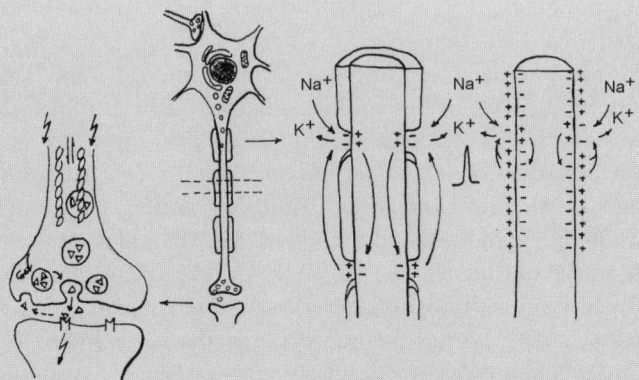

Abbildung 6 Schema einer Nervenzelle mit Schnitten durch eine Synapse (links) und durch ein Axon.

Ionen ist mit einem Ladungsunterschied verbunden und führt zu einer Spannungsdifferenz an der Membran (**Membranpotential**). Bei einem ruhenden Neuron beträgt das Membranpotential ungefähr −90 mV (**Ruhepotential**). Das Zellinnere ist dabei negativ, die Umgebung der Zellen positiv geladen.

Die Zellmembran wird von zahlreichen Proteinen durchspannt (siehe Box „Proteine"). Eine Sorte dieser Membranproteine wird von den **Ionenkanälen** gebildet. Sie sind für den passiven Transport von Ionen verantwortlich. Für die Fortleitung von Nervenimpulsen sind zwei Sorten von Ionenkanälen besonders wichtig, die Natrium- und die Kaliumkanäle. Im Ruhezustand sind die Natriumkanäle fast immer geschlossen. Sie können sich aber unter bestimmten Bedingungen für ihre Ionen öffnen. Die spannungsgesteuerten Ionenkanäle öffnen sich, wenn sich das Membranpotential ändert. Die signalgesteuerten Ionenkanäle öffnen sich dagegen, wenn sich ein Signalstoff (Neurotransmitter) anlagert.

Nehmen wir an, daß ein Neuron ein weiterzuleitendes Signal erhält. Es öffnen sich dann die **Natriumkanäle** am Fuße des Axons, am Axonhügel, und Na$^+$-Ionen strömen in die Zelle. Durch den Eintritt von positiven Ladungen kehrt sich die Ladungsverteilung an dieser Stelle der Membran lokal um – das Ruhepotential bricht dort zusammen, und das Potential wird positiv. Man nennt diesen Vorgang auch **Depolarisation**. Dadurch öffnen sich in der Nachbarschaft spannungsgesteuerte **Kaliumkanäle**, und K$^+$-Ionen strömen aus der Zelle heraus. Dies läßt das Membranpotential schnell wieder negativ werden. Es entsteht also lokal ein kurzer elektrischer Impuls, den man als **Aktionspotential** bezeichnet.

Am Rande der depolarisierten Zone werden weitere spannungsgesteuerte Na$^+$-Kanäle durch den Spannungsabfall geöffnet, so daß auch dort wieder eine Depolarisation stattfindet. So setzt sich der Vorgang des Natriumein- und Kaliumausstromes entlang der Membran fort und wandert schnell bis in die äußersten Enden des Neurons, wo die Axone mit anderen Zellen zu Synapsen zusammengelagert sind.

Wenn sich die Ionenkanäle geöffnet haben und kurz danach wieder schließen, dann sind sie für eine kurze Zeit nicht wieder zu öffnen. Dies hat zur Folge, daß die Erregungsleitung gerichtet ist: Sie wandert vom Axonhügel zu den Axonendigungen in den Synapsen.

Um die Geschwindigkeit der Nervenleitung zu erhöhen, sind viele unserer Nerven von einer Isolierung umgeben. Diese besteht aus spezialisierten Zellen, die sich um die Leitungen (Axone) herumwickeln, und ist fast perfekt. Nur alle 1–2 mm verbleibt eine Einschnürung, die den Kontakt des Axons mit der umgebenden Flüssigkeit zuläßt. Dadurch wird die Depolarisation des Neurons sprunghaft von Einschnürung zu Einschnürung weitergeleitet. Dies beschleunigt die Erregungsleitung stark. So beträgt die **Leitungsgeschwindigkeit** einer „dünnen" (1 µm) nicht isolierten Nervenfaser nur 0,5–2 m/s, die einer „dicken" (etwa 15 µm) isolierten Nervenfaser dagegen 70–120 m/s.

Die Übertragung der elektrischen Signale vom Ende eines Axons auf andere Nervenzellen oder Muskelzellen (Empfänger) erfolgt an den **Synapsen**. Die Synapsen bestehen aus einer Zellausstülpung (präsynaptischen Membran), einem synaptischen Spalt und einer postsynaptischen Membran der nächsten Zelle. Das ankommende elektrische Signal löst im Axonende die Freisetzung von chemischen Überträgersubstanzen (**Neurotransmittern**) aus der präsynaptischen Membran aus, z. B. von Acetylcholin, GABA (γ-Aminobuttersäure) oder Dopamin. Der Neurotransmitter diffundiert dann durch den **synaptischen Spalt**, lagert sich an der postsynaptischen Membran an einen für ihn passenden **Rezeptor** an (Schlüssel-Schloß-Prinzip) und aktiviert diesen. Dieser Rezeptor kann dann unterschiedliche Wirkungen (erregend oder hemmend) haben.

Viele **Gifte** und **Medikamente** mit Wirkung auf das Nervensystem greifen in die Erregungsübertragung ein. Manche aktivieren die Rezeptoren und täuschen damit das Vorhandensein von Neurotransmittern vor, andere blockieren die Rezeptoren und verhindern dadurch die Wirkung von Neurotransmittern. Es gibt auch Gifte, die in den Stoffwechsel der Neurotransmitter eingreifen.

Tee

Anirudh Gupta

Tee ist eines der ältesten und (nach Wasser) das weltweit am meisten konsumierte Getränk. Im weiteren Sinne versteht man unter „Tee" jeden wäßrigen Aufguß von Pflanzenteilen (Blätter, Blüten oder Früchte). Hier betrachten wir ausschließlich den „Tee an sich", der aus Blättern und Knospen des Teestrauchs *Camellia sinensis* gewonnen wird. Es gibt drei Arten von Tee, die sich nur in der Verarbeitung unterscheiden: Der Schwarze Tee wird vor allem im Westen getrunken und macht 98 % des exportierten Tees aus. Der Grüne Tee ist in China und Japan besonders beliebt, und auch der Oolong-Tee, der eine Mittelstellung zwischen Schwarzem und Grünem Tee einnimmt, ist im Fernen Osten zuhause.

In China war der Tee schon im 3. Jahrhundert v. Chr. bekannt. Im 8. Jahrhundert n. Chr. gelangte er nach Japan und wurde dort so beliebt, daß die Bereitung und der Genuß von Tee im 15. Jahrhundert auf der Grundlage des Zen-Buddhismus zur japanischen „Tee-Zeremonie" ausgebaut wurden. Im 16. Jahrhundert schließlich erreichte der Tee durch Karawanen oder auf dem Seeweg auch Europa. Er wurde ursprünglich eher als Medizin, später als Getränk privilegierter Stände und schließlich als Volksgetränk konsumiert. Heute trinkt man den Tee vor allem wegen seines Geschmacks und seiner streßlindernden, die Konzentrationsfähigkeit steigernden und anregenden Eigenschaften. Die im Westen gebräuchlichen Namen wie Tee, tea oder thé stammen aus dem Chinesischen, wo der Tee als T'e (im Amoy-Dialekt) oder Ch'a (in Mandarin) bezeichnet wird.

Expedition ins Teereich

Die Teepflanze gehört zu den *Theaceae* (Ternströmiaceen), einer Familie von ca. 20 Gattungen mit mehr als 250 verschiedenen Arten, von denen die meisten tropische Sträucher und Bäume sind. Der handelsübliche Tee stammt fast ohne Ausnahme von zwei nahe verwandten Arten der Gattung *Camellia (Thea)*:

Camellia sinensis (chinesischer Tee) ist ein drei bis vier Meter hoher Strauch, der in gemäßigten Zonen beheimatet ist (Abbildung 1). *Camelia assamica* (Assam-Tee) hingegen erreicht als ausgewachsener Baum acht bis 15 Meter Höhe und gedeiht nur in tropischen Gegenden. Aus diesen weißblühenden, immergrünen Pflanzen hat man durch wiederholte Kreuzungen die sogenannte Assam-Hybride hervorgebracht, die heute Grundlage fast aller Teekulturen ist. Schwarzer, Grüner und Oolong-Tee stammen also von den Blättern derselben Pflanze. Der Vergleich zum Wein liegt nahe: Auch bei diesem bildet nur eine Pflanzenart (*Vitis vinifera*) die Grundlage für die Mehrzahl der weltweit konsumierten Weine (siehe Kapitel „Wein").

Teepflanze Blatt Blüte Frucht

Abbildung 1 So sieht eine Teepflanze aus.

Die Teepflanze benötigt zum Gedeihen ein mildes Klima (18 bis 28 °C) und viel Regen. Die meisten Anbaugebiete liegen deshalb in subtropischen und tropischen Ländern in Höhen von 500–2000 m. Beim Anbau in Plantagen werden die hochwachsenden Pflanzen auf eine Höhe von 80–120 cm zurückgeschnitten, um das Pflükken der verwertbaren Bestandteile zu erleichtern.

Vor allem zwei Kriterien sind für den Charakter eines Tees bestimmend: zum einen Lage und Klima des Anbaugebietes, zum anderen Auswahl und Verarbeitung des Rohmaterials.

Von Tips und FOPS

Die Herstellung des Tees beginnt mit dem Ernten der jungen Triebe und Blätter der mannshohen Teesträucher (Abbildung 1). Für Tees hoher Qualität werden vorwiegend die äußersten, zarten Blätter mit der angrenzenden Knospe abgepflückt. Ganze Teeblätter dieser Art bezeichnet man als **Orange Pekoe (OP)**. Die Bezeichnung „Orange" soll darauf zurückzuführen sein, daß man früher in China Tee mit Orangenblüten aromatisierte. „Pekoe" geht auf das chinesische „pek ho" zurück und bedeutet „weißer Flaum". Es bezieht sich auf die helle, mit weißem Flaum besetzte Unterseite junger Blätter.

Unter **Tips (T)** versteht man die gelben bis hellbraunen Spitzen der Knospen. Wegen ihres geringeren Gerbstoffgehaltes färben sich die Blattspitzen junger Blätter bei der Verarbeitung weniger stark als der Rest des Blattes. Die Gegenwart von hellen „Tips" deutet also darauf hin, daß bei der Produktion viele junge Blätter verwendet wurden. Diese besonderen Qualitäten heißen dann z. B. Flowery Orange Pekoe (FOP), Golden Flowery Orange Pekoe (GFOP), oder gar Finest Tippy Golden Flowery Orange Pekoe (FTGFOP). Kürzere und weniger zarte Blätter ergeben den Souchong (S).

Wie wird Schwarzer Tee schwarz?

Übergießt man frische, grüne Teeblätter mit heißem Wasser, so erhält man ein hellgelbes, anregendes Getränk, das sich aber in Farbe und Geschmack noch stark vom späteren Tee unterscheidet. Ein Aufguß von Schwarzem Tee ist dagegen kupferrot, nach längerer Brühdauer braun bis schwarz, und besitzt das geschätzte kräftige Aroma. Die Veränderungen in Farbe, Geschmack und Aroma sind das Resultat der Verarbeitungsschritte, die auf die Ernte folgen.

Vergleicht man die verschiedenen Aufarbeitungsmethoden (Abbildung 2), stellt man fest, daß es mehr Übereinstimmungen als Unterschiede in der Produktionsweise gibt. Der wesentliche Unterschied zwischen den verschiedenen Spielarten des Tees geht auf einen zentralen Vorgang bei der Herstellung zurück, die sogenannte **Fermentation**: Grüner Tee ist gar nicht fermentiert, Oolong-Tee halb fermentiert und Schwarzer Tee stark fermentiert.

Rosen, Tulpen, Nelken – auch der Tee muß welken

Frisch gepflückte Teeblätter sind elastisch, sie kehren nach Belastung sofort in ihre ursprüngliche Form zurück oder reißen, wenn die Belastung zu groß wird. Die Ursache hierfür ist der hohe Binnendruck (Turgor) der Zellen. Die Stärke des Turgors wird vom Wassergehalt der Zellsaftvakuole (Abbildung 3) reguliert. Um die Blätter weiterverarbeiten zu können, müssen sie zunächst durch Wasserentzug (**Welken**) biegsam gemacht werden. Dazu werden sie auf Tischen ausgelegt und für einige Zeit sich selbst überlassen. Während des Welkens sinkt der Wassergehalt von etwa 80 % auf etwa 60 %.

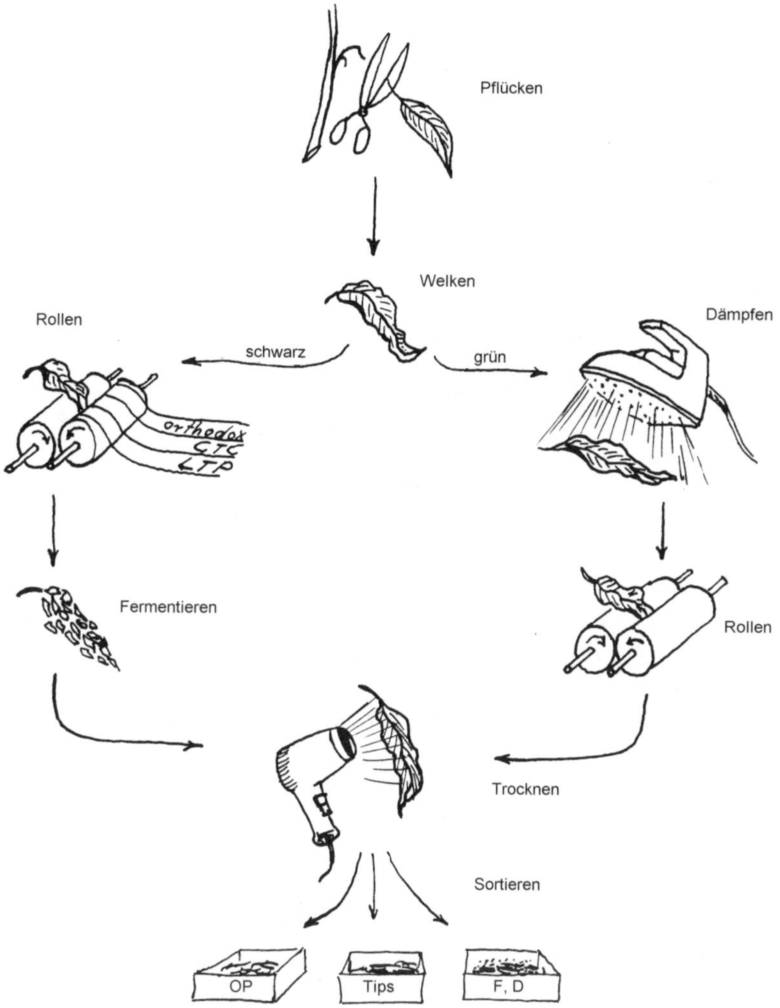

Pflücken

Welken

Rollen

schwarz

grün

Dämpfen

orthodox
CTC
LTP

Fermentieren

Rollen

Trocknen

Sortieren

OP

Tips

F, D

Abbildung 2 Überblick über die Aufarbeitung von Schwarzem und Grünem Tee.

Orthodoxes und Unorthodoxes beim Rollen

Damit die Fermentation ablaufen kann, müssen die Inhaltsstoffe der Zellen mit Enzymen und Luftsauerstoff in Kontakt treten können. Dies ist nur möglich, wenn die natürliche Blattstruktur zerstört wird. Dieser Vorgang, das **Rollen**, wurde früher von Hand ausgeführt. Heute übernehmen Rollmaschinen diese Aufgabe. Je nach der Rollmethode unterscheidet man **Orthodoxe**, **CTC**- und **LTP**-Tees. Bei der orthodoxen Methode werden die gewelkten Blätter auf einer großen Rollmaschine unter leich-

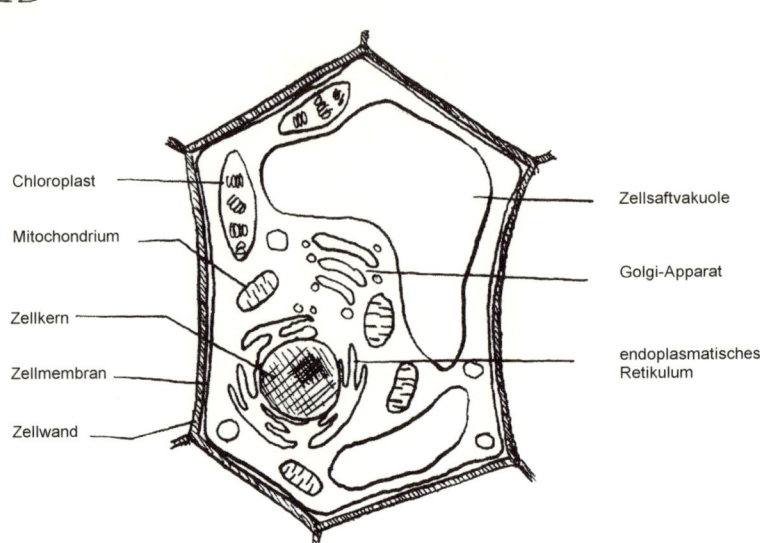

Chloroplast

Mitochondrium

Zellkern

Zellmembran

Zellwand

Zellsaftvakuole

Golgi-Apparat

endoplasmatisches
Retikulum

Abbildung 3 Grundstruktur einer Pflanzenzelle.

tem Druck gerollt. Bei der CTC-Methode (von crush, tear and curl) wandern die gewelkten Blätter in eine Maschine mit wabenartigen Metallrollen. Diese zerquetscht
(crush), zerreißt (tear) und rollt (curl) die Blätter in einem Arbeitsgang. Bei der LTP-
Methode wird das Blattgut in eine Maschine (den **L**awrie **T**ea **P**rocessor) gebracht, die
einem Mixer ähnelt. Dort werden die Blätter durch schnell rotierende Messer zerstük-
kelt.

Vom Wirken der Fermente

Zur Herstellung von Schwarzem Tee werden die gerollten Blätter angefeuchtet und
in Fermentationsräumen auf dem Boden oder auf Tischen ausgebreitet. Bei der **Fermentation** finden sauerstoffabhängige chemische Reaktionen statt, die den Tee „reifen" lassen, das heißt, Substanzen erzeugen, die für Farbe und Aroma des fertigen Tees
verantwortlich sind. Luftfeuchtigkeit, Temperatur und Luftzufuhr unterliegen dabei
einer ständigen Kontrolle. Bei der Fermentation von Tee handelt es sich nicht um Gä-
rungsvorgänge, wie bei der anaeroben (unter Sauerstoffabschluß stattfindenden) Herstellung alkoholischer Getränke, sondern um aerobe (unter Sauerstoffzutritt stattfin-
dende) Prozesse. Der Begriff „Fermentation" weist darauf hin, daß **Enzyme** (alter
Name: **Fermente**) der Teepflanze für den Prozeß unentbehrlich sind (siehe Box „Enzyme"). Sie katalysieren Oxidationsreaktionen, die das im Geruch neutrale, grüne
Teeblatt in ein kupferrotes, duftendes Produkt umwandeln. Bricht man die Fermentation durch Trocknen oder Erhitzen vorzeitig ab, entsteht teilweise fermentierter
Oolong-Tee.

Da der Fermentationsvorgang von Enzymen abhängig ist, kann man ihn unterbinden, indem man die Enzyme durch Hitze unwirksam macht. Zur Herstellung von Grünem Tee, der nicht fermentieren soll, werden die Blätter deshalb kurzzeitig in Pfannen erhitzt (Dämpfen oder *Panfiring*). Auch durch Behandeln mit heißem Wasserdampf (*Steaming*) können die Enzyme inaktiviert werden. Der so produzierte Tee bleibt grün und enthält nur geringe Mengen an Aromakomponenten. Grüner Tee unterscheidet sich also in seiner Zusammensetzung nur geringfügig vom frischen Teeblatt. Dagegen weicht die Zusammensetzung des Schwarzen Tees erheblich von der frischer Teeblätter ab.

Kurz und trocken

Die Fermentation wird schließlich durch Zerstörung der Enzyme in einer Hitzebehandlung (*Firing*) abgebrochen. Außerdem werden dabei die Fermentationsprodukte durch weiteren Wasserentzug konzentriert. Am Ende des Trocknens ist der Wassergehalt der Blätter auf ungefähr 3–5 % gesunken, und ihre Färbung hat sich von Kupferrot in Dunkelbraun verändert.

From Leaf to Dust

Die fermentierten und getrockneten Blätter durchlaufen schließlich mehrere Siebprozeduren. Je nach Größe der beim Rollen erzeugten Blätter bzw. Blattstücke (CTC/LTP) unterteilt man Schwarzen Tee in die Blattgrade **Whole leaf tea**, **Broken/Small leaf tea**, **Fannings** und **Dust**. Für Grünen Tee gibt es eine eigene Einteilung. Der Whole-leaf-Grad (ganzes Blatt) entsteht nur bei der orthodoxen Produktionsweise, da sowohl bei der CTC- wie auch bei der LTP-Methode die gewelkten Blätter zerrissen und zerkleinert werden.

Die Bezeichnung **Broken** (**B**) dient zur Kennzeichnung von zerkleinerten Blättern. **Fannings** (**F**) und **Dust** (Staub, **D**) bezeichnen die kleinsten, beim Sieben anfallenden Blatteile: „Fannings" sind etwa stecknadelkopfgroß, „Dust" noch kleiner. Beide Grade werden hauptsächlich zur Herstellung von Teebeuteln verwendet. Aufgrund ihres günstigen Oberflächen-Volumen-Verhältnisses kann bei kleinen Partikeln die Fermentation vollständiger ablaufen. Diese Grade ergeben deshalb einen dunkleren und ergiebigeren Aufguß. Da „Fannings" und „Dust" von denselben Blättern stammen wie „Whole leaves" und „Broken leaves", ist leicht einzusehen, daß sie qualitativ nicht minderwertig sind, wie oftmals behauptet wird. Gradbezeichnungen sagen nichts über die Qualität des Tees aus. Tabelle 1 gibt einen Überblick über die Produktion von Schwarzem Tee.

Tabelle 1. Überblick über die Herstellung von Schwarzem Tee

Vorgang	Dauer	Funktion
Welken	8–12 Stunden, bei Raumtemperatur	Wasserentzug, die Blätter werden weich und geschmeidig, es laufen natürliche biochemische Reaktionen ab
Rollen	30–90 Minuten, bei 25–30 °C	Aufbrechen der Zellstrukturen, um dem Luftsauerstoff Zutritt zu verschaffen
Fermentieren	2–3 Stunden, bei Raumtemperatur, Luftfeuchtigkeit 90–98 %	Entwicklung von Farbe, Geschmack und Aroma durch enzymkatalysierte Oxidationsprozesse
Trocknen	20–25 Minuten, bei 85–95 °C	Unterbrechen der Fermentation durch Zerstörung der Enzyme; Wasserentzug, Eindicken des Zellsaftes

Farbe und Aroma: Chemie, Chemie, Chemie...

In Teeblättern sind Tausende unterschiedlicher Substanzen enthalten, die man nach verschiedenen Gesichtspunkten klassifizieren kann, z. B. nach ihrer chemischen Struktur oder ihrer biologischen Wirkung. Die meisten Inhaltsstoffe des Tees, die für seine Qualität von Bedeutung sind, sind **Produkte des pflanzlichen Sekundärstoffwechsels** (Abbildung 4). Zu den sekundären Pflanzenstoffen zählt man Substanzen, die für das Überleben einer Pflanze nicht unbedingt notwendig sind. Die biologische Rolle der meisten dieser Stoffe ist noch nicht bekannt, anderen schreibt man Aufgaben als Blütenfarbstoffe, Duft-, Abwehr- oder Signalstoffe zu. Sekundäre Pflanzenstoffe werden nicht von allen Zellen gebildet, sondern von spezialisierten Geweben. Verschiedene Pflanzenarten unterscheiden sich nicht nur durch ihre Morphologie (ihren Aufbau), ihre Fortpflanzung und Verbreitung, sondern auch in der Art der Sekundärstoffe, die sie synthetisieren können. Zu den sekundären Pflanzenstoffen zählen unter anderem Alkaloide, Isoprenoide/Terpene, phenolische Substanzen, Tannine (Gerbstoffe) und Glycoside.

    Alkaloide sind stickstoffhaltige Verbindungen, deren Stickstoffatome in ein Ringsystem eingebaut sind. Sie werden in der Regel in der Vakuole gespeichert (Abbildung 3). **Coffein**, **Theobromin** und **Theophyllin** (Abbildung 5) sind Vertreter dieser Stoffklasse. Hinter „*Thein*" verbirgt sich kein besonderer Inhaltsstoff des Tees, sondern das Coffein, das Hauptalkaloid von Kaffee und Tee. Die anregende Wirkung von Tee beruht vor allem auf diesem Abkömmling des Purins (siehe Kapitel „Kaffee" und „Coffein").

    Unter dem Begriff „**phenolische Substanzen**" faßt man Verbindungen zusammen, die mit Hydroxyl(OH)-gruppen substituierte aromatische Ringsysteme enthalten. Bei Mehrfachsubstitutionen spricht man von „**Polyphenolen**". Von der Menge her besonders wichtig ist die Klasse der **Flavonoide**, zu der über 2000 verschiedene Substanzen

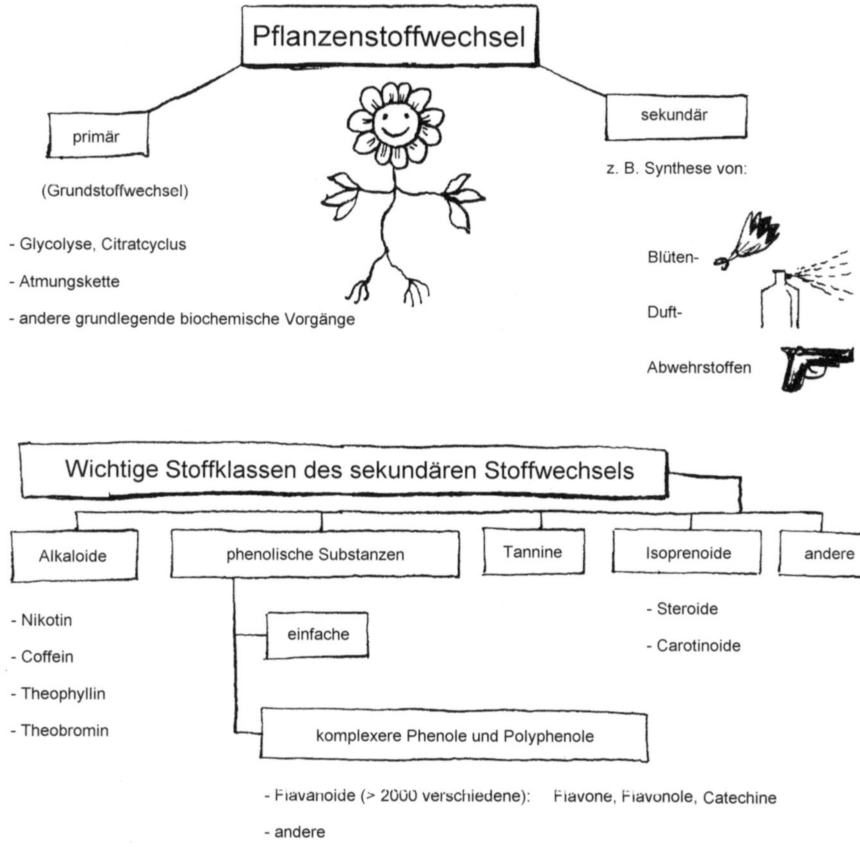

```
                    ┌─────────────────────────┐
                    │  Pflanzenstoffwechsel   │
                    └─────────────────────────┘
```

```
   ┌──────────┐                              ┌──────────┐
   │  primär  │                              │ sekundär │
   └──────────┘                              └──────────┘
```

(Grundstoffwechsel)

z. B. Synthese von:

- Glycolyse, Citratcyclus

- Atmungskette

Blüten-

- andere grundlegende biochemische Vorgänge

Duft-

Abwehrstoffen

```
┌──────────────────────────────────────────────────────────┐
│  Wichtige Stoffklassen des sekundären Stoffwechsels       │
└──────────────────────────────────────────────────────────┘
```

| Alkaloide | phenolische Substanzen | Tannine | Isoprenoide | andere |

- Nikotin

- Steroide

einfache

- Coffein

- Carotinoide

- Theophyllin

- Theobromin

komplexere Phenole und Polyphenole

- Flavanoide (> 2000 verschiedene):   Flavone, Flavonole, Catechine

- andere

Abbildung 4 Übersicht über den Pflanzenstoffwechsel.

gehören. Für unsere Betrachtung sind vor allem die Catechine, Flavone und Flavonole von Bedeutung (Abbildung 5). Phenolische Substanzen sind leicht oxidierbar. Bei der Oxidation entstehen dunkel gefärbte Polymere. Der beim Fermentationsschritt der Teeverarbeitung auftretende Farbwechsel von Grün nach Kupferrot und Braun beruht auf solchen Oxidationen von Polyphenolen. Die meisten dieser Farbstoffe im Schwarzen Tee sind Abkömmlinge der *Gallussäure* und der *Catechine* (Abbildung 5).

Die oxidative Bildung von Farbstoffen ist in der Natur durchaus üblich. So beruht auch die Bildung des braunen Hautpigments *Melanin* auf Oxidations- und Polymerisationsvorgängen (siehe Kapitel „Haare"). Melanin leitet sich von *Tyrosin* ab, einer Aminosäure mit einer phenolischen Seitenkette. Auch das Braunwerden aufgeschnittener Früchte (z. B. Äpfel) an der Luft geht auf die Oxidation phenolischer Substanzen zurück.

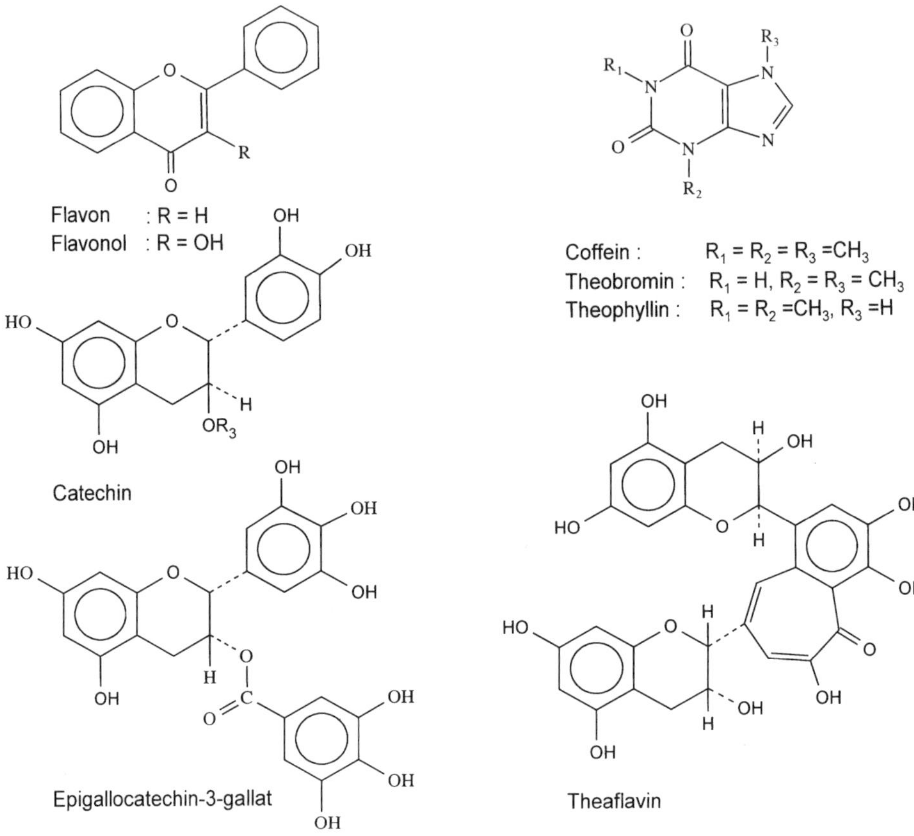

Flavon : R = H
Flavonol : R = OH

Coffein : $R_1 = R_2 = R_3 = CH_3$
Theobromin : $R_1 = H, R_2 = R_3 = CH_3$
Theophyllin : $R_1 = R_2 = CH_3, R_3 = H$

Catechin

Epigallocatechin-3-gallat

Theaflavin

Abbildung 5 Chemische Strukturen wichtiger Teeinhaltsstoffe.

Catechine (Flavon-3-ole) sind *Polyphenole* mit adstringierender Wirkung. Sie sind für das „Zusammenziehen" der Zunge beim Teegenuß verantwortlich. Aufgrund dieser Eigenschaft bezeichnet man die Catechine oft als „Gerbstoffe", obwohl sie nicht zu den Gerbstoffen im engeren Sinne gehören (siehe Kapitel „Leder"). Um die adstringierende Wirkung der Catechine zu vermindern, fügen viele Teetrinker dem Teeaufguß Milch hinzu, deren Proteine einen Teil der Catechine binden. Die Catechine des frischen Teeblatts sind auch die wichtigsten Substrate (Ausgangsstoffe) der Fermentation. Als Endprodukte entstehen dabei orangerote **Theaflavine** und rotbraune **Thearubinigene**, die für Farbe und Geschmack des Schwarzen Tees verantwortlich sind (Abbildung 5).

Weitere wichtige Flavonoide sind die **Flavonolglycoside**. Wie ihr Name sagt, bestehen sie aus einem Zuckeranteil und einem Flavonoidanteil (Aglycon). Auch

74

Isoprenoide und **Terpene** kommen im Tee vor. In diese Klasse fallen u. a. die *Carotinoide* (Carotine und Xanthophylle). Dies sind gelbe bis rote Substanzen, die verschiedenen Pflanzenteilen ihre charakteristische Farbe verleihen. Carotinoide sind bei der Teeherstellung von Interesse, weil sie bei der Fermentierung flüchtige Aromastoffe (β-Ionone u. a.) liefern.

Von den vielen **anorganischen Bestandteilen** ist vor allem das zahnschmelzhärtende *Fluorid* erwähnenswert, das im Tee in bemerkenswert hoher Konzentration vorkommt. Wie in anderen grünen Pflanzen sind auch im Tee wasser- und fettlösliche Provitamine und **Vitamine** zu finden. Allerdings werden oxidationsempfindliche Vitamine im Fermentationsprozeß zerstört. Deshalb enthält Grüner Tee z. B. weit mehr Vitamin C als Schwarzer Tee.

Zu den Proteinen in Teeblättern gehören die schon erwähnten Enzyme, die Vorstufen (Substrate) für die Fermentation bilden oder die Bildung der roten und braunen Pigmente und der Aromastoffe katalysieren. So setzt die *Polyphenol-Oxidase* (PPO), ein kupferhaltiges Protein, Polyphenole mit Sauerstoff um. Dabei entstehen Theaflavine und Wasserstoffperoxid (H_2O_2). Die *Peroxidase* oxidiert die Komponenten weiter, die durch die PPO gebildet wurden, dabei entstehen die komplexeren Thearubinigene. Ein weiteres Enzym, die *Hydroperoxid-Lyase*, katalysiert die Bildung von Aromastoffen aus Hydroperoxiden der Fettsäuren Linolsäure und Linolensäure.

Brühen und Ziehen: Die richtige Zubereitung

Während der langen Geschichte des Tees sind viele Arten der Teezubereitung entstanden. Im alten China war es üblich, Tee in Form von Ziegeln bzw. Kuchen mitzuführen und einem Brei aus Reis, Ingwer, Salz, Orangenschalen, Nelken, Zwiebeln und Milch als Zutaten beizumengen. Im kalten Tibet wird noch heute ein ähnliches Getränk namens *Tsampa* zubereitet, dem als Energiequelle eine kleine Menge von Yakbutter beigemengt wird. In der chinesischen Sung-Periode (960–1127) wurden die Teeblätter zu Pulver zermahlen und mit einem Bambusklopfer, der einem Schneebesen ähnelt und deshalb in Japan auch als „Teebesen" bezeichnet wird, in heißem Wasser aufgeschäumt. Diese Art der Zubereitung fand in Japan einen festen Platz, wo die Teekultur im Umfeld des Zen-Buddhismus besonders gepflegt wird.

Auch der Westen hat seine Tee-Rituale hervorgebracht (man denke nur an den englischen „five o'clock tea"). Die in Europa übliche Art der Zubereitung durch Übergießen von Teeblättern mit heißem Wasser wurde erst im 17. Jahrhundert von den Holländern und später von den Engländern eingeführt. Dabei ist die Temperatur besonders wichtig. Stark fermentierter Schwarzer Tee sollte mit fast kochendem Wasser von 90-100 °C aufgebrüht werden. Für Grünen Tee wird Wasser von 70-80 °C empfohlen.

Bei der Extraktion (Auslaugung) der Teebestandteile sollte man beachten, daß die unterschiedlichen Wirksubstanzen nicht gleich schnell in die Flüssigkeit übergehen, so daß je nach Brühzeit unterschiedliche Wirkungen entstehen. Das Coffein reichert sich in der Flüssigkeit rasch an, die Polyphenole dagegen erst mit Verzögerung (Abbildung 6). Deshalb kann man über die Brühzeit Einfluß auf die Wirkung des Tees nehmen. Eine größere Menge von Teeblättern und eine kurze Brühzeit von etwa 3 min ergeben einen hellen, anregenden Tee, während eine geringere Menge und eine längere Brühdauer (etwa 5 min) einen eher beruhigenden Tee liefern.

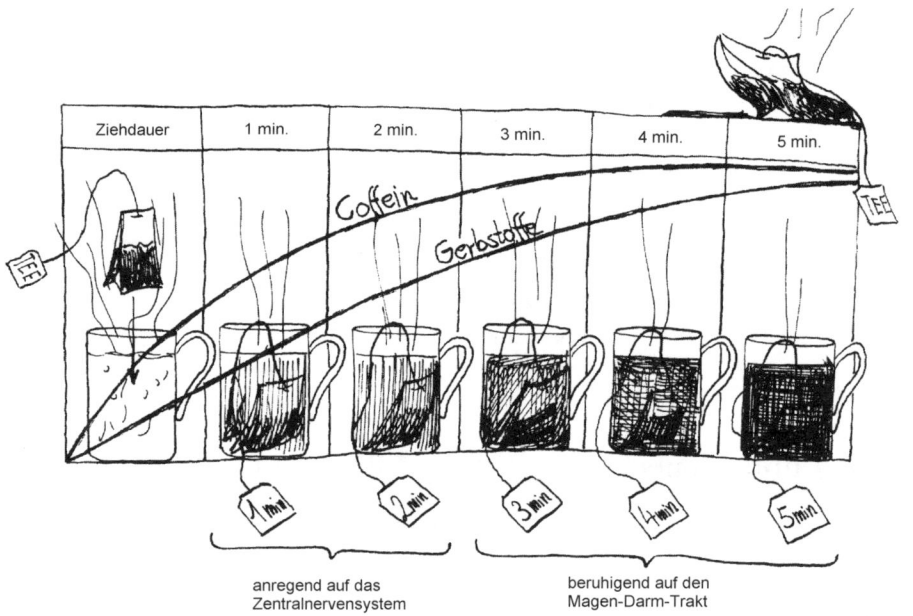

Abbildung 6 Brühzeiten

Legenden und Tatsachen: Die Wirkungen des Tees

Einer Legende zufolge soll der Tee auf den Mönch Bodhidharma zurückgehen. Dieser sei während der Meditation einmal eingeschlafen. Voller Reue schnitt er danach seine Augenlider ab und warf sie von sich. Aus jedem Augenlid sproß ein Teestrauch hervor. Bodhidharma kostete von den Blättern und verspürte daraufhin eine seltsame Heiterkeit und neue Kräfte.

Die anregenden Eigenschaften des Coffeins werden im Kapitel „Coffein" näher beschrieben. Wie bereits erwähnt, wird seine Wirkung von den Polyphenolen beein-

flußt, was die unterschiedlichen Effekte von Tee und Kaffee erklären mag. So führt *Theanin* zu verzögerter Aufnahme des Coffeins und vermindert so die anregende Wirkung des Tees.

Über den medizinischen Nutzen der einzelnen Teebestandteile gibt es viele Vermutungen, die wenigsten davon sind aber wissenschaftlich belegt. Weitgehend gesichert ist, daß Teegenuß der *Karies* vorbeugt, was auf den verhältnismäßig hohen Gehalt an Fluorid zurückgeführt wird. Schwarzer Tee soll auch den Cholesterol- und Triglyceridgehalt im Blut erniedrigen und damit das Risiko für *Herzinfarkte* mindern. Dieser Effekt wird bestimmten Flavonoiden (Epigallocatechin und weiteren Polyphenolen) zugeschrieben. Andere Teekomponenten hemmen die Rückresorption von Salz in der Niere und wirken dadurch dem *Bluthochdruck* entgegen. Theophyllin bewirkt eine Entspannung der glatten Bronchialmuskulatur und wird deshalb zur Behandlung von *Asthma* eingesetzt. In manchen Gegenden werden feuchte Teeblätter noch heute wegen ihrer entzündungshemmenden und schmerzstillenden Wirkung auf Insektenstiche und Bißwunden aufgelegt.

Auch positive Einflüsse des Teegenusses auf Atmung und Magen-Darm-Trakt sind belegt. Diese seit jeher geschätzten Eigenschaften des Teeaufgusses gehen in erster Linie auf das Coffein und die Polyphenole zurück. Bereits im alten China wurde Tee gegen *Magenverstimmungen* und *Durchfall* angewandt. Das Coffein regt außerdem die Produktion von Verdauungssäften und die *Darmperistaltik* an. Grüner Tee zur Mahlzeit, wie im Fernen Osten üblich, oder die Tasse Kaffee nach dem Essen fördern deshalb die *Verdauung* auf natürliche Weise.

Neue Experimente zeigen, daß antioxidativ wirkende Polyphenole im Tierversuch die Häufigkeit des Auftretens von Haut-, Lungen-, Magen- und Leberkrebs senken, möglicherweise durch die Beseitigung krebsauslösender Radikale. Auch die Wirkung der Schutzvitamine A, C und E soll durch Flavonole des Tees gesteigert werden. Neben dieser tumorhemmenden Wirkung gibt es Hinweise auf mögliche krebsvorbeugende Effekte von Teebestandteilen. Hierfür scheinen unter anderen die Epigallocatechingallate verantwortlich zu sein.

Auch wenn der Tee kein Allheilmittel ist – für Teetrinker gehört der Genuß einer frisch aufgebrühten, aromatischen Tasse Tee sicherlich zu den glücklichsten Momenten des Tages.

Kaffee

Mechthild Röhm

Das Kaffeegetränk, wie wir es kennen und schätzen, ist ein wäßriger Extrakt der Kaffeebohne. Diese wiederum entstammt einem Teil der Frucht des Kaffeestrauchs, der sogenannten Kaffeekirsche.

Kaffee ist ein wichtiges Handelsgut. Nach seinem Geldwert steht er unter den Genußmitteln weltweit an erster Stelle. Im Jahr 1992 betrug die Produktion von Rohkaffee etwa 5,9 Mio. Tonnen. Brasilien hielt mit 1,3 Mio. Tonnen den größten Marktanteil, gefolgt von Kolumbien und Indonesien (1,1 und 0,4 Mio. t). Im Verbrauch nahmen die Schweden im Jahr 1993 mit 13,3 kg pro Kopf und Jahr den ersten Platz ein. Die Deutschen lagen mit 7,4 kg nur an achter Stelle. Kaffeetrinker (von 10 Jahren an) tranken im Jahr 1982 durchschnittlich 3,38 Tassen Kaffee täglich. Ein knappes Drittel wählte löslichen Pulverkaffee mit etwa 60 mg Coffein pro Tasse. Der Rest bevorzugte Kaffee aus gemahlenen Bohnen mit etwa 85 mg Coffein pro Tasse. Jeder siebente Kaffeetrinker trank coffeinfreien Kaffee mit etwa 3 mg Coffein pro Tasse.

Die ursprüngliche Heimat der Kaffees ist Ostafrika. Wilde Kaffeepflanzen, die man z. B. in Äthiopien und Nordkenia findet, wachsen zu 3–15 Meter hohen Bäumen heran. Blätter und Früchte der Kaffeebäume wurden, ihrer anregenden Wirkung wegen, gekaut oder zur Herstellung eines weinartigen Getränkes genutzt, welches von den Arabern als *gahwah* (poetisch für Wein) bezeichnet wurde. Daraus wurde später das türkische *kahveh* und schließlich *café*, oder Kaffee, die französische bzw. deutsche Version.

Vereinzelt wurde Kaffee schon im 6. Jahrhundert n. Chr. kultiviert. Die ersten Kaffeeplantagen entstanden um 1300 n. Chr. im Jemen. Kaffee als Getränk gelangte von dort über Mekka und Medina nach Damaskus. Dabei folgte es vermutlich alten Pfaden muslimischer Pilger, denen er das Wachbleiben während langer Gebete erleichterte. 1554 erreichte der Kaffee Konstantinopel und wurde Ende des 16. Jahrhunderts auch in Padua (Italien) bekannt. Danach verbreitete er sich rasch in Europa, und viele Kaffeehäuser wurden eröffnet. Um 1700 tauchten die ersten Kaffeepflanzen in Amsterdam und Paris auf. Die Niederländer führten den Kaffeeanbau in den damaligen Kolonien Surinam und Java ein. Von Frankreich aus gelangten Kaffeepflanzen nach Moçambique, Guatemala, Brasilien und in andere Länder.

Die „Kaffeebohne" ist ein Kirschkern

Die Kaffeepflanze gehört zur tropischen Pflanzenfamilie der *Rubiaceae*. Die Gattung *Coffea* umfaßt zahlreiche Arten, von denen *C. arabica* und *C. robusta* heute wirtschaftlich am wichtigsten sind. Die Blätter des Kaffestrauchs (Abbildung 1) sind immergrün, länglich-oval, lederig und glänzend. Die Blüten, aus denen sich später die Kaffeekirsche entwickelt, haben fünf- bis achtzipfelige Blütenkronen, je fünf Kelch- und Staubblätter und einen kugeligen Fruchtknoten, der in der Regel zwei Samenanlagen enthält. Die Blüten stehen an sogenannten Trugdolden, die aus Blattachseln entspringen.

Abbildung 1 Die Kaffeepflanze.

Botanisch betrachtet ist die Kaffeekirsche (Abbildung 2) eine Steinfrucht. Im reifen Zustand sieht sie dunkelrot aus. Unter einer äußeren Schale und dem Fruchtfleisch befindet sich der Stein, der wiederum die vom Endosperm eingeschlossenen Samen enthält. Diese der „Kaffeebohne" entsprechenden Samen sind jeweils von einer Samen-

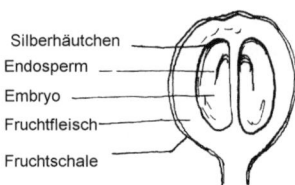

Silberhäutchen
Endosperm
Embryo
Fruchtfleisch
Fruchtschale

Abbildung 2 Die Kaffeekirsche (links) und die Kaffeebohne.

schale umhüllt, die das Endosperm dicht umschließt und als „Silberhäutchen" bezeichnet wird. Im Endosperm befindet sich der Embryo, aus dem sich, unterstützt vom umgebenden Gewebe, eine neue Kaffeepflanze entwickeln kann.

Von der Plantage in die Tasse

Als **Rohkaffee** bezeichnet man den von Frucht- und Samenschale weitgehend befreiten, ungerösteten Samen. Im Rohkaffe findet man blaugrüne, grüne, gelbgrüne und blaßbraune Bohnen, was zur Bezeichnung „grüner Kaffee" geführt hat. **Röstkaffee** ist dagegen ein durch Erhitzen („Rösten") von Rohkaffee erhaltenes Produkt. Es hat die uns vertraute dunkelbraune Farbe und einen Feuchtigkeitsgehalt von weniger als 50 g/kg.

Die Kaffeekirsche wird nach der Ernte langwierigen Verfahren unterzogen, die der Reinigung, Haltbarmachung und Geschmacksverbesserung dienen. Zunächst wird die Kaffeebohne im Produktionsgebiet von anhängenden Fruchtteilen befreit und schließlich als Rohkaffee zu den Verbraucherländern verschifft (Abbildung 3). Erst dort wird er in Kaffeeröstereien geröstet und zu Pulverkaffee, coffeinfreiem Kaffee usw. weiterverarbeitet. Schließlich gelangt der Röstkaffee über Groß- und Einzelhändler zum Verbraucher, der das Getränk durch Aufbrühen, Filtrieren oder Anrühren von Extrakten fertigstellt. Die wichtigsten Schritte auf diesem Weg sind in Tabelle 1 dargestellt; im folgenden werden sie kurz erläutert.

Tabelle 1. Von der Kaffeekirsche zum Rohkaffee

Trockene Aufbereitung	Nasse Aufbereitung
Kirsche trocknen (bis zu 15 Tagen)	„nasses" Fruchtfleisch schlitzen
Schälen	Schale abfermentieren
Schale entfernen	Schale vom Rest trennen
	Trocknen (bis zu 5 Tagen)
Bohnen polieren	Bohnen polieren
Das Produkt ist eine gelbgrüne bis blaßbraune Bohne.	Das Produkt ist eine grüne bis blaugrüne Bohne.
„Naturbohne"	*„Gewaschene Bohne"*

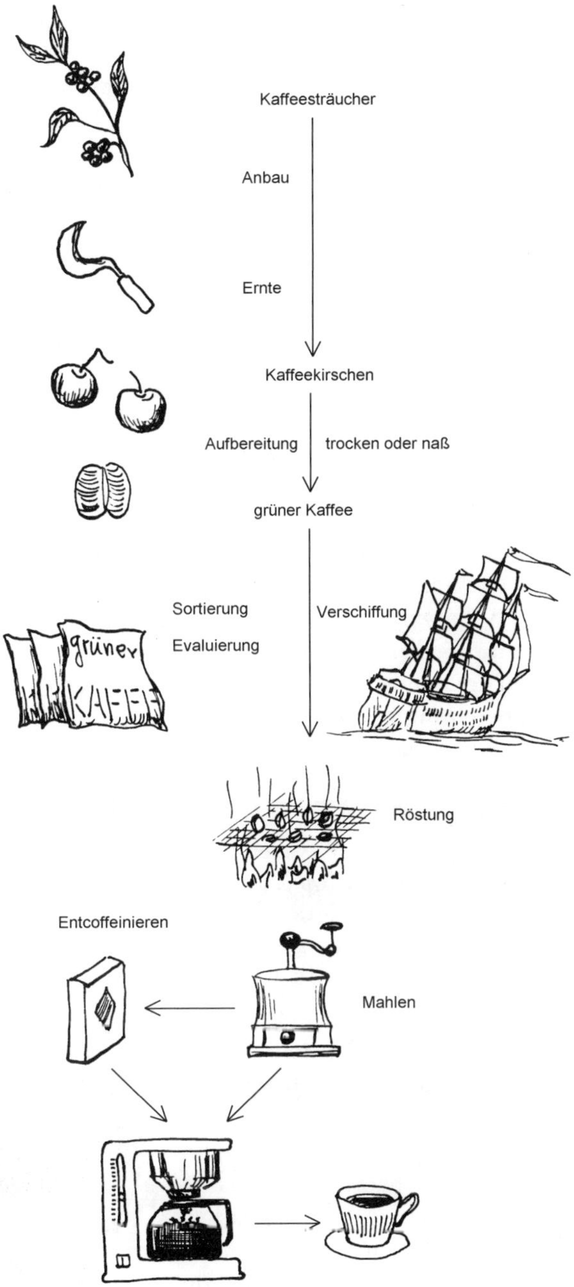

Kaffeesträucher

Anbau

Ernte

Kaffeekirschen

Aufbereitung | trocken oder naß

grüner Kaffee

Sortierung   Verschiffung
Evaluierung

Röstung

Entcoffeinieren

Mahlen

Abbildung 3 Vom Strauch in die Kaffeetasse.

81

Das Ziel der verschiedenen **Ernteverfahren** ist die Gewinnung möglichst gleichmäßig reifer, roter Kaffeekirschen, die weitgehend frei von Verunreinigungen sein sollen. Man kann dies erreichen, indem man die reifen Kaffeekirschen von Hand pflükken läßt. Diese Methode ist zwar zielgerichtet und sauber, aber sehr arbeitsaufwendig. Weniger arbeitsintensiv sind Ernteverfahren, bei denen man die Kaffeekirschen durch Abstreifen der Zweige gewinnt, was auch maschinell geschehen kann. Da aber nicht alle abgestreiften Kirschen reif sind und die Ernte zudem mit Zweigspitzen, Blättern und anderen unerwünschten Beimengungen vermischt ist, sind weitere Arbeitsgänge zur Auslese und Säuberung notwendig.

Zur **Herstellung von Rohkaffee** aus Kaffeekirschen gibt es unterschiedliche Verfahren. Prinzipiell kann man die Kirschen entweder einem Naßprozeß oder einem Trockenprozeß unterwerfen. Welche der Möglichkeiten genutzt wird, hängt weitgehend von geographischen und klimatischen Voraussetzungen ab. In Ländern wie Brasilien und Äthiopien, in denen zur Zeit der Kaffee-Ernte Trockenheit herrscht und Wasser knapp ist, bietet sich ein Trockenprozeß an. In Westindien und anderen Ländern, wo ausreichend Wasser zur Verfügung steht und die Luftfeuchtigkeit für einen Trockenprozeß zu hoch ist, wird eher ein Naßprozeß angewendet. Beide Methoden, so einfach sie erscheinen mögen, bedürfen großer Erfahrung.

Bei der **trockenen Aufbereitung** werden die Kaffeekirschen zum Trocknen ausgelegt und die Schalen anschließend mechanisch abgerieben. Schalen und Bohnen müssen dann getrennt und der Bohne noch anhaftende Reste durch Polieren entfernt werden. Zur **nassen Aufbereitung** läßt man die Kirschen zunächst in einem Quelltank aufquellen und schlitzt dann die nasse Fruchtschale. Anschließend läßt man die Kirschen in Gärbottichen unter grob kontrollierten Bedingungen einige Tage stehen, um sie „fermentieren" zu lassen. Dabei verrotten die Schalen durch darin enthaltene oder anhaftende Wirkstoffe bis zu einem gewissen Grade. Was dabei entsteht, ist, einem Kenner der Prozedur zufolge, „eine klebrige, ziemlich undefinierbare Masse", die durch kräftiges Waschen von den Bohnen im sogenannten Entpulper abgetrennt werden muß. Beide Verfahren nutzen Dichteunterschiede, indem sie leichtere Bestandteile wie die Reste des Silberhäutchens aufschwemmen oder wegblasen. Beim Sieben werden Größenunterschiede der zu trennenden Bestandteile genutzt.

Zum Aussortieren unreifer oder geschädigter Kaffeekirschen gibt es auch automatische, von Photometern gesteuerte Sortiermaschinen. Sie unterscheiden und trennen unreife Kirschen und Verunreinigungen aufgrund von Farbunterschieden von den zur Weiterverarbeitung bestimmten Kaffeekirschen.

Kontrolle ist besser...

Die bisher beschriebenen Reinigungs- und Sortierschritte sind von ständigen Qualitätskontrollen begleitet. So werden die Kaffeekirschen vor Beginn der Verarbeitung auf Reifegrad und Reinheit getestet. Bei der Beurteilung der Qualität des grünen Kaffees legt man hauptsächlich auf Größe, Form und Härte der Bohnen und auf die Abwesenheit von Verunreinigungen Wert. Zur Kennzeichnung gibt es hier Begriffe wie „Graßbohnen", „Stinker", „Frostbohnen", „Bruchbohnen", „Insektenbeschädigte" oder „Regenbeschädigte". Zur Einschätzung des Preises von Rohkaffee, der in 70-kg-Säcken verkauft wird, ist schließlich die Dichte des Rohprodukts besonders wichtig. Weniger gut getrocknete Bohnen würden sonst einen höheren Verkaufspreis erzielen und doch weniger der erwünschten Inhaltsstoffe enthalten. Außerdem wären sie für Pilzkrankheiten anfälliger.

Auf das Rösten kommt es an

In den Verbraucherländern wird der Kaffee in Röstereien weiterverarbeitet. Dabei werden die grünen Bohnen in rotierenden Trommeln unter Hitzeeinwirkung gebräunt. Erst die dabei auftretenden chemischen und physikalischen Veränderungen ergeben die dunkelbraunen Kaffeebohnen, wie wir sie zu kaufen gewohnt sind. Um ein in Geschmack und Aroma hochwertiges Produkt zu gewinnen und den Anteil an Ausschußware möglichst gering zu halten, müssen beim Rösten Dauer und Temperatur streng kontrolliert werden. Nach den Veränderungen, welche die Kaffeebohnen während des Röstens durchlaufen, kann man vier Phasen unterscheiden (Tabelle 2): Während der **Trocknungsphase** entweicht hauptsächlich Wasser, die Bohnen werden etwas kleiner und blasser in der Farbe. In der **Entwicklungsphase** beginnen sie anzuschwellen, da sich im Inneren Gase bilden. Zunächst entweichen hauptsächlich Kohlendioxid und etwas Kohlenmonoxid. In der **Zersetzungsphase** beginnt die Bildung der Aromastoffe. Die Bohnen können dabei beinahe doppelte Größe erreichen, wo-

Tabelle 2. Die Phasen einer Bohnenröstung

grüne Bohne			
Phase I	Trocknung	50–100 °C	trockene Destillation
Phase II	Entwicklung	150 °C	Volumenzunahme
Phase III	Zersetzung	>180–200 °C	
Phase IV	Vollröstung	200–220 °C	
braune Bohne			

bei die Zellen aufplatzen. Der Bräunungsgrad in der Phase der **Vollröstung** wird dem Geschmack der Kunden angepaßt. So röstet man in südeuropäischen Ländern den Kaffee oft stärker als in nördlicheren. Auch nach dem Rösten wird die Qualität der Bohnen kontrolliert; zu dunkle oder anderweitig unerwünschte Bohnen müssen aussortiert werden.

Röstkaffee ist gegenüber Feuchtigkeit und Sauerstoff relativ empfindlich und sollte deshalb unter Kohlendioxid oder Vakuum verpackt und bei Temperaturen von weniger als 20 °C trocken aufbewahrt werden. Dies ist besonders wichtig, wenn der Kaffee in gemahlener Form verkauft werden soll.

Jeder nach seiner Façon

In vielen Ländern wird der grob oder fein gemahlene Kaffe noch auf traditionelle Weise „gebraut": Man kocht ihn bis zu 30 Minuten in Wasser und serviert ihn dann mit oder ohne Kaffeesatz. In den früher üblichen Kaffeemaschinen wurde gemahlener Kaffe mit zirkulierendem Wasser solange extrahiert, bis die gewünschte Stärke erreicht war. Moderne Kaffeemaschinen lassen das Wasser dagegen zur Extraktion lediglich durch eine Lage von gemahlenem Röstkaffee tropfen.

Espressomaschinen pressen Wasser durch eine Schicht von dunkel geröstetem, sehr fein gemahlenem Kaffee (bei Temperaturen von etwas über 100 °C). Damit das Wasser die Kaffeeschicht durchdringen kann, muß ausreichend Druck aufgebaut werden. Bei einigen Maschinen geschieht dies durch Dampf, der dabei jedoch nicht mit dem Kaffee in Berührung kommt. Andere Geräte benutzen statt dessen Pumpen.

Löslicher Pulverkaffee soll die Zubereitung des Getränks vereinfachen. Die Produktion von **Instantkaffee** ist technisch ziemlich kompliziert. Er wird hergestellt, indem man aus Röstkaffee wäßrige Auszüge herstellt und diese dann nach unterschiedlichen Verfahren trocknet, z. B. durch Versprühen des Extrakts in einem Vakuum.

Viele Konsumenten schätzen zwar den Geschmack und das Aroma des Kaffees, haben aber wegen seines Coffeingehaltes Probleme mit dem Einschlafen. Dies führte zur Entwicklung von (fast) coffeinfreiem Kaffee. Versuche, coffeinarme Kaffeesorten zu züchten, waren wenig erfolgreich. Man ist daher gezwungen, das Coffein nachträglich zu extrahieren. Der Erfolg dieser Extraktion, die meist mit Rohkaffee durchgeführt wird, hängt vor allem vom Feuchtigkeitsgehalt der Bohnen ab. Nach älteren Verfahren läßt man die Bohnen in Wasser quellen und extrahiert sie dann mit Dichlormethan, das anschließend wieder entfernt werden muß. Inzwischen wurde eine Methode entwickelt, die zur Extraktion Kohlendioxid im sogenannten überkritischen Zustand (eine Art Dampf unter hohem Druck) benutzt, das keine gesundheitsschädigenden Rückstände hinterläßt. Ein Nachteil aller Extraktionsverfahren ist, daß man dadurch auch Substanzen entfernt, deren Verbleib eigentlich wünschenswert wäre.

Was ihn wertvoll macht: Die Inhaltsstoffe

Neben Wasser, Eiweißen, Lipiden und Kohlenhydraten, die in allen Pflanzen vorkommen, enthält der Kaffee besondere Verbindungen, denen er seinen Geschmack, sein Aroma und seine physiologische Wirkung verdankt (Tabelle 3). Manche dieser Substanzen beeinflussen auch seine Haltbarkeit. Noch sind nicht alle Inhaltsstoffe des Kaffees bekannt. Außerdem bestehen je nach Art, Herkunft und Verarbeitung des Kaffees erhebliche Unterschiede in der Zusammensetzung.

Der wichtigste Wirkstoff des Kaffees ist **Coffein**. Ihm verdankt er seine (zumeist) anregende Wirkung auf das Zentralnervensystem (siehe Kapitel „Coffein"). Auch die harntreibende Wirkung von Kaffee schreibt man dem Coffein zu. Für die Bitterkeit des Getränks dagegen ist es, entgegen früheren Annahmen, nicht in erster Linie verantwortlich. Chemisch gesehen handelt es sich beim Coffein um ein *Alkaloid,* das zu den *Purinen* gehört. Es unterscheidet sich von den hauptsächlich im Kakao und Tee vorkommenden Verbindungen Theobromin und Theophyllin nur in der Anzahl der Methylgruppen (Abbildung 4).

Ein weiterer typischer Inhaltsstoff ist das **Trigonellin**, das zu 1–1,5 % im Rohkaffee vorhanden ist. Es ist ein Derivat der Nicotinsäure. Trigonellin wird zum Teil durch

Tabelle 3. Eine Tasse hat es in sich: Lösliche Feststoffe in einer Tasse Kaffee (225 mL), hergestellt aus einem Teelöffel (1,54 g) geröstetem und gemahlenem Kaffee

Spezielle Stickstoffverbindungen, Gerbstoffe, Säuren	
Coffein	95 mg
Chlorogensäuren	213 mg
Chinat, Acetat, Citrat, Maleat	199 mg
Trigonellin	50 mg
Kohlenhydrate	
Zucker (Saccharose, Glucose, Mannose)	168 mg
andere Kohlenhydrate	230 mg
Proteine, Aminosäuren, Amine	
Peptide, Glutamat, Glycin, Aspartat	65 mg
Mineralstoffe	
Kalium-Ionen	115 mg
andere Mineralstoffe	157 mg

Rösten zerstört und setzt dabei unter anderem **Niacin** (ein Vitamin der B-Gruppe) frei. Bei normalem Kaffeekonsum läßt sich so der tägliche Niacinbedarf aber nicht decken.

Auch **Proteine** (Eiweiße), Aminosäuren und Amine sind wichtige Kaffeebestandteile. Etwa ein Drittel der Proteine im Rohkaffee ist an Kohlenhydrate der

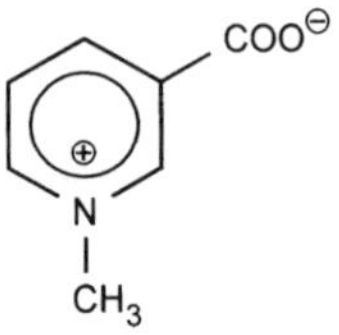

Trigonellin

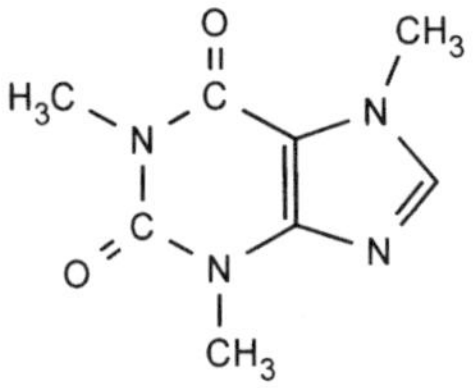

Coffein
(Tee, Kaffee)

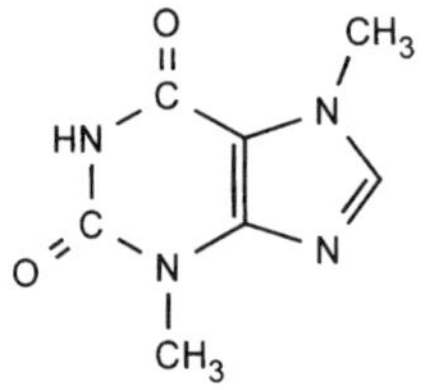

Theophyllin
(Tee)

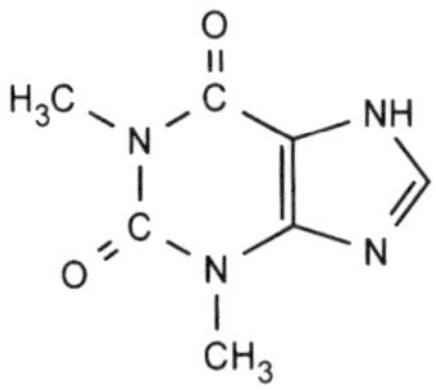

Theobromin
(Tee, Kakao)

Abbildung 4 Coffein und verwandte Stickstoffverbindungen.

Zellwand gebunden, der Rest besteht überwiegend aus gelösten Enzymen. Ihre Bedeutung liegt vor allem in ihrem Einfluß auf die Fruchtentwicklung. Die Bausteine der Proteine, die Aminosäuren, bestimmen letztlich den Ertrag an flüchtigen und damit aromabestimmenden Substanzen.

Wichtig für das Aroma des Kaffees sind außerdem sogenannte **biogene Amine.** Kaffeebohnen enthalten z. B. die Diamine *Putrescin, Spermidin* und *Spermin.* Sie werden durch Rösten zerstört, wobei heterocyclische Verbindungen entstehen, die wesentlich zum charakteristischen Aroma eines Kaffees beitragen. Eine zu lange Lagerung des Kaffees läßt einen Teil dieser Stoffe entweichen: der Kaffee wird schal.

Von den **Lipiden** (siehe Box „Lipide") beeinflussen besonders Öle und Wachse die Qualität des Kaffees. Öle verbessern das Aussehen der Bohnen, sind jedoch für die Haltbarkeit des Röstkaffees von Nachteil. Sie können ihm bei längerer oder unsachgemäßer Lagerung einen ranzigen Geschmack verleihen. Besonders bei gemahlenem Kaffee ist deshalb eine luftdichte Verpackung wichtig. Die Wachse werden beim Polieren der Bohnen zum Teil entfernt. Die Reste können sich beim Rösten in *Kresole* und *Indole* umwandeln, die sich auf das Aroma negativ auswirken.

Im Kaffeegetränk spielen **Kohlenhydrate** (siehe Box „Kohlenhydrate") nur eine untergeordnete Rolle. In der Kaffeebohne dagegen stellen sie einen beträchtlichen Teil des Trockengewichts. Beim Rösten bilden sich aus den Zuckern Geruchs- und Geschmacksstoffe (Maillard-Reaktion, siehe Kapitel „Fleisch").

Besonders wichtig für die Kaffeequalität sind die sogenannten **Gerbstoffe.** Dazu gehört die *Chinasäure* (ein Cyclohexanderivat mit einer Carboxyl- und vier Hydroxylgruppen). Die Chinasäure ist meist mit *Kaffeesäure, Ferulasäure, Cumarinsäure* oder einer anderen Carbonsäure verestert. Diese Ester nennt man *Chlorogensäuren.* Sie binden Coffein, setzen es aber teilweise schon beim Rösten, spätestens jedoch im Magen wieder frei, wodurch es im Darm resorbiert werden kann. Die Chlorogensäuren bestimmen auch den Säuregehalt des Kaffees und damit seinen Geschmack. Einige dieser Gerbstoffe sind in Abbildung 5 dargestellt.

Der Gehalt des Rohkaffees an den Diterpenalkoholen *Cafestol, Kahweol* und Derivaten der *Kaurinsäure* ist für die jeweilige Sorte relativ spezifisch und wird daher für die Sortenbestimmungen genutzt. Die Bitterkeit des Kaffees, für die man früher Coffein verantwortlich machte, entsteht weitgehend durch *Diterpenglycogene* (*Cafamarine*). Beim Rösten bilden sich aus ihnen zum Teil Terpene und Naphthaline. Durch längere Lagerung oder Entwachsung kann man den Gehalt an Bitterstoffen verringern.

Schon 1984 waren über tausend flüchtige **Aromastoffe** des Kaffees bekannt. Sie entstehen zum größten Teil erst beim Rösten. Chemisch handelt es sich vielfach um Furan- und Pyrrolderivate. Einige dieser Stoffe tragen auch schwefelhaltige Gruppen – daher können bei längerer Lagerung *Mercaptane* entstehen, die einen schalen Geschmack hervorrufen.

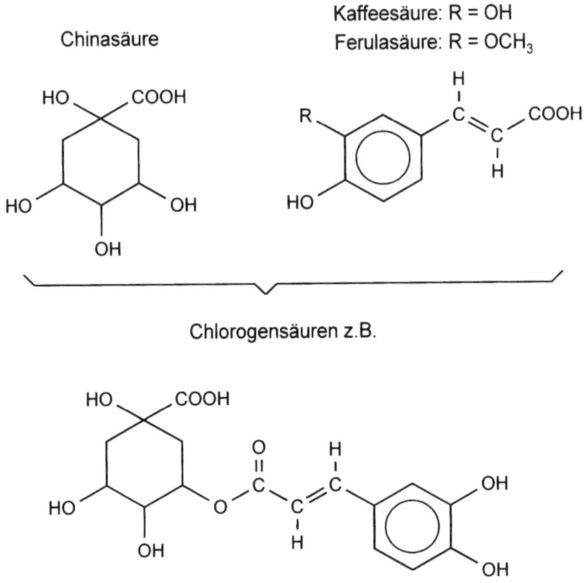

Chinasäure

Kaffeesäure: R = OH
Ferulasäure: R = OCH₃

Chlorogensäuren z.B.

Abbildung 5 Einige der Gerb- und Bitterstoffe des Kaffees.

Wohl bekomm's!

Kaffee guter Qualität sollte pro Kilogramm mehrere Milligramm Aromastoffe enthalten. Der pH-Wert des Getränks soll zwischen 4,9 und 5,2 liegen – Kaffee reagiert also deutlich sauer (siehe Box „pH-Wert"). Geprüft werden unter anderem die „acidity" und die „sourness", beides Eigenschaften, die den Säuregehalt betreffen.

Die Zeitspanne zwischen dem Mahlen des frisch gerösteten Kaffees und dem Verbrauch des Getränks soll möglichst kurzgehalten werden. Außerdem sollte man darauf achten, daß Filtervorrichtung und Kanne rückstandsfrei und sauber sind. Die optimale Wassertemperatur für **Filterkaffee** liegt zwischen 95 °C und 98 °C. Bei niedrigeren Temperaturen lassen sich Coffein und Öle nicht optimal extrahieren. Höhere Temperaturen lassen dagegen den Säuregehalt rasant ansteigen.

Neben diesen eher technischen Voraussetzungen beeinflußt natürlich auch die Qualität der Bohnen den Geschmack. Lose verkaufter Kaffee ist häufig frischer und dem abgepackten vorzuziehen. Kaffee sollte in luftdicht abschließbaren Glasgefäßen gelagert werden, da Glas den Geruch der Bohnen oder der aus ihnen stammenden Öle nicht annimmt und daher auch nicht an später im gleichen Gefäß aufbewahrte Bohnen abgeben kann. Eine Woche lang kann man Kaffee bei Raumtemperatur aufbewahren; soll er dagegen zwei Wochen bis zu einem Monat haltbar sein, sollte er gekühlt oder sogar gefroren werden.

Während das Aroma weitgehend von flüchtigen Stoffen bestimmt und daher über die Nase wahrgenommen wird, ist Geschmack eine mehr durch die Geschmackspapillen der Zunge vermittelte Empfindung (siehe Kapitel „Riechen und Schmecken"). Ob der Kaffee schmeckt oder nicht, hängt natürlich weitgehend von den persönlichen Vorlieben des Konsumenten ab. Dem Durchschnittsverbraucher fehlen meistens die Worte, wenn er seinen Lieblingskaffee geschmacklich charakterisieren soll. Berufsmäßige Kaffeetester, die den Kaffee vor dem Verkauf zu beurteilen haben, können dagegen unter anderen folgende Geschmacksqualitäten unterscheiden: süß, sauer, salzig, bitter, ausbalanciert, flach, schal, ranzig, adstringierend, metallisch, verbrannt.

Institution Kaffeepause

In Verwaltungen, Betrieben und nicht zuletzt an Forschungseinrichtungen ist der Kaffeekonsum oft hoch. Der Kaffee hat sogar einer Arbeitspause den Namen gegeben. Man spricht von der Kaffeepause, ganz gleich, ob dabei Kaffee getrunken wird oder nicht. Ob das Kaffeetrinken wirklich unser Leistungsvermögen verbessert oder eher als (sicher verdiente) Arbeitsunterbrechung dient und uns aufgrund seines Aromas und Geschmacks Genuß bereitet, wird im Kapitel „Coffein" untersucht.

Coffein

Michael Kersting

Der erste in Deutschland erhältliche Kaffee stand in der Apotheke. Er galt als Heilmittel gegen Wehwehchen aller Art. Da auch den Gesunden eine aufmunternde Wirkung nicht verborgen blieb, mauserte sich der schwarze Trank bald zum allseits beliebten Genußmittel. Doch da alles, was Genuß bereitet, angeblich einen Haken hat – es ist teuer, ungesund oder macht dick –, erregte der Kaffee die ärztliche Skepsis und entfachte einen wissenschaftlichen Meinungsstreit, der Jahrhunderte überdauerte. Bis heute ist die medizinische Diskussion rund um den Kaffee von einer bemerkenswerten Widersprüchlichkeit geprägt: Vom Herzinfarkt bis zur Schizophrenie wurden die vielfältigsten Leiden mit dem Kaffeegenuß in Verbindung gebracht – andererseits wird diesem Trank zugeschrieben, daß er zu geistigen und körperlichen Höchstleistungen stimuliert. Über 2500 wissenschaftliche Studien zum Für und Wider des Kaffeekonsums – allein seit 1950 – lieferten nur wenige unumstrittene Ergebnisse.

Der chemisch am besten untersuchte Kaffeebestandteil ist das bereits 1820 von F. F. Runge isolierte Alkaloid Coffein (1,3,7-Trimethylxanthin, siehe Tabelle 1 und Abbildung 1), ein im Reinzustand farb- und geruchloses, leicht bitter schmeckendes Pulver. Es gehört zur Gruppe der natürlich vorkommenden Purine, wie die strukturähnlichen Methylxanthine Theophyllin und Theobromin. Mit einer Weltjahresproduktion von rund 200 000 t ist Coffein die am weitesten verbreitete psychostimulierende Substanz der Welt – nimmt der durchschnittliche Mitteleuropäer doch

90

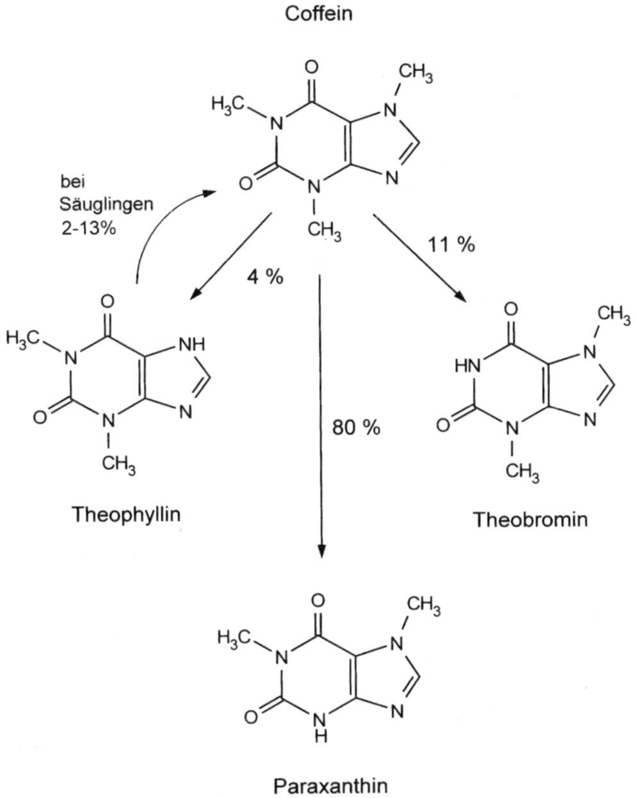

Coffein

bei
Säuglingen
2-13%

4 %

11 %

80 %

Theophyllin

Theobromin

Paraxanthin

Abbildung 1 Der erste Schritt des Coffeinabbaus im menschlichen Organismus.

Tabelle 1. Hinter allen diesen Namen verbirgt sich Coffein!

1,3,7-Trimethylxanthin

1H-Purin-2,6-dion, 3,7-dihydro-1,3,7-trimethyl-(9CI)

Caffeine (engl.)

Guaranin (in „Energy drinks")

Mateina

NCI-C02733

No-Doz

Thein (!)

Tri-Aqua

täglich mehr als 200 mg Coffein, zumeist in Form von Kaffee, Tee, Limonaden oder sogenannten „Energy Drinks", zu sich (Tabellen 2 und 3).

Die klinische Bedeutung der Methylxanthine wurde früh erkannt. Aufgrund einer verbesserten Arzneimitteltherapie sind jedoch viele der ursprünglichen Anwendungsgebiete des Coffeins weggefallen. Die wichtigsten der heute eingesetzten coffeinhaltigen Präparate gehören zu den Schmerzmitteln (Analgetika), Appetitzüglern (Anorektika) oder Atemstimulantien (Analeptika).

Tabelle 2. Natürliche Quellen des Coffeins (insgesamt kennt man heute über 60 Pflanzen, die Coffein enthalten)

Quelle	Coffeingehalt [%]
Kaffee	bis 2,40
Tee	3,00 – 5,00
Maté	0,80 – 1,75
Guaraná	bis 5,00 (ungeröstet)
Kolanuß	bis 3,00
Kakao	0,05 – 0,36

Tabelle 3. Coffeinhaltige Speisen und Getränke

	Art	Volumen oder Gewicht	Coffeingehalt [mg]
	„Aufguß"		115–175
	Instant	215 mL	65–100
Kaffee	„nordisch" aufgebrüht		80–135
	entcoffeiniert		2–4
	Espresso	50 mL	100
Tee	1 min gezogen	140 mL	20
	3 min gezogen		35
	Eistee	340 mL	70
Soft drinks	7 Up, Ginger Ale, Tonic Water		0
	Pepsi Cola	340 mL	38
	Coca-Cola		46
	Jolt		100
	Red Bull, Flying Horse	250 mL	80
Schokolade	Tafel	100 g	20–60
Kakao	afrikanischer	140 g	6
	südamerikanischer		42
Pudding, Backwaren	meist als Geschmackskomponente		geringe Mengen
Guaraná „Magic Power"	15 mL Alkohol und 5 g Guaraná-Samen	(sehr hoher Tannin-Gehalt)	250 mg

Tabelle 4. Arzneimittel und in Apotheken erhältliche Präparate, die Coffein enthalten; *ABDA-Datenbank November 1994, Auswahl*

Hauptanwendungsgebiet/Klasse	Handelsname	Coffeingehalt [mg/mL]	[mg/ Dragee]	rezeptpflichtig	Homöopathikum	weitere Inhaltsstoffe
Analeptika (Atemstimulantien)	Coffeinumnatrium benzoicum 0,2 g	81				Wasser für Injektionszwecke
Analgetika (Schmerzmittel)	Thomapyrin		50			Acetylsalicylsäure, Paracetamol
Anti-Grippe-Mittel	Antigrippalin		45,75			Paracetamol, Vitamin C, 2 weitere
Antiadiposita (Mittel zum Abnehmen)	Antiadipositum-Tropfen	40,5		+		Cathinhydrochlorid, Nicotinamid, 7 weitere
Antiasthmatika	Asthmafrenon-S	105,5		+		Ephedrinhydrochlorid, 3 weitere
Antidismenorrhoika (Mittel gegen Menstruationsbeschwerden)	Agevis		50			Propyphenazon, 1 weiterer
Antiemetika (Anti-Brech-Mittel)	Dimenhydrinat comp.		30			Vitamin B$_6$, Dimenhydrinat
Antihypotonika (Mittel gegen zu niedrigen Blutdruck)	Circyvit	25		+		Ephedrinhydrochlorid
Antitussiva (Hustenmittel)	Asthmalgine forte	4,1		+		Ephedrinhydrochlorid, 15 weitere
Aufbaumittel	Doppelherz Ginseng Plus	0,22				Ethanol (17 Vol. %), 9 weitere
Diuretika (Mittel zur Förderung der Salz- und Wasserausscheidung)	Heweödem	0,04				Ethanol (41 Vol. %), 8 weitere
Durchblutungsfördernde Mittel	Adenovit-Infektopas	5				Vitamin B$_1$, Vitamin B$_6$, Vitamin B$_{12}$, Procainhydrochlorid, Adenosinphosphat
Mittel gegen koronare Herzkrankheiten	Herz stark	0,24				Wein (!), Honig, Zukkerwasser, 8 weitere
Kosmetika	Vichy Straffende Massagecreme	30				Mäusedornwurzelstock-Extrakt, 3 weitere
Lebertherapeutika	Rutibal	1				Vitamin B$_{12}$, Nicotinamid, Procainhydrochlorid
Lokalanästhetika	Dolowoven	12				Procainhydrochlorid
Migränemittel	Cafergot		100	+		Ergotamintartrat
Mineralstoffpräparate	Frubirase		50			Natrium, Calcium, 12 weitere
	Vitamineral m. Coff. NA					
Psychostimulantien	Halloo-Wach		30			Zuckerwasser
Sedativa (Beruhigungsmittel)	Aranidorm-S	0,05			+	Ethanol (37 Vol. %), Atropin, 14 weitere
Sonstige Homöopathika	Biomigreen	10			+	Ethanol (32 Vol. %), Strychnos nux vomica (!), 13 weitere
Vegetative Störungen	Euvitan	4,1				Ethanol (17 Vol. %), medizinische Weine, (!?) 6 weitere
Vitaminpräparate	Coffein-Enervit		35			Vitamin C

Coffein

In den USA schätzte man für 1980 etwa 1000 verschreibungspflichtige und rund 2000 frei verkäufliche coffeinhaltige Pharmaka. Tabelle 4 gibt einen Überblick über die auf dem deutschen Markt erhältlichen Produkte.

Der Weg durch den Körper

Coffein wird in der Regel rasch und nahezu vollständig aus dem Magen-Darm-Trakt ins Blut aufgenommen (Tabelle 5). Seine fettlöslichen Eigenschaften (Lipophilie, siehe Box „Hydrophil – Hydrophob") lassen es leicht biologische Membranen überwinden. So passiert es schnell die „Blut-Hirn-Schranke", gelangt durch die Plazentaschranke und in die Milch stillender Mütter. Manche Gerbstoffe (Tannin) verzögern die Freisetzung des Coffeins, was die maximale Blutplasmakonzentration verringern kann. Teekenner nutzen dieses Phänomen, indem sie „anregenden" Tee nur eine bis zwei Minuten ziehen lassen. Nach dieser Zeit ist der Anteil der aus den Teeblättern extrahierten Gerbstoffe noch gering (siehe Kapitel „Tee").

Ausgeschieden wird Coffein nur zu einem geringen Teil (1–2 %) in unveränderter Form. Erst wenn wichtige Enzymsysteme der Leber durch „Umbauarbeiten" im Mo-

Tabelle 5. Coffein: Eine kleine Zahlenkunde (durchschnittliche Richtwerte für einen gesunden Erwachsenen, individuelle Schwankungen möglich)

maximale Plasmakonzentration erreicht nach	30 ± 8 min (aber auch Werte von 18 bis 180 min)	
maximale Plasmakonzentration nach einer großen Tasse starken Kaffees	5–10 µg/mL	215-mL-Tasse mit 175 mg Coffein, zügig geleert
pharmakologisch wirksame Plasmakonzentration	5–15 µg/mL	
Plasmahalbwertszeit	3–5 h Neugeborene 82 h Baby (3–4 Monate) 14 h Baby (5–6 Monate) 3 h	verlängernd: Lebererkrankungen, Schwangerschaft, Östrogene („Pille"), Alkohol, verschiedene Pharmaka (Cimetidin, Chinolone, Phenylpropanolamin, Disulfiram, Idrocilamid) verkürzend: Rauchen, Rifampicin
Vergiftungserscheinungen	> 0,6 g	innerhalb weniger Minuten zugeführte Gesamtmenge
tödliche Dosis	5–30 g (geschätzt)	entspricht 40–240 Tassen Kaffee oder 125–750 Dosen Colagetränk (innerhalb nur weniger Minuten verzehrt)

lekül dessen Wasserlöslichkeit erhöht haben (Demethylierung, Oxidierung, Acetylierung), kann es über die Niere in den Urin gelangen. Diese Enzyme (u. a. Cytochrom P450) sind erst ab dem sechsten Lebensmonat vollständig ausgereift (Abbildung 1).

Ein wichtiger Parameter zur Beurteilung der Verweildauer einer Substanz im Organismus ist die Plasmahalbwertszeit ($t_{1/2}$) – die Zeit, innerhalb derer die Konzentration des fraglichen Stoffes im Blutplasma auf die Hälfte des Ausgangswertes gefallen ist. Beim gesunden Erwachsenen beträgt diese – mit teilweise erheblichen individuellen Unterschieden – für Coffein drei bis fünf Stunden. Eine Substanz gilt als abgebaut, wenn etwa vier bis fünf Halbwertszeiten vergangen sind (Faustregel).

Zigarettenkonsum verkürzt, Lebererkrankungen und verschiedene Arzneimittel sowie Alkohol verlängern die Halbwertszeit des Coffeins im Blut. Bei Personen, die mit dem Rauchen aufgehört haben, wurde eine Verdopplung der Plasmacoffeinkonzentration festgestellt. Es wird diskutiert, ob dies die wahrgenommenen (Zigaretten-) Entzugserscheinungen noch verstärken könnte.

Rezeptorsuche

Lange Zeit sah man in der Hemmung der Phosphodiesterase den entscheidenden Wirkungsmechanismus der Methylxanthine. Dieses Enzym ist für den Abbau kleiner Signalmoleküle zuständig, die innerhalb der Zelle bei vielen Aktivierungsprozessen eine wichtige Rolle spielen. Wenn Coffein den Abbau dieser Signalmoleküle einschränkt, hält die Aktivierung länger an. Heute geht man jedoch davon aus, daß die üblicherweise erreichbaren Coffeinkonzentrationen wahrscheinlich weit unter der für diese Enzymhemmung nötigen Konzentration liegen.

Gegenwärtig wird deshalb von manchen Wissenschaftlern eine andere Theorie zur Erklärung der Wirkungen des Coffeins auf das Zentralnervensystem favorisiert. Diesem Ansatz zufolge ist Coffein ein Agonist von Adenosin, mit dem es um dessen Bindungsstellen konkurriert. Adenosin erfüllt seinerseits u. a. die Aufgabe eines Botenmoleküls (Neurotransmitters) von und zwischen Nervenzellen. Es moduliert die Aussendung weiterer Botenmoleküle, kann jedoch auch direkt z. B. auf Blutgefäße des Gehirns wirken (siehe Box „Erregungsleitung").

Macht Coffein müde Körper munter?

In den letzten Jahren wurde immer wieder über Fälle berichtet, in denen Sportler durch Einnahme bestimmter Substanzen versuchten, ihre körperliche Leistungsfähigkeit zu verbessern. Der Einfallsreichtum der Sportler und vor allem ihrer „Berater" scheint dabei keine Grenzen zu kennen. Neben den „üblichen" Anabolika (wie Testosteron, einem Wachstumshormon) werden häufig Substanzen eingesetzt, die auf die Psyche wirken sollen, sei es, um Schmerzen zu lindern (Analgetika), oder um die Ermüdungsschwelle heraufzusetzen. In diesem Zusammenhang hat man in etlichen Fällen erhöhte Coffeinkonzentrationen nachgewiesen, was schließlich zur Aufnahme von Coffein in die „Dopingliste" führte. Besonders Athleten von Ausdauersportarten berichten über positive Effekte auf ihre Leistungsfähigkeit. In systematischen Untersuchungen konnte man jedoch häufig keine Verbesserung feststellen.

Eines der größten Probleme bei der Beurteilung möglicher klinischer Folgen des Coffeingenusses ist das bei Coffein stark ausgeprägte Phänomen der Gewöhnung (Toleranz). Bei wiederholter Coffeinzufuhr können bereits nach einem Tag ursprünglich beobachtbare Wirkungen stark abgeschwächt oder völlig verschwunden sein. So kann eine einmalige Gabe von 250 mg Coffein bei nichttoleranten Personen zu einem Blutdruckanstieg um 5 bis 10 mmHg führen. Eine Zunahme der Schlagkraft sowie der Frequenz des Herzens ist ebenfalls beobachtet worden. Mäßiger Coffeingenuß scheint bei toleranten Personen jedoch keinen Einfluß auf den Blutdruck zu haben. Dies gilt übrigens auch für Personen mit chronischem Bluthochdruck.

Die ersten Studien, die auf ein gesteigertes gesundheitliches Risiko durch Coffein- oder Kaffeekonsum hindeuteten, stammen aus Skandinavien. Vor allem erhöhte Konzentrationen von Cholesterol und bestimmten Fetten im Blut schienen die These zu unterstützen, Coffein sei herzschädigend. Einige dieser Ergebnisse müssen jedoch seit einigen Jahren kritischer betrachtet werden. Die genaue Ursache des Anstiegs des Blutfettspiegels ist zwar noch ungeklärt, doch gibt es deutliche Hinweise darauf, daß eine Lipidfraktion des Kaffees und nicht das Coffein dafür verantwortlich zu machen ist. Diese fettlöslichen Extrakte der Kaffeebohne bleiben bei herkömmlicher Zubereitung im Kaffeefilter hängen. Unsere nordischen Nachbarn bevorzugten jedoch bis vor einigen Jahren überwiegend aufgebrühten Kaffee. Ähnlich dem türkischen Kaffee wird hier das Pulver dem Wasser direkt zugesetzt und aufgekocht. Der möglicherweise gesundheitsschädigende Anteil wird danach vollständig verzehrt. Eine abschließende Bewertung der Rolle des Coffeins scheint zum gegenwärtigen Zeitpunkt noch nicht möglich, doch ist nach Meinung zahlreicher Autoren gegen einen moderaten Coffeingenuß (zwei bis drei Tassen Kaffee pro Tag) auch bei Herzkranken nichts einzuwenden.

Der immer wiederkehrende Rat mancher Ärzte an bestimmte Bevölkerungsgruppen, ihren Coffeinkonsum einzuschränken, war eine hervorragende Gelegenheit für die Industrie, coffeinfreie Produkte zu entwickeln und zu verkaufen. Viele Konsumenten wechselten daraufhin von normalem zu entcoffeiniertem Kaffee in dem Glauben, die Entfernung des Coffeins mache den Kaffe „unschädlich". Bis heute liegen nur wenige Studien über schädliche Effekte von entcoffeiniertem Kaffee vor. Eine Studie aus dem Jahre 1990 an 45 589 Männern im Alter zwischen 40 und 75 Jahren widmete sich dem Zusammenhang zwischen Kaffeekonsum und Herzinfarkt. Bemerkenswerterweise stellten die Forscher lediglich für coffeinfreien Kaffee eine leichte Erhöhung des Herzinfarktrisikos fest – ein Befund, der Anlaß zu erneutem wissenschaftlichem Rätselraten gibt.

Medizinisch bedenklicher ist der Versuch, mit Coffein überflüssige Pfunde zu verlieren. Coffein ist zwar kein Appetitzügler (Anorektikum), es ist jedoch in vielen Schlankheitstropfen als Kombinationssubstanz enthalten. Da Eßstörungen meistens psychische Ursachen haben, können sie in der Regel nicht mit Medikamenten allein behandelt werden. Coffeinhaltige Anorektika enthalten zudem häufig noch weitere suchterzeugende Pharmaka. Aus diesem Grund werden sie von vielen Medizinern grundsätzlich abgelehnt. In einigen dieser Präparate finden sich Substanzen wie Phenylpropanolamin, das zu einer Vervierfachung der Plasmacoffeinkonzentration führen kann. Diese „Arme-Leute-Amphetamine" sind in den USA verboten, da als Nebenwirkungen erhebliche psychische Störungen bis zum Delirium auftreten können.

...und müde Geister?

Die intellektuelle Leistungsfähigkeit bei Leseübungen, Rechenaufgaben oder einigen Sprachtests kann durch Coffein nur dann leicht verbessert werden, wenn das normale Niveau durch Müdigkeit oder Langeweile gesenkt ist. Jeder, der mit Genuß nach einem zu fetten Essen eine Tasse frischen italienischen Espresso getrunken hat, wird die Wiederkehr seiner Lebensgeister verspürt haben.

Auffallend sind auch hier erhebliche individuelle Unterschiede. Neben Geschlecht, Hormonstatus und der Verwendung von oralen Kontrazeptiva („Pille") scheinen auch persönliche Charaktermerkmale wie Intro- und Extrovertiertheit sowie die momentane Stimmungslage Einfluß auf die Wirkung des Coffeins zu haben.

Alles Einbildung?

Die Abhängigkeit der Coffeinwirkung vom psychosozialen Kontext weist auf ein weiteres, allgemeineres Phänomen hin: Der beobachtbare Effekt einer Substanz wie Coffein, ihre Spezifität und Wirkungsstärke, leitet sich direkt von den mit dieser Substanz bereits gesammelten Erfahrungen und der daraus resultierenden Erwartungshaltung ab. Unter bestimmten Voraussetzungen kann so die Einbildungskraft des Konsumenten psychoaktiver wirken als die Substanz selbst! „Wenn ich morgens keinen Kaffee hatte, bin ich den ganzen Tag kein Mensch" oder „Eine Tasse Bohnenkaffee, und ich mache heut' nacht kein Auge zu" sind uns wohlvertraute Ansichten.

Dieser psychische Effekt kann bewußt oder unbewußt auftreten, ist jedoch deutlich vom sogenannten „Placeboeffekt" abzugrenzen. Ein Placebo ist ein wirkstofffreies Scheinmedikament, dessen Effekt nicht auf die pharmakologische Wirkung der Substanz zurückführbar ist. Er beruht vielmehr auf – zum großen Teil unverstandenen – Einflußgrößen, die durch die Erwartung des Patienten oder des Arztes ausgelöst werden. Ein Placeboeffekt kann erhebliche Ausmaße haben. So geht man beispielsweise davon aus, daß die schmerzstillende Wirkung von Acetylsalicylsäure (Aspirin) in üblichen Dosen zur Hälfte auf Placeboeffekten beruht.

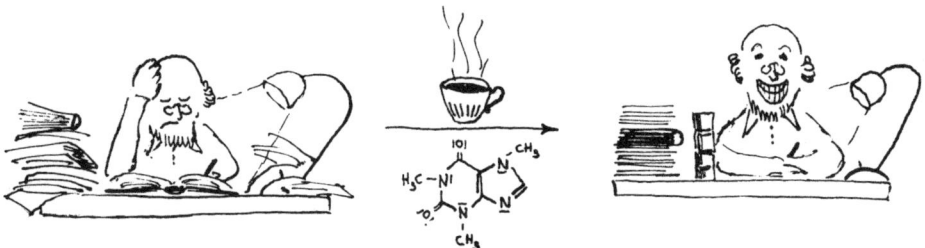

Im Gegensatz dazu hat der hier beschriebene psychologische Effekt von Coffein seinen Ausgangspunkt durchaus in einer „objektiven", physischen Wirkung. Auch wenn diese vielleicht sehr schwach ist, dient sie als Hinweis dafür, daß die Erwartung tatsächlich erfüllt wird. In dem Maße, in dem die Überzeugung in uns reift, der soeben an der Raststätte eingenommene Kaffee helfe tatsächlich, die nächsten beiden Stunden am Steuer nicht einzuschlafen, verstärkt sich dieser Prozeß und resultiert unter Umständen in beobachtbaren Verhaltensänderungen: Anstatt vernünftigerweise eine kurze Schlafpause einzulegen, fahren wir mit dem Kaffee im Bauch doch noch bis nach Hause. Diese Verhaltensänderung ist ihrerseits wiederum – als Erfahrungstatsache – Grundlage einer zukünftigen Anwendung der Substanz: Bei der nächsten längeren Autofahrt nehmen wir eine Thermoskanne mit Kaffee oder ein paar Dosen Cola mit – ein sich selbst verstärkender Prozeß.

Es ist üblich, nach einer durchzechten Nacht einen starken Kaffee zu trinken, um wieder „auf die Beine zu kommen". Alkohol erhöht die Coffeinkonzentration im Serum. Allerdings: Die gleichzeitige Gabe von Alkohol und Coffein verlängert die Reaktionszeiten, ohne die „Promillewerte" wesentlich zu verändern. Coffein ist somit kein probates Gegengift zu Alkohol! Darüber hinaus verstärkt Coffein ähnlich wie Alkohol, jedoch über einen anderen Mechanismus, die Salz- und Wasserausscheidung (Diurese).

Schlaf ist der beim Menschen empfindlichste Parameter der Coffeinwirkung. Bereits Coffeindosen ab 100 mg können die Einschlafzeit verlängern, geringere Dosen haben keinen Einfluß. Auch hier ist eine erhebliche Variabilität der Wirkungen festzustellen. Insgesamt scheinen Gewohnheitskaffeetrinker weniger von coffein-abhängigen Einschlafstörungen geplagt zu sein. Coffein erhöht die Dauer der Schlafphase 2 (leichter Schlaf) auf Kosten von Stufe 3 und 4 (tiefer Schlaf), hat jedoch keinen Einfluß auf REM- (REM: rapid eye movement) oder Traumphasen, die als weniger erholsam empfunden werden. Einige Hinweise sprechen dafür, daß für Schlafstörungen weniger der Zeitpunkt der letzten Coffeineinnahme als vielmehr die Gesamtmenge der am Tag aufgenommenen Methylxanthine von Bedeutung ist.

Vollends verwirrend erscheint nun der Befund, daß einige Versuchspersonen auf den Genuß von Coffein genau entgegengesetzt, nämlich mit Schläfrigkeit, reagieren. Bei älteren Patienten, die selbst nach Einnahme von Beruhigungsmitteln weiter unter Schlafstörungen leiden, wird sogar ein Versuch mit Coffein (100 mg) empfohlen. Weiterhin nimmt man an, daß Coffein bei Patienten mit chronischer Herzschwäche für eine bessere Gehirndurchblutung sorgen und den Kreislauf anregen kann. Inwieweit dieser Ansatz einer klinischen Überprüfung standhält, bleibt abzuwarten.

Was sucht Coffein im Kopfschmerzmittel?

Viele Migränemittel enthalten Coffein als Zusatzwirkstoff. Migränekopfschmerz wird auf anfallsweise Störungen der Regulation von Hirngefäßen zurückgeführt. Nach der Auslösung eines Migräneanfalls durch externe Reize kommt es zu überschießender Gefäßverengung und deshalb zu schlechter Durchblutung der betroffenen Hirnregionen. Die darauffolgende Gefäßerweiterung als Gegenmaßnahme des Organismus führt zu Schmerzen und Entzündung.

Die Migränetherapie setzt auf verschiedenen Ebenen an. Neben der Gabe reiner Schmerzmitteln (Analgetika) versucht man, die Gefäßerweiterung mit bestimmten Pharmaka zu verhindern. Ein solches Medikament ist z. B. Ergotamin/Coffein (Cafergot®). Lange glaubte man, daß durch Coffein lediglich die Aufnahme des Mutterkornalkaloids Ergotamin aus dem Magen-Darm-Trakt verbessert werden könne. Coffein regt in mittleren Dosen die Magensäureproduktion an, wodurch mehr Ergotamin ins Blut gelangen kann. Heute jedoch billigt man Coffein eine eigene Wirkungskomponente zu, nicht nur bei Migräne, sondern auch bei bestimmten anderen (Kopf-) Schmerzen. So könnte Coffein durch seine verengende Wirkung auf Hirngefäße an der Wirkung von Cafergot® beteiligt sein. Besonders ausgeprägt ist dieser Effekt z. B. bei Kopfschmerzen nach Entnahme von Gehirn-Rückenmarks-Flüssigkeit zu diagnostischen Zwecken (Lumbalpunktion).

Einige der häufig verwendeten Schmerzmittel-Mischpräparate enthalten ebenfalls Coffein als Zusatzstoff, hier neben einem Analgetikum (Thomapyrin®). Neuere Befunde sprechen dafür, daß Coffein in diesen Präparaten möglicherweise auch direkt zur Schmerzlinderung beiträgt. Die verantwortlichen Wirkungsmechanismen sind noch nicht bekannt. Je stärker der empfundene Schmerz, desto größer ist offenbar der Anteil der Coffeinwirkung. Ausgerechnet diese coffeinhaltigen Kombinationspräparate sind jedoch wegen ihres möglichen Suchtpotentials in der letzten Zeit kritisiert worden.

Tabelle 4 zeigt eine Auswahl von Arzneimitteln und in Apotheken erhältlichen Präparaten, die Coffein enthalten.

Mutter und Kind

In der Kinderklinik wird Frühgeborenen und Säuglingen vor einer notwendigen Operation mit Vollnarkose mittlerweile routinemäßig Coffein (oder das Abbauprodukt Theophyllin) verabreicht (Einmaldosis: 10 mg/kg Körpergewicht). Bei vielen dieser Kleinen ist das Atemzentrum noch nicht vollständig ausgereift, wodurch es früher immer wieder zu Todesfällen kam. Mit Coffein hat man hier große Erfolge erzielt: Der Wirkstoff erhöht die Schlagkraft des Herzens und regt die Atmung an; so wird die Sauerstoffversorgung verbessert. Negative Auswirkungen dieser Coffeinbehandlung z. B. auf das Wachstum der Kinder konnten nicht festgestellt werden.

In diesem Zusammenhang untersuchte man auch die Auswirkungen von Kaffeegenuß der Mütter während ihrer Schwangerschaft. Zumindest bei Frauen mit exzessivem Kaffeekonsum (mehr als acht Tassen pro Tag) hatten die Kinder ein geringeres Geburtsgewicht. Diese Studien sind nicht unumstritten, da die Kinder dieser Frauen häufig weiteren Risikofaktoren ausgesetzt waren: Viele dieser Frauen rauchten mehr, tranken mehr Alkohol oder hatten selbst ein geringes Körpergewicht.

Die stillende Mutter muß aus Rücksicht auf ihr Kind nicht auf den täglichen Kaffee verzichten. Nach Einnahme üblicher Coffeinmengen (36–335 mg) errechnete man tägliche Coffeindosen zwischen 1 und 3 mg für das gestillte Neugeborene, was als nicht bedenklich gilt.

Kein Problem mit Coffein – aber ohne?!

Wenn chronische Kaffeetrinker plötzlich aufhören, Coffein zu sich zu nehmen, beobachtet man zahlreiche Entzugserscheinungen, die man vielleicht nur von „härteren" Drogen erwartet hätte – Kopfschmerzen, Benommenheit, Müdigkeit, Muskelschmerzen und -steifheit, Übelkeit, Erbrechen und Angstzustände.

Diese Symptome sind durch Zufuhr von Coffein aufhebbar. Ihr Verschwinden ist dabei deutlich an die psychische Befriedigung beim Genuß des Getränkes gekoppelt. Dies gilt insbesondere für die erste Tasse Kaffee des Tages. Interessanterweise zeigen Tierversuche entgegengesetzte Ergebnisse: Eine Ratte oder ein Pavian wählt z. B. nicht eine mögliche Selbstverabreichung von Coffein, wie es der Fall wäre, bekämen sie bei entsprechender Gewöhnung Morphin, Amphetamin oder Cocain angeboten. Beim Menschen scheint insbesondere das erlernte Wissen um die stimulierende Wirkung für die wiederholte Coffeinzufuhr verantwortlich zu sein (eine sogenannte kognitive statt einer somatischen Abhängigkeit). Einige Kaffeetrinker entwickeln nach neueren Studien tatsächlich Symptome einer Drogenabhängigkeit. Sie können schon bei sehr geringen Dosen, z. B. einer Tasse starkem Kaffee pro Tag, eintreten. Zu Entzugserscheinungen kommt es üblicherweise etwa 12–24 Stunden nach dem Absetzen, sie erreichen ihr Maximum nach etwa 24–48 Stunden. Auch hier besteht eine breite Variabilität. So können die Symptome schon nach drei bis sechs Stunden auftreten und über eine Woche andauern.

Eine neuere, nichtrepräsentative Studie geht davon aus, daß das Risiko, eine Coffeinabhängigkeit zu entwickeln, vergleichbar der einer Alkoholabhängigkeit ist. Mit dem wichtigen Unterschied, daß allein in den USA jährlich 100 000 Menschen an den Folgen des Alkoholmißbrauchs sterben, abgesehen von dem nicht durch diese Zahlen ausdrückbaren Leiden der Abhängigen und ihrer Familien (siehe „Alkohol – Wirkung").

Bemerkenswerterweise scheint Coffein allein nicht geeignet zu sein, coffeinhaltige Getränke „schmackhaft" zu machen. Im Gegenteil: Versuchspersonen, denen neuartige aromatisierte Fruchtsäfte mit und ohne Coffein angeboten wurden, bevorzugten nach einer gewissen Gewöhnungsphase die coffeinfreien Fruchtsäfte.

Und wieder sehen wir betroffen den Vorhang zu und alle Fragen offen...

Tabak

Thomas Blatt

Beim Stichwort „Tabak" fallen uns spontan Zigaretten oder Zigarren ein. Aber Tabak umfaßt noch mehr: Erzeugnisse aus Rohtabak kann man nicht nur rauchen, sondern auch kauen, schnupfen oder sogar trinken.

Columbus' erste Zigarette

Als Columbus 1492 auf die Indianer der westindischen Inseln und Mittelamerikas traf, fiel ihm auf, daß sie kleingeschnittene braune Pflanzenteile in trockene Maisblätter rollten, diese „Tabaccos" anzündeten und den Rauch einsogen. Columbus brachte die Sitte des Rauchens und den Tabakanbau mit nach Europa. Obwohl das „Teufelskraut" in Spanien auf den Widerstand der Kirche stieß und auch der Staat die Unsitte des Rauchens durch eine Tabaksteuer einzudämmen versuchte, verbreitete sich der Tabak-konsum schon Ende des 16. Jahrhunderts in ganz Europa. Tabak wurde – wie erwähnt – geraucht, gekaut und geschnupft und fand auch in der Medizin zur Anregung oder in Form von Tabakbrühe zur Desinfektion Verwendung. Jean Nicot (1530–1600), ein französischer Gelehrter am spanischen Hof, verhalf dem Tabak als Medizinalkraut gegen Wehwehchen aller Art zu großer Bekanntheit. Auch Nicot selber machte sich dadurch einen Namen, denn der Gattungsname des Tabaks, *Nicotiana*, geht auf ihn

zurück. Nach England gelangte der Tabak 1580 mit Sir Francis Drake, dem Sieger über die spanische Armada.

Ein Nachtschattengewächs

Der Tabak gehört zur Pflanzengattung *Nicotiana*, einer der etwa 85 Gattungen der Familie der *Solanaceen* (Nachtschattengewächse). Die zweikeimblättrige Tabakpflanze (Abbildung 1) ist einjährig und kann bis zu drei Meter hoch werden. Neben einer schwachen Pfahlwurzel bildet sie sechs bis acht gleichstarke Nebenwurzeln aus. An der meist unverzweigten Sproßachse stehen 20 bis 30 Blätter, deren Form und Dicke von der Sorte und den Klimabedingungen abhängig sind. Die Tabakpflanze kann sich selbst bestäuben, ist daher sehr vermehrungsfreudig und enthält eine reiche Zahl an mineralischen und organischen Bestandteilen (Proteine, Harze, Stärke, Zucker, Apfelsäure, Zitronensäure und natürlich Nicotin). Der durchschnittliche Nicotingehalt der verschiedenen Tabaksorten liegt zwischen 0,5 und 4 %.

Abbildung 1 Die Tabakpflanze.

Die Saat des Teufelskrauts

Die Vorbehandlung von Saat und Boden sowie die Anzucht der Tabakpflanze sind kompliziert und aufwendig, nicht vergleichbar mit dem Anlegen eines Gemüsebeetes im Vorgarten. Zur Verhütung von Infektionen und Krankheiten muß man die Tabaksamen, die nicht älter als drei Jahre sein dürfen, vor der Aussaat „beizen", das heißt, mit einem desinfizierenden Beizmittel behandeln. Auch das Saatbeet muß desinfiziert oder sogar sterilisiert werden. Zur Desinfektion behandelt man die Erde mit 2 %iger Formalinlösung oder mit 1 %iger Essigsäure. Zur Sterilisierung wird die Erde unter Druck 30 Minuten bei 100 °C bedampft.

Nach dieser aufwendigen (aber notwendigen) Vorbehandlung sät man die Samen Mitte März aus (0,25 g bis 0,5 g pro m²). Unter optimalen Bedingungen entwickelt sich innerhalb von drei Monaten aus einem 0,1 mg wiegenden Samenkorn eine Pflanze von ca. 2 kg Gewicht. Tritt trotz der Vorbehandlung eine Schädigung der Jungpflanzen auf, müssen sie nachträglich mit einer verdünnten Chinosollösung besprüht werden.

Obwohl der Tabak als tropische Pflanze viel Feuchtigkeit und Wärme braucht, zeigt er doch eine große Anpassungsfähigkeit an andere Klimabedingungen. Daher kann er in Gebieten vom 60. Grad nördlicher bis zum 40. Grad südlicher Breite angebaut werden. Optimal wächst er bei einer Temperatur von 25 °C und Niederschlägen von 5 mm pro Tag (1 ha Tabakpflanzen verbraucht am Tag 5 t Wasser!). Für ein gutes Gedeihen ist außerdem ein leicht saurer Boden mit einem pH-Wert zwischen 5 und 6 erforderlich. Auch zahlreiche Mineralstoffe wie Kalium (K), Calcium (Ca), Magne-

Tabelle 1. Einfluß verschiedener Mineralstoffe auf die Tabakqualität

	Wachstum	Reife	Nicotin	Zucker	N-Verbrauch	Aroma	Farbe	Glimmfähigkeit	Sonstiges
H_2O	+	–	–	+	–	–	+	+	
N	+	+	+	–	+	–	+	+	N-Überschuß: Wachstum, Reife, Glimmfähigkeit, Geruch und Geschmack negativ
P	+	+		+	–		+		
K	+	+		+	–			+	quellende Wirkung verhindert Austrocknung
Ca, Mg							+		Chlorophyllbildung und Wassertransport
Fe					+				Atmung
O_2	+	+							

sium (Mg), Eisen (Fe), Phosphor (P) und Stickstoff (N) haben einen entscheidenden Einfluß auf die Tabakqualität (Tabelle 1). Selbst in weniger warmen Klimazonen wachsen die Pflanzen zur Zeit des Schossens pro Tag um fünf bis sechs Zentimeter.

Tabakanbaugebiete gibt es in fast allen westeuropäischen Ländern, vor allem in Italien und in Deutschland (Uckermark, Baden, Pfalz und Norddeutschland). 1991 wurden in Deutschland 9000 t Tabak geerntet. Die nordamerikanischen Anbaugebiete liegen hauptsächlich im Osten der USA (Kentucky, Tennessee, North Carolina, Virginia, Georgia, Florida). Sie liefern den größten Teil des Zigarettentabaks. In Mittelamerika, vor allem auf Kuba, wird Zigarrentabak (Havanna) angebaut. Bedeutende Anbauländer in Südamerika sind Argentinien und Brasilien (Pernambuco, Bahia, Rio Grande do Sul, Santa Catatina, Parana). Aus Südostasien (Borneo, Philippinen, Sumatra und Java) kommen besonders hochwertige Zigarrentabake. In den Küstenländern des östlichen Mittelmeeres und des Schwarzen Meeres (*Trapezent-, Mamara-, Smyrnatabake*) und in den südlichen Teilen Rußlands ist der Tabakanbau ebenfalls verbreitet (Abbildung 2).

Tabakpflanzungen sind einer Reihe verschiedener Gefahren ausgesetzt. Neben Einflüssen von Klima, Boden und Ernährung können auch Bakterien, Pilze oder Viren die Tabakpflanze schädigen. Dazu gehören sich epidemisch verbreitende Tabakmosaik-Viren, Tabakrippenbräune (Y-Virus) und Blauschimmel (*Peronospora tabacina Adam*). Auch die Tabakmotte (*Ephestia elutelle HFN*), die vor allem zuckerreiche Orienttabake befällt, kann große Anbauflächen zerstören. Der Tabakkäfer (*Lasioderma serricorne F.*) bevorzugt zuckerfreie Tabake, durch deren Ammoniakgeruch er angelockt wird. Nur

Abbildung 2 Rohtabak produzierende Länder.

bei erfolgreicher Schädlingsabwehr gelangt die Tabakpflanze zur Erntereife. Die anschließenden Arbeitsschritte sind für die Qualität des Tabaks, ob industriell oder selbstgezüchtet, entscheidend.

Reifeprüfung

Die Reife des Tabakblattes kündigt sich durch eine dunkelgrüne Färbung mit helleren Flecken und gewölbten Stellen an der Blattoberfläche an. Man unterscheidet die Reifegrade vorreif, reif, vollreif und überreif. Der Erntezeitpunkt muß geschickt gewählt werden, denn er entscheidet über die chemische Zusammensetzung, Farbe, Elastizität und Glimmfähigkeit des Tabakblattes.

Tabak kann man nach zwei unterschiedlichen Verfahren ernten: Entweder werden die Blätter einzeln in zwei bis fünf Erntedurchgängen von unten nach oben gepflückt und durch Auffädeln oder Aufschnüren auf Latten für das Trocknen vorbereitet, oder die ganze Pflanze wird über dem Boden abgeschlagen, im Verband von sechs bis acht Stück auf einen Stab gespießt und in luftigen Schuppen etagenförmig zum Lufttrocknen aufgehängt (bei Kentuckytabak auch unter zusätzlicher Beräucherung).

Trockenzeit

Je nach Typ und Verwendungszweck des Tabaks kommen verschiedene Trocknungsverfahren natürlicher (30 bis 90 Tage) oder künstlicher Art (drei bis fünf Tage) zur Anwendung. Bei beiden Verfahren werden die Blätter entweder am Stengel mit einer Nadel durchstochen, auf Schnüre gezogen und zum Trocknen aufgehängt, oder drei bis vier Blätter werden zusammengedrückt, mit einem dünnen Faden an Stöcke gebunden und dann waagerecht in Trockenschuppen eingehängt. Durch das Trocknen verliert der Tabak 80–90 % seiner Feuchtigkeit.

Natürliche Trocknung

Beim *Air-curing* werden die grün geernteten Blätter im Gerüst- oder Jalousiehang in belüftbaren, schattigen Trockenschuppen bei Normaltemperatur luftgetrocknet. Dabei kann man die Luftfeuchtigkeit zur Qualitätsverbesserung regulieren (z. B. bei *Burley-, Maryland-* und *Zigarettentabak*). Die Tabakblätter vergilben in zehn bis zwölf Tagen, sechs bis acht Tage danach tritt die Bräunung ein, und nach weiteren 30 bis 70 Tagen ist die Trocknung beendet. Durch den langsamen Wasserentzug bleibt das Tabak-

Trockenzeit

blatt noch lange vital, die Enzymsysteme arbeiten weiter, und Zucker wird veratmet. Darauf beruht auch der geringe Zuckergehalt z. B. des *Burleytabaks.*

Bei der Sonnentrocknung (*Sun-curing*) läßt man überreife, leicht angegilbte Blätter an der Sonne fünf bis sechs Tage bis zur Vergilbung trocknen. Zur vollständigen Trocknung bringt man sie danach wie bei der Lufttrocknung in offene Trockenscheunen (z. B. *Orient-Tabake*). Dieses Trocknungsverfahren steht, was den Protein- und Zuckerabbau betrifft, zwischen Lufttrocknung und künstlichen Blatttrocknungsverfahren. Deshalb weisen sonnengetrocknete Tabake einen mittleren Zuckergehalt auf.

Künstliche Trocknung

Die künstliche Trocknung von vollreif geernteten Tabaken fixiert den physiologischen Zustand des Blattes. Sie findet in vier Phasen statt (Tabelle 2). Dabei ist entscheidend, daß man für einen sehr schnellen Wasserentzug sorgt, indem man die vergilbten Tabakblätter auf 60–80 °C erhitzt und die Luftfeuchtigkeit absenkt. Auf diese Weise werden die Enzyme sofort blockiert, und der Tabak behält einen hohen Zuckergehalt.

Zur künstlichen Trocknung gibt es verschiedene Verfahren. Bei der Heißluft- und Röhrentrocknung (*Flue-curing*) werden vollreif und hellgrün geerntete Tabake in Trockenscheunen entweder über direkter Heißluftbeheizung oder über heißen Dampfrohrleitungen getrocknet (z. B. *Virginia-Tabak*).

Tabelle 2. Phasen der künstlichen Trocknung

Phase I	Vergilbung des Tabaks, 24–36 Stunden bei 32–37 °C und 80–90 % relativer Luftfeuchte. Tabakfeuchtereduktion von 90 auf 80 %. Keine Frischluftzufuhr.
Phase II	Trocknung der Blätter und Blattspreite. Fixierung der Farbe in 30–36 Stunden bei 50–60 °C und geringer relative Luftfeuchte (ca. 20 %). Tabakfeuchtereduktion von 80 auf 20 %. Belüftung.
Phase III	Trocknung der Mittelrippe in 18–24 Stunden bei 77–82 °C und geringer relativer Luftfeuchte (ca. 20 %). Belüftung.
Phase IV	Wiederbefeuchtung des Tabaks (Griffigmachen) bei niedriger Temperatur und hoher relativer Luftfeuchte, eventuell Wasserdampf.

Bei der Feuertrocknung (*Fire-curing*) hängen die Tabake als grüne Blätter, teilweise auch ganze Pflanzen, im Trockenschuppen und anschließend im Rauch von Hartholzfeuer. Dadurch erhält der Tabak einen besonderen Geruch und Glanz (z. B. *Kentucky, Latakia, Dunkle Virginia*).

Bei der Rauchtrocknung (*Smoke-curing*) werden die Tabakblätter luftgetrocknet und anschließend im Rauch aufgehängt, dabei allerdings nicht über 35 °C erhitzt.

107

Dasselbe nochmal: Redrying

Nach der Trocknung unterwirft man den Tabak als ganzes oder entripptes Blatt zur Farbfixierung und zur Abtötung von Krankheitskeimen und Schimmelpilzen dem sogenannten *Redrying* (oft auch fälschlich als Maschinenfermentation bezeichnet, Tabelle 3). Es handelt sich um ein kombiniertes Mehrkammerverfahren, bei dem der Tabak jeweils eine Trocknungs-, Ausgleichs-, Kühl- und Wiederbefeuchtungszone passiert. Dabei darf sich der Tabak nicht auf über 80 °C erwärmen. Während des Redrying finden so gut wie keine chemische Veränderungen des Tabaks mehr statt. Angewendet wird es hauptsächlich bei *Virginia-* und einigen *Burleytabaken*.

Tabelle 3. Bedingungen im Redrying-Prozeß

Redrying-Zonen	Zonen-temperatur	Luft-feuchte	Tabak-temperatur	Tabak-feuchte	Dauer
	in °C		in °C	in %	
Trocknungs-und Ausgleichszone	100 (Trocknung) 40 (Ausgleich)	trocken	max. 80 bzw. 90	4–6	eine bis mehrere
Kühl- und Wieder-befeuchtungszone	10 (Kühlzone) 45 (Wiederbefeuch-tung)	Wasser-dampf	35–45	10–11 Blue-Tabake	Stunden je nach Anlage
				11–12 Burley	
				11–13 Maryland	

Ganz schön alt: Aging

Nach dem Redrying fermentiert man den Tabak und verpackt ihn dann bei Temperaturen von 35–45 °C zur Nachreife (*Aging*) in Kisten. Die Abbauprozesse, die mit der Reifung des Tabakblattes beginnen und während der Trocknung weiterlaufen, kommen in der Fermentation und im Aging zum Abschluß. Enzyme sorgen dabei für einen Abbau der Proteine und legen gleichzeitig Duft- und Aromastoffe frei. Bei zellulosereichen Tabaken läßt man die Zellulose durch Mikroorganismen abbauen (z. B. bei *Toscanizigarren*). Ohne Fermentation würden die pflanzlichen Proteine beim Verbrennen den Geruch und Geschmack negativ beeinträchtigen.

Man unterscheidet zwischen natürlicher Fermentation, die als Stapelfermentation (schwarze Zigaretten, Zigarren), Ballenfermentation (Orienttabake) und Faßfermentation (*Kentucky* und *Dunkle Virginia*) stattfinden kann, und künstlicher Fermentation, zu der die Kammerfermentation gehört. Bei der künstlichen Fermentation können Temperatur und Luftfeuchtigkeit gesteuert werden.

Gute Tabake veredelt man anschließend noch durch Aging, das von wenigen Monaten bis zu zwei Jahren dauern kann. Während des Aging werden die zuvor durch

Trocknung und Redrying ausgeschalteten Enzyme wieder aktiv und bauen weiter Zucker ab. Dadurch entstehen Wasser und Wärme. Insgesamt nimmt der Tabak um 2–3 % an Feuchtigkeit zu. Vor allem aber erhöht sich der Gehalt an Aromastoffen um 60 %. **Aromastoffe** sind ätherische Öle, Kohlenwasserstoff-Gemische, Carbonsäuren, Ester, Carbonylverbindungen, Phenole, Alkohole, Harze und Wachse. Sie verleihen dem Tabak einen weichen Geschmack.

Tabakanbau und -herstellung sind keine Hexerei. Da aber, wie beschrieben, eine ganze Reihe an Arbeitsschritten durchlaufen und dabei viele Einflüsse berücksichtigt werden müssen, ist die Tabakherstellung zuhause weniger zu empfehlen.

Und nun zur Biochemie...

Die Biochemie des Tabaks unterscheidet sich wenig von der anderer Pflanzen. Eine Besonderheit ist allerdings die Bildung und Speicherung von *Nicotin,* dem **Haupt-alkaloid** der Tabakpflanze. Bei Experimenten mit radioaktiven Nährstoffen hat man festgestellt, daß Nicotin in der Wurzel gebildet und zu den Blättern transportiert wird. Je nach Sorte, Typ, Anbaubedingung und Anbauland kann Tabak 0,5–4,0 % Nicotin enthalten. Die Zigaretten auf dem deutschen Markt haben einen Nicotingehalt von 0,5–2,0 %. Die Funktion von Nicotin in der Pflanze ist noch ungeklärt. Es könnte ein Nebenprodukt des Stickstoff-Stoffwechsels oder eine Stickstofferserve sein. Möglicherweise dient es auch der Abwehr von Krankheiten und Schädlingen.

Die **Nebenalkaloide** des Tabaks (Anabasin, Anatabin, Myosmin, Nicotinoxid, Nicotellin, Nicotyrin, Pyrrolidin, Nicotein, Nicotimin, Nicotoin, Nornicotin, Pyridyl-Piperidin) sind Pyrrol- und Pyridin-Abkömmlinge. Sie liegen in der Pflanze selten als freie Basen, sondern meist als Salze schwacher Säuren (Ameisensäure, Essigsäure, Zitronensäure, Oxalsäure) vor. Nicotinarme Tabaksorten haben, genetisch oder durch enzymatischen Abbau bedingt, einen erhöhten Gehalt an Nornicotin. Ansonsten sind die Nebenalkaloide nur in geringen Mengen vorhanden und ohne pharmakologische Bedeutung.

Während der Trocknung und Fermentation findet durch Oxidation ein Nicotinabbau von 5–12 % statt. Der Umfang des Nicotinabbaus hängt vom Peroxygenase- und Katalase-Reichtum des jeweiligen Tabaks ab. Abbauprodukte der Alkaloide können sein: Ammoniak, Isoamylamin, Betain, Nicotinoxid, Nicotinsäure, Picolin, Lutidin, Kolloidin und Pyrrol (Abbildung 3). Ein zu hoher Nicotingehalt setzt die Qualität des Tabaks herab, da Nicotin beim Verbrennen einen unangenehm riechenden, die Schleimhäute reizenden Rauch ergibt.

Durch die Enzymaktivität beginnt schon während der Reifung und Ernte neben dem Abbau des Chlorophylls, den Bräunungsreaktionen und dem Wasserverlust eine

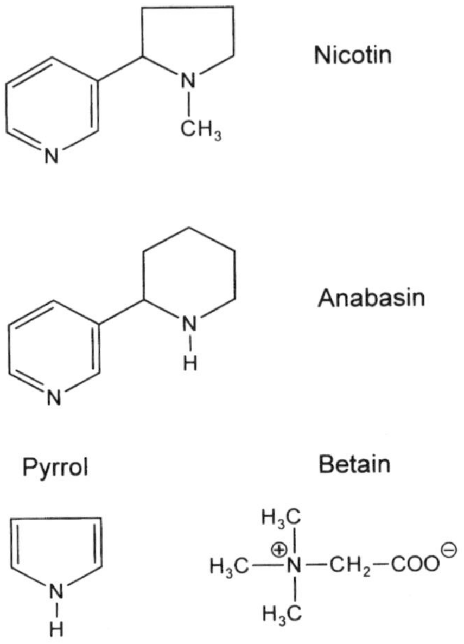

Tabak

Nicotin

Anabasin

Pyrrol   Betain

$$H_3C-\overset{\overset{\displaystyle H_3C}{|}}{\underset{\underset{\displaystyle H_3C}{|}}{\overset{\oplus}{N}}}-CH_2-COO^{\ominus}$$

Abbildung 3 Die Formeln von Nicotin, Anabasin, Pyrrol und Betain.

Spaltung der unlöslichen Kohlenhydrate und Proteine in wasserlösliche Produkte. Polysaccharide (siehe Box „Kohlenhydrate") wie Stärke und Dextrine werden zu Mono- und Oligosacchariden, Pectine (Kohlenhydrate zur Quellung), Pentosane und Hemicellulose (Kohlenhydrate der Zellwände) werden teilweise oder ganz zu Pectinsäure, Uronsäure und Alkohol umgesetzt. Unlösliche Proteine (siehe Box „Proteine") zerfallen zum größten Teil in lösliche Aminosäuren und andere lösliche Stickstoffverbindungen, die weiter zu Carbonsäuren, Wasser, Kohlendioxid und Ammoniak abgebaut werden (Abbildung 4).

$$\text{Proteine} \xrightarrow{\text{Hydrolyse}} \text{Aminosäuren} \xrightarrow{\text{Abbau}} \begin{array}{l}\text{Carbonsäuren} \\ + NH_3 + \text{Energie}\end{array}$$

Abbildung 4 Proteinabbau.

Die noch vitalen Zellen des Tabaks veratmen bereits die Reservestoffe (Stärke), später setzt der sogenannte Hungerstoffwechsel ein, der zur Proteinveratmung führt. Voraussetzung für die Vergilbung ist ein *langsamer* Wasserentzug. Bei zu raschem Trocknen des Blattes und der damit verbundenen Erhöhung der Salzkonzentration würden die Enzyme schlagartig versagen und der sogenannte Blattod eintreten.

Bei einem vital (vorreif, grün) geernteten Blatt hat der Stoffabbau noch nicht eingesetzt. Bei einem devital (vollreif, angegilbt) geernteten Blatt sind Stärke und Protei-

110

ne bereits teilweise gespalten. Das Reifestadium der Tabakpflanze zum Erntezeitpunkt ist also ausschlaggebend für die Qualität des gewonnenen Tabaks und den Geschmack der daraus hergestellten Produkte.

Für die Weiterverarbeitung müssen die Blätter des in Ballen gepreßten Rohtabaks wieder vereinzelt werden. Da der Rohtabak dafür zu trocken ist, gibt man Feuchthaltemittel zu und sprüht manchmal auch noch aromagebende Substanzen (*Casing* oder *Flavour*) auf. Außerdem können der fertigen Mischung nach dem Rösten oder Trocknen noch sogenannte Top-Flavour-Aromen (Frucht-, Lakritz- oder Mentholaromen) zugesetzt werden. Damit beginnt die Verarbeitung zu den einzelnen bekannten Endprodukten.

Wie hätten Sie's denn gern?

Arbeiterinnen in großen Tabakmanufakturen wickelten schon im 18. Jahrhundert in Spanien und Mexiko übriggebliebene Tabakkrümel in Papier und rauchten sie. Die eigentliche **Zigarette** wurde erst Mitte des 19. Jahrhunderts erfunden – vorher dominierten Kau- und Schnupftabak. Nach dem Krim-Krieg (1853–1856) führten insbesondere Offiziere in Londoner und Pariser Clubs das Zigarettenrauchen in die Oberschicht ein. Schon 1888 wurden in Deutschland 600 Millionen Zigaretten produziert. Die erste Zigarettenmarke in Deutschland hieß Laferme und wurde von einer russischen Zigarettenfabrik ab 1862 in Dresden produziert. Heutzutage macht die Zigarette über 95 % des Tabakkonsums aus.

Bei der Zigarettenherstellung wird nach Feuchten, Entrippen, Schneiden und Aromatisieren die Schnittabakmischung mit Endloszigarettenpapier umhüllt und von einem rotierenden Messer auf Zigarettenlänge geschnitten. Vier Zigarettentypen lassen sich unterscheiden: Blendzigaretten bestehen aus einer Mischung von *Virginia-, Orient-, Burley-* und (in manchen Ländern) *Marylandtabaken*. Reine Virginiazigaretten sind süß im Geschmack, reine Orientzigaretten dagegen eher duftig und leicht. Sogenannte Schwarze Zigaretten (*french type*) werden aus unsaucierten Tabaken (das heißt ohne Zusatz von Aromastoffen) hergestellt.

Obwohl die **Zigarre** in Spanien schon lange bekannt war, wurde die erste deutsche Zigarrenfabrik erst 1788 in Hamburg eröffnet. Die Zigarre erlebte erst in der zweiten Hälfte des 19. Jahrhunderts ihren endgültigen Durchbruch, wurde aber schnell zum Symbol der neuen Zeit. Sie stand für bürgerliche Behäbigkeit und Reichtum. Die Zigarre besteht aus Einlage, Umblatt und Deckblatt. Die Einlage bestimmt als Hauptbestandteil den Charakter der Zigarre. Das Umblatt umgibt die Einlage, das Deckblatt ist Aroma- und Geschmacksträger. Für Zigarren werden großblättrige Tabake verarbeitet (*Sumatra-, Florida-, Brasil-, Java-, Havannatabak*). Eine gute Zigarre darf

beim Rollen zwischen den Fingern nicht knistern und keine „Knöpfe" spüren lassen.

Die am weitesten verbreitete Konsumform des Tabaks in Europa war bis Ende des 19. Jahrhunderts das **Pfeiferauchen**. Sowohl durch Variationen in der Tabakaufbereitung als auch durch spezielle Aromazusätze lassen sich drei verschiedene Arten herstellen: *Mixture*, *Readyrubbed* und *Flaches*. Englische, holländische und dänische Pfeifentabake sind bekannte Geschmacksrichtungen.

Um die Jahrhundertwende war das Tabakkauen in Amerika weit verbreitet. Auch in Europa spielte es unter Bergarbeitern und Seeleuten eine große Rolle, denen das Rauchen wegen der Explosions- und Feuergefahr verboten war. **Kautabak** wird vor allem aus sehr stark sauciertem und aromatisiertem Kentuckytabak hergestellt, der sich nicht zum Rauchen eignet. Man handelt Kautabak in Stangen, Rollen oder Stückchen.

In Europa schnupfte die Aristokratie ihren Tabak, um sich vom gemeinen, den Tabak kauenden Volk abzuheben. Zur Herstellung von **Schnupftabak** werden Deutsche und Brasiltabake gemischt und mit Majoran, Rosenöl, Lavendel und ähnlichem aromatisiert. Der Tabak wird in der jeweiligen Sauce einige Monate zum Nachfermentieren eingelegt. „Bayerischer Schmalzler" besteht aus einem brasilianischen Tabak, *Mengotes*, versetzt mit klaren Ölen oder (früher) mit Schmalz. Der deutsche Meister im Preisschnupfen (Mai 1980) kommt übrigens auch aus Bayern. Er schnupft 5 g Schmalzler innerhalb von 60 Sekunden ohne Rückstände in der Nase.

Zugaben

Mit chromatographischen Analysen kann man im Tabak außer dem Nicotin und den bereits erwähnten Nebenalkaloiden noch eine Reihe anderer Stoffe entdecken: Vanillin, Ethylvanillin, Cumarin, Dihydrocumar und viele weitere Substanzen werden dem Tabak als Weichmacher, Feuchtigkeitsbinder, Aromastoffe und ähnliches zugesetzt. Als Rückstände von Pflanzenschutzmitteln finden sich halogenierte Kohlenwasserstoffe, Maleinsäurehydrazide und Dithiocarbamate. Der „blaue Dunst" schließlich kann mit vielen weiteren Highlights aufwarten. Darüber informiert das Kapitel „Rauchen".

Mutagene und Cancerogene

Die meisten Eigenschaften eines lebenden Organismus werden von seinem Erbmaterial bestimmt. Das gilt für primitive Einzeller ebenso wie für vielzellige Tiere und Pflanzen. Dauerhafte Veränderungen im Erbmaterial werden Mutationen ge-

nannt. Wird eine Mutation nicht an die Nachkommen des Organismus weitergegeben, so spricht man von einer somatischen Mutation; wird sie weitergegeben, von einer Keimbahnmutation.

Träger der Erbinformation im chemischen Sinne sind mit wenigen Ausnahmen die Desoxyribonucleinsäure-Moleküle (DNA). Mutationen entsprechen chemischen Änderungen der DNA. Die Häufigkeit, mit der solche Änderungen stattfinden, wird als Mutationsrate bezeichnet. Die natürliche Mutationsrate in kernhaltigen Zellen (Eukaryontenzellen) höherer Organismen liegt nach Schätzungen bei einer Mutation pro 10^9 DNA-Bausteinen und Generation.

Mutationen werden durch die natürliche Instabilität der DNA-Moleküle und durch Fehler der DNA-Verdopplung bei der Zellteilung ausgelöst. Eigentlich müßte die natürliche Mutationsrate viel höher liegen, aber die Zellen entwickelten aufwendige DNA-Reparaturmechanismen, die DNA-Schäden beseitigen können. Einige Organismen, wie kernlose (prokaryontische) Bakterienzellen, lassen allerdings bei umweltbedingtem Streß eine höhere Mutationsrate zu. Dadurch erlangt ein Teil der Individuen neue Eigenschaften, die eventuell einen Selektionsvorteil bedeuten.

Einflüsse, die die natürliche Mutationsrate erhöhen, werden **Mutagene** genannt. Mutagene können aufgrund ihrer physikalischen oder chemischen Eigenschaften oder aufgrund ihrer Wirkung unterschieden werden:

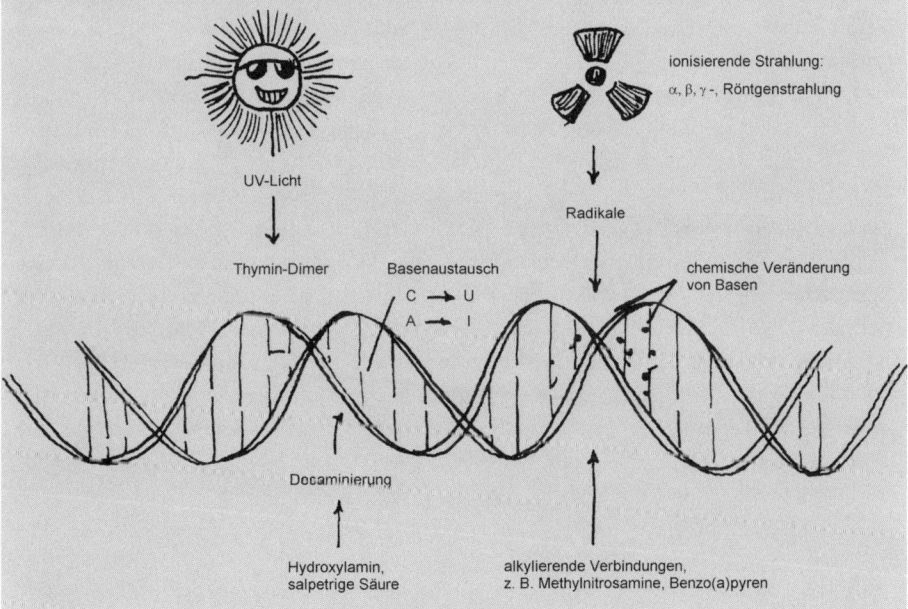

Abbildung 5 Auslösung von Mutationen durch Veränderung der DNA.

Ionisierende Strahlung, zu der sowohl elektromagnetische Strahlung (UV-, Röntgen- und γ-Strahlung) als auch geladene Partikelstrahlen (α- und β-Strahlen) gehören, führt mittelbar oder unmittelbar zu Schäden an der DNA.

Alkylierende Substanzen (z. B. Methylnitrosamin) bewirken eine Veränderung der DNA durch Anhängen eines Alkylrestes. Manche Chemikalien, wie Hydroxylamin, können die DNA-Bausteine durch andere chemische Reaktionen verändern. Diese werden als nicht-alkylierende Substanzen zusammengefaßt.

Basenanaloga ähneln chemisch den DNA-Bausteinen und werden von Zellen anstatt dieser in die DNA eingebaut. Durch ihren von den natürlichen DNA-Bausteinen etwas abweichenden Aufbau führen sie zu strukturellen Veränderungen der DNA. Vertreter dieser Gruppe werden häufig als Medikamente eingesetzt, wenn es darum geht, die Teilung von Zellen oder die Vermehrung von Viren zu unterdrükken (z. B. Azidothymidin (AZT) bei Aids, Acyclovir bei Herpesinfektionen).

Interkalierende Substanzen schieben sich zwischen die DNA-Bausteine und verursachen dadurch Störungen in der Gesamtstruktur, die zu einer erhöhten Fehlerrate bei der Replikation führen (z. B. Acridinorange).

Retroviren können bei der sogenannten Insertionsmutagenese ihre eigenen Erbinformtionen in die ihrer Wirtszelle einbauen und diese dadurch verändern (ein Beispiel ist das AIDS-Virus HTLV-1).

Neben diesen durch direkte DNA-Schädigung wirkenden Agenzien gibt es noch eine Gruppe von chemischen Substanzen und Viren, die indirekt auf die DNA wirken, indem sie z. B. die DNA-Reparaturmechanismen lahmlegen.

Eine erhöhte Mutationsrate führt zur Anhäufung von Veränderungen im Erbmaterial einer Zelle. Wenn diese Veränderungen die physiologische Funktion der Zelle in einem mehrzelligen Organismus gefährden, führt das normalerweise zum Selbstmord der Zelle. Dieser programmierte Zelltod (Apoptose, griech. „fallende Blätter") schützt den Körper vor einzelnen Zellen, die aus dem engen Zellverband ausscheren und sich hemmungslos vermehren. Beim Versagen dieses Schutzmechanismus entstehen über mehrere Teilschritte Tumorzellen. Daher werden die Begriffe Mutagen und Cancerogen häufig synonym verwendet. Strenggenommen sind aber nicht alle Cancerogene (Stoffe, die Krebs hervorrufen können) auch Mutagene. Einige Cancerogene können indirekt die Wirkung von Mutagenen verstärken, indem sie in Zellen die Signaltransduktionswege stimulieren, die zur Zellteilung führen.

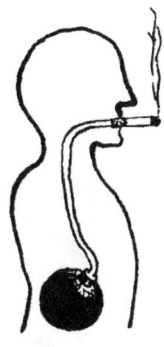

Rauchen

Julia Koch

„Von allen Statistiken über das Rauchen sollte man sich die folgende merken: 1000 Amerikaner werden heute daran sterben." So bringt der amerikanische Wissenschaftsjournalist David Krogh in seinem Buch „Rauchen – Sucht und Leidenschaft" die Gefahren des Tabakkonsums auf eine vielleicht plakative, doch eindringliche Weise auf den Punkt. Weniger bekannt als die offensichtlichen Folgen des Rauchens sind die biochemischen und pharmakologischen Prozesse, die ihnen zugrunde liegen, sowie die chemischen Ereignisse beim Rauchen selbst.

Nach der Schrift kommt Gift

Durch den Sog am Mundstück werden in der sogenannten **Glutzone** am Vorderende der Zigarette Temperaturen um 900 °C erreicht (Abbildung 1). Es herrscht Sauerstoffmangel, so daß organische und anorganische Bestandteile der Zigarette eine thermische Zersetzung (Pyrolyse) unter reduzierenden Bedingungen erfahren. Dadurch entstehen die verschiedensten gasförmigen Produkte, die in die direkt hinter der Glut gelegene **Destillationszone** transportiert werden. Dort vermischen sie sich mit Stoffen, die mit freigesetztem Wasserdampf abdestillieren. Die nichtflüchtigen Komponenten des Tabaks (z. B. Alkaloidsalze) werden im heißen Bereich vor der Glutzone zersetzt.

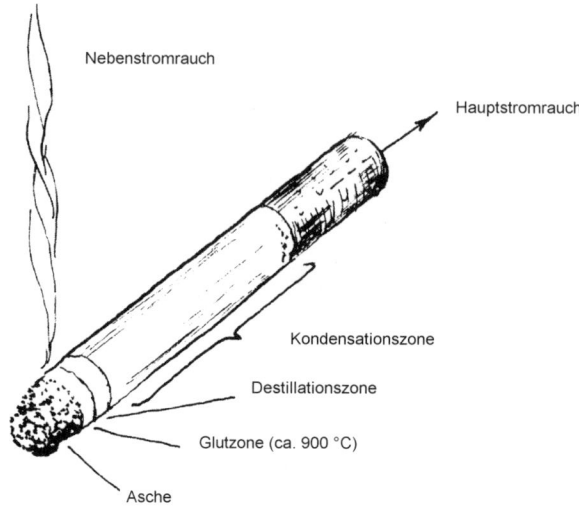

Abbildung 1   Der Rauchvorgang.

Der eigentliche Rauch, ein **Aerosol** (feinverteilte Flüssigkeitströpfchen), entsteht durch Abkühlung hinter der Destillationszone. Er enthält als wichtigen Wirkstoff das wasserdampfflüchtige *Nicotin*. In Richtung des Filters nimmt die Temperatur weiter ab, und ein Teil des Aerosols schlägt sich in der **Kondensationszone** im kühlen Restteil der Zigarette nieder. Mit fortschreitendem Abbrand wird das Destillat zum Teil verbrannt, vorwiegend aber erneut freigesetzt, um in den **Hauptstrom** zu gelangen – den Teil des Rauches, der vom Raucher tatsächlich inhaliert wird. Deswegen findet zum Mundende hin eine zunehmende Anreicherung des Destillats statt: Der Rauch wird immer schadstoffhaltiger. Für die toxikologische Betrachtung spielt es daher eine Rolle, wie weit eine Zigarette abgeraucht wird. Man fand sogar einen interessanten Zusammenhang zwischen den für Raucher bestimmter Nationalitäten typischen Grad des Herunterrauchens und dem Auftreten von Lungenkrebs. So scheinen Skandinavier ihre Kippen früher wegzuwerfen als z. B. Amerikaner – und sie bekommen vergleichsweise seltener Lungenkrebs.

Manchen Rauchern ist vielleicht die Regel „Nach der Schrift kommt Gift" geläufig, die tatsächlich ihre Berechtigung hat – obwohl es wohl besser hieße: „Nach der Schrift kommt noch mehr Gift."

In den Zugpausen findet eine Abdestillation auch nach außen hin statt. So entsteht der **Nebenstromrauch,** den auch die Nichtraucher inhalieren, wenn sie z. B. in einer verrauchten Kneipe sitzen (das oft diskutierte Passivrauchen). Aufgrund der niedrigeren Temperaturen ist dessen Zusammensetzung anders als die des Hauptstromrauches. Manche pharmakologisch aktiven Substanzen sind im Nebenstrom sogar in höheren Konzentrationen enthalten, so beispielsweise die krebserzeugenden *Nitrosamine*.

Von Elefanten und Menschen: Wirkungen des Nicotins

Das *Nicotin* ist eine der wesentlichen Ursachen dafür, daß Raucher so schwer von ihrer Sucht lassen können. Es ist der Bestandteil des Tabakrauchs, der die greifbarste Wirkung zeigt und die Abhängigkeit erzeugt – allerdings ist es bei weitem nicht der schädlichste Anteil am blauen Dunst.

Was aber hat es nun mit dieser bereits von Columbus (siehe Kapitel „Tabak") und seinen Begleitern entdeckten Droge auf sich? Nicotin ist ein Alkaloid (Abbildung 2), das in der folgenden Weise auf den Organismus wirkt: Wenn die Nervenzellen des menschlichen Körpers elektrische Signale übertragen, bedienen sie sich bestimmter Überträgerstoffe, der sogenannten *Neurotransmitter.* Diese sind notwendig, weil zwischen den Nervenzellen keine ununterbrochenen Verbindungen bestehen (siehe Box „Erregungsleitung"). Das elektrische Signal muß den synaptischen Spalt überbrücken und dazu in ein chemisches Signal umgewandelt werden – das ist die Aufgabe der Transmitter. Das *Nervensystem* ist nicht zuletzt deswegen seinen vielfältigen Aufgaben gewachsen, weil es Dutzende verschiedener Neurotransmitter gibt, die selektiv an bestimmten Rezeptoren wirken.

Im vegetativen Nervensystem, dem Teil des Nervensystems, der unbewußt tätig ist und z. B. die Darmbewegungen und den Herzschlag reguliert, ist Acetylcholin (ACh) der wichtigste Transmitter. In vielen Bereichen kann Nicotin dessen Wirkung nachahmen.

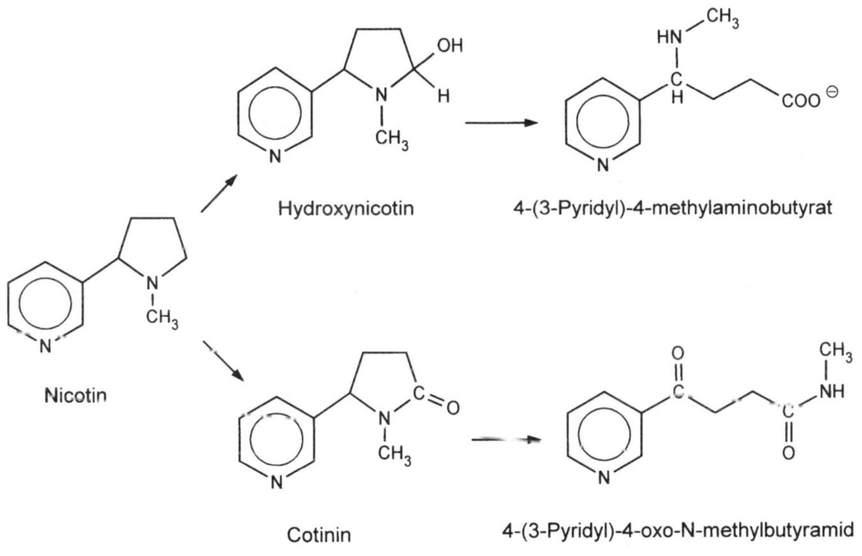
OH
H
N
CH3
N
HN
CH3
C
H
COO ⊖
N
Hydroxynicotin
4-(3-Pyridyl)-4-methylaminobutyrat
N
CH3
N
Nicotin
C
O
N
CH3
N
Cotinin
O
C
CH3
NH
C
O
N
4-(3-Pyridyl)-4-oxo-N-methylbutyramid

Abbildung 2 Der Nicotinstoffwechsel.

Da Nicotin wie der eigentliche Transmitter wirkt, kann es zunächst dort eine Erregungsübertragung auslösen, wo ACh dies im Normalfall auch tut. In größeren Mengen allerdings blockiert Nicotin die Synapsen, weil es langsamer abgebaut wird als ACh. Aufgrund dieser Eigenschaft ist es ein starkes *Gift*. Früher verwendete man Betäubungsgewehre mit Nicotinpfeilen sogar zum Einfangen von Wildtieren, um Tiere bis zur Größe von Elefanten außer Gefecht zu setzen.

Die tödliche Dosis für den Menschen liegt bei etwa 1 Milligramm Nicotin pro Kilogramm Körpergewicht. Eine akute Nicotinvergiftung äußert sich in Kreislaufkollaps, Erbrechen, Durchfällen und schließlich Atemlähmung.

Die Erregungs- und Lähmungswirkungen von Nicotin auf das vegetative Nervensystem liegen so dicht beieinander und sind individuell so verschieden, daß sich sein Einsatz als Medikament verbietet. Die **biphasische Wirkung** der Droge, d. h. ihre in geringen Mengen anregende und in größeren Mengen lähmende Wirkung, tritt in dieser Eindeutigkeit lediglich unter Laborbedingungen auf. Dennoch scheint für viele der Reiz des Rauchens darin zu liegen, daß es je nach Situation anregend oder beruhigend sein kann.

Bekanntlich hängt die Verträglichkeit des Rauchens vom „Training" ab: Eine Dosis, von der es einem Erstkonsumenten noch schwindelig und übel wird, hat bei einem geübten Raucher keinen merklichen Effekt. Auf jeden Fall ist das Rauchen eine sehr effektive Form der Darreichung von Nicotin. Beim Lungenrauchen erreicht das Gift das Gehirn in etwa acht Sekunden – schneller als bei intravenöser Injektion. Nach 15 Sekunden hat das Nicotin auch die große Zehe erreicht, ist also nahezu allgegenwärtig. Über die Lunge werden etwa 90 % des dargebotenen Nicotins aufgenommen. Das funktioniert so gut, weil das pro Zigarette enthaltene Nicotin (etwa 1 mg) in Form von Tausenden kleiner Tröpfchen in den Körper gelangt, von denen jedes in einem festen Teilchen verbrannten Tabaks (Teer) sitzt. Die Tröpfchen sind klein genug, um bis in die feinsten Hohlräume (Alveolen) der Lunge vorzudringen, wo sie sich eine maximale Austauschfläche zunutze machen können. Die Inhaltsstoffe werden vom Blut mitgenommen, das die Lungenkapillaren zum Zweck der Sauerstoffaufnahme durchströmt, und gelangen so über die linke Herzkammer direkt in den Körperkreislauf.

Eine ungefähre Vorstellung der Nicotinmengen, die man dem Körper durch Inhalation zuführen kann, vermittelt folgende Betrachtung: Von dem in einer Zigarette enthaltenen Nicotin gelangen ungefähr 30 % in den Rauch. Beim Mundrauchen werden mehr als 5 % über die Schleimhaut resorbiert, bei mäßigem Inhalieren gelangen 70 %, bei starkem Inhalieren bis zu 95 % ins Blut.

Nicotin wird im Organismus relativ rasch abgebaut; seine *Halbwertszeit* beträgt etwa zwei Stunden, so daß sich der Wirkstoff kaum im Körper anhäuft. Deswegen bekommen selbst starke Raucher keine Vergiftungserscheinungen – sie können über Nacht komplett entgiften. Das erklärt, weshalb die erste Zigarette eines Tages besonders intensiv wirkt und warum sich ein Raucher ständig aufs neue mit seiner Droge versorgen muß.

Der **Stoffwechsel** des Nicotins erfolgt durch oxidativen Abbau in der *Leber* (Abbildung 2). Die wichtigsten Abbauprodukte sind Pyridin-methylaminobuttersäure und Cotinin. Alle Endprodukte sind pharmakologisch unwirksam. Die Leber baut unter Normalbedingungen etwa 90 % des aufgenommenen Nicotins ab, 10 % werden unverändert über die Nieren ausgeschieden.

Die unmittelbaren **Wirkungen der Nicotinaufnahme** durch Zigarettenkonsum sind folgende: Mit der ersten Zigarette des Tages nimmt die Frequenz des *Herzschlags* um zehn bis zwanzig Schläge pro Minute zu. Diese drastische Veränderung erklärt sich durch den nächtlichen Abbau der Droge: Die erste Zigarette läßt den Nicotinspiegel plötzlich wieder in die Höhe schießen, während die nächsten dann eher dazu dienen, den Spiegel konstantzuhalten.

Nicotin bewirkt eine Gefäßverengung (Vasokonstriktion); der *Blutdruck* steigt merklich. Die Vasokonstriktion kann man sich auf einfache Weise vor Augen führen: Man mißt während der ersten Züge an einer Zigarette die Temperatur der Finger einer Hand und bemerkt bald einen deutlichen Temperaturabfall, der auf die Verengung der versorgenden Blutgefäße zurückgeht.

Nicotin wirkt auf das Nebennierenmark und fördert hier die Freisetzung von *Adrenalin* und *Noradrenalin,* zweier Transmitter, die für ihre anregende Wirkung bekannt sind („Adrenalinstoß").

Nicotin bewirkt Veränderungen im Kohlenhydrat- und Fettstoffwechsel: Es läßt die Zuckerkonzentration im Blut ansteigen und kann dadurch das *Hungergefühl* dämpfen. Vielen ehemaligen Rauchern wird während des „Entzugs" die unangenehme Begleiterscheinung der Gewichtszunahme aufgefallen sein.

Bei chronischer Nicotinzufuhr, wie sie Kettenraucher erfahren, verändert sich der im vorangegangenen Teil beschriebene Stoffwechsel der Droge. Sehr starke Raucher steigern ihre oxidative Abbaurate auf bis zu 100 % – das bedeutet, es wird überhaupt kein Nicotin mehr unverändert mit dem Urin ausgeschieden. Das allein wäre nicht problematisch, doch geht mit dieser Umsatzsteigerung auch eine Steigerung des Stoffwechsels anderer Fremdstoffe einher, z. B. die Bioaktivierung, also die eigentliche „Schädlichmachung" der als krebserzeugend (cancerogen) bekannten polycyclischen Kohlenwasserstoffe (siehe Box „Mutagene und Cancerogene"). Auf diese Weise trägt Nicotin zum Krebsrisiko bei, obgleich seine eigenen Abbauprodukte unschädlich sind.

Nicotin durchdringt die Plazentaschranke (das Kind „raucht mit") und kann fruchtschädigende (teratogene) Wirkung haben. Zudem erhöht die Droge während der Schwangerschaft die Herzfrequenz des Ungeborenen. Durch die Verengung der versorgenden Gefäße wird das Kind nicht ausreichend ernährt. Die Geburtsgewichte von Kindern starker Raucherinnen liegen deshalb im Schnitt um 300 g unter dem Normalgewicht. Außerdem kommt es bei Raucherinnen doppelt so häufig zu Frühgeburten wie bei Nichtraucherinnen. Auch durch die Muttermilch kann dem Säugling Nicotin zugeführt werden.

Da Nicotin in den Fettstoffwechsel eingreift und den Gehalt an freien Fettsäuren und Cholesterol im Blut erhöht, begünstigt es krankhafte Veränderungen der Gefäßwände und damit Arteriosklerose. Weiterhin kann es Arterienerkrankungen der unteren Extremitäten auslösen bzw. verstärken: Das bekannte „Raucherbein", die *Thrombangitis obliterans*, tritt nahezu ausschließlich bei Rauchern auf und kann in einem frühen Stadium durch Aufgabe des Rauchens zum Stillstand gebracht werden.

Nicotin beeinflußt die Gerinnungsfaktoren im Blut und erhöht damit das Risiko, an Thrombosen zu erkranken. Auf die Magenschleimhaut hat Nicotin dieselbe Wirkung wie Acetylcholin: Es steigert die Magensaftsekretion sowie die Aktivität von Magen und Darm. Außerdem hemmt es den sogenannten Magenpförtner (*Pylorus*), so daß einerseits die Passage des Mageninhalts beschleunigt wird, andererseits aber Substanzen aus dem Zwölffingerdarm (*Duodenum*) zurück in den Magen fließen können. Während der Magensaft sauer ist, kann ein Rückfluß des basischen Duodenalsafts die Magenschleimhaut schädigen. Magen- und Duodenalgeschwüre kommen bei Rauchern häufiger vor als bei Nichtrauchern, wobei eine Abhängigkeit von der Zahl an gerauchten Zigaretten festzustellen ist.

Nicotin hemmt schließlich – zumindest im Tierexperiment – die Tätigkeit der Flimmerepithelien, die die Atemwege von Fremdstoffen reinigen. Man nimmt an, daß die Reizstoffe des Tabakrauchs deshalb intensiveren Kontakt zu den Epithelzellen haben.

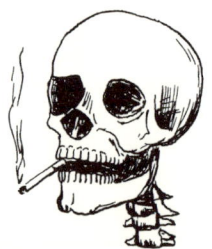

Rauchen macht schlank

Wie erwähnt, kann man Nicotin nicht allein für die verheerenden gesundheitlichen Folgen starken Rauchens verantwortlich machen. Im Zigarettenrauch findet sich eine große Zahl toxischer Substanzen, von denen viele im begründeten Verdacht stehen, krebserregend zu sein oder Gefäßerkrankungen auszulösen.

Tabelle 1 zeigt toxikologisch wichtige Rauchbestandteile und deren Konzentration. So enthält Zigarettenrauch etwa 5 % *Kohlenmonoxid* (CO), das aus unvollständigen Verbrennungsprozessen stammt. Kohlenmonoxid ist giftig, weil es stärker als Sauerstoff an den roten Blutfarbstoff *(Hämoglobin)* bindet und so den Sauerstofftransport verhindert. Eine hinreichend hohe CO-Konzentration in der Atemluft führt zu innerer Erstickung, wie sie bei tödlichen Unfällen mit Auspuffgasen in geschlossenen Garagen immer wieder vorkommt. Durch Zigarettenrauchen kann man sich zwar keine tödliche Kohlenmonoxidvergiftung zuziehen, aber starke Raucher beladen im Tagesverlauf bis zu 15 % ihres Hämoglobins mit CO. Tabelle 2 zeigt die Symptome einer Kohlenmonoxidvergiftung in Abhängigkeit von der Menge an CO-gesättigtem Hämoglobin.

Tabelle 1a. Bestandteile des Zigarettenrauchs in der **Partikelphase** .

Bestandteil	Gehalt in %
Aliphatische Kohlenwasserstoffe	3–5
Aromatische Kohlenwasserstoffe	1
Carbonylverbindungen	8–9
Alkohole (auch Methanol)	5–8
Ester	1
Säuren	ca. 10
Basen	1
Nicotin und Nebenalkaloide	6–8
Phenole	1–4
Sterine	0,5–1
Nitrosamine	ca. 1

Tabelle 1b. Bestandteile des Zigarettenrauchs in der **Gasphase**

Bestandteil	Gehalt in %
Kohlenmonoxid	4,2
Ammoniak	0,03
Stickoxide	0,02
Blausäure	0,16
Schwefelwasserstoff	0,004
aliphatische Kohlenwasserstoffe	wechselnd
Ketone	wechselnd
Ester	wechselnd
Alkohole	wechselnd
Aldehyde	wechselnd

Tabelle 2. Symptome bei einer Kohlenmonoxidvergiftung in Abhängigkeit von der Sättigung des Hämoglobins mit CO (Hb*CO).

Hb*CO in %	Symptome
5–10	leichte, eben meßbare Einschränkung der Sehschärfe
10–20	leichter Kopfschmerz, Mattigkeit, Unwohlsein, Kurzatmigkeit bei Anstrengung, Herzklopfen
20–30	Schwindel, Bewußtseinseinschränkung, Gliederschlaffheit und -lähmung
30–40	rosafarbene Haut, Bewußtseinsschwund, Atmung verflacht, Kreislaufkollaps
40–60	tiefe Bewußtlosigkeit, Lähmung, Cheyne-Stokessche Atmung, Sinken der Körpertemperatur
60–70	tödlich in 10 min bis 1 h
> 70	tödlich in wenigen Minuten

In geringen Konzentrationen enthält Zigarettenrauch außerdem Stickoxide, Schwefelwasserstoff, Blausäure (ein starkes Zellgift) und Ammoniak. Obwohl diese Stoffe in derart niedrigen Konzentrationen keine greifbaren gesundheitlichen Folgen haben, liegt es nahe, daß die ständige Zufuhr auch geringer Giftmengen nicht gesundheitsfördernd ist.

Tabakrauch schlägt sich als *Teer* in den Atemwegen nieder. Die reizenden Bestandteile (Phenole, Säuren, Aldehyde) verursachen Schleimhautveränderungen. Daraus resultieren Einbußen an Geruchs- und Geschmacksvermögen sowie chronische Entzündungen von Kehlkopf, Rachen und Bronchien. Durch den ständigen Hustenreiz kann es sogar zur Bildung von Hernien (Brüchen) an Leiste, Zwerchfell und Bauchdecke kommen, außerdem zum Lungenemphysem (abnorme Vermehrung des Luftgehaltes der Lunge) mit Auswirkungen auf Herz und Kreislauf.

Eine von Zeit zu Zeit beobachtete Krankheit ist eine degenerative Veränderung der Netzhaut bis hin zur Erblindung, die Intoxikationsamblyopie, die man vor allem auf drei Inhaltsstoffe des Tabakrauchs zurückführt: den hochgiftigen Alkohol Methanol, die Blausäure und schließlich das Nicotin selbst.

Der Gesundheitsminister warnt

Daß Rauchen *Krebs* verursachen kann, ist mittlerweile eine bewiesene Tatsache, die zwar von manchen Zigarettenfirmen bestritten wird, aber trotzdem als Warnhinweis auf Zigarettenpackungen gedruckt werden muß. Untersuchungen zeigen, daß starke

Tabelle 3. Bei Rauchern häufiger auftretende Krebsarten

Relative Krebshäufigkeit bei Rauchern im Vergleich zu Nichtrauchern (Faktor)	
Mundhöhle	10,0
Kehlkopf	7,5
Speiseröhre	4,2
Lunge	9,2
Magen	1,8
Niere	1,5
Blase	2,0

Raucher besonders für Tumore der Lunge und der Atemwege viel anfälliger sind als nichtrauchende Vergleichspersonen. Einen Überblick gibt Tabelle 3.

Im Tabakrauch sind Hunderte cancerogener Substanzen (siehe Box „Mutagene und Cancerogene") enthalten, die längst noch nicht alle identifiziert worden sind. Die folgenden Verbindungen begünstigen die Entstehung von Krebs mit großer Wahrscheinlichkeit:

Formaldehyd ist ein reaktives Gas, das bei unvollständigen Verbrennungsprozessen entsteht. Beim Einatmen und bei Hautkontakt führt es zu Reizungen und allergischen Reaktionen. Es steht unter dringendem Verdacht, cancerogenes Potential zu besitzen. Entsprechende Untersuchungsergebnisse liegen für Ratten und Mäuse vor, die nach Inhalation von Formaldehyd Carcinome in Nase und Nasennebenhöhlen ausbildeten.

Nitrosamine (etwa 1 µg pro Zigarette, im Nebenstromrauch mehr als im Hauptstrom) werden im Stoffwechsel zu reaktiven Substanzen umgebaut, welche die Erbsubstanz schädigen (gentoxischer Effekt) und damit Tumore auslösen können.

Benzo(a)pyren („Benzpyren") ist ein polycylischer Kohlenwasserstoff. Auch er entsteht bei der unvollständigen Verbrennung organischer Materialien. Die Verbindung ist eines der stärksten bekannten Cancerogene. Sie wird erst im Stoffwechsel in ihre aktive Form überführt.

Auch **radioaktive Strahlung** ist bekanntermaßen krebsfördernd. Zigarettenrauch enthält z. B. das radioaktive Isotop ^{210}Polonium.

Zahlreiche **Metalle** und ihre Salze können ebenfalls Tumore auslösen. Sie erzeugen im Testsystem Erbsubstanzveränderungen und Chromosomenschädigungen. Zigarettenrauch enthält u. a. die Schwermetalle Arsen, Cadmium, Chrom und Vanadium. Cadmium und Chromate erzeugen im Tierversuch Lungen- und Bronchialcarcinome.

Vermutlich enthält der Zigarettenrauch neben den identifizierten Cancerogenen auch sogenannte **Co-Cancerogene**, die für sich alleine zwar nicht krebserregend sind, die Wirkung krebserregender Substanzen jedoch verstärken.

Die krebsauslösende Wirkung des Rauchens ist sicherlich eher auf ein Zusammenwirken aller Cancerogene zurückzuführen, als auf jeden für sich. Die einzelnen Verbindungen liegen oftmals in so geringen Konzentrationen vor, daß sie kaum allein die dramatischen Folgen des Tabakkonsums erklären können. Es liegt daher nahe, daß sie sich gegenseitig in ihrer nachteiligen Wirkung verstärken, möglicherweise über Mechanismen, die heute noch nicht genau bekannt sind.

Die akzeptierte Sucht

Es ist nicht einfach zu sagen und hängt von der Definition ab, ob Nicotin als Suchtmittel zu betrachten ist, da es sich in mancher Hinsicht von anderen Drogen wie Alkohol, Heroin oder Kokain unterscheidet (siehe Kapitel „Alkohol-Wirkung", „Rauschmittel").

Interessant ist zum Beispiel der Vergleich mit Alkohol: 90 % aller Alkoholkonsumenten trinken hauptsächlich in Gesellschaft als sogenannte „Sozialtrinker". Nur 10 % aller Menschen, die gelegentlich Alkohol genießen, werden zu zwanghaften Trinkern, zu Abhängigen. Bei Rauchern hingegen liegt der Anteil der Gelegenheitsraucher bei nur 10 %, der Rest raucht regelmäßig.

Nicotin nimmt unter den Drogen aus mehreren Gründen eine Sonderstellung ein. Es ist nicht nur legal, sondern es wird auch an Orten toleriert, wo der Genuß von Drogen, auch von Alkohol, sehr ungern gesehen würde. Man stelle sich nur die Gesichter der Mitreisenden vor, wenn jemand im Zugabteil eine „Nase Koks" nehmen wollte! Kettenraucher dagegen sind in der Öffentlichkeit eine ganz normale Erscheinung. Keine Droge wird so häufig eingenommen wie Nicotin, und keine wirkt schneller (ein durchschnittlicher Raucher erfährt jährlich 70 000 Nicotingaben, d. h. Züge).

Obwohl der Verzicht auf Rauchen keine Entzugserscheinungen im klassischen Sinne erzeugt, ist die Entwöhnung dennoch nicht viel einfacher als die von Alkohol oder anderen Drogen. Bei Rauchern sind es eher die positiven Begleiterscheinungen des Nicotingenusses, die sie weiterrauchen lassen, als die Angst vor den unangenehmen Folgen des Entzugs.

Neueste Ergebnisse aus der Hirnforschung sprechen allerdings gegen diese Unterscheidung von anderen Drogen. Computertomographische Untersuchungen ergaben, daß Nicotin dieselbe Hirnregion stimuliert wie andere Drogen auch, nämlich das sogenannte Belohnungssystem. Dort sorgt es für eine erhöhte Ausschüttung des Neurotransmitters Dopamin und dadurch für angenehme Empfindungen, die der Süchtige beim Entzug vermißt.

Sicher spielen bei kaum einer anderen Droge so viele soziale Aspekte eine Rolle wie beim Rauchen (von Alkohol vielleicht abgesehen). Die Zigarette nach dem Essen zum Beispiel gehört für viele einfach zum Wohlbefinden, und Gewohnheitsrauchern fehlt etwas Wesentliches, wenn sie beim Bier mit Freunden auf die Zigarette verzichten müssen. Ob man von Sucht sprechen will oder nicht – auf jeden Fall ist Rauchen eine zwanghafte Handlung und daher zumindest eine Form von psychischer Abhängigkeit. Wie stark diese sein kann, zeigt sich daran, daß es vielen Menschen selbst dann nicht gelingt, von ihrer Angewohnheit zu lassen, wenn sie bereits an Krankheiten leiden, die auf das Rauchen zurückzuführen sind.

Vielleicht liegt die große Gefahr des Rauchens gerade in seiner Allgegenwart und seiner gesellschaftlichen Akzeptanz. Seit das Tabakrauchen auf den europäischen Kontinent gebracht wurde, hat es einen unvergleichlichen Siegeszug feiern können: Bei keiner anderen Droge sind, vor allem in den letzten 100 Jahren, so große Steigerungen des Pro-Kopf-Verbrauchs zu verzeichnen. Zwar scheint sich im Augenblick, ausgehend von den Vereinigten Staaten, eine militante Nichtraucherbewegung breitzumachen, doch ist ihre Auswirkung auf das Verhalten der Allgemeinheit noch nicht zu erkennen. Weltweite Studien beziffern den Raucheranteil bei den Männern auf 70 % und bei den Frauen auf 35 %.

Signaltransduktion

Damit Organismen überleben können, sind sie darauf angewiesen, daß ihre Teilsysteme miteinander kommunizieren. Diese Kommunikation wird durch das Nervensystem und das Hormonsystem sichergestellt. Der schnellste Weg in unserem Körper ist die Erregungsleitung über Nervenbahnen (siehe Box „Erregungsleitung"). Ein langsamerer Weg der Kommunikation ist die Freisetzung von **Hormonen** ins Blut. Beispielsweise schütten spezialisierte Zellen der Bauchspeicheldrüse nach der Nahrungsaufnahme Insulin aus. Das Insulin wird vom Blut im Körper verteilt und sorgt dann dafür, daß die Körperzellen verstärkt Glucose aufnehmen und Reservestoffe aufbauen.

Wie wird die Reaktion der Zellen auf Hormone ausgelöst? Diese Frage läßt sich in vielen Fällen beantworten. Die Zielzellen der Hormone besitzen **Rezeptoren**, die den Signalstoff spezifisch erkennen und binden können. Man unterscheidet dabei hauptsächlich zwei Klassen von Hormonen.

Steroidhormone und einige andere lipophile Signalstoffe treffen innerhalb der Zielzelle auf lösliche Rezeptoren. Wenn diese ihr Hormon gebunden haben, lösen sie im Zellkern auf DNA-Ebene die Transkription (Ablesung) bestimmter Gene aus. Dies führt in mehreren Stufen zur Bildung von Proteinen, die für die physiologische Reaktion der Zellen auf das Hormonsignal wichtig sind.

Protein- und **Peptidhormone** binden dagegen an der Zellaußenseite an Rezeptoren und lösen über mehrere Schritte Veränderungen in der Zelle aus. Die Rezeptoren dieser Gruppe sind in der Zellmembran verankert und durchspannen diese. Bindet ein Hormon an seinen Rezeptor, wird das Signal durch die Membran geleitet und im Zellinneren eine Antwort ausgelöst. Je nach Rezeptor gibt es unterschiedliche Wege der Signaltransduktion. Manche Hormonrezeptoren aktivieren auf der Innenseite der Plasmamembran **Enzyme**, die zellinterne Signalstoffe, sogenannte „**Second messenger**", bilden oder andere Proteine durch Anhängen eines Phosphatrests chemisch modifizieren. Einige Rezeptoren auf der Zelloberfläche beeinflussen auch **Ionenkanäle** oder sind sogar selbst Ionenkanäle. Sie bewirken direkt eine Veränderung der Ionenkonzentration in der Zelle, wenn ein Hormon gebunden hat. Diese Veränderungen in der Zelle führen zu spezifischen Antworten, z. B. werden Stoffwechselreaktionen beeinflußt, oder der Umbau des Cytoskeletts wird veranlaßt.

Wenn Hormone wirken, verläuft die Signaltransduktion häufig in Kaskaden – mehrere Prozesse sind hintereinandergeschaltet. Dies sorgt für eine Verstärkung der Hormonwirkung und für eine Integration der Effekte verschiedener Hormone.

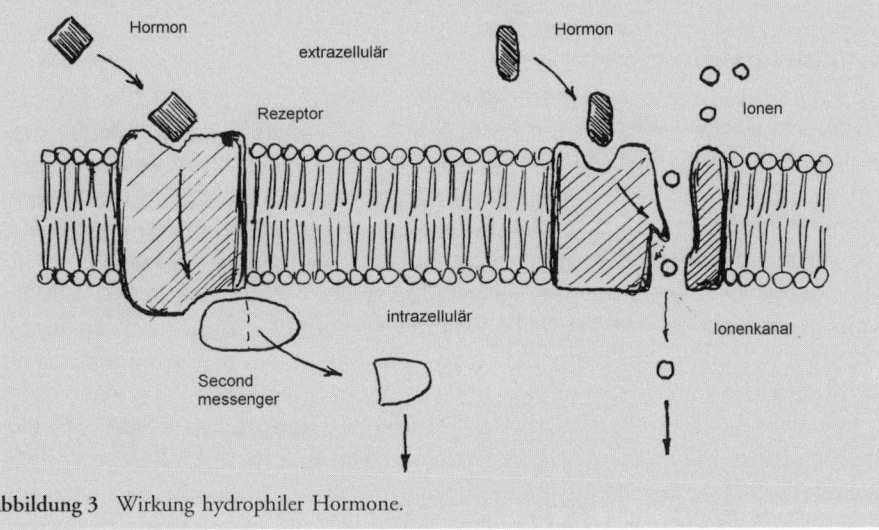

Abbildung 3 Wirkung hydrophiler Hormone.

Hanf

Bernd Rödel und Karolin Stegmann

Viele von uns denken beim Schlagwort „Hanf" oder „Cannabis" an Rauschmittel und Einstiegsdroge, an Hippies und wilde Parties. Vielleicht werden wir bald vor allem an Teppiche und Salatöl, Hanfjeans und Hanfshampoo denken ...

Die Hanf-Renaissance

Tatsächlich ist Hanf eine alte Kulturpflanze, die den Menschen jahrhundertelang nicht nur als Rauschmittel, sondern vor allem als Nutzpflanze gedient hat. Zur Zeit wird Hanf als „nachwachsender Rohstoff" mit vielfältigen Nutzungsmöglichkeiten wiederentdeckt. Die bis zu vier Meter hohen Stengel liefern lange, reißfeste Fasern, aus denen sich zum Beispiel strapazierfähige Taue und Säcke, aber auch verblüffend weiche Textilien herstellen lassen. Hanfcellulose kann als Grundstoff zur Papierherstellung dienen. Auch zu Verpackungen, Dämm-, Bau- und Polsterstoffen, sogar zu Brems- und Kupplungsbelägen kann Hanf verarbeitet werden. Aus den Samen kann man Öl auspressen, das sowohl als Speise- oder Brennöl als auch zur Herstellung von Farben, Reinigungsmitteln und Kosmetika geeignet ist. Der nach der Ölpressung zurückbleibende proteinhaltige „Hanfkuchen" läßt sich als Viehfutter verwerten. Befürworter preisen den Hanf als Wunderpflanze der Zukunft: Er liefert Textilien ohne den bei

127

Baumwolle nötigen Pestizideinsatz, Papier ohne Abholzung der Regenwälder und Energie ohne Einsatz fossiler Brennstoffer.

Inzwischen ist die Bewegung zu einem regelrechten Hanf-Boom gediehen. Es gibt eine Reihe von Vereinen, die über Hanf als Nutzpflanze informieren, sich für die Förderung von Hanfprodukten einsetzen und auch schon mal „Smoke-Ins" veranstalten. Spezielle Läden wie das Hanfhaus in Berlin bieten eine breite Palette legaler Hanfprodukte an: Papier, Kleidung, Waschmittel, Kosmetika und sogar Möbel. Der Hanffreund kann jetzt nicht nur Hanfjeans tragen, sondern sich auch die Haare mit Hanfshampoo waschen, Hanfsamenmüsli essen, Wäsche mit einem Hanfvollwaschmittel waschen und Salat mit Hanföl anmachen. Das Hanfhaus bietet neuerdings sogar Hanfschokolade an, „mit zartem Schmelz und wunderbar knackigen Hanfsamen". Dem Erfindungsreichtum rund um den Hanf sind keine Grenzen gesetzt. In der Schweiz gibt es eine Brauerei, die Hanfbier herstellt, und in Österreich hat man aus Wasser und Hanf einen neuen Faserwerkstoff („Hempstone") als kompostierbaren Kunststoffersatz entwickelt. Die ersten Produkte aus Hempstone sind Dosen und Schmuckgegenstände.

Ein kurzer Ausflug in die Botanik

Der wissenschaftliche Name für Hanf ist Cannabis. Zusammen mit dem Hopfen gehört er zur Familie der Hanfgewächse (*Cannabaceae*), die den Maulbeergewächsen nahestehen. Die einzige Art ist der Gewöhnliche Hanf (*Cannabis sativa*, siehe Abbildung 1). Er ist zweihäusig, das bedeutet, es gibt männliche und weibliche Pflanzen. Hanf ist einjährig, robust und wächst fast überall (in manchen Ländern sogar als Unkraut!). Innerhalb einer kurzen Wachstumszeit kann er eine Höhe von über vier Metern erreichen. Wegen dieser Schnellwüchsigkeit (täglich 2–5 cm Größenzuwachs) hat er einen sehr hohen Nährstoffbedarf. Charakteristisch sind seine fingerförmig gefiederten Blätter, gut bekannt inzwischen durch das Hanflogo.

Aufstieg und Fall einer Nutzpflanze

Die ursprüngliche Heimat des Hanfs ist vermutlich Zentralasien, wo er noch heute wild wächst. Nachweislich kultivierte man ihn schon 2700 v. Chr. in China und verehrte ihn wegen seiner vielseitigen Verwendbarkeit als „göttliches Kraut". Die Stengel verarbeitete man zu Textilfasern, Seilen und Papier, aus den Samen gewann man Öl, mit zerstoßenen Wurzeln heilte man Knochenbrüche, und die Blätter und Blüten dien-

Abbildung 1 Die Hanfpflanze *(Cannabis sativa).*

ten als Mittel gegen Malaria, Beriberi (Vitamin-B-Mangel), Rheuma, Geistesabwesenheit und Frauenleiden.

Auch die Inder verehrten den Hanf als Geschenk der Götter und verwendeten ihn als Heilpflanze, rauscherzeugendes Genußmittel, Aphrodisiakum und als Mittel zur Erzeugung religiöser Ekstasen. Sie glaubten, Hanf belebe den Geist, verlängere das Leben, verbessere das Urteilsvermögen, wirke fiebersenkend, schlaffördernd und heile die Ruhr. Wegen seiner psychoaktiven Eigenschaften wurde Hanf höher eingeschätzt als andere Heilmittel, die rein körperlich wirken. In Indien erhielt er den schmückenden Beinamen Ananda, was soviel heißt wie „Quell des Glücks".

In Europa ist Hanf seit dem 1. Jahrtausend v. Chr. bezeugt. Die Griechen lernten ihn erst nach dem 5. Jahrhundert v. Chr. kennen und gaben ihn unter dem Namen „kannabis" an die Römer weiter. Auch im mittelalterlichen Europa genoß Cannabis als Heilmittel großes Ansehen.

Die Kunst der Papierherstellung aus Hanf wurde in China im 1. Jahrhundert v. Chr. entwickelt. Diese Technik gelangte erst mit einer Verspätung von 1200 Jahren nach Europa und ist wohl einer der Gründe für den großen wissenschaftlich-kulturellen Vorsprung der Chinesen. Bis zum Ende des 19. Jahrhunderts blieb Hanf der Grund-

Hanf

stoff für die Herstellung von Papier und Textilien. Sowohl Gutenbergs Bibel als auch die amerikanische Unabhängigkeitserklärung sind auf Hanfpapier gedruckt. Die Segel der Schiffe, mit denen Columbus nach Amerika kam, waren ebenso aus Hanfstoff wie die ersten Jeans, die Levi Strauss nähte. Hanfsamenöl war bis ins 19. Jahrhundert der meistgebrauchte Lampenbrennstoff. Städtenamen erinnern an den früher verbreiteten Hanfanbau, z. B. Hempstead (Long Island) oder Hempfield (Pennsylvania). Noch Anfang dieses Jahrhunderts experimentierte Henry Ford auf seiner Versuchsfarm an einem „Auto, das vom Acker wächst": Die Karosse war mit Hanffasern verstärkt, und als Kraftstoff diente Hanföl.

Nach dem Zweiten Weltkrieg hat der Hanf seine Bedeutung als Nutzpflanze fast vollständig verloren. Papier aus Holzfasern, wie wir es heute kennen, kam Mitte des 19. Jahrhunderts auf und verdrängte bald das Hanfpapier. Textilien wurden nicht mehr aus Hanf, sondern aus Baumwolle und später auch aus Kunstfasern hergestellt, Erdöl löste das Hanföl ab.

Der Niedergang des Hanfs hat aber noch einen anderen Grund: Aus Hanf können die in den meisten westlichen Ländern verbotenen Rauschmittel *Haschisch* und *Marihuana* gewonnen werden. In den 20er und 30er Jahren wurde der Hanf deswegen als Rauschgift verteufelt. Mit kräftiger Unterstützung der Öl-, Chemie-, Holz- und Pharmakonzerne begann in den USA ein Feldzug gegen die „Teufelsdroge". Die Presse hetzte gegen das „aufpeitschende" Kraut und verbreitete Horrorgeschichten von „kiffenden Mörder-Niggern". Nur während der beiden Weltkriege erlebte Hanf als einheimische Rohstoffpflanze ein kurzes Comeback. So waren die Triebwerke amerikanischer Flugzeuge mit Hanföl geschmiert, Fallschirme und Feuerwehrschläuche bestanden aus Hanffasern. Nach dem Zweiten Weltkrieg wurde Hanf dann endgültig verboten.

Auf der Suche nach künstlichen Paradiesen

Hanf hat nicht nur als Nutzpflanze eine lange Tradition, auch seine berauschende Wirkung hat der Mensch jahrhundertelang geschätzt. Sowohl in östlichen Religionen als auch im frühen Christentum spielte er eine rituelle Rolle. Das bis heute als Weihrauch verwendete *Olibanum* enthält den psychoaktiven Hanfwirkstoff **Tetrahydrocannabinol (THC)**. Im süddeutschen Raum wurde Hanf früher traditionell geraucht und wegen der dabei knisternden Samen „Knaster" genannt.

Nachdem der Hanf mit Napoleons Truppen aus dem Vorderen Orient nach Europa kam, verbreitete sich der Cannabiskonsum rasch in der französischen Gesellschaft. Insbesondere Künstler und Intellektuelle jener Epoche versuchten, mit der Droge ihre Kreativität zu steigern und eine „Bewußtseinserweiterung" zu erlangen. Im 19. Jahrhundert gab es in Paris einen literarischen Zirkel, der sich „Le Club des Haschischins" nannte und bei dessen Treffen reichlich Haschischgebäck konsumiert wurde. Zwei prominente Mitglieder waren Charles Baudelaire, dessen Buch „Les paradis artificiels" die Wirkung von Opium und Haschisch beschreibt, und Théophile Gautier, der zwei Novellen über seine Cannabiserfahrungen schrieb. Auch spätere Schriftsteller und Künstler, unter anderen Oscar Wilde, Jean Cocteau, Pablo Picasso, John Keats und Gottfried Benn experimentierten mit Cannabis. Lewis Carroll verbrauchte wöchentlich ein Fläschchen „Indian Soothing Syroup", eine 12 %ige Cannabistinktur mit Honig- und Kräuterzusatz, die ihm sein Arzt gegen Depressionen verschrieben hatte. Sogar die geistige Ikone der Deutschen, Goethe, hatte nach eigenen (allerdings erst 1994 gefundenen) Aufzeichnungen mit Schiller ein Haschischerlebnis. Populär wurde Cannabis in unserem Jahrhundert durch die Protestbewegung der 60er Jahre, in der er Teil des Lebensgefühls wurde: „Morgens ein Joint, und der Tag ist dein Freund!"

Der Stoff, der „high" macht

Marihuana und Haschisch enthalten die gleichen berauschenden Substanzen aus dem Harz der Hanfpflanze. Lediglich die Aufbereitungsart unterscheidet sich. **Marihuana** (auch „Gras" oder „Pot") ist ein tabakartiges Gemisch aus den getrockneten harzhaltigen Blättern und Blüten, **Haschisch** ist dagegen getrocknetes reines Harz. Das Harz wird von Drüsen in den Blüten und Blättern ausgeschieden, die bei weiblichen Pflanzen dichter sitzen als bei männlichen. Zur Rauschmittelgewinnung dient meist der Indische Hanf (*Cannabis sativa ssp. indica*), eine Unterart des Gewöhnlichen Hanfs.

Während die psychoaktiven Stoffe der meisten Pflanzen Alkaloide sind, also Stickstoff enthalten, handelt es sich bei den Hanf-Wirkstoffen um stickstofffreie, fettliebende (lipophile) Verbindungen, sogenannte Cannabinoide. Das wirksamste Cannabinoid ist Δ^9-**Tetrahydrocannabinol** (**THC**, Abbildung 2). Die anderen im Cannabis-Harz enthaltenen Cannabinoide können die Wirkung von THC nur beeinflussen. In ernte-

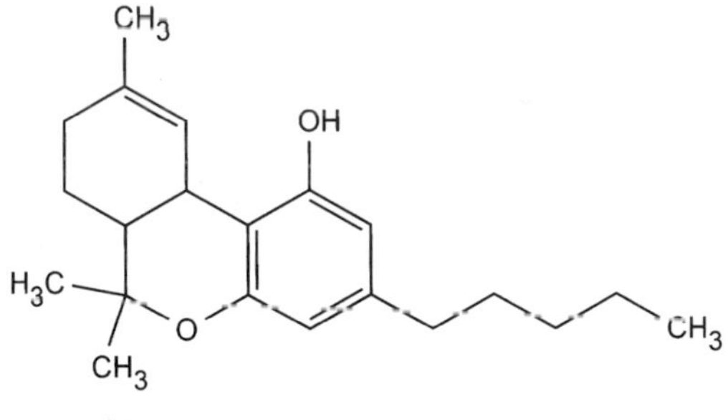

Abbildung 2 Die Struktur von Δ^9-THC.

131

frischen Cannabis-Pflanzen liegen die Cannabinoide in Form von Carbonsäuren vor, die nicht psychoaktiv sind. Erst durch Wärme und Sauerstoff werden sie unter Abspaltung von Kohlendioxid (CO_2) in die entsprechenden neutralen, psychoaktiven Cannabinoide umgewandelt.

Warum die Hanfpflanze diese Stoffe produziert, ist ungeklärt. Es scheint, daß Streß die Pflanze anregt, mehr Cannabinoide auszuschütten. Möglicherweise bieten sie einen Schutz vor Freßfeinden. In keiner anderen Pflanzenart sind Cannabinoide zu finden.

Die wichtigsten Cannabinoide neben THC sind **Cannabindiol** und **Cannabinol.** Cannabindiol ist ein Abbauprodukt von THC und hat nur ein Zehntel von dessen berauschender Wirkung; es verstärkt die dämpfenden Eigenschaften des THC und vermindert die erregenden. Unter Sauerstoffeinfluß zersetzt sich THC zu Cannabinol. Die anderen Cannabinoide (über 60 sind inzwischen gefunden worden) sind als Zwischenprodukte der Biosynthese von eher wissenschaftlichem Interesse.

Das Harz der Hanfpflanze besteht jedoch nicht nur aus Cannabinoiden. Neben hochpolymeren Phenolen und Terpenen enthält es auch noch ätherische Öle, die für den charakteristischen würzigen Geruch von Cannabis verantwortlich sind. Die Cannabinoide selbst riechen kaum. Die wichtigsten Geruchsstoffe sind: Caryophyllen, Humulen, β-Farnesen, α-Selinen, β-Phellandren, Limonen und Piperidin. Haschisch-Suchhunde sind auf Caryophyllen-Epoxid als Leitsubstanz abgerichtet. Dieser Geruchsstoff findet sich auch in Hopfen, Beifuß und Möhren, die für diese Hunde daher nicht von Cannabis unterscheidbar sind.

Auf dem deutschen (Schwarz-) Markt überwiegt **Haschisch.** Es gibt zwei Verfahren der Haschischgewinnung. Bei der ersten Methode wird die lebende Pflanze vorsichtig zwischen den Handflächen gerieben, so daß die Harzdrüsen aufbrechen und das Harz an den Handinnenflächen festklebt. Unter Zugabe einiger Tropfen Wasser reibt man das Harz zunächst zu kleinen, schwärzlichen Krümeln und diese wiederum zu größeren Kugeln. Jede Pflanze kann so mehrmals „abgeerntet" werden. Harzreiben ist vorwiegend in der Himalaya-Region verbreitet. Bei der zweiten Methode werden die harzgefüllten Drüsenköpfe von den getrockneten Pflanzen abgeschüttelt, ausgesiebt und gepreßt. Diese Methode eignet sich besser für größere Produktion und wird in Marokko, der Türkei, dem Libanon, in Afghanistan und Pakistan angewendet.

Im gereinigten Zustand hat das Harz eine gelblich-rötliche Farbe, ist leicht durchscheinend und klebrig und wird deshalb auf dem illegalen Markt „Honey Oil" genannt. Die Bezeichnungen für verschiedene Haschischsorten richten sich meist nach der Farbe. Die Palette reicht von „Gelbem Marokk" und „Grünem Türken" über „Roten Libanesen" zu den dunkleren und stärkeren Sorten wie „Dunkelbrauner Pakistani", „Schwarzer Afghane" oder „Schwarzer Nepali".

Marihuana kommt hauptsächlich aus Mittelamerika. Zur Marihuanagewinnung wird das geerntete Pflanzenmaterial sortiert (in weibliche und männliche Blüten, kleine und große Blätter und Stengel) und getrocknet. Wie auch Tabak oder Tee wird Marihuana fermentiert (siehe die Kapitel „Tabak" und „Tee"). Unter dem Einfluß pflanzeneigener Enzyme und Sauerstoff und eventuell mit Hilfe von Bakterien wird das Chlorophyll abgebaut, höhermolekulare Kohlenhydrate werden in Zucker umgewandelt (siehe Box „Kohlenhydrate"). Durch diese Fermentation verliert Marihuana die grüne Farbe und das „Kratzen", das Aroma wird feiner und runder. Marihuana enthält im allgemeinen weniger THC als Haschisch. Neben milden Sorten („Acapulco Gold") gibt es aber auch solche, die ähnlich stark sind wie Haschisch („Kongo-Gras", „Kenia-Gras").

Zu Risiken und Nebenwirkungen fragen Sie...

Je nach Ausgangslage kann Cannabis stimulieren oder dämpfen. Abhängig von der Dosis reicht die Wirkung von Entspanntsein, Tagträumen, Glücksgefühl bis zu extremer Albernheit mit Lachanfällen, Euphorie und Halluzinationen. Die Zeit erscheint gedehnt, und Sinneswahrnehmungen sind intensiver: Farben werden leuchtender, Töne klarer und schöner, selbst einfache Speisen schmecken köstlich, Gerüche können zu überwältigenden Erlebnissen werden. Zusammenhanglose Gedanken reihen sich in schneller Folge aneinander. Man hält sich für intelligenter, brillanter, tiefsinniger. Tatsächlich aber sinkt die Konzentrationsfähigkeit, und das Kurzzeitgedächtnis ist getrübt.

Es gibt auch unmittelbar körperliche Wirkungen: Das Herz schlägt schneller, die Bronchien werden weiter und der Augeninnendruck sinkt. Außerdem wirkt Cannabis appetitfördernd und kann Anfälle von Heißhunger auslösen, besonders auf Süßes. In manchen Ländern (nicht in Deutschland) ist Cannabis als Medikament zur Behandlung chronischer Schmerzen zugelassen.

Bei regelmäßigem Konsum von Cannabis kann es zu psychischer Abhängigkeit und zur Ausbildung einer Toleranz kommen, das heißt, bei gleicher Drogenmenge nimmt die Wirksamkeit ab. Außerdem wird als mögliche Gefahr bei chronischem Mißbrauch immer wieder das sogenannte *amotivale Syndrom* erwähnt: Faulheit, Passivität, Antriebsschwäche, im Extremfall ein gleichgültiges Dahinleben ohne Perspektive und Interessen. Daß Cannabis tatsächlich solche Persönlichkeitsstörungen verursachen kann, ist aber noch nicht erwiesen. Auch andere diskutierte Langzeitwirkungen wie Gehirnschäden, Impotenz und Schwächung des Immunsystems ließen sich nicht bestätigen. Wie andere Rauschmittel oder Medikamente auch kann Cannabis latent bereits vorhandene Psychosen zum Ausbruch bringen.

Die psychoaktiv wirksame Dosis THC liegt bei vier bis acht Milligramm (das entspricht etwa einem Joint mit 0,5 g Haschisch oder 1 g Marihuana). In dieser Dosierung wirkt THC noch nicht toxisch. Es ist auch kein Todesfall durch Cannabisüberdosierung bekannt.

Viele Wege führen nach Rom

Man kann Cannabis rauchen, essen oder trinken, aber nicht fixen (spritzen), denn THC ist nicht wasser-, sondern nur fettlöslich. Die wohl bekannteste Konsumform ist der „Joint". Ein Joint hat prinzipiell den gleichen Aufbau wie eine Zigarette. Allerdings wird vor dem Drehen zusätzlich Haschisch oder Marihuana auf den Tabak gebröselt. Cannabis kann auch in Wasserpfeifen geraucht werden. Dabei perlt der Rauch vor dem Einatmen durch Wasser und verliert so einen Teil der Reizstoffe und des Nicotins (Nicotin ist wasserlöslich, THC nicht). Es gibt auch Spezialpfeifen mit kleinem Kopf und langem Stiel, mit denen Haschischkrümel pur geraucht werden können. Ansonsten birgt der mitgerauchte Tabak die gesundheitlichen Gefahren des Tabakrauchens, insbesondere ein erhöhtes Lungenkrebsrisiko (siehe Kapitel „Rauchen"). Die Cannabinoide selbst scheinen keine cancerogene Wirkung zu haben.

Da Haschisch fettlöslich ist, läßt es sich gut in Butter einarbeiten, die man dann verschiedenen Speisen zufügen kann. Besonders bekannt sind mit Haschisch gebackene Kuchen und Kekse („Space Cakes"). Trinken läßt sich Haschisch nur in heißen Getränken wie Tee, Kaffee und heißem Rum. Heiße Flüssigkeit ist notwendig, um das wasserunlösliche Haschisch in feine Öltröpfchen zu verteilen. Es gibt spezielle Cannabiskochbücher, in denen Haschisch in unterschiedlichsten Rezepten als Zutat verwendet wird.

Je nach Konsumform unterscheidet sich auch die Wirkung. Sie setzt beim Rauchen nach wenigen Minuten ein und hält zwei bis drei Stunden an. Beim Essen und Trinken beginnt der Rausch erst nach etwa einer Stunde, kann aber zehn Stunden und länger andauern. Im Gegensatz zur oralen Aufnahme kann man beim Rauchen dosieren und gegebenenfalls sofort aufhören. Die beim Rauchen verdampften Cannabinoide kondensieren als feiner Tröpfchenniederschlag auf der Lungenschleimhaut und treten von dort ins Blut über. Auf diese Weise gelangen etwa 20 % des im Rauch enthaltenen THCs in den Körper. Beim Essen oder Trinken tritt das THC über die Darmschleimhaut in den Körper. Als lipophile Substanzen halten sich die Cannabinoide nicht lange im Blut auf, sondern reichern sich im Fettgewebe und in bestimmten Organen an (Galle, Leber, Nebenniere). In der Leber werden sie zu wasserlöslichen Metaboliten (Stoffwechselprodukten) abgebaut. Cannabinoide haben eine lange Verweildauer im Körper und werden erst nach einigen Tagen restlos aus dem Körper ausgeschieden. Bei starken Kiffern ist THC noch bis zu zehn Wochen nach dem letzten Joint im Körper nachweisbar. Nur ein Bruchteil des aufgenommenen THC erreicht das Gehirn. Die Wirkungsweise dort ist im wesentlichen noch unbekannt.

Wie Hasch wirkt

1990 entdeckte man im menschlichen Gehirn einen Cannabisrezeptor. Dieser Rezeptor sitzt in der Membran der Nervenzellen und vermittelt nach Bindung von THC die charakteristischen psychischen Wirkungen. Er gehört zu den G-Protein-gekoppelten Rezeptoren (siehe Box „Signaltransduktion"). Vor kurzem hat man das dazu passende natürliche Andockmolekül gefunden und es **Anandamid** genannt, nach *ananda*, dem Sanskritwort für Hanf („Quell des Glücks" – s. o.). Es handelt sich um Arachidonoyl-Ethanolamin (siehe Abbildung 3). Diese Verbindung ist aus Bausteinen zusammengesetzt, die normalerweise in der Zellmembran vorhanden sind. Chemisch ist sie mit den Prostaglandinen und Leukotrienen verwandt, die auch bei Entzündungsprozessen eine Rolle spielen. Noch offen ist, ob dieses körpereigene, THC-ähnliche Molekül zu einer neuen Klasse von Neurotransmittern (siehe Box „Erregungsleitung") gehört.

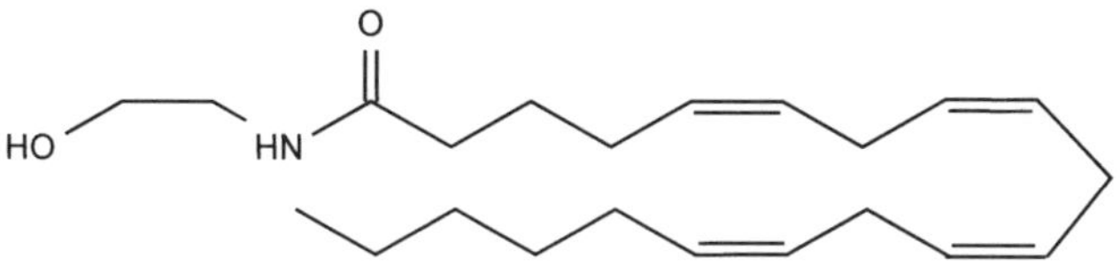

Abbildung 3 Der körpereigene Stoff Anandamid, an dessen Rezeptor Δ^9-THC bindet.

Verwandte Cannabisrezeptoren kommen auch in der Milz vor, und zwar auf der Oberfläche von Makrophagen (Freßzellen). Diese Rezeptorvariante bindet THC weniger stark und ist möglicherweise an der entzündungshemmenden Wirkung von Cannabis beteiligt. Die Unterschiedlichkeit der Hirn- und Milz-Rezeptoren will man nutzen, um synthetische Cannabis-Drogen zu entwickeln, die die gleiche therapeutische Wirkung wie Hasch haben, ohne aber den Patienten „high" zu machen.

Heilen mit Hasch?

Heute gilt Cannabis als Droge ohne medizinische Bedeutung. Das war nicht immer so. Die Wertschätzung von Cannabis in der Volksmedizin hängt eng mit seinen euphorisierenden und halluzinogenen Eigenschaften zusammen. Das Wissen um diese Eigenschaften ist wahrscheinlich ebenso alt wie die Verwendung der Pflanze als Faserlieferant.

Hanf wurde seit Jahrtausenden in der Medizin vieler Kulturen eingesetzt, so auch bei unseren germanisch-keltischen Ahnen. Hildegard von Bingen gebrauchte ihn genauso wie Samuel Hahnemann, der Begründer der Homöopathie. Ende des 19. Jahrhunderts standen Cannabis-Extrakte an zweiter Stelle der verordneten Arzneimittel in den USA. Eingesetzt wurden sie gegen Krämpfe aller Art, gegen Husten, Asthma, Migräne, Appetitlosigkeit und Schlafstörungen. Bis ins 20. Jahrhundert hinein waren Hanfpräparate in europäischen und amerikanischen Apotheken frei erhältlich. Seit dem Zweiten Weltkrieg jedoch gilt Hanf in der westlichen Medizin als obsolet. Erst seit kurzem ist Hanf als Heilmittel wieder ins öffentliche und medizinische Interesse gerückt. Seit gut zehn Jahren bekämpft man mit THC-Tabletten die starke Übelkeit von Krebspatienten bei der Chemotherapie. Die appetitsteigernde Wirkung nutzt man inzwischen bei Aids-Patienten, die sonst oft dramatisch abmagern. Auch Patienten mit grünem Star werden in den USA mit Cannabis behandelt: THC senkt den erhöhten Augeninnendruck und verhindert so, daß der Sehnerv durch den Druck zerquetscht wird und die Betroffenen erblinden. Es gibt außerdem Hinweise, daß Cannabis Patienten mit multipler Sklerose und Querschnittslähmung helfen kann. Doch ist das schmerzstillende, krampflösende und entzündungshemmende Potential der Droge noch kaum untersucht.

Inzwischen gibt es auch synthetisch hergestelltes THC („Marinol"), mit dem man in den USA Krebs- und Aidspatienten behandelt, das aber in Deutschland – ebenso wie natürliches Cannabis – nicht zugelassen ist. Paradoxerweise ist Marinol stärker psychoaktiv als natürliches Haschisch oder Marihuana, so daß bei Überdosierung die Gefahr einer Bewußtlosigkeit besteht.

Verbieten oder legalisieren? Der Streit geht weiter...

Zur Zeit steht der Hanf im Mittelpunkt heftiger Debatten. Dabei vermischen sich die Diskussionen um Hanf als Faserlieferant und Hanf als Rauschmittel. Die einen erwarten von Hanf als Nutzpflanze keine Vorteile, halten ihn als Rohstoff für nicht konkurrenzfähig und medizinisch für nutzlos. Cannabis ist für sie eine gefährliche Einstiegsdroge, deren Konsum mit großen sozialen und gesundheitlichen Gefahren verbunden ist. Die anderen sehen in Cannabis einen harmlosen, angenehmen Zeitvertreib, den man legalisieren sollte, und betonen die Bedeutung des Hanfs als nachwachsender Rohstoff. Diese Gruppe ist der Meinung, gerade das Verbot von Cannabis fördere den Einstieg in das Drogenmilieu.

Diese Aspekte kann man zukünftig getrennt voneinander diskutieren, denn es gibt mittlerweile THC-arme Zuchtsorten von Faser- und Ölhanf, bei denen eine berauschende Wirkung ausgeschlossen werden kann. In Österreich wird der Anbau dieser Sorten sogar von der EU gefördert. Auch in Deutschland ist der Anbau von Nutzhanf seit April 1996 freigegeben, bleibt aber genehmigungspflichtig. Auch beim Cannabiskonsum zeichnet sich eine Lockerung ab. Zwar unterliegt Cannabis weiterhin dem Betäubungsmittelgesetz, doch kann nun bei „geringen Mengen" zum „gelegentlichen"

Eigengebrauch in individuellen Fällen auf eine Bestrafung verzichtet werden (Bundesverfassungsgericht, März 1994). Welche Mengen als „gering" gelten, ist von Bundesland zu Bundesland unterschiedlich definiert (zwischen vier Gramm in Bayern, Baden-Württemberg, Niedersachsen und den meisten neuen Bundesländern und 30 Gramm in Schleswig-Holstein und Hessen).

Kürzlich sorgte der Nachweis von THC im Blut nach Genuß von Hanfspeiseöl erneut für Diskussionsstoff. Bis dahin war man davon ausgegangen, daß dem THC-Nachweis immer ein Haschischkonsum vorausgeht. Daher muß, wer als Autofahrer mit THC im Blut erwischt wird, mit Bußgeld und Führerscheinentzug rechnen, auch wenn er zuvor keinen Joint geraucht, sondern nur einen Salat gegessen hat. Eine Promillegrenze für THC gibt es noch nicht.

Rauschmittel

Karolin Stegmann

Wenn es um Rauschmittel geht, ist der Mensch äußerst erfindungsreich und experimentierfreudig. Schon seit Jahrtausenden hat ihn offensichtlich die Möglichkeit gereizt, sich mit Drogen das Glück zu verschaffen, das ihm in seiner Alltagswelt versagt blieb. So schätzten Sumerer und Griechen die euphorisierende und schmerzstillende Wirkung von Schlafmohnextrakten, Inkas in Peru ließen sich von den Blättern des Coca-Strauches stimulieren. Mittlerweile hat man nicht nur die aktiven Inhaltsstoffe solcher Pflanzen isoliert, Morphin und Cocain zum Beispiel, sondern auch zahlreiche neue Wirkstoffe synthetisiert, von LSD bis Ecstasy.

Alle diese Rauschmittel greifen in die Kommunikation zwischen Nervenzellen ein. Dabei setzen sie vor allem am Treffpunkt der Nervenzellen, der Synapse, an. An der Synapse trennt ein Spalt beide Zellen, so daß das elektrische Signal hier nicht unmittelbar weitergeleitet werden kann. Statt dessen schüttet die erregte Zelle einen Botenstoff aus, der zur nachgeschalteten Zelle schwimmt, sich hier an spezifische Empfänger bindet und so den Reiz weitergibt (siehe Box „Erregungsleitung"). Drogen greifen in diesen Prozeß ein, weil sie die natürlichen Botenstoffe, die Neurotransmitter, verdrängen oder ihre Anlegestellen, die Rezeptoren, blockieren können, oft aufgrund chemischer Ähnlichkeiten. Die bewußtseinsverändernde Wirkung von Drogen beruht also auf chemischen Veränderungen im Gehirn. Wie aber diese Veränderungen genau aussehen, darüber weiß man bisher erst wenig.

138

Vom Saft des Schlafgottes zum Heroin

Opium, der getrocknete Saft aus den Kapseln des Schlafmohns (Abbildung 1), enthält über zwanzig Alkaloide, darunter Heroin und Codein. Zwar ist unser roter Klatschmohn mit dem Schlafmohn eng verwandt, die begehrten Inhaltsstoffe fehlen ihm jedoch. Schon 6000 Jahre alte sumerische Keilschriften berichten von der berauschenden Wirkung des Mohnsaftes. In der klassischen Antike war er als Schmerzlinderungsmittel wohlbekannt. Für die Griechen war die Mohnkapsel das Symbol des Schlafgottes Morpheus; sie gaben der Mohnmilch auch den Namen Opium („opos" bedeutet „Saft"). In den folgenden Jahrhunderten fehlte Opium in keiner Wunderarznei, und viele Menschen aßen oder tranken es regelmäßig. Mit der Verbreitung des Tabaks im 16. und 17. Jahrhundert entwickelte man rauchbare Formen des Opiums. Raucher machten es sich zunutze, daß die Aufnahme durch die gut durchblutete Lunge die gewünschten Wirkungen schneller eintreten läßt. Sie konnten dann sofort mit der Inhalation aufhören und sich vor einer gefährlichen Überdosierung schützen. Einmal geschlucktes Opium dagegen konnte man bei drohender Vergiftung kaum am Über-

Abbildung 1 Schlafmohn (Papaver somniferum). Die Blüten (links) sind weiß-violett, aus den Samenkapseln (rechts) gewinnt man das Opium. Dazu ritzt man die äußere Kapselwand an, so daß die Mohnmilch herausquillt. An der Luft verfärbt sie sich braun und trocknet ein. Am nächsten Tag kann man dieses Rohopium abschaben.

139

tritt in das Blut hindern. Schriftsteller wie Edgar Allen Poe, Charles Baudelaire, E. T. A. Hoffmann, Honoré de Balzac und Novalis frönten dem Opiumgenuß in eigenen Rauchsalons. Sie waren allerdings nicht an der schmerzstillenden Wirkung interessiert, sondern an der Entspannung und Euphorie, in die die Droge sie versetzte.

1806 isolierte der Chemiker Friedrich Wilhelm Sertürner den wichtigsten Wirkstoff des Opiums, **Morphin** (Abbildung 2). Während man bisher den pflanzlichen Extrakt nur schlucken konnte, ließ sich das reine Morphin, in Wasser gelöst, direkt in die Blutbahn injizieren. Im Deutsch-Französischen Krieg 1870/71 setzte man Morphin erstmals in großem Umfang zur Schmerzlinderung ein und machte damit unzählige Soldaten zu Morphinsüchtigen. Immer deutlicher erkannte man die Suchtgefahr und suchte nach neuen Stoffen, die Schmerz stillen, ohne süchtig zu machen. Dabei stieß man auf das Diacetylmorphin, das Produkt einer chemischen Reaktion von Morphin mit Essigsäure. Ab 1898 vertrieb die Firma Bayer diese Substanz unter dem Handelsnamen **Heroin** als „vorzügliches Beruhigungsmittel". Das Heroin sollte sogar Morphinsüchtige von ihrer Abhängigkeit heilen, aber diese Hoffnungen wurden bitter enttäuscht. Heroin wirkt sogar stärker als Morphin, da die zusätzlichen Acetylgruppen seine Fettlöslichkeit erhöhen (Abbildung 3), so daß es besser ins Gehirn eindringt. Die Euphorie stellt sich praktisch sofort ein. Dieser schnelle „Kick" ließ Heroin nach dem Ersten Weltkrieg zu einer Volksseuche werden. Dies ging soweit, daß manche ägyptischen Unternehmer ihren Arbeitern den Wochenlohn in Form von Heroin auszahlten.

Forscher versuchten, die Wirkungsweise von Morphin und Heroin zu verstehen, und entdeckten dabei, daß diese Opiate im zentralen Nervensystem an spezifische Rezeptoren andocken. Diese Opiatrezeptoren sind nicht nur für die Hemmung der Schmerzwahrnehmung und die Euphorie verantwortlich, sie sitzen auch in verschiedenen Regulationszentren und vermitteln die bekannten Nebeneffekte wie Pupillenverengung und Atemhemmung. Eindrucksvoll demonstrieren lassen sich diese Zusammenhänge mit sogenannten Morphinantagonisten, Gegenspielern des Morphins, die zwar die gleiche Grundstruktur, aber keine Wirkung haben. **Naloxon** (Abbildung 4) ist ein solcher Antagonist, der die Opiatrezeptoren besetzt und damit dem Morphin

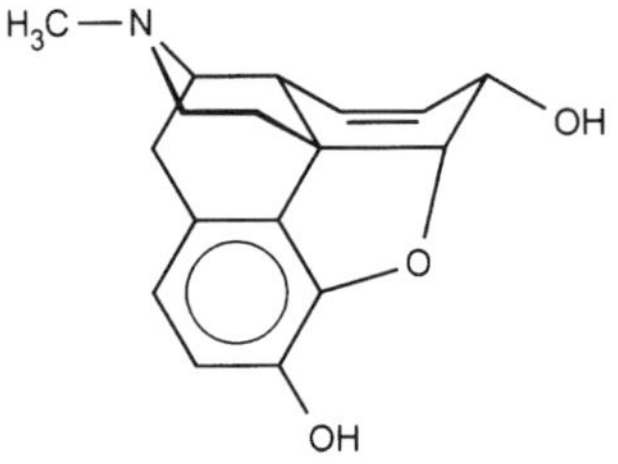

Abbildung 2 Morphin ist das Hauptalkaloid des Opiums.

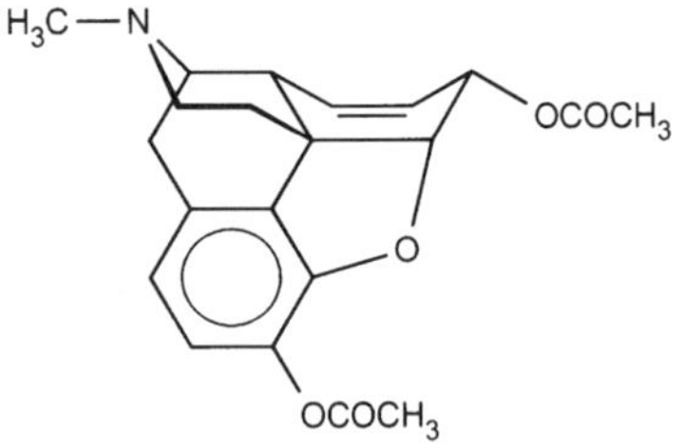

Abbildung 3 Heroin (Diacetylmorphin).

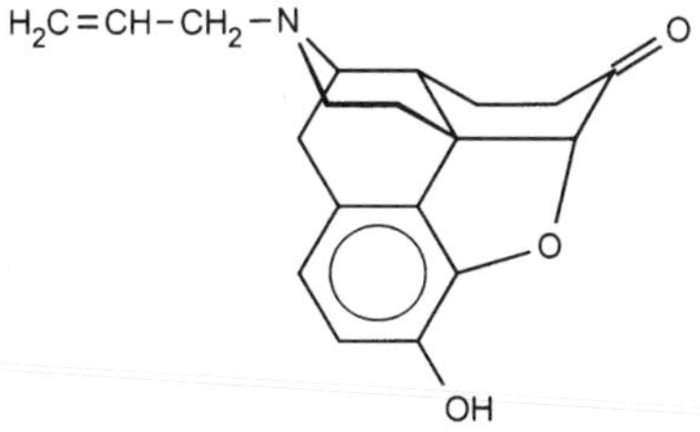

$H_2C=CH-CH_2-N$

Abbildung 4   Naloxon.

den Zugang versperrt, ohne selbst einen Effekt auszulösen. So kann Naloxon die Opiatwirkung vollständig aufheben und Patienten wiederbeleben, die nach einer Überdosis Morphin wegen der Lähmung des Atemzentrums im Koma liegen.

Doch der Mensch wird nicht mit Morphin im Körper geboren. Warum also hat er auf Opiate spezialisierte Rezeptoren? Diese Frage führte die Forscher zur Entdeckung körpereigener Morphine, sogenannter **Endorphine**. Ihre Wirkung gleicht der von Morphin und läßt sich auch mit den gleichen Antagonisten aufheben. Endorphine sind wahrscheinlich Überträgerstoffe eines körpereigenen Systems, das in Streß- und Gefahrensituationen Schmerzen unterdrückt. Man hoffte, daß die Endorphine die gesuchten idealen Schmerzmittel ohne Suchtgefahr wären. Tatsächlich machen Endorphine normalerweise nicht süchtig, denn abbauende Enzyme zerstören sie, bevor sie zu lange am Rezeptor wirken können. Alle Manipulationen aber, die den Endorphinen eine größere Stabilität verliehen, steigerten im gleichen Maße auch ihr Abhängigkeitspotential. Bisher schlugen deshalb sämtliche Versuche fehl, die schmerzhemmende von der suchtauslösenden Wirkung zu trennen, so daß Opiate weiterhin die wirkungsvollsten Mittel gegen Schmerzen bleiben. In vielen Fällen ist die Gabe von Morphin die einzige Möglichkeit, um Kranke von unerträglichen Schmerzen zu befreien.

Man versucht, Drogensüchtigen mit **Methadon** (Polamidon) den Entzug zu erleichtern. Dabei sollte man jedoch nicht vergessen, daß Methadon ebenfalls ein Opiat ist und damit eher Heroinersatz als Therapie. In der Tat ist Methadon noch wirksamer als Heroin und besitzt ein etwa doppelt so großes Abhängigkeitspotential. Der Entzug von Methadon scheint noch schwieriger zu sein als der von Heroin. Trotzdem kann die Methadon-Substitution eine hilfreiche Besserung der sozialen Situation, zum Beispiel den Ausstieg aus der Beschaffungskriminalität, bewirken.

Schnee von gestern

Schon seit Tausenden von Jahren kauen Indios in Südamerika Coca-Blätter, um Hunger und Erschöpfung zu unterdrücken. Dazu entfernen sie die Rippen der Blätter, rollen den Rest im Mund zusammen und tauchen die angefeuchtete Kugel in Kalklösung. Das Ganze kauen sie dann, bis fast nichts übrig bleibt, durchschnittlich viermal täglich. Eine solche Kauperiode, „Coqueada" genannt, dauert etwa zwei Stunden und dient den Indios als Maßeinheit für Wegstrecken oder für die Dauer von Arbeiten. Der Kalkzusatz hilft, das **Cocain** aus den Blättern herauszulösen. Durch das intensive Kauen wird der größte Teil des Cocains in Ecgonin gespalten, das durch die Mundschleimhaut in das Blut gelangt und eine Anregung ähnlich der nach Kaffeegenuß bewirkt.

Zu einer suchtauslösenden Euphorie führt erst das reine Cocain, das Albert Niemann 1860 isolierte. Wie beim Morphin verkannte man allerdings lange Zeit die Gefahren und pries Cocain gar als Erfrischung für jedermann an. Erst ab 1903 enthielt Coca-Cola kein Cocain mehr! Einer der ersten, der Cocain auf seine medizinische Brauchbarkeit untersuchte, war Sigmund Freud. Er selbst nahm Cocain regelmäßig in kleinen Dosen als Medikament gegen Nervosität und Erschöpfung. Außerdem bemerkte er, daß Cocain seine Zunge taub werden ließ: Cocain schaltet örtlich begrenzt die Schmerzempfindung aus, indem es sich in die Membran der Nervenzellen einlagert und damit die Reizleitung unterbricht. Tatsächlich führte man mit Cocain 1884 bei einer Augenoperation die erste örtliche Betäubung der Geschichte durch. Von Cocain als Muttersubstanz ausgehend synthetisierte man die gegenwärtig gebräuchlichen **Lokalanästhetika** wie Procain oder Lidocain (Abbildung 5). Die betäubende Wirkung von Cocain nutzen heute nur noch User, um (wie in vielen Filmen dargestellt) ihre Droge im schnellen Gaumentest zu identifizieren.

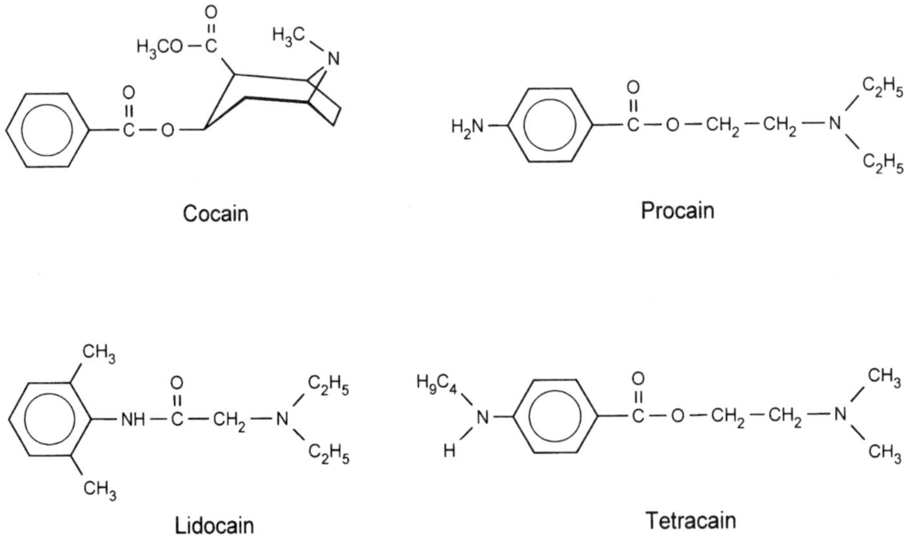

Cocain

Procain

Lidocain

Tetracain

Abbildung 5 Cocain und einige gebräuchliche Lokalanästhetika.

Die Erregung, das Glücksgefühl und die Halluzinationen bewirkt Cocain möglicherweise dadurch, daß es körpereigene Transmitterstoffe von einem Abtransport aus dem synaptischen Spalt bewahrt und so ihre Wirkung verstärkt. Normalerweise werden Transmitter wie Noradrenalin und Dopamin wieder in ihre Ursprungszellen zurückgepumpt, nachdem sie ihre Funktion an der Synapse erfüllt haben. Damit ist der synaptische Spalt bereit für das nächste Signal, eine erneute Transmitterausschüttung. Die wiederaufgenommenen Transmitter werden entweder wiederverwendet oder durch das Enzym **MAO** (**M**ono**a**min**o**xidase) entsorgt. Cocain hemmt nicht nur dieses Abbauenzym, sondern blockiert wahrscheinlich auch die Pumpe, die Noradrenalin und Dopamin in ihre Zelle zurückschleust. Damit verbleiben diese Neurotransmitter länger im Spalt und stimulieren fortwährend die nachgeschaltete Nervenzelle (Abbildung 6).

Die verstärkte Noradrenalin-Wirkung ist wahrscheinlich auch der Grund für die sogenannte „Koksnase": Süchtige, die das Pulver schnupfen, haben häufig eine degenerierte, teilweise sogar durchlöcherte Nasenscheidewand. Als wichtiger Transmitter des vegetativen Nervensystems veranlaßt Noradrenalin die Blutgefäße, sich zusammenzuziehen. Unter ständigem Cocaineinfluß sind die Gefäße deshalb so stark verengt, daß das Gewebe nicht mehr ausreichend Sauerstoff erhält und abstirbt.

Mitte der 80er Jahre tauchte in den USA eine neue Cocain-Variante auf: **Crack.** Es entsteht aus Cocain, das mit Backpulver und Wasser vermischt und erhitzt wird. Raucht man den so erhaltenen Kuchen in speziellen Pfeifen, gibt es ein knisterndes Geräusch („to crackle"). Crack wirkt stärker als Cocain, da das Natriumbicarbonat des Backpulvers das Cocain-Salz in die freie Base umwandelt, die enorm schnell die Blut-Hirn-Schranke durchdringt.

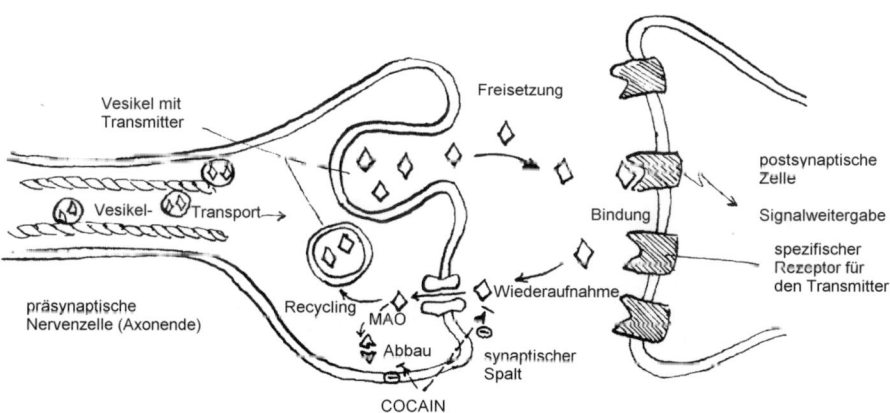

Abbildung 6 Wirkungsweise von Cocain.

Das Design bestimmt das Bewußtsein

Anfang dieses Jahrhunderts war eines der wirksamsten Mittel, um die Atemnot von Asthmatikern zu lindern, **Adrenalin,** ein Hormon, das das Nebennierenmark als Antwort auf akuten Streß ausschüttet. Adrenalin beschleunigt nicht nur den Herzschlag und verstärkt die Muskelkraft, es erweitert auch die Atemwege. Da aber Adrenalin – durch den Mund aufgenommen – kaum in den Körper gelangen kann, für eine Dauertherapie also untauglich ist, suchten Chemiker nach einer ähnlichen Substanz mit verbesserten Eigenschaften.

Dabei synthetisierten sie **Amphetamin,** das im Gegensatz zum Adrenalin vorwiegend auf das Gehirn wirkt (Abbildung 7). Schnell fanden amerikanische Studenten heraus, daß Amphetamin sie bei ihren Prüfungsvorbereitungen vor Ermüdung und Schläfrigkeit schützt. Im Zweiten Weltkrieg hielten sich Piloten mit diesen „pep pills" auf langen Strecken wach, und in den 70er Jahren erschien Amphetamin schließlich als „Speed" in der Drogenszene. Als Dopingmittel mit tödlichen Folgen für einige Radrennfahrer erlangte Amphetamin eine traurige Berühmtheit.

Amphetamin ähnelt in seiner chemischen Struktur sehr den Neurotransmittern Noradrenalin und Dopamin (Abbildung 8), die bei der Regulation des emotionalen Verhaltens eine wichtige Rolle spielen. Das zum Verwechseln ähnliche Amphetamin schlüpft an Stelle der Transmitter in die Speicher der präsynaptischen Zelle und drängt die Transmitter dadurch in den synaptischen Spalt hinaus (Abbildung 9). Wie Cocain hemmt Amphetamin außerdem die Wiederaufnahme-Pumpe, über die Noradrenalin und Dopamin aus dem Verkehr gezogen werden.

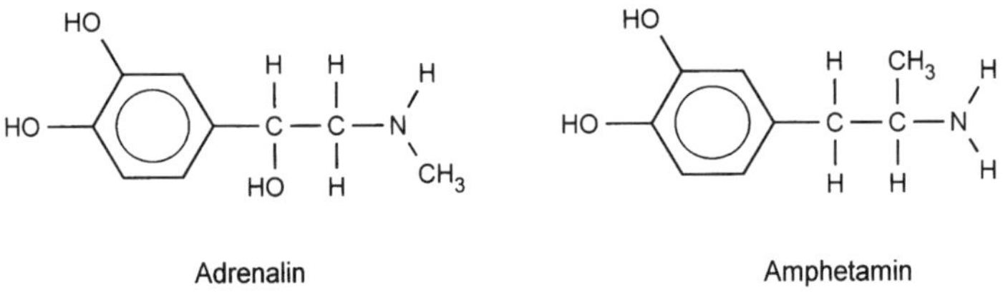

Adrenalin

Amphetamin

Abbildung 7 Adrenalin und Amphetamin.

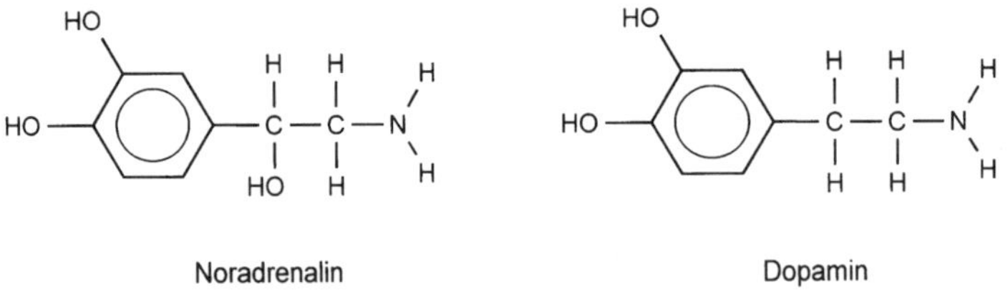

Noradrenalin

Dopamin

Abbildung 8 Noradrenalin und Dopamin.

144

Wahrscheinlich wirken beide, Cocain und Amphetamin, wachheitssteigernd und stimulierend, indem sie die Noradrenalin-Aktivität in der Großhirnrinde steigern. Viele der am Reißbrett entworfenen Designerdrogen, wie z. B. das in der Techno-Szene verbreitete **Ecstasy**, sind Amphetaminabkömmlinge. Die chemische Bezeichnung für Ecstasy, Methylendioxy-methyl-amphetamin (MDMA), läßt das erkennen. Es wird aus Safrol, einem ätherischen Öl der Muskatnuß, gewonnen (Abbildung 10).

Daß die Muskatnuß selbst als Rauschdroge taugt, wußte auch Malcolm X, der schwarze Muslim-Führer. Im Gefängnis erlebte er „Highs" durch Muskat, das er sich aus der Küche beschaffte. In einem Glas Wasser aufgeschwemmt, haben mehrere Teelöffel Muskatpulver den Effekt von drei oder vier Marihuana-Zigaretten. Die Rauschwirkungen kommen durch Stoffwechselprodukte mit amphetamin- oder mescalinähnlichem Aufbau zustande, die der Körper aus den Inhaltsstoffen der Muskatnuß bildet (siehe Kapitel „Gewürze").

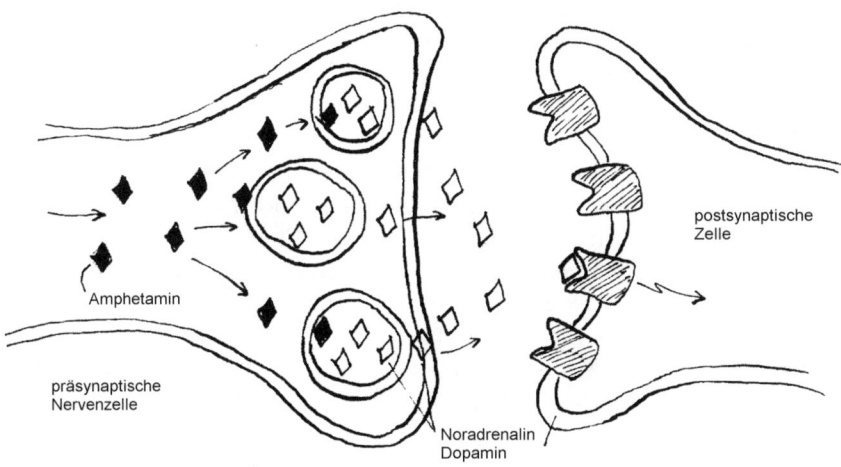

Abbildung 9 Wirkungsweise des Amphetamins.

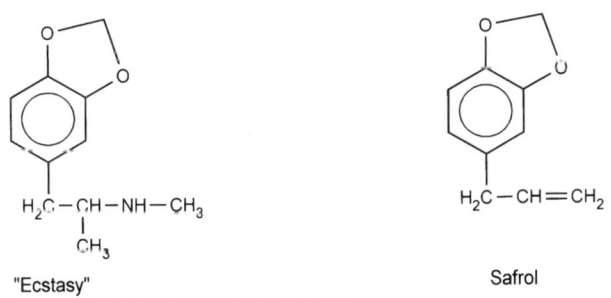

"Ecstasy"
(MDMA = Methylendioxy-methylamphetamin)

Safrol

Abbildung 10 Ecstasy und Safrol.

Pillen, die „Erleuchtung" bringen

„Die Sonne schien, und die Schatten der Stäbe bildeten ein Zebramuster auf dem Boden und auf Sitz und Lehne eines Liegestuhls. (…) An den Stellen, wo die Schatten auf seine Leinenbespannung fielen, entstanden wechselweise Streifen von einem tiefen, aber glühenden Indigoblau und helle leuchtende Streifen, so daß es schwer fiel zu glauben, sie könnten nicht aus blauem Feuer sein. (…) Das Ergebnis war diese Aufeinanderfolge azurblauer Schmelzofentüren, die durch Klüfte eines unergründlichen Enzianblaus voneinander getrennt waren. Es war unaussprechlich wundervoll, fast in erschreckendem Grad wundervoll. Und plötzlich hatte ich eine Ahnung davon, was für ein Gefühl es sein muß, wahnsinnig zu sein. (…) Einem Liegestuhl gegenüber, der aussah wie das Jüngste Gericht – oder, genauer gesagt, einem Jüngsten Gericht gegenüber, das ich nach langer Zeit und mit beträchtlicher Schwierigkeit als einen Liegestuhl erkannte – merkte ich plötzlich, daß ich mich auf der Schwelle zur Panik befand. (…) Die Furcht (…) galt einem Überwältigtwerden, einem Zerfallen unter einem Druck der Wirklichkeit, der so stark werden könnte, daß ein Geist, der es gewohnt war, sich die meiste Zeit in einer Welt von Symbolen heimisch zu fühlen, ihn unmöglich ertragen könnte." So beschreibt Aldous Huxley seine Halluzinationen unter Mescalineinfluß.

Mescalin ist ein Alkaloid aus dem Peyote-Kaktus, den mexikanische Indianer seit Jahrhunderten bei magisch-religiösen Zeremonien verwenden. Heute noch ist der Peyote-Kult ein wichtiges Element der Native American Church, in der traditionelle und christliche Religion verschmolzen. Mescalin soll den Priestern und Heilkundigen Kontakt mit der jenseitigen Welt vermitteln und sie Offenbarungen erleben lassen.

Die psychischen Effekte von Mescalin sind von denen des LSD nicht zu unterscheiden. Tatsächlich besteht zwischen beiden eine Kreuztoleranz: Wer Mescalin gewöhnt ist, verspürt auch bei kleinen Dosen LSD keine Wirkung mehr.

LSD war das erste Halluzinogen, das Einfluß auf die westliche Kultur gewann. Albert Hofmann, Chef des Naturstoffe-Labors bei Sandoz, stellte es erstmalig her, als er die Inhaltsstoffe des Mutterkorns untersuchte, eines Pilzes, der auf Getreide schmarotzt (Abbildung 11). Dabei mußte Hofmann im April 1943 sein Labor verlassen, weil er sich wie betäubt fühlte. Zuhause angekommen, hatte er phantastische Visionen und sah kaleidoskopartige Bilder in intensiven Farben: Hofmann erlebte einen LSD-Rausch. LSD ist ein Abkömmling der **Lysergsäure**, die das Grundgerüst aller Mutterkornalkaloide bildet. (Die Abkürzung LSD steht für Lysergsäurediethylamid.) LSD ist das stärkste bekannte Halluzinogen: Für einen Trip reicht ein Millionstel Gramm!

LSD enthält wie viele andere Halluzinogene einen Indolbaustein – eine Zweiringstruktur, die auch in dem körpereigenen Nervenbotenstoff **Serotonin** vorkommt. Obwohl Mescalin chemisch mehr dem Neurotransmitter Noradrenalin ähnelt, sieht man es als „potentielles Indol" an (Abbildung 12). Man nimmt an, daß indolartige Halluzinogene ihre Wirkung entfalten, indem sie Serotonin an den Synapsen verdrän-

Abbildung 11 Weizen, der vom Mutterkorn befallen ist.

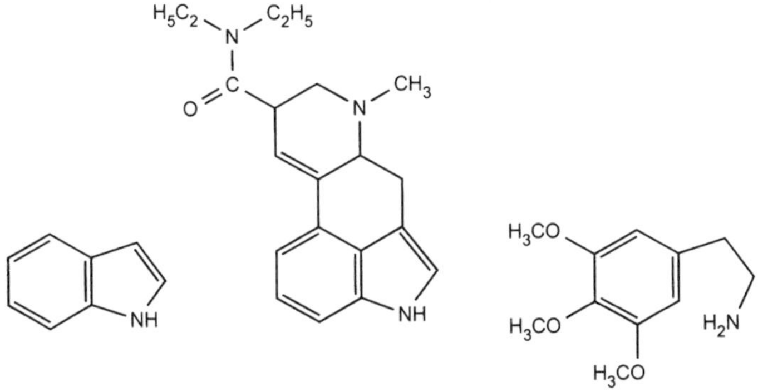

Indol	LSD	Mescalin

Abbildung 12 Indolring, LSD und Mescalin.

gen. Serotoninhaltige Nerven gehen vom Hirnstamm aus und strahlen auf alle höheren Zentren aus. Besonders dicht verzweigen sie sich im sogenannten limbischen System, das für unsere mit den Sinneswahrnehmungen verknüpften Gefühle eine entscheidende Rolle spielt. Sowohl Mescalin als auch LSD beeinflussen außerdem eine wichtige Schaltstation im Gehirn, den *Locus cveruleus*, dessen Transmitter Noradrenalin ist. Diese Schaltstation koordiniert und kanalisiert wahrscheinlich alle von außen eintreffenden Sinnesbotschaften, ob sie nun vom Sehen, Hören, Tasten, Riechen oder Schmecken stammen. Halluzinogene wie Mescalin und LSD erhöhen die Empfindlichkeit dieser Kanalisationsstelle für alle Sinnesreize und reduzieren ihre Filterfunktion.

Dadurch könnte die Intensität der Wahrnehmungen und insbesondere die Leucht-kraft der Farben gesteigert werden. Ohne die normale Begrenzung auf die zweckmä-ßigen Wahrnehmungsanteile überschwemmt die Vielzahl an Sinnesreizen ungehindert das Bewußtsein, man empfindet eine „Bewußtseinserweiterung". Möglicherweise liegt hier auch die Ursache für die oft auftretende Synästhesie: Der Betroffene vertauscht die Sinnesqualitäten und empfindet eine Berührung beispielsweise als Ton, einen Ton als Bild.

„Ich selbst habe erlebt, wie eine Stunde nach LSD-Einnahme Schallwellen vor meinen Augen vorbeiliefen, als ich in die Hände klatschte. Klatschten zwei Personen mit unter-schiedlichen Frequenzen, sah ich zwei Wellenzüge, die sich in ihrer Amplitude unterschie-den und miteinander zu kollidieren schienen." (Huxley)

Im Hexenkessel

Einige altbekannte, oft zu magischen Zwecken benutzte Naturdrogen haben eine ähn-liche halluzinogene Wirkung wie LSD und sind ebenfalls Indole. So das **Bufotenin** (Abbildung 13), das vor allem von giftigen Kröten (*Bufo bufo*) ausgeschieden wird, aber auch in einer südamerikanischen Mimosenart vorkommt. Die Entdeckung von Bufotenin verlieh dem alten Aberglauben von der magischen Kraft der Kröten einen wahren Kern. Wahrscheinlich war das Bufotenin im „Krötenfett" die wirksame Sub-stanz der Hexenrezepte, die zu Trancezuständen verhelfen sollten und auch in Shake-speares „Macbeth" Erwähnung finden:

> *Um den Kessel dreht euch rund,*
> *Werft das Gift in seinen Schlund.*
> *Kröte, die im kalten Stein*
> *Tag und Nächte, drei mal neun,*
> *Zähen Schleim im Schlaf gegoren,*
> *Soll zuerst im Kessel schmoren!*

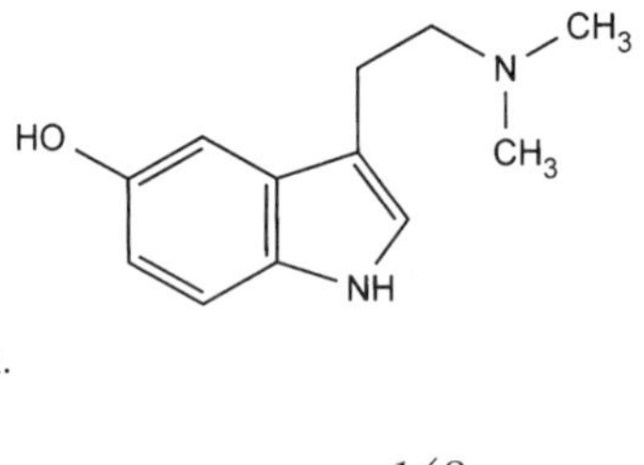

Abbildung 13 Bufotenin.

Bufotenin ist in Spuren auch im Fliegenpilz enthalten, dessen kultischer Gebrauch früher wahrscheinlich weit verbreitet war. Heute dient er nur noch in Sibirien als Rauschdroge, soweit er nicht vom Wodka verdrängt wurde. Roh genossen ruft er neben farbigen Visionen ein Gefühl der Schwerelosigkeit und Glückseligkeit hervor. Daß er zum Symbol der Freude wurde („Glückspilz"), ist möglicherweise eine Anspielung auf seine halluzinogene Wirkung. Eine unter den Rauschdrogen einzigartige Eigenschaft ist, daß die Wirkstoffe des Fliegenpilzes weitgehend unverändert in den Urin übergehen. In Sibirien ist es daher üblich, daß man den Urin sammelt und trinkt, um das kostbare Rauschmittel wiederzuverwerten. Entgegen der Alltagsmeinung ist der Fliegenpilz nicht sehr giftig. Erst wenn man mehr als zehn von ihnen roh ißt, droht Lebensgefahr. Möglicherweise betonte man seine Giftigkeit so sehr (Fliegen waren im Mittelalter ein Symbol des Wahnsinns und Beelzebub der „Herr der Fliegen"), um einen Fliegenpilz-Kult zu unterdrücken.

Bufotenin war wahrscheinlich auch Bestandteil von Hexensalben, die aber vor allem Alkaloide aus Nachtschattengewächsen wie Tollkirsche, Bilsenkraut, Stechapfel und Alraune enthielten. Deren wichtigstes Alkaloid ist das **Atropin**, ein Gegenspieler von Acetylcholin, dem Überträgerstoff eines Teils des vegetativen Nervensystems (Parasympathikus). Indem Atropin die entsprechenden Nervenendigungen blockiert, läßt es das Herz schneller schlagen, die Pupillen sich erweitern und den Mund trocken werden. Daneben kann Atropin auch Halluzinationen auslösen. In der Walpurgisnacht rieben die Hexen ihre Körper und die Besen, auf denen sie nackt umherritten, mit Atropin-Salben ein. Die über die Haut aufgenommenen Halluzinogene ließen sie dann glauben, auf ihrem Besen durch die Luft zu fliegen.

Atropin dient heute noch dem Augenarzt zur Weitstellung der Pupille beispielsweise bei der Spiegelung des Augenhintergrundes. Außerdem setzt man Atropin als Gegenmittel gegen manche Nervengifte ein, so auch bei dem Sarin-Anschlag in der U-Bahn von Tokyo im Frühjahr 1995.

Statt Kaffee und Zigaretten

In Abessinien und im Jemen kauen die Einwohner die Blätter des Kath-Strauches. Seine Wirksubstanz, **Cathin,** ist verwandt mit Serotonin und Noradrenalin und steht auf der Grenze zwischen Genußdroge und Rauschmittel. Seine anregende Wirkung übertrifft die von Kaffee; Müdigkeit und Hunger verschwinden.

Ähnlich verbreitet ist in Asien das Betelkauen. Die gekauten Nüsse der Betelpalme enthalten **Arecolin,** ein Alkaloid, das (im Gegensatz zum oben erwähnten Atropin) den Parasympathikus erregt. Es dämpft den Hunger und steigert das Wohlbefinden bis zur Euphorie. Die anregende Wirkung auf das Gehirn übt wahrscheinlich ein im

Körper gebildetes Arecolin-Produkt aus, das den hemmenden Neurotransmitter GABA (γ-Aminobuttersäure) beeinflußt.

Moderne Zeiten

Drogenprobleme, wie wir sie heute haben (über 2000 Drogentote in der Bundesrepublik 1992), sind wahrscheinlich ein relativ neues Phänomen. Zu früheren Zeiten waren Rauschmittel fest in einen religiösen Zusammenhang eingebunden, so daß eine effektive Sozialkontrolle mögliche Gefahren für den einzelnen bannte. Erst mit der Isolierung der Wirksubstanzen, der Erfindung der Injektionsspritze (Mitte des 19. Jahrhunderts) und der Auflösung gesellschaftlicher Kontrollstrukturen konnten Rauschdrogen zu einer derartigen Bedrohung für unsere Gesellschaft werden.

Fleisch

Regina Heidenreich

Wer den Film „Am Anfang war das Feuer" von Jacques Arnaud kennt, wird sich vermutlich an eine Szene erinnern, in der einem prähistorischen Höhlenmenschen ein Stück rohes Fleisch ins Feuer fällt. Die Reaktion des Höhlenmenschen ist zunächst Wut und Trauer um das verlorene Fleisch. Doch als er es am nächsten Morgen aus der Asche gräbt und probiert, ist er überrascht von der Zartheit und vom Geschmack des schrecklich aussehenden Stücks.

So oder ähnlich könnte das Braten erfunden worden sein. Seither hat die Menschheit das Garen von Lebensmitteln zu unser aller Gaumenfreude perfektioniert. Für Fleisch gibt es besonders viele Zubereitungsarten. Die Möglichkeiten reichen dabei von rohem Fleisch (Tatar, Carpaccio) über gekochtes (Eisbein, Tafelspitz), geschmortes (Goulasch, Rouladen, Schmorbraten), gebratenes (Schweine-, Rinder-, Gänsebraten), gegrilltes (Steaks, Schweinshaxen) bis zu kurzgebratenem Fleisch wie Steaks und Schnitzel.

Ein Stück Lebenskraft

Bei Fleisch handelt es sich - anatomisch gesehen - um Skelettmuskeln höherer Tiere. Unabhängig von seiner Herkunft besteht Fleich aus drei Hauptkomponenten: aus

151

Wasser, Proteinen und Fetten (siehe Boxen „Proteine" und „Lipide"). Die relative Zusammensetzung schwankt dabei je nach Fleischart und Alter des Tieres. In Tabelle 1 sind die Zusammensetzungen einiger Fleischsorten aufgelistet. Da die drei Hauptbestandteile die Struktur und den Geschmack des Fleisches beeinflussen, lohnt es sich, die Tabelle näher zu betrachten.

Tabelle 1. Zusammensetzung des Fleisches verschiedener Fleischlieferanten.

Tier	% Wasser	% Protein	% Fett
Rind	60	18	22
Schwein	43	12	45
Lamm	56	16	28
Pute	60	20	20
Huhn	65	30	5
Fisch	70	20	10

Was uns bewegt

Die willkürlichen Skelettmuskeln sind verantwortlich dafür, daß sich Tiere bewegen können. Sie bestehen aus einzelnen **Muskelfasern.** Dies sind bis zu 20 cm lange, spezialisierte Zellen, die sich zu Faserbündeln zusammenschließen (Abbildung 1). Die Faserbündel sind mit bloßem Auge als Fleischfaserung sichtbar. Die einzelnen Muskelfasern wiederum sind aus vielen kleineren Fasern zusammengesetzt, die man **Fibrillen** nennt. Sie sind die kleinsten Baueinheiten des Muskels. Hauptbestandteile der Fasern sind zwei Proteine, **Actin** und **Myosin.** Beide bilden langgestreckte Ketten, die während der Muskelkontraktion ineinandergleiten. Der Muskel wird dadurch verkürzt oder – wenn er an beiden Enden fixiert ist – angepannt. Für das Ineinandergleiten von Actin und Myosin ist der Energielieferant ATP (**A**denosin**tri**phosphat) nötig, der durch ein Enzym (ATPase) im Myosinmolekül gespalten wird. Hierbei wird die zur Kontraktion notwendige Energie frei. Durch die regelmäßige Anordnung von Actin und Myosin ist im Mikroskop eine Querstreifung der Muskelfaser zu sehen.

Das **Bindegewebe** umhüllt die einzelnen Fasern oder Faserbündel und ist formgebender Bestandteil der Umhüllung ganzer Muskelpartien. Der relative Anteil an Bindegewebe ist dabei vom Alter des Tieres abhängig; er ist bei jungen Tieren höher als bei älteren. Der größte Teil des Bindegewebes besteht nicht aus Zellen, sondern aus den Strukturproteinen Kollagen, Elastin und Retikulin. Elastin und Retikulin werden beim Kochen nicht verändert. Das zähe, unlösliche Kollagen wird beim Kochen in die lösliche Gelatine überführt.

Die **Fette** befinden sich sowohl zwischen den Muskeln als auch innerhalb des Muskelgewebes. Fettgewebe besteht aus einzelnen Fettzellen, die von einem Netzwerk aus Bindegewebe zusammengehalten werden, und hat mehrere Aufgaben: Zum einen

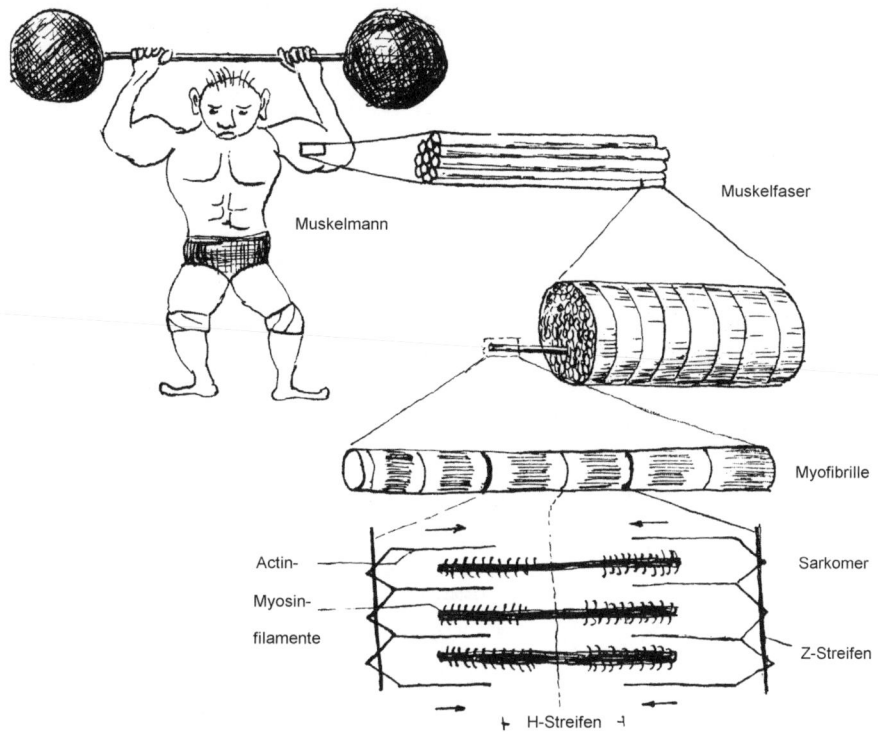

Abbildung 1 Der Aufbau von Muskelgewebe.

dient das Fett als Energiespeicher für „magere Zeiten", zum anderen als mechanisches Polster und zur Wärmeisolierung. Je nach Fleischart, Muskelgruppe und Alter des Tieres schwankt der Fettanteil. Ebenso variiert der Anteil der ungesättigten Fette, die durch ihren Gehalt an den essentiellen Fettsäuren Arachidonsäure, Linolsäure und Linolensäure für die menschliche Ernährung wichtig sind. Ungesättigte Fette sind bei Raumtemperatur weniger fest als gesättigte Fette. Das Fleisch von Schwein, Lamm und Geflügel mit seinem höheren Gehalt an ungesättigten Fetten ist deshalb weicher als zum Beispiel Rindfleisch.

Auf ein weiteres wichtiges Muskelprotein, das **Myoglobin**, sind wir noch nicht eingegangen. Im Muskel dient das dem roten Blutfarbstoff Hämoglobin verwandte Myoglobin als Sauerstoffspeicher. Es besteht aus einem farblosen Proteinanteil, dem Globin, und einer roten funktionellen Gruppe, dem Häm. Das Häm (Abbildung 2) enthält ein zentrales zweiwertiges Eisenion (Fe^{2+}), das Sauerstoff und andere kleine Moleküle binden kann. Je nach Art des gebundenen Moleküls ändert sich die Farbe des Myoglobins und damit die der Muskulatur. So ist Myoglobin purpurrot und Oxy-Myoglobin, in dem Sauerstoff an das Eisenatom gebunden ist, hellrot (Abbildung 3).

153

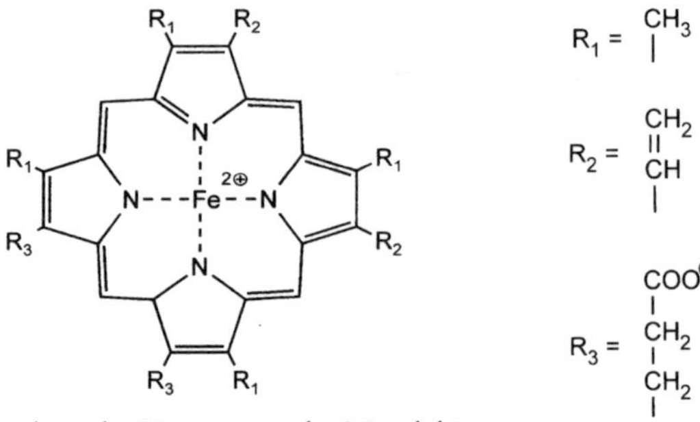

Fleisch

$R_1 = CH_3$

$R_2 = \begin{matrix} CH_2 \\ \| \\ CH \end{matrix}$

$R_3 = \begin{matrix} COO^{\ominus} \\ | \\ CH_2 \\ | \\ CH_2 \end{matrix}$

Abbildung 2 Die Struktur der Hämgruppe des Myoglobins.

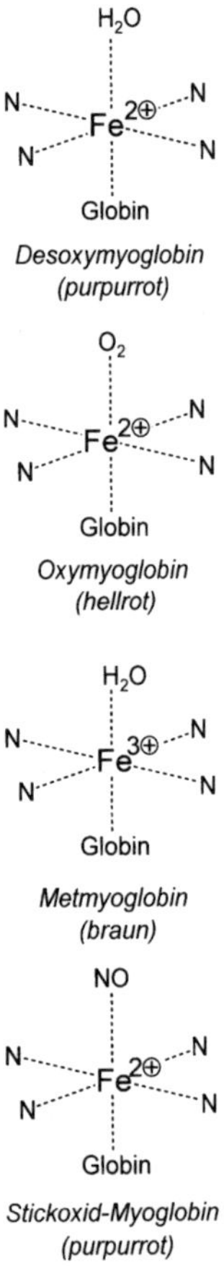

H₂O

Globin

Desoxymyoglobin
(purpurrot)

O₂

Globin

Oxymyoglobin
(hellrot)

H₂O

Globin

Metmyoglobin
(braun)

NO

Globin

Stickoxid-Myoglobin
(purpurrot)

Abbildung 3 Die Myoglobine und ihre Farben.

154

Muskeln, die anhaltend beansprucht werden, benötigen besonders viel Sauerstoff, um die Nahrungsstoffe zur Energiegewinnung oxidieren zu können. Diese Art von Muskulatur hat einen hohen Gehalt an Myoglobin und damit eine intensiv rote Farbe.

Doch warum ist Fischfleisch dann weiß? Fische sind ständig in Bewegung, und ihre Muskeln sollten deshalb einen hohen Myoglobingehalt haben. Zur Erklärung muß man zwischen „langsamen" und „schnellen" Muskelfasern unterscheiden. Diese Trennung ist im Muskel allerdings nicht strikt: Die meisten Muskeln enthalten beide Faserarten, und ihr Verhältnis bestimmt den Muskeltyp.

Langsame Fasern werden für die kontinuierliche Muskelaktivität eingesetzt. Die benötigte Energie gewinnen sie aus der Fettverbrennung, wozu ein hoher Gehalt an Mitochondrien erforderlich und der Sauerstoffbedarf der Zellen entsprechend hoch ist. Langsame Fasern sind daher reich an Myoglobin und somit rot. **Schnelle Fasern** dienen zur kurzen, kräftigen Muskelkontraktion mit langen Ruhepausen. Bei ihnen erfolgt die Energiegewinnung über die anaerobe (ohne Sauerstoffverbrauch verlaufende) Glycolyse, so daß nur wenige Mitochondrien und ein geringer Sauerstoffbedarf vorhanden sind. Die Fasern sind arm an Myoglobin und daher weiß. Das langsame Schwimmen kostet die Fische kaum Kraft. Erst beim Beutefang oder bei Ausweichmanövern ist eine schnelle Kraftentwicklung gefragt. Daher sind bei Fischen 75–90% der Muskelfasern schnelle Fasern.

Nach diesen Ausführungen drängt sich natürlich die Frage auf, warum Lachse rötliches Fleisch besitzen, obwohl sie die gleiche Art von Muskulatur haben wie andere Fische. Der Grund liegt in ihrer Nahrung: Die Krustentiere, von denen sich die Lachse vorwiegend ernähren, enthalten einen Farbstoff (ein Carotinoid), das die rötliche Färbung hervorruft.

Darf's etwas mehr sein?

Ob das Schnitzel nach dem Braten zart oder zäh ist, hängt nicht nur von den Fähigkeiten des Kochs ab, sondern ebenso von Herkunft, Alter, Struktur und Zusammensetzung des Fleischstücks. Vor allem die Dicke der Muskelfasern und der Anteil an Fett und Bindegewebe sind für das Ergebnis entscheidend.

Je dicker die Muskelfasern sind, desto mehr Actin und Myosin enthalten sie, und desto zäher ist das Fleisch. Bei hoher Beanspruchung verstärkt sich der Muskel durch Zunahme des Faserdurchmessers, die Zellzahl bleibt gleich. Bei den Vierbeinern liefern die Muskeln der stark belasteten Beine das zäheste Fleisch; die weniger belastete Rückenmuskulatur ergibt die zartesten Stücke, die Filets. Da die Muskeln von Jungtieren meist weniger trainiert sind, ist auch ihr Fleisch zarter. Allgemein könnte man sagen: *Je jünger und je weiter weg von Huf oder Horn, desto zarter ist das Fleisch.*

Es gibt aber noch andere Faktoren, die die **Fleischqualität** beeinflussen. Eine wichtige Rolle spielt der Bindegewebsanteil. Ist dieser hoch, ist das Fleisch zäh, und das Kollagen muß durch geeignete Zubereitung in Gelatine überführt werden. Jungtiere besitzen zwar relativ mehr Bindegewebe als ältere Tiere, aber das Kollagen der Jungtiere läßt sich wesentlich leichter zu Gelatine abbauen – das Fleisch ist also generell zarter.

Das Fett in der Muskulatur wirkt beim Garen als „internes Bratfett" und dringt zwischen die Fasern, so daß diese leichter zu trennen sind. Das fertige Fleisch wird dadurch zarter und saftiger. Ein mageres Stück ergibt also nicht unbedingt den besten Braten. Auch Fleisch von Jungtieren liefert oft trockenere Produkte, weil es weniger Fett enthält.

Bei Fischen spielen noch weitere Faktoren eine Rolle. Erstens besteht ihre Muskulatur aus Segmenten mit sehr kurzen Fasern, zweitens haben sie weniger Bindegewebe (bei Landtieren sind es 15%, beim Fisch nur ca. 3%), und drittens ist ihr Kollagen leicht in Gelatine zu verwandeln. Diese Kombination von Eigenschaften ist für die Zartheit von Fischfleisch verantwortlich, aber auch für seine Neigung, beim Kochen auseinanderzufallen.

Die Fleischqualität wird auch von der Art des Schlachtens beeinflußt. Je weniger das Tier dabei unter Streß steht, desto besser wird das Fleisch. Solange die Körpertemperatur noch nicht zu weit abgesunken ist, bleiben die Muskeln auch nach dem Schlachten für einige Zeit angespannt. Das dafür benötigte ATP wird von der Muskelzelle durch anaeroben Abbau von Glycogen geliefert. Dabei entsteht Milchsäure (Lactat), das sich im Muskel anreichert und den pH-Wert (siehe Box „pH-Wert") senkt. Der jetzt niedrigere pH-Wert zerstört Proteine, wodurch das zwischen diesen gespeicherte Wasser freigesetzt wird. Außerdem verhindert er das Bakterienwachstum und trägt somit zur Haltbarkeit des Fleisches bei. Wahrscheinlich wird durch den Säuregehalt auch eine Reihe von Enzymen aktiviert, die an der Fleischreifung (die im nächsten Abschnitt besprochen wird) beteiligt sind.

Steht das Tier vor dem Schlachten unter starkem Streß, werden die Muskeln stärker angespannt und die Glycogenspeicher weitgehend aufgebraucht. Das gebildete Lactat wird, da das Tier ja noch lebt, auf dem Blutweg abtransportiert. Es kann sich nach dem Schlachten nicht in der Muskulatur ansammeln, und deren pH-Wert sinkt nicht so stark. Dadurch können sich Bakterien besser vermehren, und das Fleisch verdirbt schneller. Außerdem behält es eine gummiartige Konsistenz, da die Fleischreifung nicht in ausreichendem Maße stattfinden kann. In Finnland wurde der guten Fleischqualität sogar eine Popgruppe geopfert: Die Musik aus einem Nachbarhaus des Schlachthofs streßte die Tiere so sehr, daß minderwertiges Fleisch entstand. Die Musiker wurden daraufhin des Hauses verwiesen.

Die nötige Reife

Ein weiterer Faktor, der die Fleischqualität beeinflußt, ist das sogenannte Abhängen. Zur Verhinderung von Bakterienwachstum muß dies unter Kühlung stattfinden; dabei erfolgen chemische Veränderungen, die zur **Fleischreifung** führen. Nach dem Tod des Tieres werden aus zelleigenen Speichern, sogenannten Lysosomen, proteinspaltende Cathepsine und andere Enzyme freigesetzt, die das Gewebe und die Membranen der Muskelzellen teilweise auflösen. Durch die Aktivität der Enzyme entstehen auch freie Aminosäuren, die für die Aromabildung beim Garungsprozeß mitverantwortlich sind, wie weiter unten näher erläutert wird. Während der Reifung findet also eine Zersetzung der Muskelfasern statt, so daß das Fleisch zarter wird. Die Geschwindigkeit der Reifung ist (wie die aller chemischen Vorgänge) temperaturabhängig; so benötigt zum Beispiel Rindfleisch bei 7°C fünf bis sechs Tage, bei 2°C mehrere Wochen. Auch bei diesen Temperaturen wird die Haltbarkeit durch die Oxidation der Fette begrenzt: Ohne die Zufuhr von Blut, das oxidationshemmende Stoffe enthält, wird das Fett schneller ranzig. Dies beruht auf sauerstoffabhängigen Oxidationsprozessen, die zum Abbau der Fette führen und unerwünschte Aromastoffe entstehen lassen. Ungesättigte Fette sind dafür besonders anfällig.

Zum Thema Qualität bleibt abschließend noch zu erwähnen, daß es in der heutigen Zeit aus wirtschaftlichen Interessen leider üblich geworden ist, den Zuwachs an Muskelmasse mit den unterschiedlichsten – nicht immer ganz legalen – Mitteln zu beschleunigen. Das daraus resultierende Fleisch ist oft blaß, wäßrig und schmeckt fade. Da bei uns der Fleischgenuß einen höheren Stellenwert hat als die Fleischqualität, sind viele Verbraucher nicht bereit, diese minderwertigen Stücke im Supermarktregal liegenzulassen.

Gebraten oder geschmort?

Wie schon erwähnt, dienen alle Zubereitungsformen dazu, das Fleisch genießbarer zu machen. In unserem Kulturkreis bedeutet dies, daß das Fleisch zart und saftig werden soll. Um beiden Ansprüchen gerecht zu werden, müssen Köchin oder Koch für verschiedene Fleischsorten unterschiedliche **Garmethoden** wählen. Jede dieser Methoden stellt einen Kompromiß zwischen Flüssigkeitsverlust und Bindegewebsauflösung dar.

Zu Beginn des Garens (Tabelle 2) verringert sich zunächst der Durchmesser der Muskelfasern. Ab etwa 54°C verkürzen sie sich auch – beides Folgen der durch die Hitze veränderten Actin- und Myosinstruktur sowie der Schwächung der Zellmembran. Ab 60°C beginnt die langsame Umwandlung der Kollagene in Gelatine. Bei 77°C sind die Muskelzellen maximal geschrumpft, und zwischen ihnen bilden sich Spalten:

Tabelle 2. Veränderungen im Fleisch bei unterschiedlichen Temperaturen.

Temperatur in °C	38	49	60	71	82	93	104
Faserpro-teine	beginnende Koagulation			fast vollständige Koagulation	dichtere Zusam-menlagerung		
Wasser (protein-gebunden)		beginnt auszutreten		Ende des Was-seraustritts			
Farbe	rot			braun-rosa	graubraun		
Kollagen			beginnt sich zu lösen				gelatiniert schnell

Die Muskelstruktur beginnt sich aufzulösen. Mit steigender Temperatur koagulieren die Proteine weiter, und das gebundene Wasser tritt aus. Diese Kombination von Faserverkürzung und Flüssigkeitsverlust erklärt, warum Fleisch beim Garen schrumpft. Überschreitet die Temperatur des Fleisches 95°C, wird das Kollagen rasch in Gelatine überführt.

Aus den genannten Bedingungen kann man sinnvolle Zubereitungsformen für die einzelnen Fleischqualitäten ableiten: Fleisch mit einem geringen Bindegewebsanteil und vielen dünnen Fasern sollte man, um es nicht zu trocken werden zu lassen, nur solange erhitzen, bis seine Kerntemperatur 70–77°C erreicht hat. Bei dieser Temperatur sind die Proteine koaguliert, und die Faserstruktur ist in Auflösung begriffen – das Fleisch ist gar. Bei längerem Erhitzen tritt zunehmend gebundenes Wasser aus, und das Fleisch wird nicht zarter, sondern nur trockener. Will man dagegen Fleisch zubereiten, das kräftige Muskelfasern und einen hohen Bindegewebsanteil hat, sollte man darauf achten, daß möglichst viel Kollagen in Gelatine überführt und die Faserstruktur aufgelöst wird. Dies kann man nur durch langes Garen erreichen. Damit die Stücke nicht austrocknen, dürfen sie nicht zu mager sein.

Während des Garens ändert sich nicht nur die Struktur des Fleisches, sondern auch seine Farbe. Das liegt an den Veränderungen, die das Myoglobin bei unterschiedlichen Temperaturen erfährt: Bis etwa 60°C bleibt es unverändert, ab 71°C verliert es seine Sauerstoffbindungsfähigkeit und beginnt zu Metmyoglobin zu oxidieren, wobei es sich gelbbraun verfärbt. Bei 80°C ist so viel Metmyoglobin entstanden, daß die Fleischfarbe nach Graubraun wechselt.

Der Mythos der verschlossenen Poren

Auf welche Art man Fleisch auch gart, ein Flüssigkeitsverlust ist unvermeidlich. Die austretende Flüssigkeit besteht hauptsächlich aus Wasser, Fetten, Mineralstoffen und löslichen Vitaminen. Die B-Vitamine werden mit dem Wasser, Vitamin A im Fett ausgeschwemmt. Trotzdem wird der Nährwert des Fleisches nicht wesentlich beeinträchtigt, da die austretenden Mengen gering sind, es sei denn, das Fleisch wird übermäßig lange oder zu stark erhitzt. Die meisten Hausfrauen glauben auch heute noch, daß kurzes und starkes Erhitzen die „Poren" verschließt und so den Wasseraustritt vermindert. Doch gleichgültig, welche Kruste sich während des Garens um das Fleisch bildet, wasserdicht ist sie bestimmt nicht.

Der Mythos von den Fleischporen geht auf einen der bedeutendsten Chemiker des 19. Jahrhunderts zurück. Justus von Liebig gab 1847 Fleisch in kochendes Wasser und stellte fest, daß das Eiweiß an der Oberfläche sofort koagulierte und eine Hülle bildete. Er glaubte, das Eindringen von Wasser in das Fleisch bzw. der Austritt von Wasser in die Umgebung würden dadurch verhindert und schloß weiter, das Fleisch müsse kurz und stark erhitzt und dann bei niedrigerer Temperatur weitergegart werden. Leider war diese Idee falsch, und es dauerte fast hundert Jahre, bis Liebigs Theorie widerlegt wurde. Um 1930 entdeckte man, daß der geringste Flüssigkeitsverlust auftritt, wenn Fleisch bei konstanter Temperatur gegart wird. Die Liebigschen Vorstellungen verschwanden trotzdem nicht aus den Köpfen der am Herd Tätigen. In den 60er Jahren wurde als neues Argument ins Feld geführt, das kurze, heftige Erhitzen verbessere den Geschmack des Fleisches. In der Tat fördert starke Hitze bestimmte Bräunungsreaktionen, bei denen Aromastoffe entstehen. Diese sogenannten Maillard-Reaktionen werden uns weiter unten noch beschäftigen.

Wie das duftet!

Das charakteristische Fleischaroma setzt sich nach heutigen Kenntnissen aus über 500 Aromastoffen zusammen, die durch Hitzeeinwirkung hauptsächlich auf zwei Arten entstehen: Die Hitze zerstört die Zellmembranen und die Membranen der Zellorganellen (siehe Box „Zelle"), wodurch sich die verschiedenen Zellbestandteile vermischen können. Dadurch werden Reaktionen zwischen Fetten, freien Aminosäuren, Zuckern und Mineralstoffen möglich, die zur Aromabildung beitragen. Das für bestimmte Tierarten typische Aroma stammt vermutlich von wasserlöslichen Komponenten im Fettgewebe, die während des Erhitzens in fettlösliche Komponenten umgewandelt werden. Diese Hypothese wird durch folgenden Versuch gestützt: Erwärmt man Fette im Vakuum, um die für das Kochen typischen Reaktionen zu verhindern, stellt man fest, daß Lammfett zwar nach Lammfett riecht, Rinderfett aber nach Äpfeln und Schweinefett nach Käse!

Knusprig braun

Nichtenzymatische Bräunungsreaktionen sind nicht nur für Farbe und Aroma von gebratenem Fleisch verantwortlich, sondern sie prägen auch die Eigenschaften von Brotkrusten, Kaffeebohnen, dunklem Bier oder gerösteten Nüssen. Die wichtigsten Reaktionen dieser Art sind die Karamelisierung und die sogenannte Maillard-Reaktion. Sie beruhen auf unterschiedlichen Prozessen.

Der Reaktionsablauf bei der **Karamelisierung** ist noch nicht genau bekannt. Ausgangsprodukte sind Zucker und Carbonsäuren mit mehreren OH-Gruppen, die auf höhere Temperaturen erhitzt werden. Schon der einfache Zucker Glucose (Traubenzucker) beginnt bei 154°C zu zerfallen. Die Spaltprodukte lagern sich zu über 100 verschiedenen Reaktionsprodukten zusammen. Unter diesen befinden sich organische Säuren, süß oder bitter schmeckende Moleküle und dunkelgefärbte Polymere.

Im Falle der **Maillard-Reaktion** besteht schon mehr Klarheit. Diese Reaktion spielt vor allem bei der Bildung des Bratenaromas eine wichtige Rolle: Aus Kohlenhydraten, Aminosäuren und Proteinen entstehen bei hohen Temperaturen in mehreren Schritten braune Pigmente (Melanoide) unterschiedlicher Größe und Zusammensetzung sowie flüchtige Verbindungen, die als Aromastoffe wirken.

Die Reaktion ist nach dem Franzosen L. C. Maillard benannt, der sie 1912 erstmals beschrieb. Er erhitzte eine Aminosäure zusammen mit Glucose und beobachtete die unter CO_2-Abspaltung verlaufende Bildung eines braunen Niederschlages. Hierbei reagieren die Carbonylgruppe ($-C=O$) eines Zuckers und die Aminogruppe ($-NH_2$) einer Aminosäure miteinander. Die Aminosäure kann frei vorliegen oder in einem Peptid oder Protein gebunden sein. Durch die Verknüpfung des Zuckers mit der Aminosäure entstehen charakteristische Aromastoffe. Maillard-Reaktionen werden heute oft von der Lebensmittelindustrie zur Herstellung von Aromastoffen eingesetzt. Die benötigten Reaktionspartner sind billig und leicht in großen Mengen erhältlich.

Maillard, mal nein?

Die Maillard-Reaktion ist stark temperaturabhängig. Sie kann auch bei kühl gelagerten Lebensmitteln nachgewiesen werden, aber erst bei höheren Temperaturen läuft sie mit beträchtlicher Geschwindigkeit ab. Dabei ist der Temperaturfaktor bedeutend: Eine um 10°C erhöhte Lagertemperatur kann die Reaktionsgeschwindigkeit vervierfachen. Sauerstoff wird für die Reaktion nicht benötigt.

In Wasser gegarte Lebensmittel erreichen (außer bei sehr hohem Druck) höchstens eine Temperatur von 100°C und enthalten deshalb wenig Maillard-Produkte. Im Backofen oder beim Erhitzen in Öl werden wesentlich höhere Temperaturen erreicht (150–

260°C), so daß die Maillard-Reaktion verstärkt abläuft. Eine wichtige Rolle spielt auch der Wassergehalt der Ausgangsprodukte: Zwischen 5 und 10% ist er optimal, sinkt er unter 3%, kommt die Reaktion zum Stillstand. Möchte man das natürliche Aroma der Nahrungsmittel erhalten, sollte man zu hohe Temperaturen vermeiden, da dadurch ein zwar intensives, aber wenig charakteristisches Aroma entsteht.

Durch die verschiedenen Prozesse während der Maillard-Reaktion werden mehr und mehr reaktionsfähige Verbindungen gebildet, die wiederum miteinander reagieren, so daß ein breites Spektrum von Produkten entsteht, deren Wirkungen wir nur zum kleinen Teil kennen. Käme der Braten nicht aus der Küche oder vom Grill, sondern aus der Apotheke, müßten wir uns wohl mit der Packungsbeilage beschäftigen.

Wirkungen und Nebenwirkungen

Die wichtigsten Resultate der Maillard-Reaktion sind:
- Bräunung und Bildung von Aromastoffen, die den Appetit anregen (erwünscht),
- Verlust an essentiellen Nahrungsbestandteilen (weniger erwünscht),
- Entstehung von Fehlaromen bei der Lagerung von Nahrungsmitteln, besonders in getrocknetem Zustand oder bei Wärmebehandlung (nicht erwünscht), und
- Bildung mutagener, eventuell cancerogener Substanzen (völlig unerwünscht).

Die Verluste an Nährstoffen betreffen vor allem Aminosäuren und Spurenelemente. Bestimmte (essentielle) Aminosäuren kann der Körper nicht selbst herstellen. Sie müssen deshalb mit den Proteinen der Nahrung aufgenommen und aus diesen durch Enzyme freigesetzt werden. Bei starkem Erhitzen von Fleisch können Proteine quervernetzt werden. Diese Netzwerke und die bei der Maillard-Reaktion gebildeten Produkte aus Aminosäuren und Zuckern sind für Verdauungsenzyme schlecht oder gar nicht angreifbar. Die Aufnahme essentieller Aminosäuren kann daher vermindert sein, selbst wenn diese in der Nahrung in ausreichender Menge vorhanden sind. Eine besondere Rolle spielt dies bei Ernährung von Säuglingen: Milch ist für den Neugeborenen am Anfang das Hauptnahrungsmittel und die einzige Proteinquelle (siehe Kapitel „Milch"). Wird die Milch zu lange oder zu stark erhitzt, wird die Maillard-Reaktion verstärkt, und dem Säugling fehlen essentielle Aminosäuren. Auch die biologische Verfügbarkeit von metallischen Spurenelementen wird durch die Anwesenheit von Maillard-Produkten offenbar herabgesetzt. Die genaue Ursache ist noch nicht bekannt.

Besonders heftig diskutiert wird die Frage, ob gebratene oder gegrillte Lebensmittel mutationsauslösend (mutagen) und krebserzeugend (cancerogen) wirken können (siehe Box „Mutagene und Cancerogene"). Sicher ist, daß beim starken Erhitzen organischer Stoffe kleine Mengen mutagen wirksamer Substanzen entstehen. Darunter finden sich auch polycyclische aromatische Kohlenwasserstoffe (Abbildung 4), deren cancerogene Wirkung bewiesen ist. In welchen Mengen sie gebildet werden, hängt davon ab, wie die Nahrungsmittel gegart werden. So entstehen beispielsweise beim Grillen mit Holzkohle etwa zehnfach höhere Mengen als beim Erhitzen über einer Gasflamme.

Wie gefährlich die beim Erhitzen der Nahrung gebildeten mutagenen Stoffe für den Menschen sind, ist schwer abzuschätzen. Einerseits entstehen die meisten Substanzen nur in sehr geringen Mengen, andererseits liegen sie in Kombinationen vor, die völlig neue Wirkungen zeigen können. Eines ist jedoch all diesen mutagenen Verbindungen gemeinsam: Sie entstehen nur bei hohen Temperaturen. Erhitzen wir die Nahrung nicht über 180–200°C, und halten wir die Garzeiten kurz, vermindern wir die Bildung unerwünschter Nebenprodukte.

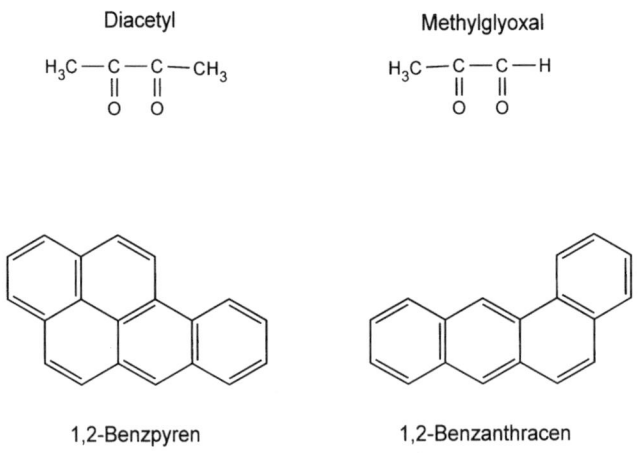

Abbildung 4 Beispiele für erbgutverändernde oder krebserregende Stoffe.

Kann man nach diesen Erörterungen noch mit gutem Gewissen Fleisch essen (von BSE sei hier einmal abgesehen)? Wahrscheinlich schon, da man ähnliche „Nebenwirkungen" auch bei vielen anderen Lebensmitteln finden könnte. Man sollte auch nicht vergessen, daß die Zusammensetzung von tierischem Eiweiß der Zusammensetzung unserer Proteine sehr ähnlich ist und Fleisch daher eine ausgezeichnete Eiweißquelle darstellt (siehe Kapitel „Obst und Gemüse"). Außerdem macht bekanntlich die Dosis das Gift – und ein Verzicht auf Fleisch wäre für die meisten von uns ein erheblicher Verlust an Lebensqualität.

Proteine

Proteine („Eiweiße") sind große, kugel- oder fadenförmige Moleküle. Ihre Bausteine, die Aminosäuren, sind durch Peptidbindungen zu langen Ketten verknüpft. Diese Ketten werden untereinander durch Wechselwirkungen ihrer Aminosäuren zusammengehalten. Abschnittsweise bilden sich in Proteinen besondere Strukturen aus, z. B. schraubenförmige Helices wie in Wollfasern oder Faltblätter mit parallelen Strängen wie in Seide. Obwohl die gewundene Peptidkette ungeordnet erscheint, so hat sie doch eine durch die Abfolge ihrer Aminosäuren genau vorbestimmte räumliche Struktur, die für ihre biologischen Aufgaben von großer Bedeutung ist (Abbildung 5).

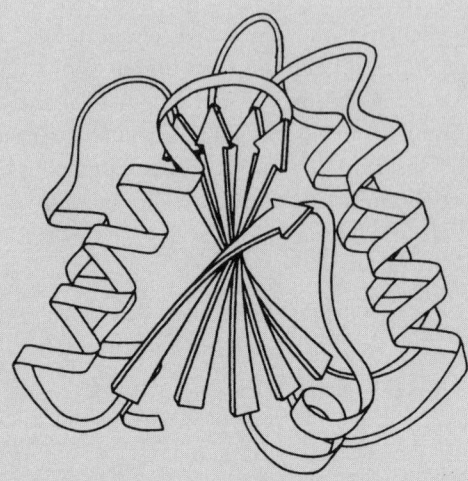

Abbildung 5 Die Abbildung zeigt schematisch die Grundstruktur des Flavodoxins, eines relativ kleinen Proteins aus 138 Aminosäure-Resten. Erkennbar sind die schraubenförmigen Helices rechts und
links und die parallelen Faltblatt-Strukturen in der Mitte. Auch ungeordnete Bereiche sind in dieser
Darstellungsweise des Proteins sichtbar.

Ohne Proteine ist kein Leben denkbar. Sie sind an nahezu allen wichtigen Prozessen der Zelle beteiligt. Proteine sind als **Enzyme** für die Katalyse Tausender verschiedener Reaktionen verantwortlich. Als **Strukturproteine** bilden sie innerhalb
der Zelle Gerüste, an denen die Membranen befestigt sind. Manche Proteine dienen auch als Motoren, die mit Hilfe chemischer Energie Transportprozesse vollziehen, z. B. als **Motorproteine** der Muskelkontraktion oder als **Ionenpumpen** beim
Transport von Ionen durch Membranen. Proteine fördern als **Transporter** den passiven Stofftransport durch Membranen und als **Carrierproteine** den Transport
schwerlöslicher Stoffe im Blut. Nicht wenige Proteine haben Sonderaufgaben, beispielsweise als **Immunglobuline** (Antikörper) bei der Erkennung und Abwehr von
Fremdstoffen, als **Signalstoffe** (Hormone, Wachstumsfaktoren) bei der Steuerung
von Lebensprozessen oder als **Speicher** für Aminosäuren, auf die der Organismus
bei Bedarf zurückgreifen kann. So können zum Beispiel die Proteine im Eiweiß eines
Hühnereis die Nahrungsgrundlage für die Entwicklung eines Kükens aus der be-
fruchteten Eizelle bilden.

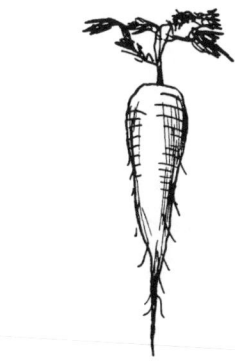

Obst und Gemüse

Nikolaus Wolf

In den Speisekarten unserer Restaurants werden die Hauptgerichte von Fleisch, Geflügel oder Fisch dominiert. Gemüse erscheint als „Beilage", und Obst - wenn überhaupt - höchstens im Dessert. Im Fast-food-Restaurant ist es nicht anders. Häufig besteht der einzige „grüne" Anteil im Hamburger in einem welken Salatblatt. Diese Dominanz von Fleischgerichten ist eines der prominentesten Symbole unseres Wohlstands. Ist sie aber ernährungsphysiologisch sinnvoll? Mehr und mehr setzt sich die Überzeugung durch, daß die unausgewogene Ernährung in den reichen Ländern, insbesondere das Übergewicht von rotem Fleisch (siehe Kapitel „Fleisch") gegenüber Getreideprodukten, Gemüse und Obst einer der wesentlichen Risikofaktoren für die Entstehung der sogenannten Zivilisationskrankheiten ist. Wie also sollte nach heutiger Erkenntnis eine sinnvolle Ernährung aussehen? Welche Rolle spielen dabei Gemüse und Obst? Kann man auf Fleisch ganz verzichten?

Nimm fünf: Die Nährstoffgruppen

Fragen wir uns also zunächst, welche Aufgaben die Bestandteile unserer Nahrung zu erfüllen haben. Die Ernährungsphysiologen teilen die Inhaltsstoffe von Lebensmitteln in fünf Hauptgruppen ein:

165

- Proteine
- Fette
- Kohlenhydrate
- Mineralstoffe
- Vitamine

Die **Proteine** (Eiweiße, siehe Box „Proteine") gehören zu den essentiellen Nahrungsstoffen: Auf sie können wir nicht verzichten. Sie sind weniger leicht zugänglich als die anderen Nährstoffe und deshalb in vielen Ländern der Dritten Welt knapp. Die schwersten Folgen des Hungers gehen auf einen Proteinmangel zurück. Der Grund für den essentiellen Charakter der Eiweiße ist, daß der Mensch zum Aufbau seiner körpereigenen Proteine 20 verschiedene Aminosäuren als Bausteine benötigt, aber nur zwölf dieser Bausteine selbst herstellen kann. Die restlichen acht (die essentiellen Aminosäuren) gewinnt er aus dem Abbau der Nahrungsproteine.

Die **Fette** (siehe Box „Lipide") sind ausgezeichnete Energieträger. Ihr Abbau liefert große Mengen der „Energiewährung" ATP. Außerdem benötigen wir Fette, weil wir drei ihrer Komponenten, die essentiellen Fettsäuren, selbst nicht oder nicht in ausreichendem Maße herstellen können. Die Nahrungsfette sind es aber auch, die die größten gesundheitlichen Risiken hervorrufen. Im Übermaß aufgenommen führen sie beispielsweise zu Veränderungen der Blutgefäße und begünstigen dadurch Herzinfarkt und Schlaganfall.

Für die meisten Menschen bilden die **Kohlenhydrate** den weitaus überwiegenden Teil der Nahrung. Wir nehmen Kohlenhydrate vor allem in Form des Polysaccharids Stärke zu uns (siehe Box „Kohlenhydrate"), das als pflanzlicher Speicherstoff vor allem in Getreide enthalten ist. So bestehen Nudeln, Brot, Reis und Kartoffeln zum größten Teil aus Stärke. Trotz ihrer Bedeutung für die menschliche Ernährung sind die Kohlenhydrate nicht lebensnotwendig. Wenn genügend Protein zur Verfügung steht, kann der Organismus alle benötigten Kohlenhydrate selbst herstellen.

Bei den **Mineralstoffen** handelt es sich um anorganische Ionen, die als lösliche Bestandteile von Körperflüssigkeiten, als Strukturelemente in Knochen und Zähnen und als funktionelle Komponenten vieler Enzyme erforderlich sind. Die meisten Mineralstoffe sind in der Nahrung so reichlich enthalten, daß Mangelzustände selten vorkommen. Dies gilt allerdings nicht für Calcium, Eisen und Iod; der Gehalt von Nahrungsmitteln an diesen Stoffen ist deshalb ein wichtiges Qualitätskriterium.

Die **Vitamine** gehören zu den bekanntesten Nahrungsbestandteilen, obwohl sie nur in sehr geringen Mengen benötigt werden. Aus historischen Gründen bezeichnet man die Vitamine mit Großbuchstaben (z. B. Vitamin A oder Vitamin E). Das Vitamin „B" erwies sich als eine ganze Gruppe chemisch nicht verwandter Stoffe, die man deshalb durch Zahlen unterscheidet (z. B. B_2 oder B_{12}). Der tägliche Bedarf liegt zwischen einem Zwanzigstel Gramm (Vitamin C) und zwei Millionstel Gramm (Vitamin B_{12}). Aus

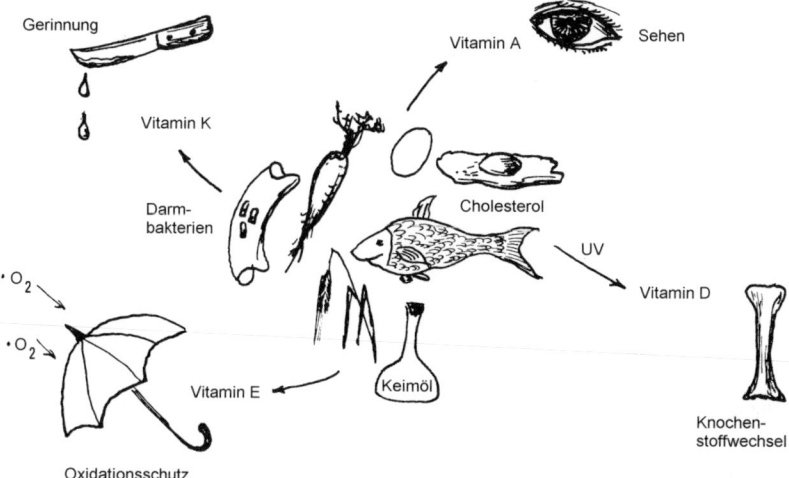

Abbildung 1   Die fettlöslichen Vitamine und ihre Funktionen.

biochemischer Sicht teilt man die Vitamine in fettlösliche und wasserlösliche Vertreter ein. Die fettlöslichen Vitamine A, D, E und K gehören zur Stoffgruppe der Isoprenoide (siehe Kapitel „Gewürze"). Ihre Funktionen sind in Abbildung 1 bildlich dargestellt. Die wasserlöslichen Vitamine (die B-Gruppe sowie die Vitamine C und H) sind Vorstufen, aus denen im Organismus sogenannte **Coenzyme** gebildet werden. Darunter versteht man Substanzen, die im Stoffwechsel mit Enzymen zusammenarbeiten, indem sie vorübergehend chemische Gruppen aufnehmen oder abgeben (siehe Box „Enzyme"). Ein Vitaminmangel kann deshalb zu schweren Stoffwechselstörungen führen.

Eine weitere Gruppe von Nahrungsstoffen wurde erst in den letzten Jahrzehnten als wesentlich erkannt: Die sogenannten **Ballaststoffe** (Faserstoffe) pflanzlichen Ursprungs sind zwar unverdaulich, regen aber die Darmtätigkeit an und verhindern eine übermäßige Nahrungsaufnahme durch vermehrte Füllung des Magen-Darm-Traktes.

Die Qual der Zahl: Nährstofftabellen

Woran soll man sich also halten, wenn man eine vernünftige Ernährung zusammenstellen will? Die traditionelle Küche hat diese Frage längst gelöst. In allen Kulturkreisen wurden im Laufe der Jahrhunderte Rezepte entwickelt, die die wichtigen Nahrungsstoffe in ausgewogenem Verhältnis enthalten. Heute ist das Angebot an Lebensmitteln größer und reichhaltiger denn je. Paradoxerweise beschwört gerade dies die Gefahr einer Fehlernährung herauf. Wenn man sich auf den Grundsatz „Was schmeckt,

Tabelle 1. (nach: Gesunde Ernährung à la carte, Pharmaton SA, Lugano, 1987)

100 g des eßbaren Anteils des Nahrungsmittels enthalten:

	Prot. g	Fett g	KH g	Chol. mg	Ball. g	kJ	Ca mg	Fe mg	A μg	B₁ mg	B₂ mg	C mg	E mg
Fleisch, Wurst, Fisch													
Schweinefleisch (fett)	10	37	–	55	–	1630	7	1,4	–	0,7	0,1	–	0,4
Rindfleisch (mager)	15	11	–	55	–	720	9	2,1	–	0,05	0,15	–	–
Rinderleber	18	3	6	245	–	550	7	6,6	7800	0,30	2,70	28	1,0
Huhn (gekocht)	20	13	–	75	–	840	14	1,5	–	0,10	0,15	–	–
Salami	17	47	+	85	–	2200	35	2,0	+	0,15	0,20	+	–
Forelle	10	1	30	+	–	220	9	0,5	23	0,05	0,04	–	–
Ei													
Eiweiß (Hühnerei)	11	+	1	0	0	230	11	0,2	+	0,02	0,3	0,3	–
Eigelb (Hühnerei)	16	32	+	1400	0	1580	140	7,2	1490	0,3	0,4	+	3,0
Milchprodukte													
Vollmilch	3,5	3,5	5	12	0	280	120	0,1	12	0,04	0,20	2,0	0,1
Magerquark	17	1	2	+	0	370	70	0,5	13	0,05	0,3	1,0	–
Hartkäse (45 % Fett)	25	28	3	95	0	1560	830	0,6	240	0,05	0,35	+	0,3
Speisefette													
Butter	1	83	+	240	0	3250	13	0,1	340	0,01	0,02	+	2,2
Margarine	1	80	+	0	0	3190	10	0,1	590	+	+	+	28
Olivenöl	+	100	+	0	0	3880	–	–	20	–	–	–	14
Getreideprodukte													
Weizenmehl	11	1	74	–	1–5	1550	16	1,1	20	0,1	0,1	–	2
Mischbrot	7	1	52	–	2	1060	20	1,5	–	0,15	0,1	–	–
Eiernudeln	13	3	72	140	+	1630	20	2,1	60	0,2	0,1	–	–
Reis (geschält)	7	1	79	–	+	1540	6	0,6	+	0,05	0,03	+	0,4
Kartoffeln, Gemüse, Hülsenfrüchte													
Kartoffeln	2	+	19	–	2	360	13	0,9	5	0,1	0,05	15	–
Spinat	2	+	2	–	1	75	85	5,2	600	0,05	0,2	37	2,5
Karotten	1	+	6	–	3	120	30	0,6	1120	0,05	0,05	5	2,6
Blumenkohl	2	+	2	–	2	70	13	0,4	4	0,05	0,05	43	–
Kopfsalat	1	+	1	–	2	45	15	0,4	90	0,05	0,05	7	–
Tomaten	1	+	3	–	2	75	13	0,5	130	0,05	0,03	23	–
Paprika	1	+	4	–	2	100	9	0,6	230	0,05	0,05	107	0,7
Erbsen (grün)	3	+	6	–	5	150	10	0,8	35	0,10	0,05	10	3,0
Linsen (trocken)	24	1	56	–	3	1480	75	6,9	20	0,45	0,25	–	–
Obst													
Äpfel	0,3	–	12	–	3	210	7	0,4	10	0,03	0,03	11	0,6
Orangen	0,7	–	9	–	1	160	30	0,4	11	0,06	0,03	36	–
Erdbeeren	0,8	–	7	–	2	150	25	0,9	8	0,03	0,05	62	0,2
Kiwi	0,8	–	12	–	–	240	30	0,7	50	0,01	0,04	93	–

+: in Spuren   –: keine Angaben

ist auch gesund" verlassen könnte, wäre die Ernährungsplanung einfach. Leider leidet der moderne Mensch, was seine Ernährungsgewohnheiten betrifft, unter biologisch bedingten Hypotheken, die aus den harten Zeiten stammen, die seine Vorfahren durchmachen mußten. So schmecken uns fetthaltige Speisen besonders gut. Dies mag zu einer Zeit sinnvoll gewesen sein, als der Urmensch als Sammler und nicht allzu geschickter Jäger nur selten etwas wirklich Nahrhaftes zwischen die Zähne bekam. Auch die Schwäche vieler Menschen für Süßes war damals kein Problem, weil es so richtig Süßes (z. B. Honig oder Trauben) nicht häufig gab. Der heutige bewegungsarme Büromensch sieht sich dagegen vielen Metern Supermarktregal gegenüber, die von Schokolade, gerösteten Erdnüssen und anderem Naschwerk überquellen.

Will man eine vernünftige Ernährung planen, muß man bei der Auswahl der Grundstoffe zwei Dinge beachten: ihren Energiegehalt und den Gehalt an lebenswichtigen Bestandteilen wie essentiellen Amino- und Fettsäuren und Vitaminen. Als Grundlage für solche Überlegungen können **Nährstofftabellen** dienen. Eine kleine Liste mit Daten zu wichtigen Nahrungsmitteln findet sich in Tabelle 1. So abschreckend die Zahlen auf den ersten Blick auch sein mögen – dahinter verbirgt sich eine Menge nützlicher Informationen. Der Leser sollte sie also im folgenden immer wieder zu Rate ziehen.

Nicht nur das „Was" ist wichtig, sondern auch das „Wieviel". Jeder Organismus benötigt eine tägliche Mindestmenge an Nährstoffen, um seinen Energiebedarf zu decken. Gemessen wird dieser Bedarf in „Kalorien" (eigentlich sind es Kilocalorien, kcal) oder besser in der heute empfohlenen Einheit **Kilojoule (kJ)**. Ein Kilojoule ist diejenige Energiemenge, die – wenn sie als Wärme auftritt – einen Liter Wasser um 0,24 °C erwärmt. Beim Menschen hängt der Energiebedarf von einer ganzen Reihe von Faktoren ab, z. B. vom Geschlecht, vom Alter und vor allem davon, wieviel körperliche und geistige Arbeit er oder sie leistet. Als Faustregel kann man sich merken, daß eine erwachsene Frau pro Tag etwa 10 000 kJ benötigt, ein Mann wegen seines in der Regel höheren Gewichts etwa 12 000 kJ. Diese Energiemenge ist gar nicht so groß. Sie würde beispielsweise gerade ausreichen, um vier Eimer Wasser zum Kochen zu bringen. Bei schwerer körperlicher Arbeit liegen die Richtwerte allerdings deutlich höher. Hochleistungssportler(innen) z. B. benötigen bis zu 17 000 kJ pro Tag.

Hinsichtlich der Energieausbeute sind die Nahrungsstoffe nicht gleichwertig. Hier gilt die Regel, daß Proteine und Kohlenhydrate pro Gramm etwa 17 kJ Energie liefern, während das „nahrhaftere" Fett pro Gramm 39 kJ abwirft.

Stärken und Schwächen

Wo liegen nun die Stärken und Schwächen der einzelnen Nahrungsmittel? Im Gehalt an **Protein** liegen Fleisch und Käse deutlich vorne (Tabelle 1, Spalte 2). Hinzu kommt, daß Fleisch und Milchprodukte (siehe Kapitel „Milch") alle essentiellen Aminosäuren in ausgewogenem Verhältnis enthalten. Es gibt auch pflanzliche Produkte, die proteinreich sind, z. B. die Hülsenfrüchte. Man muß aber beachten, daß viele pflanzliche Proteine arm an bestimmten essentiellen Aminosäuren sind. So enthalten z. B. die Getreideproteine wenig Lysin und Tryptophan, manche Hülsenfrüchte nur geringe Mengen der schwefelhaltigen Aminosäure Methionin. Auf diese Frage kommen wir noch einmal zurück.

Ein unbestreitbarer Vorteil der pflanzlichen Fleischkonkurrenten ist, daß sie wenig **Fett** und überhaupt kein **Cholesterol** enthalten (siehe Tabelle 1, Spalte 3). Ein gewisser Fettgehalt im Fleisch ist notwendig, wenn der Braten saftig werden soll (siehe Kapitel „Fleisch"). Gerade dieses unsichtbare Fett und der hohe Cholesterolgehalt sind es aber, die den ungehemmten Genuß von „rotem" Fleisch langfristig zu einem zweifelhaften Vergnügen werden lassen. Fisch ist in dieser Hinsicht weniger problematisch. Sein Fettgehalt ist gering, und Cholesterol ist kaum nachweisbar. Die hohe Lebenserwartung der Japaner wird auch auf ihre Ernährung zurückgeführt, die früher vor allem aus pflanzlichen Produkten und Fisch bestand. Die zunehmende Beliebtheit von „rotem" Fleisch in Japan beginnt bereits, in der Statistik Spuren zu hinterlassen.

Was die Gesundheit angeht, sind pflanzliche Fette den tierischen in jeder Hinsicht überlegen. Außer der bereits erwähnten Abwesenheit von Cholesterol sind erstere besonders reich an essentiellen, d. h. **mehrfach ungesättigten Fettsäuren**. Deshalb ist beispielsweise Olivenöl der Butter eindeutig vorzuziehen (über den Geschmack läßt sich bekanntlich streiten). Wer streichfähiges Pflanzenfett möchte, wählt Margarine, die durch chemische Hydrierung von pflanzlichen Ölen entsteht („Fetthärtung"). Wie ihre Ausgangsstoffe enthält die Margarine kein Cholesterol. Ihren hohen Gehalt an den Vitaminen A und E und ihre gelbe Farbe verdankt sie Zusätzen während der Herstellung.

Bei den **Kohlenhydraten** geht es überhaupt nicht ohne pflanzliche Nahrung. Kaum ein tierisches Produkt enthält sie in ausreichenden Mengen. Neben leicht verdaulicher *Stärke* finden sich in pflanzlicher Kost noch beträchtliche Mengen an *Cellulose* und weiteren *Polysacchariden* (siehe Box „Kohlenhydrate"), die in Pflanzen als faserförmige Strukturelemente von Zellwänden und Leitbündeln dienen. Zum Abbau dieser Polysaccharide stehen den Säugetieren keine Verdauungsenzyme zur Verfügung. Die Cellulose und ihre Verwandten passieren unseren Darm daher in unveränderter Form als **Ballaststoffe.** Nutzlos sind sie dennoch nicht: Sie führen zu einer festeren Konsistenz des Darminhalts und regen so die Darmperistaltik an. Als Peristaltik bezeichnet man die wellenförmig fortschreitenden Kontraktionen der Darmwand, die den Inhalt durchmischen und transportieren. Dies intensiviert den enzymatischen Abbau der Nahrungsstoffe und ihre Aufnahme. Ein hoher Gehalt der Nahrung an Ballaststoffen schützt deshalb auf natürliche Weise vor Verstopfung und ihren möglichen Spätfolgen. Wie Tabelle 1 zeigt, sind naturbelassene pflanzliche Produkte besonders ballaststoffreich. Die empfohlene Zufuhr von 25–30 g pro Tag läßt sich beispielsweise durch Vollkornbrot oder Äpfel leicht erreichen.

Vitamine, Vitamine...

Eine weitere Stärke vieler pflanzlichen Nahrungsmittel ist ihr hoher Gehalt an Vitaminen. Vor allem die Vitamine A und C sowie einige Mitglieder der B-Gruppe sind in diesen Produkten reichlich vertreten (siehe Abbildung 2 und Tabelle 1, aus Platzgründen sind nicht alle Vitamine aufgeführt). Eine wichtige Ausnahme bildet Vitamin B_{12}, das nur in tierischen Lebensmitteln vorkommt. Auf diesen Umstand gehen wir später noch einmal ein.

Bei der Zubereitung von Gemüse sollte man beachten, daß viele Vitamine ausgesprochen sauerstoff- und hitzeempfindlich sind. Für asiatische, insbesondere chinesische Köche ist dieser Ratschlag überflüssig, während verschiedene europäische Küchen, einer unseligen Tradition folgend, Gemüse solange kochen, bis es in einen unansehnlichen und weitgehend vitaminfreien Brei übergegangen ist. Unter anderem auf diese Weise hat man hierzulande Generationen von Kindern den Genuß von Spinat verleidet, der wegen seines hohen Gehalts an Calcium, Eisen und Vitaminen mehr Zuneigung verdient hätte (siehe Tabelle 1). Den höchsten Gehalt an Vitamin C haben übrigens nicht etwa Orangen oder Zitronen, sondern Paprika, dicht gefolgt von Petersilie und Kiwi. Ein oder zwei Kiwis decken bereits den Vitamin-C-Bedarf eines ganzen Tages.

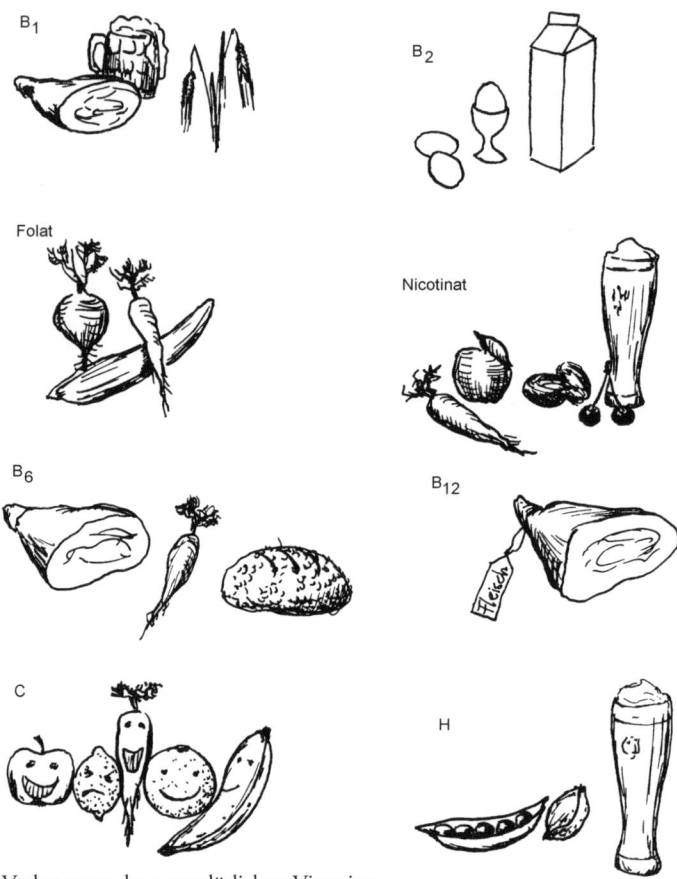

Abbildung 2 Vorkommen der wasserlöslichen Vitamine.

Der Fachmann rät

Die erwähnten und weitere Überlegungen führten zu allgemeinen Empfehlungen für eine gesunde Ernährung: Sie sollte vielseitig sein, aber nicht zuviel, würzig, aber nicht salzig (siehe Kapitel „Gewürze"), reich an Gemüsen, Kartoffeln und Obst, aber arm an fettreichen Lebensmitteln, reich an Vollkornprodukten, aber reduziert an Süßspeisen und – wenn möglich – an tierischem Protein. In Zahlen ausgedrückt: 10–15 % der „Kalorien" sollten aus Proteinen stammen, etwa 50 % aus Kohlenhydraten und höchstens 30 % aus Fett. Wie erwähnt, hat der zunehmende Wohlstand zu einer Verschiebung in die falsche Richtung geführt: Seit dem Krieg ist der Kohlenhydratanteil der Nahrung von fast 60 % auf unter 50 % gesunken, während der Anteil der Fette die 40 %-Marke überschritten hat. Umfangreiche Studien haben gezeigt, daß die starke

Zunahme der Arteriosklerose und direkt mit diesem überhöhten Fettkonsum zusammenhängt. In den letzten Jahren haben ein Teil der Verbraucher und der Lebensmittelindustrie reagiert und die „Light"-Produkte salonfähig gemacht. Andererseits bauen „Fast food"-Ketten, denen die genannten Empfehlungen nicht unbedingt am Herzen liegen, ihre Marktposition immer weiter aus.

Geht's auch ohne Fleisch?

Einen Schritt weiter als die zitierten Empfehlungen gehen bekanntlich die **Vegetarier**, die auf tierische Produkte überwiegend oder ganz verzichten. Diese in den westlichen Ländern noch kleine, aber stetig wachsende Gruppe zerfällt in mehrere, unterschiedlich radikale Fraktionen (Abbildung 3). Die **Ovo-Lacto-Vegetarier** essen kein Fleisch und in der Regel auch keinen Fisch, nutzen aber Eier und Milchprodukte. Die **Veganer** lehnen jegliche Art von tierischer Nahrung ab, während sich die **Frutarier** ausschließlich von rohen oder getrockneten Früchten, Nüssen und Samen ernähren.

In Deutschland gibt es zur Zeit rund 800 000 Vegetarier (etwa 1 % der Bevölkerung), während sich in den Niederlanden 4,5 %, in Großbritannien 6 % und in den USA 7 % der Bevölkerung zu einer der genannten Formen des Vegetariertums bekennen.

Die Gründe für eine vegetarische Lebensweise sind sehr unterschiedlich. Große asiatische Religionen wie der Hinduismus oder der Buddhismus erwarten von ihren Anhängern den Verzicht auf tierische Nahrung. In Indien, wo heute fast 700 Millionen Hindus leben, gibt es eine jahrtausendealte vegetarische Tradition, die zu einer hochentwickelten vegetarischen Küche geführt hat. Im Christentum gibt es die Fa-

Ovo-Lacto-Vegetarier

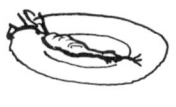

Veganer

militante Vegetarier

Abbildung 3 Auch Vegetarier zerfallen in Gruppen!

stenzeit vor Ostern, während der der Verzehr von Fleisch zumindest eingeschränkt sein sollte. Auch der Freitag wird häufig noch fleischlos begangen – wobei Fische bekanntlich ausgenommen sind, weil man sie früher nicht als höhere Tiere gelten lassen wollte. Auch der Biber wurde wegen seines Schwanzes und seiner Lebensweise (nicht ganz uneigennützig) als Fisch klassifiziert. Bis zu seinem zeitweiligen Aussterben in Deutschland Mitte des letzten Jahrhunderts war er eine beliebte Fastenspeise.

Ein großer Teil der Vegetarier begründet ihre Entscheidung mit ökologischen Argumenten. In der Tat ist der Aufwand zur Produktion von tierischem Eiweiß ungleich höher als der für dieselbe Menge von pflanzlichem Protein. Man hat ausgerechnet, daß für jeden „Fleischesser" pro Jahr eine landwirtschaftliche Nutzfläche von 1,3 Hektar und 15 m³ Wasser benötigt werden. Ein Ovo-Lacto-Vegetarier kommt mit 0,2 Hektar und 5 m³ aus, während ein Veganer gerade 0,07 Hektar und 1 m³ Wasser verbraucht. Hinzu kommt, daß in den hochentwickelten Industrieländern der Pro-Kopf-Verbrauch an tierischem Protein fast doppelt so hoch ist wie notwendig. Das überschüssige Protein wird vom Körper nicht als solches gespeichert, sondern abgebaut oder in Kohlenhydrate und Fett umgewandelt. Man muß sich fragen, ob dieser Umgang mit hochwertigem Protein in einer Zeit, in der jährlich noch Millionen von Menschen an Proteinmangel sterben, vertretbar ist.

Viele Vegetarier fühlen sich auch von der industrialisierten „Tierproduktion" abgestoßen, die vorwiegend den Gewinn im Auge hat und wenig Rücksicht auf die ohnehin schon bescheidenen Rechte der Tiere nimmt. Die Frage, warum das Tierschutzrecht auf diesem Gebiet bestenfalls halbherzig angewandt wird, möge der Leser selbst beantworten. Eine weitere interessante Überlegung wäre, wieviele Menschen dasselbe Quantum Fleisch konsumieren würden, wenn sie selbst schlachten oder zumindest dabei zusehen müßten.

„Das kann doch nicht gesund sein"

Eine egoistischere Begründung für eine vegetarische Ernährung soll nicht verschwiegen werden: Sie ist vermutlich gesünder. Dabei braucht man nicht einmal auf die Rinderseuche BSE zu verweisen. Umfangreiche Studien in verschiedenen Ländern ergaben, daß zum Beispiel die Häufigkeit der koronaren Herzerkrankungen bei Ovo-Lacto-Vegetariern um 15–25 % niedriger lag als bei einer fleischessenden Kontrollgruppe. Natürlich kann man argumentieren, daß dies nicht auf die Ernährungsweise zurückgehen muß, sondern auf die geringere Zahl von Rauchern oder Trinkern unter den Vegetariern. Dagegen läßt sich eine Erhebung an den drei Millionen Einwohnern Kopenhagens ins Feld führen, die gegen Ende des Ersten Weltkriegs fast völlig von der Fleischversorgung abgeschnitten waren. Die Statistik zeigte, daß zwischen Herbst 1917 und Herbst 1918 die Zahl der Todesfälle an Infektionskrankheiten gegenüber den Vorjahren gleich blieb, während die Todesfälle durch alle anderen Krankheiten um über 30 % zurückgingen.

„Schön und gut", wird der Fleischesser nun einwenden, „Vegetarier mögen vielleicht gesünder sein, aber wie wollen sie körperlich und geistig leistungsfähig bleiben?" Als Antwort kann der Vegetarier auf verstorbene oder lebende Gesinnungsgenossen verweisen, über deren Leistungsfähigkeit wenig Zweifel besteht: Zu den bekannteren Vegetariern gehören z. B. Plato, Leonardo da Vinci, Newton, Voltaire, Tolstoi, G. B. Shaw, Kafka, Gandhi, die Beatles (alle vier), Dizzie Gillespie, Yehudi Menuhin, der Hürdenläufer Edwin Moses und der lebenslange Veganer Dave Scott. Scott hat als einziger den IRONMAN, einen der härtesten Triathlons der Welt, viermal hintereinander gewonnen.

Protein ist nicht gleich Protein

Trotz dieser Erfolgsbilanz darf man nicht übersehen, daß bei einer vegetarischen und besonders bei einer veganischen Ernährung ein gewisses Maß an Umsicht nötig ist, wenn man nicht auf eine traditionell vegetarische Küche wie die indische zurückgreift. Wie bereits erwähnt, sind viele pflanzliche Proteine arm an bestimmten essentiellen Aminosäuren. Die **biologische Wertigkeit** eines Proteins kann man relativ leicht bestimmen und quantitativ auf einer Skala ausdrücken, bei der Volleiprotein mit einem Wert von 94 einen Spitzenplatz einnimmt. Nach diesem System haben Milchproteine und Fisch Wertigkeiten von 80–90, während Fleisch und Käse bei 70–80 liegen. Die pflanzlichen Proteine rangieren – je nach Herkunft – zwischen 40 und 70, wobei Pilze und Tofu, der asiatische „Sojakäse", die pflanzlichen Proteine anführen.

175

Bei diesen Untersuchungen zeigte es sich, daß Kombinationen verschiedener Proteinquellen die Wertigkeiten einzelner Proteine weit in den Schatten stellen können. So fand man für die Kombination von 1/3 Ei und 2/3 Kartoffeln eine Wertigkeit von über 130! Der Ovo-Lacto-Vegetarier hat deshalb kaum Probleme mit seiner Proteinversorgung. Auch Veganer können durch geschickte Wahl ihrer Proteinquellen zum Ziel kommen. So führen zum Beispiel Kombinationen von Weizen mit Bohnen oder Linsen mit Reis zu vollwertigen Proteinmischungen.

Ein zweiter Nahrungsstoff, auf den Vegetarier achten sollten, ist **Vitamin B$_{12}$**. Es wird ausschließlich von Bakterien hergestellt, die zwar im tierischen Organismus, aber nicht in Pflanzen vorkommen. Der Ovo-Lacto-Vegetarier hat auch hier keine Schwierigkeiten, weil das Vitamin (Tagesbedarf 2,5 µg) in Eiern und Milch in ausreichendem Maß vorhanden ist. Eine strikt veganische Ernährung kann dagegen langfristig zu einem B$_{12}$-Mangel führen. Da die Leber beträchtliche Mengen des Vitamins speichert, kann es nach einer Ernährungsumstellung Jahre dauern, bis die ersten Symptome auftreten. Aber auch den Veganern kann heute durch Vitaminpillen leicht geholfen werden.

Gewürze

Astrid Klein und Sigrid Schmitt

Zu den vielen kleinen Annehmlichkeiten unseres Lebens gehören auch der frisch gemahlene Pfeffer auf dem Steak oder die echte Vanille im Dessert. Dabei vergißt man leicht, daß der Gebrauch exotischer Gewürze vor noch nicht allzu langer Zeit ein Privileg der Begüterten war.

Während die asiatische Gewürzkultur Jahrtausende zurückreicht, blieb der Westen in dieser Hinsicht lange Zeit eher rückständig. So war z. B. das Standardgewürz der alten Römer ein Produkt namens *garum*, das im wesentlichen aus verrottetem Fisch bestand. Bis zum späten Mittelalter änderte sich in dieser Hinsicht wenig. Zwar boten arabische Händler auch in Europa exotische Gewürze an, doch zu Preisen, die den Käuferkreis kleinhielten. Um ihr Monopol zu festigen, verbreiteten die Gewürzhändler abenteuerliche Geschichten über die Herkunft ihrer Produkte. So wurde behauptet, Zimt wachse ausschließlich in unzugänglichen Schluchten voller giftiger Schlangen. Den Anstoß zum Zeitalter der Entdeckungen in Europa im 15. Jahrhundert gab der Wunsch der seefahrenden Nationen, selbst in den lukrativen Gewürzhandel einzusteigen. Dazu mußten zunächst Schiffsrouten in gewürzproduzierende Länder erschlossen werden (daß dies nicht immer den gewünschten Erfolg hatte, lehrt das Beispiel des Christoph Columbus).

Das „Schwarze Gold" jener Zeit war nicht Erdöl, sondern Pfeffer. Viele Kaufleute wurden durch den Handel mit Gewürzen unermeßlich reich. Aus seinen gigantischen Gewinnen finanzierte der Augsburger Kaufmann Jakob Fugger nicht nur die Kriege

Kaiser Karls des Fünften, sondern auch den Bau von Kirchen, Palästen und der „Fuggerei", eines der ersten Sozialwerke Deutschlands. Erst zu Beginn des 17. Jahrhunderts, als die Monopole zerfielen, sanken die Preise, und Gewürze wie Nelken, Zimt und Kardamom fanden auch Eingang in die bürgerliche Küche.

Das wichtigste Gewürz-Ausfuhrland ist heute Indien. Sein Exportvolumen von weit über 200 000 t im Jahr 1997 macht fast die Hälfte des Welthandels aus.

Was sind eigentlich Gewürze?

Die korrekte Definition aus dem *Deutschen Lebensmittelbuch* lautet:

„Gewürze sind Teile einer bestimmten Pflanzenart, nicht mehr als technisch notwendig bearbeitet, die wegen ihres natürlichen Gehaltes an Geschmacks- und Geruchsstoffen als würzende oder geschmackgebende Zutaten zum Verzehr geeignet und bestimmt sind."

Diese eher bürokratisch-trockene Charakterisierung wird der Bedeutung der Gewürze nicht ganz gerecht. Die meisten Gerichte erhalten überhaupt erst durch raffiniert kombinierte und gekonnt dosierte Gewürze die Eigenschaften, die sie begehrenswert machen: Farbe, Geschmack, Duft, Aroma und Bekömmlichkeit. Wer's nicht glaubt, koste sein Lieblingsgericht einmal ungewürzt oder nur gesalzen – das Ergebnis spricht für sich.

Ordnung im Gewürzregal

Nach der der Art der Zubereitung teilt man Würzprodukte folgendermaßen ein:

Gewürze im engeren Sinn sind getrocknete oder gelagerte Pflanzenprodukte, die ätherische Öle (siehe unten) oder scharf schmeckende Stoffe enthalten. Sie wirken appetitanregend, haben jedoch selbst kaum Nährwert. Weiter untergliedern kann man die Gewürze nach den Pflanzenteilen, aus denen sie gewonnen werden (Wurzelstökke, Wurzeln, Zwiebeln, Rinden, Blätter, Blüten, Blütenteile, Früchte und Samen). Einige Beispiele dazu sind in Tabelle 1 genannt.

Gewürzerzeugnisse sind Mischungen mehrerer Gewürze oder Produkte, die unter Mitverwendung von geschmacksbeeinflussenden oder Hilfsstoffen hergestellt werden. Ihre Kennzeichnung richtet sich nach der Art der darin enthaltenen Gewürze und ihrem Verwendungszweck. Auch bei den Gewürzerzeugnissen unterscheidet man verschiedene Gruppen:

Tabelle 1. Gruppen von Gewürzen mit Beispielen

Gewürze	
Wurzelstöcke (*Rhizome*)	Ingwer, Kurkuma, Sellerie, Meerrettich
Wurzeln	Liebstöckelwurzel
Zwiebeln	Zwiebeln, Knoblauch (Sproßknollen)
Rinden	Zimt
Blätter, Blüten, Blütenteile	Lorbeerblatt, Kapern, Gewürznelken, Safran, Salbei
Früchte	Kümmel, Anis, Pfeffer, Koriander, Paprika, Vanille, Wacholder
Samen	Muskatnuß, Piment und Kardamom
Gewürzerzeugnisse	
Gewürzmischungen	Curry, Lebkuchengewürz, Einmachgewürz
Gewürzzubereitungen	Speisesenf, Sambal Oelek, Gyrosgewürz-Zubereitung, Pfeffergewürz-Zubereitung
Gewürzsalze	für Grillfleisch, Pommes frites und Bratkartoffeln
Gewürzextrakte	Vanilleextrakt
Gewürzkräuter	
Korbblütler (*Compositae*)	Beifuß, Estragon
Kreuzblütler (*Cruciferae*)	Meerrettich, Rettich, Senf
Lippenblütler (*Labiatae*)	Basilikum, Majoran, Melisse, Bohnenkraut, Pfefferminze, Thymian
Liliengewächse (*Liliaceae*)	Knoblauch, Porree, Schalotte
Doldenblütler (*Umbilliferae*)	Anis, Dill, Fenchel, Kerbel, Liebstöckel, Petersilie, Sellerie, Koriander, Kümmel

Gewürzmischungen enthalten keine gewürzfremden Zutaten. Ein Beispiel ist Lebkuchengewürz, das aus Anis, Gewürznelken, Koriander, Kardamom, Piment und Zimt besteht. Eine häufig verwendete Gewürzmischung ist der „Curry" (in seiner Heimat Indien „Masala" genannt). Er besteht aus bis zu vierzig verschiedenen Komponenten. Dazu zählen Kurkuma, auf den die intensiv gelbe Farbe zurückgeht, Pfeffer, Chili, Paprika, Ingwer, Kardamom, Koriander, Nelken, Piment, Kreuzkümmel, Zimt, Muskatnuß und blüte und Senfsamen.

Gewürzzubereitungen enthalten außer Gewürzen (mindestens 60 %) andere geschmackgebende oder geschmackverbessernde Zutaten (z. B. Salz, Zucker, Hefeextrakt, Stärkemehl und den Geschmacksverstärker Natriumglutamat).

Gewürzsalze bestehen zu mehr als 40 % aus Kochsalz und sind mit Gewürzzubereitungen vermischt.

Gewürzextrakte oder *-konzentrate* enthalten die Bestandteile der Gewürze in konzentrierter Form und sind deshalb leichter zu handhaben. Ein besonderer Vorteil ist, daß sie frei von Mikroorganismen sind. Unter anderem werden sie zur Herstellung von Medikamenten verwendet.

179

Gewürzkräuter (Blatt- und Krautgewürze) sind frische oder getrocknete Pflanzen oder Pflanzenteile. Sie sind reich an aromatischen Inhaltsstoffen und meist auch an *Vitamin C.*

Dem aufmerksamen Leser ist sicher aufgefallen, daß das universell verwendete Kochsalz – obwohl lebenswichtig – genaugenommen gar kein Gewürz ist.

Auf die Frische kommt es an

Die Konzentration und Zusammensetzung der Geschmacks- und Geruchsstoffe und damit die Qualität eines Gewürzes wird durch die Bodenbeschaffenheit und die klimatischen Verhältnisse des Herstellungsgebietes bestimmt. Obwohl sich viele Gewürzpflanzen auch auf dem Balkon kultivieren lassen, ist die Qualität der hierzulande geernteten Produkte oft enttäuschend.

Neben der Herkunft sind auch die Zubereitungsart und die Art und Dauer der Lagerung entscheidend. Gemahlene Gewürze verlieren bei der Aufbewahrung besonders rasch ihr Aroma. Zwei Jahre altes Currypulver im Gewürzregal hat bestenfalls noch eine dekorative Funktion. Der Kenner mahlt, reibt oder mörsert deshalb die Gewürze unmittelbar vor Gebrauch und nur in der benötigten Menge.

Besonders wichtig ist auch die Dosierung. Gewürze sollen stets sparsam angewendet werden. Zu stark gewürzte Speisen schmecken nicht nur unangenehm – sie können auch schädlich wirken! Dies gilt z. B. für die Muskatnuß, die in höheren Dosen für Kleinkinder lebensgefährlich sein kann (siehe Kapitel „Rauschmittel").

Die Chemie von Duft und Aroma

Die für den Geschmack und das Aroma verantwortlichen Gewürzbestandteile gehören zum größten Teil zur Gruppe der sekundären pflanzlichen Stoffwechselprodukte (siehe Kapitel „Tee"). Diese Stoffe werden jeweils nur durch bestimmte Pflanzenarten aus primären Stoffwechselprodukten wie Acetyl-Coenzym A (AcCoA) oder aus Aminosäuren gebildet. Ihre Bedeutung für die Pflanze selbst ist noch weitgehend ungeklärt.

Ätherische Öle

Bei den ätherischen Ölen handelt es sich um leichtflüchtige, charakteristisch riechende Substanzen, die von den Pflanzen in Blüten, Blättern, Samen oder Fruchtschalen gespeichert werden. In größeren Mengen kann man sie durch Wasserdampfdestillation von pflanzlichem Material oder durch Extraktion mit Lipiden (Enfleurage) gewinnen.

Unter den Aromastoffen sind die *Terpene* (Abbildung 1) besonders zahlreich vertreten. Sie gehören zur großen Stoffgruppe der *Isoprenoide,* die alle aus AcCoA gebildet werden (der Name Isoprenoide rührt daher, daß ihr Grundbaustein dem verzweigten ungesättigten Kohlenwasserstoff Isopren ähnelt). In ätherischen Ölen findet man vor allem offenkettige Terpen- und Sesquiterpenalkohole sowie cyclische Terpenkohlenwasserstoffe. Schon geringfügige Unterschiede in der Struktur dieser Moleküle können zu verändertem Geruch und Geschmack führen. Das in Abbildung 1 gezeigte, fruchtig riechende *Geraniol*, ein Monoterpenalkohol aus zwei Isopreneinheiten, kommt z. B. im Zitronengras vor, einem in Thailand unentbehrlichen Gewürz. Darin und in vielen anderen Pflanzenölen findet sich auch das Sesquiterpen *Farnesol* (aus drei Isopreneinheiten).

Andere ätherische Öle wie *Zimtaldehyd, Eugenol* und *Safrol* sowie die *Senföle* gehören nicht zu den Isoprenoiden, sondern werden aus Aminosäuren gebildet.

Viele Gewürze enthalten außer ätherischen Ölen auch Scharfstoffe, Bitterstoffe und organische Säuren als Geschmackskomponenten.

Bei manchen Gewürzen ist nur eine sogenannte „Impaktverbindung" für das Geruchsprinzip und den typischen Geschmack verantwortlich (z. B. das Terpen Eugenol in der Gewürznelke oder Vanillin in der Vanilleschote). Meist entstehen Geruch und Geschmack aber durch die Kombination vieler Bestandteile.

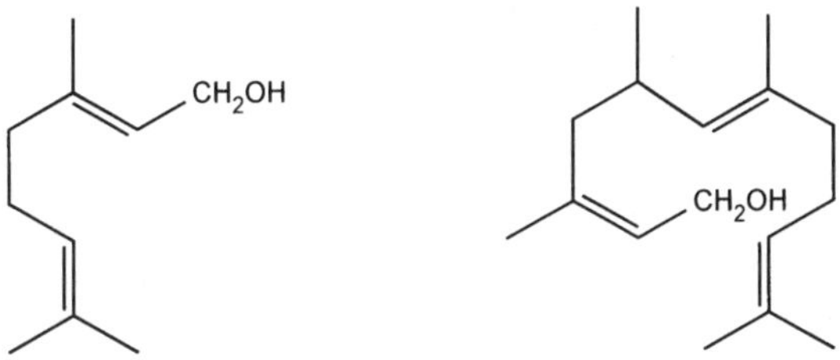

Geraniol
(acyclischer Monoterpenalkohol)

Farnesol
(acyclischer Sesquiterpenalkohol)

Abbildung 1 Wichtige Terpene in ätherischen Ölen.

Bitterstoffe

Wie die hoheren Terpene haben auch die Glycoside in der Mehrzahl einen bitteren Geschmack. Glycoside sind sekundäre Pflanzenstoffe (s. o.), die Zuckerreste enthalten. Als wichtige Vertreter sind hier die schwefelhaltigen Senfölglycoside zu nennen (Abbildung 2). Auch das Glucovanillin, die Vorstufe des Vanillins der Vanille, und das Amygdalin der Bittermandel gehören zur Gruppe der Glycoside. Zum typischen Ge-

ruch und Geschmack bitterer Mandeln trägt die giftige Blausäure bei, die aus Amygdalin in kleinen Mengen freigesetzt wird. Bittermandeln sind deshalb in großen Mengen
nicht ganz ungefährlich.

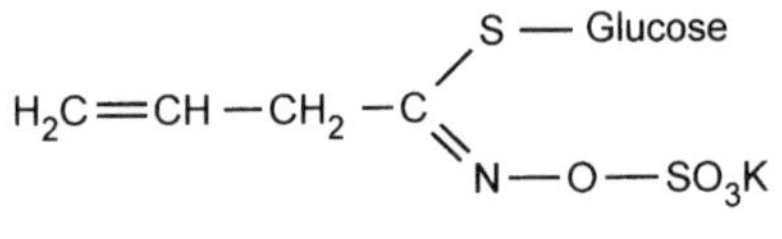

$$H_2C = CH - CH_2 - C \begin{cases} S - Glucose \\ N - O - SO_3K \end{cases}$$ Sinigrin

Vorkommen: Schwarzer Senf, Meerrettich

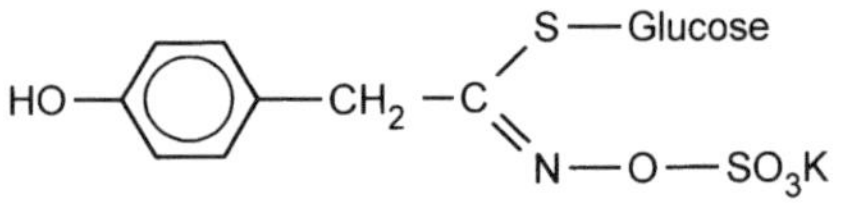

$$HO - \bigcirc - CH_2 - C \begin{cases} S - Glucose \\ N - O - SO_3K \end{cases}$$ Sinalbin

Vorkommen: Weißer Senf

Abbildung 2 Bitterstoffe (Glycoside).

Scharfstoffe

Zu den wichtigsten Scharfstoffen gehören das *Piperin* des Pfeffers, das *Gingerol* des
Ingwers und das *Capsaicin* der Paprika und des Chili (Abbildung 3). Auch die Senföle, die aus Glycosiden freigesetzt werden, ergeben einen scharfen Geschmack. Viele
Aromakomponenten werden in der Pflanze oder erst bei der Verarbeitung durch Enzyme aus geruchlosen Vorstufen freigesetzt. So werden z. B. die Senfölglycoside durch
gewebseigene Myrosinasen (Thioglycosidasen) gespalten. Die dabei entstehenden Senföle (Allylisothiocyanat und p-Hydroxybenzylisothiocyanat) sind mehr oder weniger
flüchtig und sorgen für den beißenden und stechenden Geruch sowie für den Geschmack von Senf und Meerrettich.

Fragt man nach chemischen Ursachen für die Schärfe dieser Stoffe, stellt man fest,
daß viele von ihnen im Molekül zwei Zentren mit bestimmten gemeinsamen Eigenschaften besitzen (Amid-, Keto-, Aldehyd- oder Allylgruppe, aromatisches System),
deren Entfernung voneinander von entscheidender Bedeutung ist. Sicher weiß man,
daß Scharfstoffe auf Thermorezeptoren (Pfeffer, Ingwer) oder Schmerzrezeptoren wirken. Der Einfluß auf die Thermorezeptoren hat eine „Entfesselung" der Wärme-
regulation zur Folge. Es kommt zu einer Verstärkung der peripheren Durchblutung
und somit zu einer vermehrten Wärmeabgabe. Dies äußert sich auch in mehr oder
weniger starkem Schwitzen nach Genuß von scharfen Speisen. Im Englischen wird
Scharfes deshalb auch als „hot" (heiß) bezeichnet.

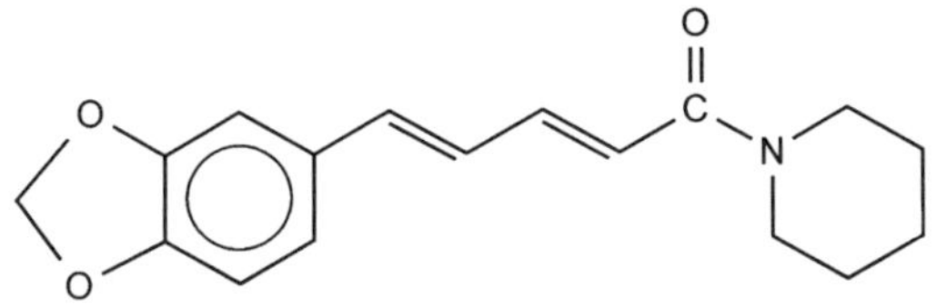

Piperin (Pfeffer)

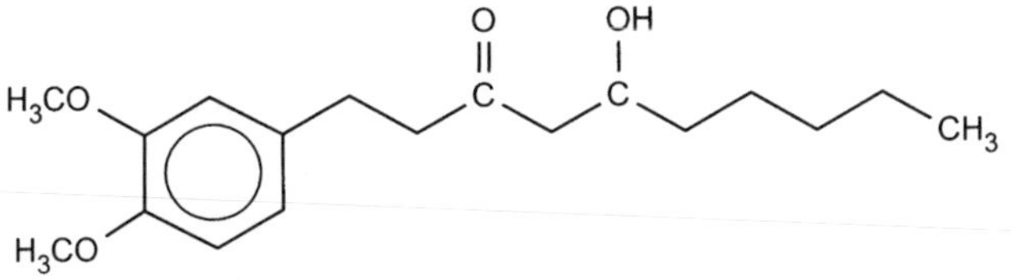

Gingerol (Ingwer)

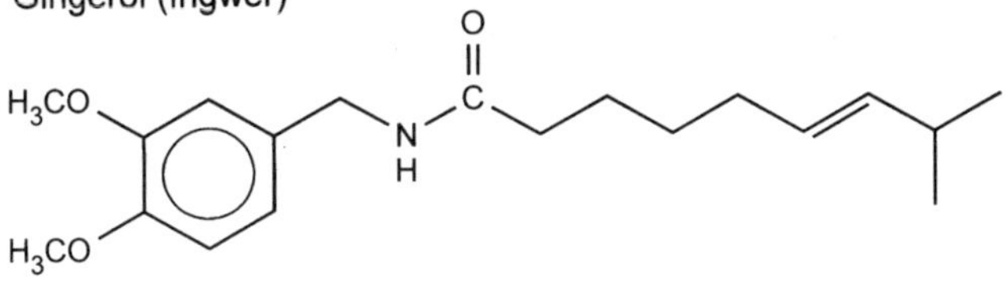

Capsaicin (Paprika, Chili)

Abbildung 3 Scharfstoffe.

Gegen fast alles ist ein Kräutlein gewachsen

Die ätherischen Öle verbessern nicht nur den Geschmack der Speisen, sondern sie fördern auch die Verdauung. Sie reizen Mund- und Nasenschleimhäute, regen dadurch die Abgabe der Verdauungssäfte an und fördern die Resorption der Nahrungsstoffe. Auf diese Weise wirken Nelken, Meerrettich, Senf und Pfeffer, aber auch bittere Gewürze wie Enzian, Bitterholz, Hopfen und Wermut.

Ingwer, Paprika, Senf, Pfeffer und Piment regen den Appetit an und steigern die Absonderung von Mundspeichel und Magensaft. Anis und Kümmel verstärken die Ausschüttung der Galle und erleichtern dadurch die Fettverdauung. Außerdem fördern Knoblauch und Senf die Darmbewegung, während Kümmel sie eher hemmt. Chili, Paprika, Pfeffer und Senf führen zu einer Steigerung der Herztätigkeit und der peripheren Durchblutung durch Gefäßerweiterung, was zu einer starken Wärmeabgabe führt („heiße" Gewürze, siehe oben). Krampf- und schleimlösend wirken Anis, Fenchel, Kümmel und Pfefferminze.

Viele Gewürze, beispielsweise Knoblauch, haben auch antibakterielle und damit konservierende Wirkung. In südlichen Ländern lagert man deshalb Fleisch und andere Lebensmittel oft in stark knoblauchhaltigen Saucen.

Wo und wie der Pfeffer wächst: Wichtige Gewürze

Aus der großen Zahl der Gewürze und Kräuter können wir hier nur einige Beispiele herausgreifen.

Pfeffer wird aus den Früchten einer subtropischen Kletterpflanze gewonnen. Der Pfefferstrauch (*Piper nigrum*, Abbildung 4) hat ovale, dunkelgrüne Blätter und wächst an Spalieren bis zu einer Höhe von rund vier Metern. Die rispenartigen Fruchtstände tragen je 20 bis 30 Beeren. Ursprünglich kam der Pfeffer von der indischen Malabarküste nach Europa. Heute wird er auch in Indochina, Indonesien und Brasilien angebaut. Grüner, schwarzer und weißer Pfeffer stammen von der gleichen Pflanze und unterscheiden sich nur durch den Reifegrad. „Schwarzer Pfeffer" besteht aus unreifen, an der Sonne oder über Feuer getrockneten Beeren. „Weißer Pfeffer" ist etwas milder, aber würzkräftiger (und deshalb teurer). Er wird aus reifen Beeren durch Abreiben der äußeren Fruchtwand hergestellt. Beim „grünen Pfeffer" handelt es sich um in Salzlake eingelegte frische Beeren. Der „rosa Pfeffer" hat mit dem echten Pfeffer nichts gemein. Es handelt sich um die Beeren des Brasilianischen Pfefferbaumes.

Abbildung 4 Pfeffer.

Pfeffer ist das universelle Gewürz in der Küche. Er wird zu den meisten Gerichten verwendet, die auch gesalzen werden. Schwarzer Pfeffer eignet sich für alle Arten von dunklem Fleisch, Fisch, Muscheln und Hülsenfrüchten. Weißer Pfeffer paßt besser zu hellem Fleisch, Geflügel, Frikassee und Gemüse. Grüner und rosa Pfeffer würzen flambierte Steaks, Lamm-, Wild- und Fischgerichte. Seinen scharfen Geschmack verdankt der Pfeffer vor allem dem Alkaloid *Piperin*.

Muskatnuß. Der Muskatbaum *(Myristica fragrans)* ist immergrün, wird 10 bis 15 m hoch und trägt getrennte männliche und weibliche Blüten. Die Muskatfrucht ähnelt einem kleinen Pfirsich (Abbildung 5). Ihr Kern enthält in seinem Inneren die „Muskatnuß", die von einem roten Häutchen umschlossen ist, der sogenannten „Muskatblüte" *(Macis)*. Ein Baum benötigt sieben Jahre, bis er Früchte trägt, und liefert diese dann für die nächsten 70 Jahre. Das Ursprungsgebiet des Muskatbaums sind die Molukken (Gewürzinseln), heute findet man ihn auch auf den Banda- und Sundainseln sowie auf Neuguinea.

Abbildung 5 Muskatfrucht.

Die Muskatnuß enthält viel ätherisches Öl und wird unter anderem für Fleischspeisen, für manche Wurstsorten und als Mischgewürz bei der Weihnachtsbäckerei verwendet. Die Macis wird in gleicher Weise zum Würzen benutzt. Die ganze Muskatnuß ist (fast) unbegrenzt haltbar.

Zimt wird aus der Rinde des Zimtbaums *(Cinnamomum verum)* oder des verwandten Cassiabaums *(Cinnamomum cassia)* gewonnen. Beide sind immergrüne Lorbeergewächse, die aus Indien und China stammen. Aus den Früchten des Zimtbaums wird Zimtöl gepreßt, die Blüten kommen als sogenannte „Zimtnelken" in den Handel. Außer in Indien und Ceylon wird Zimt auch in Indonesien, Japan, Brasilien, auf den Seychellen und den Westindischen Inseln produziert.

Zum Würzen wird die zu Röllchen gedrehte Rinde („Zimtstangen") verwendet. Im Handel ist sie auch gemahlen als Pulver erhältlich. Zimtstangen halten sich mehrere Jahre, Pulver verliert dagegen schnell an Aroma. Man benutzt Zimt für Gebäck, Süßspeisen, Kompott, Kakao, Bratäpfel und Reisgerichte. In der indonesischen, arabischen und türkischen Küche wird er auch zum Würzen von Fleisch und Saucen verwendet. Der Duftträger des Zimtöls ist vor allem der Zimtaldehyd.

Vanille ist die Frucht einer in Mexiko beheimateten Schlingpflanze *(Vanilla planifolia*, Abbildung 6) aus der Familie der Orchideen. Die Pflanze liefert schotenartige Kapselfrüchte, die in noch nicht völlig reifem Zustand geerntet werden. Das Aroma entfaltet sich erst durch die besondere Art des Nachreifens (durch die Sonne oder durch Rösten über offenem Feuer). Dabei wird der Aromastoff Vanillin aus einer geruchlosen Vorstufe freigesetzt. Das entstehende Vanillin wird in Form weißer, nadelförmiger Kristalle außen auf der Schote abgelagert. An diesem Überzug sind Vanilleschoten guter Qualität zu erkennen.

Abbildung 6 Vanille: Blüte und Schote.

Vanille wird als ganze Schote oder gemahlen für Kompotte, Speiseeis, Gebäck und Süßwaren verwendet. Auch bei der Herstellung von Cognac ist Vanillin von Bedeutung, da es das Bukett von altem Cognac entscheidend prägt. Es entsteht durch enzymatische Oxidation des Coniferylalkohols, der im Holz der Eichenfässer enthalten ist, in denen der Cognac zur Verbesserung seines Aromas jahrelang lagert.

Gewürznelken sind die 12 bis 17 mm langen Blütenknospen des Gewürznelkenbaums (*Syzygium aromaticum*), der etwa 10 bis 12 m hoch wird. Seine Heimat ist Ostasien. Heute werden Gewürznelken auch von den Molukken, Madagaskar, von den Antillen und aus Ostafrika importiert. Gewürznelken riechen stark aromatisch und enthalten große Mengen ätherischer Öle.

Zum Würzen verwendet man die getrockneten Knospen ganz oder gemahlen. In der Küche läßt man einige Gewürzelken mit den Gerichten ziehen und entfernt sie vor dem Servieren. Das Pulver verwendet man vor allem zu Wildgerichten, Ragouts, Fleischpasteten, Rindfleisch, Schinken, aber auch zu Süßspeisen, Kompotten und Kuchen.

Zwiebeln. Die Küchenzwiebel (*Allium cepa*, Abbildung 7) ist eine sehr alte Kulturpflanze. Typisch sind der scharfe Geschmack und ihre vielseitige Verwendbarkeit in der Küche.

Der verwandte **Knoblauch** (*Allium sativum*, Abbildung 7) ist im Orient beheimatet, wird aber auch bei uns in Gärten und Gewächshäusern kultiviert. Er hat den Ruf eines Allheilmittels. Sein würziger Geschmack und sein typischer Geruch geben vielen Gerichten eine besondere Note. Knoblauch ist auch reich an den Vitaminen A, B_1, B_2, C und Niacin.

Geschmack und Geruch der Allium-Arten gehen auf schwefelhaltige Aminosäuren, die sogenannten Alliine, zurück. Beim Verletzen der Knoblauchzwiebel wird ein Alliin durch das Enzym *Alliinase* in *Allicin*, den eigentlichen Geruchsstoff, und weitere Kom-

Abbildung 7 Zwiebeln und Knoblauch.

ponenten gespalten. Beim Kochen wird Allicin in das penetrant (manche meinen übel) riechende *Diallyldisulfid* und andere Alkenylsulfide umgewandelt, die im Verdauungstrakt resorbiert und teilweise über die Lungen wieder abgeatmet werden. Die „Fahne" am Tag danach läßt sich also auch durch intensive Mundpflege nicht vermeiden, zumal ein großer Teil der stark riechenden Substanzen über die Haut ausgeschieden wird. Die tränenreizende Substanz der Küchenzwiebel, ein *Thiopropionaldehyd,* liegt in der Pflanze ebenfalls als Dihydroalliin-Vorstufe vor und wird erst beim Verletzen der Zellwände durch enzymatische Spaltprozesse freigesetzt.

Petersilie (*Petroselinum crispum*) ist eines der wichtigsten einheimischen Küchenkräuter. Sie ist eine ein- bis zweijährige Pflanze, von der sowohl die Blätter als auch die Wurzel in frischem und trockenem Zustand verwendet werden. Das Aroma der Petersilie wird durch *Apiol* (3-Methoxy-myristicin), *Pinen* und *Myristicin* hervorgerufen, wobei Konzentration und Mengenverhältnis vom Standort und der Art des Anbaus abhängig sind. Bemerkenswert ist auch der hohe Gehalt der Petersilie an den Vitaminen A, B_1, B_2, C, E und Folsäure. Bei den alten Griechen war sie ein geheiligtes Kraut, welches nicht in der Küche verwendet wurde.

Man könnte die Liste der Gewürze und ihrer Eigenschaften noch lange fortsetzen. Gerade auf diesem Gebiet hält man sich jedoch besser an den alten Satz: „Probieren geht über Studieren!"

187

Zusatzstoffe in Lebensmitteln

Meike Teuchert

Bei der industriellen Herstellung von Lebensmitteln werden heute in aller Regel Zusatzstoffe verwendet, um Haltbarkeit, Aussehen oder Geschmack der Produkte zu beeinflussen. Der Nutzen solcher Zusätze ist nicht unumstritten. Einerseits käme es ohne den Einsatz von Konservierungsstoffen viel häufiger zu Lebensmittelvergiftungen, und ohne Verdickungsmittel könnten viele Nachspeisen und Süßigkeiten nicht hergestellt werden. Andererseits befürchten viele Verbraucher durch Zusatzstoffe eine Gesundheitsgefährdung. Ebenso wie einige Menschen gegenüber Lebensmitteln oder Waschmitteln allergische Reaktionen zeigen, können andere auf Lebensmittelzusätze empfindlich reagieren. Es sollte also darauf geachtet werden, daß der Einsatz eines Zusatzstoffes in einem Lebensmittel sinnvoll und notwendig ist.

Sämtliche Zusatzstoffe sind in der vom Gesetzgeber erlassenen Zusatzstoff-Zulassungsverordnung aufgeführt, in der auch jeder interessierte Verbraucher nachschlagen und sich informieren kann. Alle Zusatzstoffe, die in der Europäischen Union zugelassen sind, werden durch die sogenannten E-Nummern gekennzeichnet. Die offizielle Definition des Begriffs „Lebensmittel-Zusatzstoff" findet man in §2 des Lebensmittel- und Bedarfsgegenständegesetzes (LMBG). Hiernach handelt es sich um Stoffe, die Lebensmitteln zur Beeinflussung ihrer Beschaffenheit oder zur Erzielung bestimmter Eigenschaften zugesetzt werden. Nicht zu den Lebensmittel-Zusatzstoffen zählen Verbindungen, die natürlicher Herkunft sind und wegen ihres Nähr-, Geruchs- und Geschmackswertes verwendet werden, sowie Trink- und Tafelwasser.

Weiter gibt es Stoffe, die nach dem Gesetz den Zusatzstoffen gleichgestellt sind: Mineralstoffe und Spurenelemente, Aminosäuren, Vitamin A und D, Zuckeraustauschstoffe (außer Fructose), Süßstoffe, bestimmte Stoffe als Bestandteile nicht zum Verzehr geeigneter Umhüllungen und Überzüge sowie Treibgase.

Der Einsatz eines Zusatzstoffes unterliegt bezüglich der Menge und der Art des Lebensmittels, in dem er verwendet wird, starken Beschränkungen. Ein Stoff wird nur zugelassen, wenn die Zubereitung des Lebensmittels anders nicht möglich ist, wie zum Beispiel die Herstellung eines Puddings ohne ein Verdickungsmittel. Der Verbraucher darf durch die Verwendung des Zusatzstoffes nicht getäuscht werden, was z. B. bei farbgebenden Stoffen leicht möglich wäre. Die eingesetzte Konzentration des Fremdstoffs darf auch langfristig kein Risiko für die Gesundheit darstellen. Vor ihrer Zulassung müssen deshalb alle Stoffe in langwierigen Fütterungsversuchen an Ratten und Mäusen getestet werden. Aus diesen Experimenten werden schließlich die von der Weltgesundheitsorganisation (WHO) festgelegten **ADI-Werte** (acceptable daily intake) abgeleitet. Dies ist die Menge des Stoffs, die ein Mensch lebenslang täglich aufnehmen kann, ohne seine Gesundheit zu gefährden.

Geht's auch ohne?

Bei der Herstellung verderblicher Lebensmittel ist der Einsatz von Konservierungsstoffen wichtig, denn diese verhindern das Wachstum von Bakterien, Hefen oder Pilzen. Der Genuß verdorbener Lebensmittel kann zu schweren Vergiftungen führen. So setzt der Schimmelpilz *Aspergillus flavus* in seinem Stoffwechsel die äußerst giftigen *Aflatoxine* frei. Sie sind krebserregend und schädigen Leber und Nervensystem.

Wenn Lebensmittel **Konservierungsstoffe** enthalten, weist ein deutlicher Vermerk auf der Verpackung darauf hin. Die bei uns üblichen Konservierungsstoffe sind *Sorbinsäure* und ihre Salze, die Sorbate, *Benzoesäure* und ihre Salze, die Benzoate, *p-Hydroxybenzoesäureester* und *Ameisensäure* (siehe Abbildung 1, Tabelle 1). Diese Stoffe wirken konservierend, indem sie die Zellwand oder lebenswichtige Stoffwechselenzyme von Mikroorganismen angreifen (siehe Box „Enzyme").

Es gibt aber noch andere Stoffe, die zur Haltbarmachung von Lebensmitteln eingesetzt werden (Tabelle 2). So sind *Sulfite*, die Salze der schwefligen Säure, wichtig bei der Herstellung von Obst- und Gemüseprodukten, Trockenfrüchten, Meerrettich und auch in der Weinbereitung (siehe Kapitel „Wein und Sekt"). Der Sulfitgehalt mancher Weine ist so hoch, daß schon mit ein bis zwei Gläsern der ADI-Wert erreicht wird. Eine häufige Folge sind Kopfschmerzen.

Ein weiterer konservierender Stoff ist *Nitrit*, das Salz der salpetrigen Säure. Mit Nitrit (Pökelsalz) behandelte Fleischwaren sind gegen das Bakterium *Clostridium botulinum*

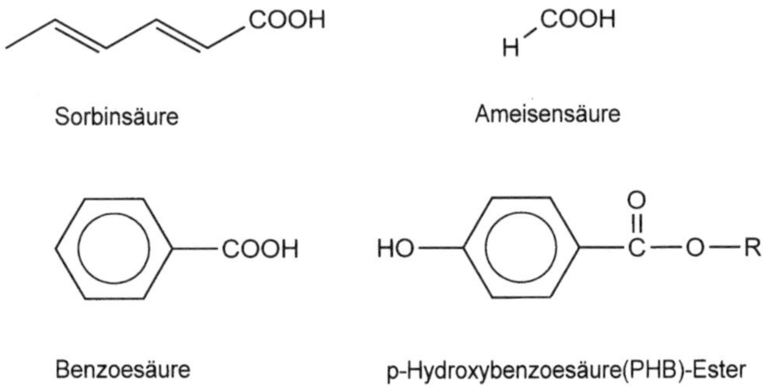

COOH   Sorbinsäure

H–COOH   Ameisensäure

⬡–COOH   Benzoesäure

HO–⬡–C(=O)–O–R   p-Hydroxybenzoesäure(PHB)-Ester

Abbildung 1 Zugelassene Konservierungsstoffe.

Tabelle 1. In der Bundesrepublik zugelassene Konservierungsstoffe

Stoff	Wirkung	Anwendung	„Weiteres"
Sorbinsäure u. ihre Na-, K- u. Ca-Salze (Sorbate)	gegen Schimmelpilze, höchste Wirksamkeit im Sauren	in Margarine, Käse, Ei-gelb, Gemüse, Obster-zeugnissen, Backwaren, Wein, Fisch- u. Fleisch-erzeugnissen	natürliches Vorkommen in Vogelbeeren; gilt als gesundheitlich unbedenk-lich
Benzoesäure u. ihre Na-, K- u. Ca-Salze (Benzoate)	gegen Aerobier, Hefen und Schimmelpilze; wirksam nur im Sauren	in sauren Speisen wie z. B. Marinaden	natürliches Vorkommen in Beerenfrüchten, Pflaumen u. Gewürznelken; kann zu Überempfindlichkeits-reaktionen bei Allergikern und Asthmatikern führen
p-Hydroxybenzoe-säureester bzw. seine Na-Salze	gegen Bakterien und Schimmelpilze; wirksam auch bei höheren pH-Werten	fast ausschließlich in Fischkonserven	Ausscheidung meist unverändert
Ameisensäure u. ihre Na- u. Ca-Salze (Formiate)	gegen Bakterien, Schimmelpilze u. Hefen; wirksam nur im Sauren	u. a. in Obstsäften, Sau-ergemüse u. Fischpro-dukten	

Tabelle 2. In speziellen Verordnungen aufgeführte Zusatzstoffe

Stoff	HauptsächlicheAnwendung
schweflige Säure und ihre Na-, K- u. Ca-Salze	Frucht- und Gemüseprodukte
Biphenyl	Citrusfrüchte
o-Phenylphenol	Citrusfrüchte
Thiabendazol	Bananen
Räucher-Rauch	Fleisch, Fisch, Käse
Nitrat-, Nitritpökelsalz	Fleisch
Natamycin (Pimaricin)	Oberfläche von Hartkäse

weitgehend geschützt. Das Toxin dieses Bakteriums gehört zu den gefährlichsten Giften überhaupt. Es blockiert schon in kleinsten Mengen die Freisetzung von Acetylcholin im peripheren Nervensystem („Botulismus"; siehe Box „Erregungsleitung"). Nebenbei hat Nitrit noch den Effekt, daß es die unerwünschte Braunfärbung des Fleisches verhindert und ihm eine frische rote Farbe verleiht. Es bildet mit dem Muskelfarbstoff Myoglobin, der nach dem Schlachten rasch in das unansehnliche braune Metmyoglobin übergeht, stabile und leuchtend rote Komplexe (siehe Kapitel „Fleisch").

Den Vorteilen der Behandlung von Wurst- und Fleischwaren mit Nitrit stehen allerdings erhebliche gesundheitliche Risiken gegenüber. Als besonders gefährlich gilt die Bildung der stark mutagenen und deshalb krebserregenden *Nitrosamine* durch Reaktion von Nitrit mit sekundären Aminen (Abbauprodukte der Proteine) beim starken Erhitzen von Fleisch. Nitrosamine werden im Körper in reaktive Produkte umgewandelt, die mit der DNA reagieren und sie dadurch schädigen können (siehe Box „Mutagene und Cancerogene"). Die im Tierexperiment mit Nitrosaminen erzeugten Tumore finden sich besonders im Zentralnervensystem, in der Mundhöhle, der Speiseröhre und dem Magen-Darm-Trakt. Da einige Nitrosamine beim Braten und Grillen in besonders großer Menge entstehen, ist der Zusatz von Nitrit zu Grill- und Bratwürstchen nicht mehr zugelassen. Nitrosamine bilden sich auch, wenn Käse (ein aminreiches Lebensmittel) mit nitrithaltigen Fleischwaren erhitzt wird. Also Vorsicht bei Pizza Salami oder Toast Hawaii!

Das **Räuchern** von Fleisch, Fisch und Käse liefert nicht nur einen guten Geschmack, sondern ist gleichzeitig ein natürliches Verfahren zur Konservierung dieser Produkte. Durch das Verschwelen von Laub- und Nadelhölzern entstehen Formaldehyd, Acetaldehyd, Methanol und Phenole, die eine Konservierung bewirken. Allerdings werden beim Räuchern aus dem Holz auch *Benzpyren* und andere *polycyclische Kohlenwasserstoffe* freigesetzt, die als krebserregend gelten.

Antioxidantien sind ebenfalls Konservierungsstoffe, denn sie verzögern das Ranzigwerden von Fetten. Kommt Luftsauerstoff mit Fetten oder fetthaltigen Lebensmitteln in Kontakt, können diese oxidiert und dadurch ungenießbar werden: Sie schmecken ranzig. Durch Antioxidantien wird der Luftsauerstoff abgefangen und das behandelte Lebensmittel vor dem oxidativen Verderben geschützt. Auch der Abbau der oxidationsempfindlichen Vitamine A, C und E kann durch Zusatz von Antioxidantien verzögert werden. Von Nachteil ist, daß Antioxidantien sich bei ihrer Tätigkeit verbrauchen. Daher können die Oxidationsprozesse nicht auf Dauer aufgehalten werden.

Es gibt zahlreiche natürliche Antioxidantien (Tabelle 3), die allen Lebensmitteln zugesetzt werden dürfen. Zu ihnen gehören die Vitamine C und E. Der Einsatz von synthetischen Antioxidantien, die eventuell schädlich und Ursache von allergischen Reaktionen sind, ist dagegen auf einzelne Produkte beschränkt.

Tabelle 3. In Lebensmitteln zugelassene Antioxidantien

natürliche Antioxidantien	
Milchsäure	
Ascorbinsäure (Vitamin C)	
natürliche und synthetische Tocopherole	zugelassen für alle Lebensmittel
Lecithine	
Zitronensäure	
Weinsäure	

synthetische Antioxidantien	
Propylgallat	Trockensuppen und -saucen
Octylgallat	tiefgefrorene und getrocknete Kartoffelerzeugnisse
Dodecylgallat	Knabbererzeugnisse
BHA (Butylhydroxyanisol)	Marzipanmasse
BHT (Butylhydroxytoluol)	Kaugummi, Aromen

Ein appetitlicher Zustand

Aus dem Chemieunterricht wissen wir, daß sich polare und unpolare Stoffe wie Wasser und Öl nicht mischen lassen (siehe Box „Hydrophil/Hydrophob"). Nahrungsmittel, die aus Fetten und Wasser bestehen, wie z. B. Mayonnaise, können sich deshalb leicht entmischen. Die Lösung dieses Problems sind **Emulgatoren**, die in der Lage sind, die Grenzflächenspannung zwischen zwei nicht mischbaren Flüssigkeiten zu verringern. Als Emulgatoren in Lebensmitteln werden fast nur natürliche und naturidentische Stoffe eingesetzt, die der Körper vollständig abbauen kann. Wichtige natürliche Emulgatoren sind bestimmte *Steroide, Mono- und Diacylglycerole* und vor allem das Phospholipid *Lecithin*. Eingesetzt werden Emulgatoren in den unterschiedlichsten Bereichen. Mit Emulgatoren wird Gebäck schön locker, und das Fett in der Schokolade kristallisiert nicht aus. In Softeis ermöglichen sie die Einarbeitung von Luft in die feste Masse. Ohne Emulgatoren wäre Margarine nicht streichfähig, Kaugummi nicht plastisch, und Milch- oder Getränkepulver würde sich nicht in Wasser lösen.

Eine weitere Gruppe von Zusatzstoffen sind die **Verdickungsmittel**. Sie haben die Eigenschaft, Wasser zu binden und so die Viskosität (Zähigkeit) eines Lebensmittels zu verändern. Schon in ganz geringer Konzentration von 1–3 % können sie in einer wäßrigen Lösung die restlichen 97–99 % Wasser binden. Verdickungsmittel sind hochmolekulare Verbindungen, die in ihrer Struktur den Kohlenhydraten ähneln. Sie werden meist aus Pflanzensäften und Algen gewonnen. Ein bekanntes Beispiel ist der aus Rot- oder Braunalgen hergestellte *Agar-Agar*.

Man unterscheidet bei den Verdickungsmitteln zwischen Verbindungen, die feste Gele ausbilden (Geliermittel), und solchen, die nur die Viskosität des Lebensmittels erhöhen (Tabelle 4). Zu den Geliermitteln gehört *Pectin*. Es ist ein großes, fadenförmiges Molekül aus (1,4)-verknüpfter α-D-Galacturonsäure. Viele dieser Moleküle

Tabelle 4. Verschiedene Gelier- und Verdickungsmittel.

Funktion	Wirkung	Anwendung	Struktur	Beispiele
Verdickungs-mittel	Viskositäts-erhöhung	Suppen, Cremes, Füllungen, Saucen usw.	verzweigte Moleküle	Methylcellulose, Carubin, Guarkernmehl, Gummi Arabicum u. a.
Gelierhilfs-mittel	Gelbildner	Pudding, Aspik, Fruchtgelees	große fadenför-mige Moleküle	Alginate, Agar-Agar, Caragen, Pectine u. a.

können ein Gerüst bilden, das das umgebende Wasser einschließt. So werden z. B. Puddings oder Fruchtgelees hergestellt. Dagegen erhöht Gummi Arabicum, gewonnen von dem Baum *Acacia senegal*, nur die Viskosität von Suppen, Saucen oder Cremes. Es ist kein fadenförmiges, sondern ein verzweigtes Molekül aus den Zuckerbausteinen L-Arabinose, L-Rhamnose, D-Galactose und D-Glucuronsäure. Durch die Seitenketten ist eine Gerüstbildung wie bei den Geliermitteln nicht möglich; es entstehen keine festen Gele.

Ähnlich wie Emulgatoren oder Verdickungsmittel beeinflussen auch **Stabilisatoren** die Zustandsform von Lebensmitteln. Als Stabilisator für Proteine verwendet man hauptsächlich *Phosphate*. Ein gutes Beispiel für ihren Einsatz ist Kondensmilch. Durch das Eindampfen hat Kondensmilch eine sehr hohe Calciumionen-Konzentration, die zu einer stärkeren Vernetzung des Milchproteins Casein (siehe Kapitel „Milch") und somit zum Ausflocken führen würde. Durch Zusatz von Phosphat werden die Calciumionen abgefangen, und Casein fällt in Kondensmilch nicht aus.

Vorsicht, Geschmack!

Zu den Geschmacksstoffen zählt man Kochsalz-Ersatzpräparate, saure Verbindungen, Zuckeraustauschstoffe und Süßstoffe, Fettersatzstoffe, Bitterstoffe und Geschmacksverstärker. Allerdings sind nicht alle Geschmacksstoffe Zusatzstoffe, denn der Gesetzgeber zählt Stoffe, die wegen ihres Nähr-, Geruchs- oder Geschmackswertes Lebensmitteln zugesetzt werden, nicht zu den Zusatzstoffen. In diesem Abschnitt werden Geschmacksverstärker, Fettersatzstoffe sowie Zuckeraustauschstoffe und Süßstoffe etwas näher erklärt.

Als **Geschmacksverstärker** bezeichnet man eine Reihe von Verbindungen, die die Eigenschaft haben, eine spezielle „Geschmacksnote" hervorzuheben (Tabelle 5). Das bekannteste Beispiel ist *Mononatriumglutamat,* eine Verbindung, die den Eigengeschmack von gesalzenen Speisen wie Fleisch, Gemüse oder Suppen verstärkt. Mononatriumglutamat wird häufig in großen Mengen in der chinesischen Küche verwendet. Mit dem Begriff „China-Restaurant-Krankheit" bezeichnet man ein allgemeines

Zusatzstoffe in Lebensmitteln

Tabelle 5. Geschmacksverstärker.

Verbindung	Wirkung
Maltol und Ethylmaltol	heben den Eigengeschmack süßer Speisen
Mononatriumglutamat	hebt den Eigengeschmack salziger Speisen
5'-Ribonucleotide	Verstärkung von Fleischgeschmack

Unwohlsein nach der Aufnahme von an Mononatriumglutamat reichen Speisen. Es klingt ein bis zwei Stunden nach dem Essen wieder ab.

Zweifellos ist der Fettanteil in unserer Nahrung oft viel zu hoch. Sind **Fettersatzstoffe** die Lösung? Es handelt sich hierbei um Verbindungen, die Nahrungsfette ersetzen können und dabei keinen oder einen sehr niedrigen physiologischen Brennwert besitzen. Es gibt drei verschiedene Gruppen von Fettersatzstoffen. Die erste Gruppe sind die *Saccharosepolyester*. Sie entstehen durch Veresterung von Saccharose mit Fettsäuren aus Baumwollsaat-, Mais- oder Sojaöl. Diese Ester sind durch die Enzyme in unserem Verdauungssystem zwar nicht abbaubar und deshalb fast „kalorienfrei", bilden aber einen Ölfilm im Darm, der z. B. die Resorption der fettlöslichen Vitamine A und E beeinträchtigt. Man vermutet, daß die Saccharosepolyester auch ein ökologisches Problem darstellen könnten, da sie in der Natur ebenfalls nicht abbaubar sind. Aus den genannten Gründen hat man ihren Einsatz in Deutschland verboten.

Eine zweite Gruppe von Fettersatzstoffen sind aus Stärke oder Cellulose aufgebaute Produkte. Sie lassen sich mit Fetten und Ölen gut mischen und werden zum Beispiel Dressings, Füllungen, Frischkäse oder Speiseeis zugesetzt. Diese Gruppe von Fettersatzstoffen macht sich zunutze, daß auch Proteine im Mund den Eindruck von Fett hervorrufen können, wenn sie in Form kleiner Teilchen mit einheitlichem Durchmesser vorliegen. Die Herstellung erfolgt aus Hühnerei- oder Molkenprotein. Der Verbraucher bekommt das Gefühl, eine fetthaltige Creme im Mund zu haben – der Geschmack spielt keine Rolle. Diese Proteine werden zur Herstellung kalorienarmer Produkte wie Joghurterzeugnisse, Brotaufstriche, Dressings und Margarine verwendet.

Sind die aber süß!

Durch die in den letzten Jahren aufgekommene „Light-Welle" ist der Konsum von kalorienreduzierten Produkten und damit auch von **Süß-** und **Zuckeraustauschstoffen** stark angestiegen. Synthetische *Süßstoffe* unterscheiden sich im chemischen Aufbau vom Zucker, sind aber wie dieser in der Lage, die Süßrezeptoren auf der Zunge anzuregen (siehe Kapitel „Riechen und Schmecken"). Ein weiterer Vorteil ist, daß sie die Karies nicht fördern (siehe Kapitel „Zahnpflege").

Zuckeraustauschstoffe besitzen im Gegensatz zu den meist kalorienfreien Süßstoffen einen Energiegehalt von etwa 4 kcal/g (was etwa dem Energiegehalt von Haushaltszucker entspricht). Sie erzeugen allerdings weniger Karies als Zucker und belasten den Blutzuckerspiegel nur wenig oder gar nicht. Zu den Zuckeraustauschstoffen gehören die Zuckeralkohole *Sorbit, Mannit* und *Xylit.* Der menschliche Körper ist in der Lage, diese drei Stoffe im Dünndarm aufzunehmen. Sorbit wird zu Fructose (Fruchtzucker) oxidiert, die in der Darmwand und in der Leber abgebaut wird. Mannit wird vorwiegend in der Leber abgebaut, Xylit in Leber und roten Blutkörperchen. Zuckeraustauschstoffe werden im Körper ohne Beteiligung von Insulin verarbeitet; daher werden sie Diabetikern besonders empfohlen. Ein Nachteil für den Verbraucher ist die schlechte Aufnahme dieser Stoffe im Dünndarm: Wenn sie nicht vollständig resorbiert werden und in tiefergelegene Darmabschnitte gelangen, binden sie dort Wasser, und es kommt zu Durchfällen.

Während Fructose und die genannten Zuckeraustauschstoffe durch den körpereigenen Stoffwechsel abgebaut werden und Energie liefern, können synthetische Süßstoffe vom Körper nicht zur Energieerzeugung genutzt werden. Sie sind damit kalorienfrei. Die wichtigsten Vertreter dieser Süßstoffe sind *Saccharin, Cyclamat, Aspartam* und *Acesulfam K* (Abbildung 2).

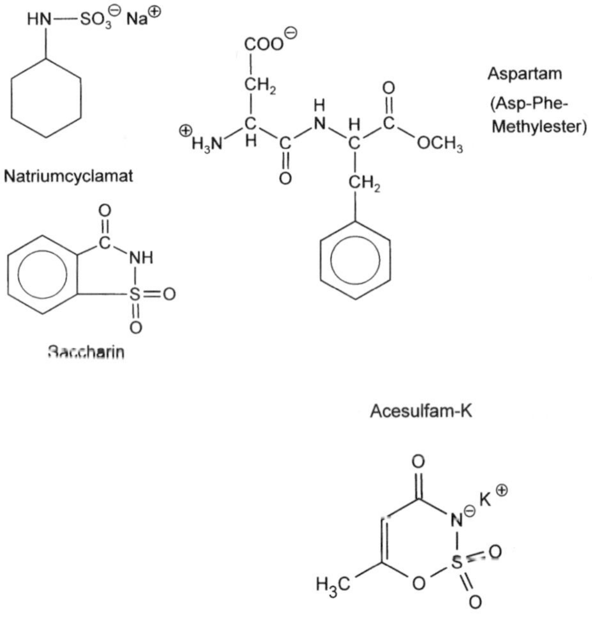

Abbildung 2 Süßstoffe.

195

Saccharin wurde 1879 entdeckt, seit 1884 wird es industriell als Süßstoff produziert. Es ist, je nach Konzentration, 300- bis 700mal süßer als Saccharose, hat aber einen bitteren, metallischen Nachgeschmack. Seine Stabilität in Lebensmitteln ist gut, allerdings geht die Süßkraft bei höheren Temperaturen verloren (durch hydrolytische Spaltung des Imidringes). Saccharin wird im Körper nicht abgebaut. Ein Verdacht auf gesundheitliche Risiken hat sich nicht bestätigt. Man vermutet aber cancerogene Nebenwirkungen durch o-Toluolsulfonamid, ein Zwischenprodukt der Saccharin-Herstellung, das dem Saccharin bei ungenügender Reinigung beigemischt ist.

Cyclamat, 1937 entdeckt, wird seit 1950 industriell hergestellt. Es etwa 30mal süßer als Saccharose, in Lebensmitteln sehr beständig und wird unverändert wieder ausgeschieden. In die öffentliche Diskussion geriet es 1970, als ein Abbauprodukt, das Cyclohexylamin, bei Ratten Blasenkrebs, Wachstumsstillstand und zentralnervöse Störungen verursachte. Obwohl diese Ergebnisse nicht ohne weiteres auf den Menschen übertragen werden können, ist der Verbrauch von Cyclamat heute stark eingeschränkt. In Deutschland wurde es aus der Zusatzstoff-Zulassungsverordnung gestrichen. Es ist aber zusammen mit Saccharin in Getränken und Süßungsmitteln zugelassen. Der ADI-Wert liegt bei 11 mg/kg Körpergewicht und wird von Kindern beim Genuß von Erfrischungsgetränken im Sommer schnell überschritten. Saccharin und Cyclamat wirken synergistisch (das heißt, sie verstärken sich gegenseitig in ihrer Wirkung), was ihren Einsatz in sehr viel geringeren Mengen ermöglicht. Süßstoff-Tabletten bestehen meist aus Saccharin und Cyclamat im Verhältnis 1:10.

Aspartam wurde 1965 entdeckt. Es ist etwa 200mal süßer als Saccharose (Haushaltszucker). Es schmeckt zwar rein süß, bereitet aber anwendungstechnische Probleme, da es als Dipeptidester in wäßriger Lösung zerfällt. Aspartam wird im Körper in die natürlichen Aminosäuren Phenylalanin und Aspartat und in Methanol gespalten. Die Menge des gebildeten Methanols ist bei normaler Verwendung allerdings sehr gering, so daß die Anwendung von Aspartam gesundheitlich unbedenklich scheint. Da die freigesetzten Aminosäuren weiter verstoffwechselt werden, hat Aspartam einen geringfügigen Energiegehalt.

Acesulfam K ist etwa gleich süß wie Aspartam und wurde erst 1967 entdeckt. Aufgrund seiner hohen Stabilität ist es universell einsetzbar. Da es ohne Verstoffwechselung wieder ausgeschieden wird, gilt es für den menschlichen Körper als ungefährlich. Aspartam und Acesulfam K wirken wie Saccharin und Cyclamat synergistisch.

Das Auge ißt mit

Die Färbung von Lebensmitteln reicht weit in die Geschichte zurück. Man kannte sie bereits bei den alten Ägyptern und Römern. Die Art der verwendeten Farben hat sich im Laufe der Jahre natürlich geändert: Im Mittelalter nahm man Naturfarben wie Ocker (Tonerde), Rote Bete oder carotinhaltige Extrakte, z. B. aus Möhren. Im Zuge der Industrialisierung wurden im 19. Jahrhundert zunehmend auch intensivfarbige Blei-, Kupfer- und Quecksilberverbindungen zur Färbung von Lebensmitteln verwendet. Es stellte sich jedoch sehr bald heraus, daß diese giftig sind, und so wurden sie zum größten Teil mit dem ersten Lebensmittel-Farbstoffgesetz von 1887 verboten. Ende des 19. Jahrhunderts entdeckte man die **Azofarbstoffe**. Sie wurden zunächst nur zur Färbung von Textilien eingesetzt, später aber auch für Lebensmittel. Durch die leuchtenden Farben der Azofarbstoffe bekamen die Speisen ein appetitlicheres Aussehen. Außerdem konnte man mit ihrer Hilfe nicht einwandfreie oder sogar verdorbene Waren noch verkaufen. Inzwischen sind Farbstoffe in Lebensmitteln sehr umstritten: Sie täuschen den Verbraucher und sind – zumindest die synthetischen – meist schädlich für die Gesundheit.

Es gibt prinzipiell drei Möglichkeiten, Lebensmittel anzufärben: mit färbenden Lebensmitteln, mit natürlichen oder naturidentischen Farbstoffen und mit synthetischen Farbstoffen.

Beispiele für die Färbung mit Lebensmitteln sind Spinat für Kunstspeiseeis und grüne Nudeln oder Rote Bete für Eis, Getränke- und Puddingpulver.

Zu der Gruppe der natürlichen oder naturidentischen Farbstoffe gehören Extrakte aus Pflanzen und Tieren sowie einige synthetisch zugängliche natürliche Lebensmittelfarbstoffe. Eine Übersicht über Farbe, Stabilität, natürliches Vorkommen und Anwendung dieser Farbstoffe gibt Tabelle 6.

Tabelle 6. Natürliche oder naturidentische Farbstoffe.

Farbstoff	Farbe	Stabilität	natürliches Vor-kommen	Anwendung
Carotinoide	gelb, rot bis violett	nicht wasserlöslich, oxidationsempfindlich	z. B. in Mohrrüben (β-Carotin), Tomaten (Lycopin), Paprika (Capsanthin), Eidotter (Lutein), Mais (Zeaxanthin)	hauptsächlich in Getränken und Süßwaren
Chlorophylle	grün	labil gegen Säuren; als Kupferkomplex stabil	Gewinnung aus Blättern von Brennesseln, Luzerne u. Spinat	Kaugummi, Kunstspeiseeis, Süßwaren, grüne Nudeln
Anthocyane	rot, blau	nur im Sauren (pH < 3,8) stabil, gut wasserlöslich	in verschiedenen Früchten und Gemüsen, wie z. B. Kirschen, Johannisbeeren u. Rotkohl	z. B. in Konfitüren u. Brausen
Betanin	rot	wasserlöslich, labil gegen Licht und Wärme, stabil bei pH 3–7	in Roter Bete	in Joghurt, Kaugummi u. Tomatenprodukten

Tabelle 7. Synthetische Lebensmittelfarbstoffe.

Gruppe	Farbstoff	Farbe	Typisches Lebensmittel	mögliche Nebenwirkungen
	Tartrazin	gelb	Brausen, Fruchtessenzen Kunsthonig, Kunstspeiseeis, Puddingpulver, Senf, Sirup, Süßwaren	
	Amaranth	rot	Liköre, Kunstspeiseeis, Pudding	
Azofarbstoffe	Gelborange S	orange	Aprikosenmarmelade, Arzneimittelkapseln, Schokoladenmixgetränke, Fertigsuppen, Marzipan, Zitronenquark	allergische Reaktionen insbesondere bei Aspirinunverträglichkeit
	Azorubin	rot	Pudding, Biskuitrolle, Paniermehl, Kunstspeiseeis	
	Brilliantschwarz	schwarz	deutscher Kaviar, Fischrogen, Lakritze, Saucen, Süßwaren	allergische Reaktionen
Triphenylmethanfarbstoffe	Brilliantsäuregrün BS	grün bis blau	Süßwaren	keine
	Patentblau V	blau	Glasuren, Getränke, Süßwaren	keine
Indigoide Farbstoffe	Indigotin	blau	Glasuren, Getränke, Süßwaren	keine
Fluoreszeinfarbstoffe	Erythrosin (Tetrajodfluoreszein)	rosa	Cocktailkirschen und Mischobstkonserven	Allergien, erbgutverändernd nur in Bakterien
Chinolinfarbstoffe	Chinolingelb	gelb	Brausen, Puddingpulver, Räucherfisch, Ostereierfarbe	allergische Reaktionen

Der Vorteil der synthetischen Farbstoffe (Tabelle 7) liegt in der Regel in ihrer Stabilität und guten Löslichkeit, außerdem sind sie wesentlich preisgünstiger. Die Zahl der zugelassenen Farbstoffe und ihre Einsatzgebiete wurden jedoch aufgrund gesundheitlicher Bedenken immer weiter eingeschränkt.

Selbst wenn von den erlaubten Zusatzstoffen in Lebensmitteln keine Gefahren ausgehen sollten – frische, naturbelassene Produkte sind in der Regel die bessere Wahl.

Milch

Maike Schmidt

Bei den Säugetieren wird das Ungeborene über das mütterliche Blut mit Nährstoffen versorgt. Mit der Geburt ist das vorbei: Milch übernimmt von diesem Zeitpunkt an die Versorgung des Neugeborenen. Die Milch ist also unser erstes Nahrungsmittel. Entsprechend reichhaltig ist ihre Zusammensetzung: Sie enthält alle Nahrungsstoffe, die zum Wachstum notwendig sind. Neben Wasser und Mineralstoffen sind dies Proteine, Milchzucker, Fette und Vitamine. Die Proteine (hauptsächlich Caseine, Lactalbumin und Lactoglobin) dienen als Aminosäurelieferanten für den Aufbau von körpereigenen Proteinen. Der Milchzucker (Lactose) und die Fette sind dagegen wichtige Energiequellen. Unter den Mineralstoffen ist vor allem das Calcium zu nennen, das für den Aufbau von Knochen und Zähnen benötigt wird. Die Vitamine A, B_1, B_2, C, D und E schließlich sind Bausteine von Enzymen und schützen vor oxidativen Schädigungen.

Wie wir wissen, mischen sich Fette, wie z. B. die Butter, nur ungern mit Wasser. Fette gehören deshalb zu den sogenannten „hydrophoben" (= wasserfürchtenden) Stoffen, sie bleiben lieber unter sich und lagern sich in wäßriger Umgebung leicht zusammmen – die vielen Fetttröpfchen einer Suppe beispielsweise bilden schnell große Fettaugen. Dies würde auch mit den Fetten der Milch geschehen, wenn sie nicht besonders verpackt wären. Damit sie sich nicht zusammenlagern, sind die Fetttröpfchen der Milch von einer „hydrophilen" (= wasserliebenden) Hülle umgeben, mit der sie bereits in der Milchdrüse ausgerüstet werden. Die milchbildenden Zellen der Milchdrüse umhüllen die Fette mit Teilen ihrer eigenen Membran, welche Phospholipide enthält. Die Phospholipide wirken dabei als **Emulgatoren,** die sich mit ihren hydrophilen Phosphatgruppen zum Wasser und mit ihren hydrophoben Anteilen zum Fett ausrichten (siehe Box „Hydrophil-Hydrophob").

Neben den genannten **Nahrungsstoffen** enthält die Milch Komponenten, die das Leben des Neugeborenen gegen Gefahren schützen. Seit der Geburt dringen Bakterien, Viren und Pilze auf den Neubürger ein. Der menschliche Organismus reagiert auf diesen Ansturm normalerweise mit der Bildung von Antikörpern, welche die fremden Organismen spezifisch erkennen und dafür sorgen, daß sie außer Gefecht gesetzt werden. Neugeborene haben in den ersten Wochen ihres Lebens noch keine eigenen Antikörper. Deshalb werden sie über die Milch mit mütterlichen Antikörpern versorgt. Die im Blut der Mutter vorhandenen **Antikörper** werden von Zellen der Milchdrüse herausgefischt und in die Milch abgegeben.

Neben pathogenen (= krankmachenden) Bakterien gibt es aber auch nützliche: Sie leben zum Beispiel im Darm des Menschen und leisten dort wichtige Arbeit. Bei der Geburt sind diese Bakterien im Darm noch nicht vorhanden, sondern müssen dort erst angesiedelt werden. Das geschieht in den ersten Lebensstunden. Um die Ansiedlung der richtigen Bakterien zu fördern, enthält Milch einen Faktor, der gezielt dem Wachstum des Bakterienstammes *Lactobacillus bifidus* dient. Als Gegenleistung für diesen sogenannten **Bifidusfaktor** produzieren die Lactobacillen Säure, die pathogene Bakterien im Darm abtötet. Die chemische Natur des Bifidusfaktors ist noch nicht geklärt, vermutlich handelt es sich um den Zucker Lactulose.

Als weiteren Schutzfaktor enthält Milch das **Lactoferrin.** Dieses Protein bindet im Darm des Säuglings Eisen und zieht es aus dem Verkehr. Dadurch kann das Wachstum unerwünschter Bakterien, die auf Eisen angewiesen sind, ebenfalls wirksam verhindert werden.

Die genannten Stoffe kommen in der Milch aller Säugetiere vor. Eine Ausnahme bildet der Bifidusfaktor, der ausschließlich in der menschlichen Milch zu finden ist. Allerdings ist der relative Anteil der Nahrungsstoffe in der Milch der Säugetiere, je nach den Lebensbedingungen des Neugeborenen, unterschiedlich (Tabelle 1). So zeigt die

Tabelle 1. Was steckt in welcher Milch? (Angaben in %)

Art	Wasser	Protein	Fett	Lactose	Mineralstoffe
Mensch	87,6	1,2	4,1	6,9	0,2
Kuh	87,5	3,1	3,8	4,8	0,8
Schaf	82,7	5,3	6,3	4,9	0,9
Ziege	86,6	3,6	4,2	4,8	0,8
Pferd	90,0	2,2	1,5	5,9	0,4
Rentier	63,0	10,3	22,5	2,5	?

Milch des „Fluchttieres" Pferd einen besonders hohen Protein- und Mineralstoffgehalt, denn Proteine und Mineralstoffe dienen dem schnellen Aufbau von Knochen und Muskeln. Andererseits ist die Milch von Seehunden durch einen besonders hohen Fettgehalt gekennzeichnet, denn die Fette können für den schnellen Aufbau einer gegen Kälte isolierenden Schicht sorgen.

Obwohl es also unter den Säugetieren im Hinblick auf die Milch keine wesentlichen Unterschiede gibt, zeigt sich beim Menschen doch eine Besonderheit: Er trinkt als einziges Säugetier auch nach dem Säuglingsalter noch Milch. Aber daraus ergeben sich Probleme.

Verdauungsprobleme? Mit Lactase nicht.

Der in der Milch enthaltene **Milchzucker** Lactose ist ein Zweifachzucker (Disaccharid). Er besteht aus den beiden Zuckerbausteinen Glucose und Galactose, die fest miteinander verbunden sind (siehe Box „Kohlenhydrate"). Um die Lactose aufzuspalten und die beiden Zucker verwerten zu können, wird ein Enzym benötigt, die **Lactase** (siehe Box „Enzyme"). Dieses Enzym ist auf der äußeren Oberfläche der Zellen der inneren Darmwand zu finden, wo die Spaltung zu Glucose und Galactose stattfindet, bevor die Zucker von den Darmzellen aufgenommen werden. Ohne die Lactase verbliebe die Lactose ungespalten im Darm. Der Nährwertverlust allein wäre noch nicht schlimm. Doch das zurückbleibende Disaccharid bindet Wasser, das deshalb vom Körper nicht aufgenommen werden kann; außerdem bauen die Bakterien der Darmflora das Disaccharid teilweise zu Kohlendioxid ab. Wenn die Lactose nicht durch Lactase gespalten wird, sind Durchfall und Blähungen die unangenehmen Folgen.

Tabelle 2. Erwünschte und unerwünschte Nebenbestandteile der Milch

	Nebenbestandteile
Enzyme:	Peroxidase (spaltet aus H_2O_2 Sauerstoff ab; dient als Erhitzungsnachweis)
	Lipase (spaltet Fette, verursacht Ranzigwerden)
	Proteasen (spalten Proteine, helfen bei der Käsereifung)
Vitamine:	A (Farbe der Butter)
	B_2 (färbt Molke grüngelb; wichtig für die Milchsäurebakterien)
	D (gegen Rachitis)
	Citronensäure

Fremdbestandteile
können in Milch vorkommen, gehören aber nicht hinein
Antibiotika, Schmutz, Reinigungsmittel
Schadstoffe (Herbizide, Insektizide, Schwermetalle)

201

Da Lactose nur in Milch vorkommt, wird die Lactase eigentlich nur im Säuglingsalter zur Verdauung benötigt. Deshalb ist unser Körper darauf programmiert, die
Herstellung der Lactase spätestens im dritten Lebensjahr einzustellen, weil ein Kind
zu diesem Zeitpunkt normalerweise entwöhnt ist. Wie so häufig, regiert auch hier das
Gesetz der Sparsamkeit. Wozu sollte der Körper mühsam ein Enzym herstellen, das
er nach dem Säuglingsalter nicht mehr braucht?

Unsere Vorfahren entdeckten vor ca. 10 000 Jahren die Milch von Haustieren als
wertvolle Nahrungsquelle für sich und führten die Milchwirtschaft ein. So ist Milch
für viele Kinder und Erwachsene ein wichtiges energiespendendes Nahrungsmittel
geworden. Außerdem liefert sie Vitamine, darunter das **Vitamin D.** Dieses ist die Vorstufe eines Hormons, des Calcitriols (von manchen auch als Vitamin-D-Hormon bezeichnet), das die Aufnahme von Calcium im Darm und den Auf- und Abbau der
Knochen steuert. Eigentlich kann unser Organismus selbst Vitamin D bilden – er
benötigt dazu aber die UV-Strahlen der Sonne. Nur, wenn der Körper nicht genug
Licht bekommt, z. B. in den langen nordischen Wintern, ist er auf das Vitamin in der
Nahrung angewiesen. Fehlt auch dieses, kommt es zu Mangelerscheinungen wie Ra-
chitis, einer Krankheit, die durch typische Verformungen des Skeletts gekennzeichnet ist. Im winterdunklen Norden muß das Trinken von Milch daher einen Evolutions-
vorteil bewirkt haben, der bedeutend genug war, um bei den dort lebenden Menschen
eine Lactoseverträglichkeit (Toleranz) entstehen zu lassen.

Menschen mit Lactosetoleranz bilden auch im Erwachsenenalter genügend Lactase,
um die Lactose der Milch verdauen zu können. Sie gehören aber einer Minderheit an,
die nur im eurasischen Raum, insbesondere im nördlichen und mittleren Europa, zu
finden ist. Südeuropäer oder Afrikaner stellen die Bildung von Lactase im Darm nach
dem Säuglingsalter ein. Sie zeigen deshalb eine **Lactoseintoleranz** mit den oben beschriebenen Unannehmlichkeiten. Diese Einsicht ist leider erst neueren Datums. Aus
Unkenntnis und vielleicht auch einer Portion Ignoranz sahen sich die Europäer als
Norm und schickten zur Ernährung hungernder Erwachsener viele Tonnen Milchpul-
ver in die Dritte Welt. Sie richteten damit sicherlich mehr Schaden als Nutzen an.

Es gibt weitere Gründe, warum das Trinken von Milch nur in nördlichen Regionen populär wurde. In südlicheren Gebieten verdarb die Milch durch bakterielle Besiedlung zu schnell, sie konnte sich dort nur in ihren haltbaren Formen wie Käse auf
dem Speiseplan etablieren. Obwohl Käse aus Milch hergestellt wird, enthält er nur
wenig Lactose, wie im folgenden Kapitel beschrieben wird. Auch das leicht ranzig
werdende Butterfett wurde in warmen Regionen durch andere Fette, insbesondere das
besser haltbare Olivenöl, ersetzt.

Moderne Milch: Erhitzt und homogenisiert

Die geringe Haltbarkeit der Milch ist seit jeher ein Problem. In den 60er Jahren des 19. Jahrhunderts kam Louis Pasteur auf die Idee, die Haltbarkeit der Milch durch eine kurzzeitige Hitzebehandlung zu verbessern. Dieser Prozeß des „**Pasteurisierens**" wird heute allgemein angewandt, um die Milch zu stabilisieren. Je nach Verwendungszweck werden unterschiedliche Verfahren eingesetzt. Normale Frischmilch („Rohmilch") wird entweder für 30 Sekunden auf 62 °C oder für 15 Sekunden auf 71 °C erhitzt. Damit werden einerseits die meisten Bakterien abgetötet, andererseits werden auch die in der Milch enthaltenen Enzyme zerstört. So wird durch die Hitzebehandlung eine in der Milch natürlich vorkommende Lipase inaktiviert, welche durch Spaltung der Fette zum Ranzigwerden der Milch beiträgt. Der ranzige Geruch und Geschmack wird durch Buttersäure verursacht, eine kleine, vier Kohlenstoffatome enthaltende Fettsäure, die neben anderen kurzkettigen Fettsäuren im leicht verdaulichen Milchfett vorkommt.

Verwöhnt, wie wir sind, möchte kaum einer von uns beim Öffnen einer Milchflasche diese von einem Fettpfropfen verschlossen finden. Es ist der **Rahm**, den man bei frischer Milch vom Bauern noch abschöpfen kann. Er bildet sich auf der Oberfläche, weil Fetttröpfchen ein geringeres spezifisches Gewicht haben als ihre wäßrige Umgebung. Sie steigen deshalb in der Milch langsam nach oben – sie „rahmen auf". Proteine, die die Fetttröpfchen umhüllen, verhindern, daß diese zusammenkleben.

Um die Bildung des Rahms zu unterbinden, wird die Milch **homogenisiert** (Abbildung 1). Dabei preßt man sie unter hohem Druck durch eine kleine Düse und läßt sie dahinter auf eine harte Oberfläche treffen. Dadurch werden die Fetttropfen in sehr kleine Tröpfchen ungefähr gleicher Größe zerteilt. Sie sind dann zu klein, um wie die Fetttropfen der Frischmilch aufzurahmen.

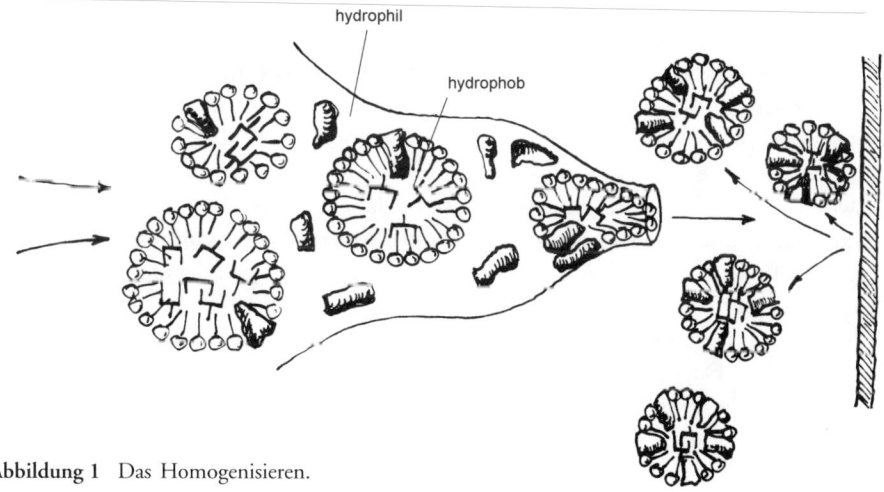

Abbildung 1 Das Homogenisieren.

Louis trinkt seine Milch später ...

Die Gesamtoberfläche der Fetttröpfchen wird beim Homogenisieren allerdings größer. Dadurch schlüpfen Proteine, darunter auch fettspaltende Lipasen, aus der umgebenden Flüssigkeit in die Lücken der Lipidhülle. Es ist daher notwendig, die Milch vor dem Homogenisieren zu pasteurisieren, da homogenisierte Milch sonst durch Fettspaltung zu schnell ranzig würde.

Alles, was Fett macht

Der Anteil des Milchfetts in Kuhmilch liegt bei etwa 4 %. Das Fett kommt darin, wie oben beschrieben, in Form kleiner Kugeln vor. Sie sind von einer hydrophilen Membran umgeben, die sie in Lösung hält. Man spricht von einer „Öl-in-Wasser-Emulsion" (siehe Kapitel „Hautpflegemittel"). Die Fettkugeln enthalten in ihrem Inneren kristallines Butterfett, das von flüssigem Butterfett umgeben ist. Das Mengenverhältnis zwischen kristalliner und flüssiger Phase ist dabei von der Temperatur abhängig.

Hausfrauen und -männer wissen, daß beim Schlagen von Sahne die Temperatur von großer Bedeutung ist. Unter **Sahne** versteht man eine besonders fettreiche Milch mit einem Fettanteil von bis zu 40 %. Wenn man Sahne mit dem Schneebesen schlägt, werden Luftblasen in die Flüssigkeit eingeschlossen. In Milch würden diese sofort wieder zerfallen. Dagegen bleiben sie in Sahne mit einem Fettanteil von mehr als 20 % bestehen, weil die Wände der Luftblasen von den vielen Fettkügelchen und den Proteinen der Lösung stabilisiert werden. Im Verlauf des Schlagens bildet sich so zwischen den Luftbläschen ein Lamellensystem aus, das einen stabilen Schaum garantiert, die

Schlagsahne. Ein zu niedriger Fettgehalt der Sahne führt nicht zum Erfolg, denn Wasser verhindert die Schaumbildung, da es die Lamellen wegfließen läßt. Der Hobbykoch gibt in diesem Falle „Sahnesteif" dazu, welches Wasser bindet und die Sahne zähflüssiger und stabiler macht.

Voraussetzung für ein gutes Gelingen der Schlagsahne ist, daß ihre Temperatur unter 8 °C liegt, weil nur Fettkugeln mit kristallinem Butterfett stabil genug sind, das Schlagen zu überstehen. Liegt die Temperatur der Sahne dagegen wesentlich darüber, werden die Fettkugeln beim Schlagen zerstört. Das in ihnen enthaltene Fett lagert sich zusammen und bildet Butterklümpchen. Die wäßrige Flüssigkeit wird verdrängt und scheidet sich als **Buttermilch** ab (sehr gesund, da fettarm!). Dieser Butterungsprozeß entspricht einer Phasenumkehr: Im Butterklumpen bildet das Fett die Grundlage, in der die Wassertröpfchen schwimmen („Wasser-in-Öl-Emulsion", siehe Kapitel „Hautpflegemittel"). Restanteile von Buttermilch sind von den ehemaligen Hüllen der Fetttropfen umgeben. Die Hüllen bilden, jetzt umgekrempelt, einen lipophilen (fettliebenden) Mantel um die wasserhaltigen Tropfen (Abbildung 2).

Die gelbliche Farbe der **Butter** kommt von dem fettlöslichen Vitamin A. Der typische Buttergeschmack entsteht durch die Verbindungen Acetoin und Diacetyl, die von Bakterien aus Citrat und Lactose gebildet werden.

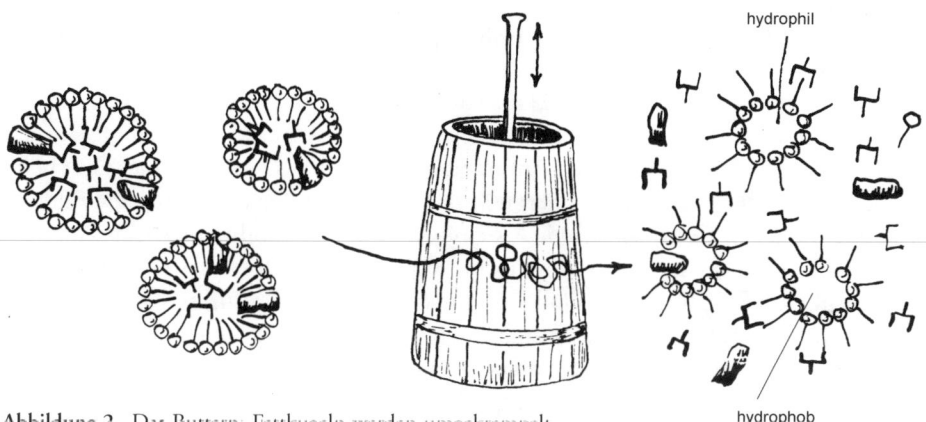

Abbildung 2 Das Buttern. Fettkugeln werden umgekrempelt.

Spezialisten: Die Milchproteine

Die Milchproteine lassen sich in die hitzeempfindlichen Molkeproteine Lactalbumin und Lactoglobin und die weniger hitzeempfindlichen Caseine unterteilen.

Warum sind Proteine überhaupt wärmeempfindlich? Die Funktionen und Eigenschaften eines Proteins werden von seiner räumlichen Struktur bestimmt, das heißt von der Art und Weise, wie sich seine Peptidkette faltet – die Fachleute nennen das Sekundär- und Tertiärstruktur (siehe Box „Proteine"). Die Peptidketten der meisten Proteine bilden feste (aber nicht starre) dreidimensionale Strukturen aus, manche Teile einer Kette können sogar überaus flexibel sein. Bei Zufuhr von Wärme werden die Bewegungen der Atome im Protein immer stärker. Von einer bestimmten Temperatur an ist diese Bewegung so heftig, daß sich einige der schwachen chemischen Bindungen lösen, die für die Strukturerhaltung wichtig sind. Das Protein verliert dadurch seine ursprüngliche Gestalt, es „denaturiert" und wird unlöslich – wie man es am Eiklar eines Spiegeleis gut beobachten kann. Bei welcher Temperatur ein Protein denaturiert, hängt von seiner Zusammensetzung ab. Enthält es sehr viele die Struktur stabilisierende Disulfidbrücken, wie z. B. das Keratin im Haar, dann kann es einer Erwärmung länger widerstehen – wir wissen das vom Fönen.

Die Caseine sind ähnlich hitzestabil wie das Keratin, dagegen sind die Molkeproteine empfindlicher. Sie denaturieren bereits bei einer Temperatur von 74 °C. Wenn man also Milch über diese Temperatur hinaus erhitzt, dann werden einige Disulfidbrücken der Molkeproteine gespalten, und Schwefelwasserstoff entsteht. Er trägt zum typischen Geschmack gekochter Milch bei. Glücklicherweise werden die Molkeproteine der Milch durch das Denaturieren aber nicht unlöslich – die Bildung spezieller Verbindungen (Komplexe) mit Caseinen verhindert ihr Ausfallen. Wie ein Rettungsring halten die Caseinmoleküle die denaturierten Molkeproteine in Lösung. Nur an der Oberfläche kochender Milch verdampft so viel Wasser, daß die Komplexe wegen ihrer hohen Konzentration ausfallen und eine Haut von unlöslichen Proteinen bilden.

Zum Geschmack gekochter Milch trägt noch eine weitere Verbindung bei – das **Methional**, ein Abbauprodukt der Aminosäure Methionin. Es entsteht nicht nur beim Erhitzen von Milch. Schon die Energie von Lichtstrahlen reicht aus, um die Bildung von Methional in Gang zu setzen. Als eine Art Photosensibilisator wirkt dabei das Vitamin B$_2$ (Riboflavin), das verlorengeht, wenn man Milch erhitzt oder dem Licht aussetzt. Es muß nicht einmal praller Sonnenschein sein, das diffuse Licht in Innenräumen reicht bereits aus, um im Laufe von Stunden bei Milch einen Lichtgeschmack entstehen zu lassen. Milch sollte deshalb grundsätzlich in lichtundurchlässigen Gefäßen wie braunen Glasflaschen oder Pappbehältern aufbewahrt werden, um die Inhaltsstoffe zu schützen.

Doch nun zu den Caseinen, der von der Menge her wichtigsten Gruppe der Milchproteine, um die sich in der Molkerei eigentlich alles dreht. Von ihnen gibt es drei verschiedene Formen, die sich in ihrer Aminosäuresequenz unterscheiden: das **α-, β-** **und κ-Casein**. Durch ihre besondere Aminosäurezusammensetzung sind Caseine weniger hitzeempfindlich als andere Proteine. Sie denaturieren deshalb beim Kochen von Milch nicht. In der Kette der Caseine besetzt die Aminosäure Prolin annähernd jede zehnte Position. Prolin verhindert die Bildung von geordneten Sekundärstrukturen wie α-Helices oder β-Faltblätter (siehe Box „Proteine"). Die Struktur der Caseine ist somit sehr flexibel: Nur in den kurzen Abschnitten zwischen den Prolinen ist die Aminosäurekette gefaltet, und die ungefalteten Bereiche fungieren wie Gelenke, um die sich die restliche Kette nahezu frei drehen kann. Dadurch kann die Bewegungsenergie bei Erwärmung von Caseinen besonders gut aufgefangen werden, ohne daß das Protein denaturiert und dadurch unlöslich wird. Caseine sind aber, wie wir noch sehen werden, nicht gegen alle Veränderungen der Umgebung gefeit.

Alle drei Casein-Untereinheiten bestehen aus einem wasserverträglichen (hydrophilen) und einem wasserabstoßenden (hydrophoben) Teil. Die hydrophoben Teile versuchen, dem Wasser auszuweichen, indem sie sich zusammenlagern. Dadurch entstehen Casein-Aggregate (sogenante **Submicellen**) aus vielen Untereinheiten. In der Mitte liegen die hydrophoben Anteile, die hydrophilen zeigen dagegen nach außen. Zusätzlich halten sich Caseine untereinander durch elektrostatische Bindungen fest (Abbildung 3).

Die Caseine besitzen auf ihrer Oberfläche Aminosäuren mit OH-(Hydroxyl-)-Gruppen (Serin und Threonin). Diese sind mit Phosphatgruppen verbunden, die über Calcium-Ionen, die in Milch in hoher Konzentration vorkommen, Brücken zu benachbarten Submicellen bilden können. Liefe diese Vernetzung ungehemmt ab, dann müßten die Caseine in der Milch eigentlich als unlösliche Aggregate vorliegen.

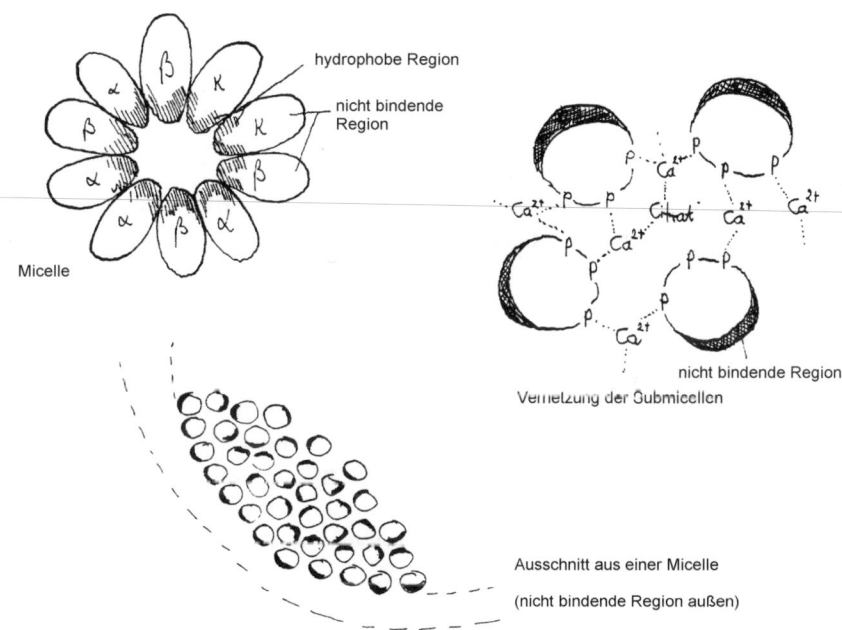

Abbildung 3 Von der Submicelle zur Casein-Micelle.

Aber auch hier ließ sich die Natur etwas einfallen. Die geladenen Seitengruppen des κ-Caseins sind nämlich durch „Zuckerbäumchen" (Kohlenhydrate) getarnt, so daß sie nicht an der Bildung von Verbindungsbrücken teilhaben können. Eine Caseinmicelle, wie sie in der Milch vorkommt, ähnelt also einer Kugel, bestehend aus vielen Submicellen, auf deren Oberflächen κ-Caseine liegen.

Mindestens haltbar bis...

Wer kennt sie nicht, die Flocken im Kaffee, wenn die Milch ihr Verfallsdatum überschritten hat oder zu warm gelagert wurde? Die Veränderungen der Milch werden von **Milchsäurebakterien** verursacht, die sich in der Kälte langsam und in der Wärme schneller vermehren. Sie vergären Lactose, den Milchzucker, und setzen diesen hauptsächlich zu Milchsäure um. Diese Säure läßt den pH-Wert der Milch sinken, die Milch wird sauer. Bei niedrigem pH-Wert verliert κ-Casein seine Fähigkeit, sich an den anderen Caseinen festzuhalten. Es verläßt die Submicelle und kann seine Schutzfunktion nicht mehr erfüllen. Die Micellen der Caseine können sich deshalb immer weiter zusammenlagern – ein weißer, unlöslicher Niederschlag bildet sich. In heißem Kaffee geschieht dies besonders schnell, wenn Milch oder Sahne sauer sind. Die käufliche pasteurisierte Milch wird im allgemeinen nicht sauer, da die Milchsäurebakterien durch die Pasteurisierung abgetötet werden. Läßt man sie längere Zeit in der Wärme stehen, entsteht nicht Sauermilch, sondern ein übelriechendes, ungenießbares Produkt. Dafür sind andere Bakterien verantwortlich, die das Pasteurisieren als Sporen überlebt haben.

Bei dem durch Milchsäurebakterien hervorgerufenen niedrigen pH-Wert verwandelt sich die flüssige Milch mit der Zeit in ein sämiges Gel – es entsteht **Sauermilch**, ein Verwandter des Joghurts. Bei der Herstellung von **Joghurt** in der Molkerei wird im Grunde nur das „Verderben" der Milch verfahrenstechnisch geregelt. Um nichts dem Zufall zu überlassen, sondern den Prozeß des Sauerwerdens gezielt zu steuern, setzt man der Milch Bakterien zu, die nur erwünschte Verbindungen produzieren. Wie erwähnt, bilden die in der Milch natürlich vorkommenden Bakterien neben Milchsäure auch Ammoniak oder andere Verbindungen, die unangenehm schmecken oder sogar giftig sind. Bei der Herstellung von Sauermilchprodukten wie Joghurt oder Dickmilch verwendet man als Starterkulturen „homofermentative" Bakterien, die nur Milchsäure und geringe Mengen an Aromastoffen wie Acetaldehyd produzieren, wie die Bakterienart *Streptococcus thermophilus*. Machen diese Bakterien unterhalb eines bestimmten pH-Wertes (das heißt oberhalb eines bestimmten Säuregehalts) schlapp, setzen robustere Bakterien der Art *Lactobacillus bulgaricus* die Produktion des Joghurts fort.

Eine Ausnahme unter den Sauermilchprodukten ist der alkoholhaltige Koumiss oder **Kefir,** der mit Hilfe von Hefe hergestellt wird. Kefir ist ein traditionelles Getränk der Tataren. Dieses nicht seßhafte Volk hielt sich nicht lange genug an einem Ort auf, um in Ruhe Wein oder Bier zu brauen. Deshalb nutzten die Tataren die alkoholische Fermentation der Hefe in Verbindung mit Milch, um zu einem alkoholischen Getränk zu kommen.

Wenn man die Bakterien bei dem oben beschriebenen Prozeß nicht rechtzeitig durch Erhitzen abtötet, sinkt der pH-Wert immer weiter, bis die Milchproteine vollständig ausfallen. Das macht man sich bei der Käseherstellung zunutze, der in diesem Buch ein eigenes Kapitel gewidmet ist.

Die Amme aus der Kanne

Säuglinge, die weder von ihrer Mutter noch von einer Amme gestillt werden konnten und deshalb mit Kuhmilch ernährt werden mußten, starben früher häufig an Durchfall oder Austrocknung. Kuhmilch ist eben für Kuhbabys – Kälber – gedacht und nicht für menschliche Säuglinge.

Erst Anfang dieses Jahrhunderts fand man die Ursachen dafür und lernte, Kuhmilch so zuzubereiten, daß sie auch für menschliche Babys verträglich ist. Dies führte zum ersten sprunghaften Rückgang der Säuglingssterblichkeit im 20. Jahrhundert (der zweite folgte 50 Jahre später durch die Einführung der Antibiotika).

Was sind nun die wesentlichen Unterschiede in der Zusammensetzung von Kuhmilch und Muttermilch, und wie kann man Kuhmilch den Bedürfnissen des Säug-

lings anpassen? Wie Tabelle 1 zeigt, enthält Kuhmilch fast dreimal soviel Protein wie Muttermilch. Dies wäre an sich nicht so schlimm, doch ein Problem liegt in dem besonders hohen Caseingehalt der Kuhmilch. Casein gerinnt nämlich – im Gegensatz zu den anderen Milchproteinen – im sauren Milieu des Magens und läßt sich dann schlechter verdauen. Das geronnene Casein erscheint in fast unveränderter Form im Dickdarm des Säuglings und wird zum Festmahl für die dort ansässigen Bakterien und zur Ursache für ihre massenhafte Vermehrung. Mit diesen Darmbakterien hat das Baby bisher in Frieden gelebt, doch ihre Vermehrung ist nun doch zu gewaltig: Der Dickdarm wird krank und reagiert mit Durchfall. Das Kalb hat dieses Problem nicht. In seinem Magen gibt es ein spezielles Enzym, das Casein in so feiner Verteilung gerinnen läßt, daß es für die Verdauung im Dünndarm gut zugänglich wird. Das Enzym heißt **Lab** (Labferment, wissenschaftlich: Chymosin oder Rennin) und spielt auch eine wichtige Rolle bei der Herstellung von Käse (siehe Kapitel „Käse"). Der Erwachsene hat weniger Schwierigkeiten mit der Verdauung von Casein. Er besitz zwar kein Lab, ist aber besser mit Enzymen zur Proteinverdauung ausgestattet als der Säugling.

Ein zweiter Unterschied zwischen Kuhmilch und Muttermilch liegt im **Mineralstoffgehalt,** der in Kuhmilch viermal höher ist (Tabelle 1). Die zusätzlichen Mineralstoffe müssen vom Säugling mit dem Urin ausgeschieden werden. Da die Niere des jungen Säuglings den Urin noch nicht so stark konzentrieren kann wie im späteren Leben, muß sie gleichzeitig große Mengen Wasser ausscheiden. Dies führt leicht zu einer Austrocknung (Exsikkose), die lebensgefährlich sein kann.

Die heutigen Milchnahrungen für Säuglinge sind gut verträglich, obwohl sie aus Kuhmilch hergestellt werden. Richtlinien der EU schreiben ihre Zusammensetzung vor. Bei der Herstellung wird die Kuhmilch verdünnt, um den Casein- und Mineralstoffgehalt zu vermindern. Um den Energiegehalt, der durch das Verdünnen auf 50–60 % absinkt, wieder anzuheben, werden Fette mit ungesättigten Fettsäuren und Milchzucker zugesetzt. Trotzdem plädieren die Kinderärzte dafür, daß junge Säuglinge gestillt und nicht mit Kuhmilchpräparaten ernährt werden, so gut diese heute auch sein mögen. Wissenschaftliche Gründe, der Geldbeutel und auch das Herz sprechen dafür.

Lipide

Naturstoffe, die sich in organischen Lösungsmitteln wie Chloroform oder Benzol gut lösen, bezeichnet man als Lipide. Chemisch können diese Stoffe sehr verschieden sein.

Viele Lipide enthalten **Fettsäuren**. Das sind lange Ketten von 10 bis 20 Kohlenstoffatomen, die ganz oder teilweise wasserstoffgesättigt sind. Sie tragen an einem Ende eine Carboxyl-Gruppe. Eine wichtige Gruppe der Lipide sind die **Fette**, Ester von je drei Fettsäuren mit dem dreiwertigen Alkohol Glycerol. Eng mit den Fetten verwandt sind die **Phospholipide**, bei denen eine der drei Fettsäuren durch ein Phosphat ersetzt ist, an welchem noch ein Alkohol oder Aminoalkohol hängt. Die Glycolipide sind ähnlich wie die Phospholipide aufgebaut, tragen aber statt des Phosphats eine Kette aus meist mehreren Zuckern. Auch die **Wachse** sind mit den Fetten verwandt: Es sind Ester einer einzelnen Fettsäure mit einem langkettigen Alkohol.

Während die genannten Lipide als Fettsäureester alle durch Wasser spaltbar (d. h. hydrolysierbar) sind, gibt es auch Lipide, für die das nicht zutrifft. Diese Gruppe ist wesentlich kleiner, enthält jedoch etliche Vertreter von großer biologischer Bedeutung. Dazu gehören einige **Vitamine**, z. B. das **Carotin**, der Vorläufer des Sehfarbstoffs. Auch das **Cholesterol**, ein charakteristischer Bestandteil der Membranen tierischer Zellen, und die **Steroidhormone** sind hier zu nennen.

Die Lipide haben ganz unterschiedliche Aufgaben. Fette sind ein wichtiger Energieträger in unserer Nahrung: Kein anderer Nahrungsstoff enthält soviel verwertbare Energie. Als kleine Tröpfchen innerhalb von Fettzellen abgelagert, bilden die Fette die größte Energiereserve des Körpers. Sie schützen uns außerdem vor Wärmeverlust und dienen als mechanisches Polster. Die Phospho- und Glycolipide spielen dagegen zusammen mit dem Cholesterol als Bausteine von biologischen Membranen eine bedeutende Rolle: Erst durch diese Lipide gewinnen die Membranen ihre charakteristischen Eigenschaften.

Käse

Timo Ulrichs

„Mama, guck mal die Löcher in dem Käse!" – Zwei Kinderstimmen, gleichzeitig: „Tobby ist aber dumm! Im Käse sind doch immer Löcher!" Eine weinerliche Jungenstimme: „Na ja – aber warum? Mama? Wo kommen die Löcher im Käse her?" –"Du sollst bei Tisch nicht reden!" – „Ich möcht aber doch wissen, wo die Löcher im Käse herkommen!" – Pause. Mama: „Die Löcher ... also ein Käse hat immer Löcher, da haben die Mädchen ganz recht! ... ein Käse hat eben immer Löcher." – „Mama! Aber dieser Käse hat doch keine Löcher! Warum hat der keine Löcher? Warum hat der Löcher?" (Kurt Tucholsky, 1928)

Die Unfähigkeit aller Beteiligten, diese wichtigen Fragen schlüssig zu beantworten, hat in Tucholskys Geschichte schwere Folgen. Um in Zukunft ähnliche Katastrophen zu vermeiden, klärt dieses Kapitel die Herkunft der Löcher und viele weitere Fragen rund um den Käse.

Wie viele andere technische Entwicklungen, hat auch die Käseherstellung ihren Ursprung bei den alten Sumerern, von denen die Historiker sagen, sie seien die Erfinder einer planmäßigen Milchwirtschaft gewesen. Der älteste Nachweis von Käse selbst befindet sich in einem altägyptischen Topf, der etwa 4200 Jahre alt ist. Über Griechen und Römer kam das Know-how der Käseproduktion dann auch nach Westeuropa. Dem römischen Schriftsteller Columella verdanken wir die Überlieferung des Rezeptes. Im Jahr 60 n. Chr. beschreibt er in seinem Buch *De vita rustica* (Über das Leben auf dem Lande) das Phänomen, daß sich Milch länger hält, die im vierten Magen von

Käse

jungen Kälbern aufbewahrt wird (ein damals beliebtes Transportmittel). Dieses „Dicklegen" der Milch könne auch durch Feigensaft erzielt werden und gerate besonders gut in unmittelbarer Nähe des Herdfeuers. Schließlich solle die Flüssigkeit von der weißen Masse durch Pressen entfernt, die Masse selbst aber im Schatten für eine gewisse Zeit aufbewahrt werden. Damit sind die Grundprinzipien der Käseherstellung bereits beschrieben, nämlich *Lab-Abbau* bzw. *Säurefällung,* Konzentrierung und Reifung. Sieht man von einigen technischen Verfeinerungen ab, so hat sich an dieser Abfolge bis heute eigentlich nur wenig geändert.

Die Einführung der *Schimmelreifung* wird in der Literatur allerdings kontrovers diskutiert. Karl der Große soll während der Fastenzeit einmal in einem Kloster Quartier genommen haben. Die Klosterküche war auf diesen hohen Besuch nicht eingestellt, und ein Mönch fand im Regal nur noch einen alten Käse, der schon mit einer Schicht weißen Schimmels überzogen war. Als Kaiser Karl ärgerlich den Schimmel abschneiden wollte, beeilte sich der Abt zu versichern, daß der Käse hier im Kloster immer so gegessen werde und das Weiße ja gerade das Beste am Käse sei. Das fand Karl schließlich auch, und das Kloster mußte ihm jährlich zwei Wagenladungen voll liefern. Diesen Käse nennen wir heute Brie und kennen darüber hinaus noch unzählige andere Arten, die verschiedene Mikroorganismen zur Reifung benötigen.

Bei den Galliern hat sich schon früh der Brauch eingebürgert, ein gutes Mahl mit Käse zu beschließen. Der französische Gastronom Brillat-Savarin bestätigte hierin seine Altvorderen, indem er versicherte: „Ein gutes Essen ohne Käse zum Abschluß ist wie eine schöne Frau mit nur einem Auge."

Trotz aller Genüsse, die dieses Milchprodukt in seinen mannigfachen Variationen bereitet, gibt es einige Mitmenschen, die sich schon beim Anblick von Käse angewidert abwenden. Man erklärt diese „Käseaversion" mit einem natürlichen Schutzmechanismus vor verdorbenen Lebensmitteln, zumal ja auch die Aroma- und Geruchsstoffe der Käsereifung den Produkten der Mikroflora der Haut recht ähnlich sind („Käsefüße").

Käseherstellung: Mit der Milch fängt alles an

Es gibt etwa 2000 Käsesorten auf der Welt, davon ca. 400 allein in Deutschland. Man kann den Käse einteilen nach der Art und Weise der Reifung, dem Wassergehalt oder den Fettgehaltsstufen (Fett in Trockenmasse, Fett i. Tr.). So unterscheidet man Hartkäse, Schnittkäse, halbfesten Schnittkäse, Weichkäse und Sauermilchkäse. Kochkäse und Frischkäse, wozu auch der Speisequark gehört, müssen gesondert betrachtet werden (Tabelle 1).

Kuh, Schaf, Ziege und Büffel: Nur ihre Milch wird für die Käseherstellung verwendet. So verschieden wie die Milchproduzenten, so unterschiedlich ist auch die Zusammensetzung der Milch, was den charakteristischen Geschmack bewirkt. Je höher zum Beispiel der Fettgehalt ist, desto mehr Fettsäuren können daraus freigesetzt werden. Aus ihnen entstehen Aromastoffe, die für den Geschmack des Käses verantwortlich sind. Das Fett in Ziegen- und Schafsmilch enthält viele kurzkettige Fettsäuren, die nach ihrer Umwandlung in Aromastoffe den scharfen Geruch und Geschmack ausmachen.

Aus technischen und aus lebensmittelrechtlichen Gründen verwendet man heute zur Käseherstellung fast ausschließlich pasteurisierte Milch (siehe Kapitel „Milch"). Außerdem wird durch die Vermeidung von Verunreinigungen die Zahl der Konkurrenzkeime für die später zugesetzten Mikroorganismen möglichst geringgehalten. Der entscheidende Nachteil besteht in der, verglichen mit Rohmilchkäsen, verminderten Geschmacksintensität.

Tabelle 1. Einige Daten zu verschiedenen Käsesorten

Käsesorte	Erste urkundliche Erwähnung	Fett i. Tr. in %	Durchschnittliche Reifezeit in Monaten
Hartkäse			
Parmesan			8–36
Emmentaler	15. Jhd.	45	3–10
Romano	17. Jhd.		8–24
Cheddar	1695		6–24
Schnittkäse			
Tilsiter		30–45	4–15
Edamer		30–45	3–12
Gouda		45	3–12
halbfester Schnittkäse			
Roquefort	8. Jhd.	45–60	2–5
Weichkäse			
Camembert	17. Jhd.	30–60	1–2
Brie	1407	45–50	1–3
Limburger		20–50	3
Romadur		20–60	
Frischkäse			
Speisequark		10–50	0

Dies hat zwei biochemische Ursachen: Zum einen wird die Aktivität der in der Milch bereits vorhandenen Enzyme (z. B. der fettspaltenden Lipase) herabgesetzt, so daß weniger Material für die Produktion von Aromastoffen entsteht. Zum anderen wird der (weiter unten besprochene) Lab-Abbau behindert, da die Angriffsstelle für das Lab-Enzym am Milchprotein Casein durch ein anderes Eiweiß, das Lactoglobulin, verdeckt wird, das beim Pasteurisieren einen Komplex mit Casein bildet (zu den Milchproteinen siehe auch das Kapitel „Milch"). Bei fast allen Schweizer Käsesorten wird auf das Pasteurisieren verzichtet. Die im Reifungsprozeß durch die Gasbildung entstehenden Löcher würden nämlich aufgrund der Instabilität des Casein-Netzwerks sonst wieder zusammenfallen. Milch zur Käseherstellung darf auch nicht homogenisiert werden, da die feinverteilten Fettkügelchen eine Gelkontraktion und somit den Konzentrierungsschritt unmöglich machen würden (siehe Abbildung 1).

Wenn die Milch dickliegt

Beim *Dicklegen,* dem ersten Schritt der Käseherstellung, werden die Milchproteine ausgefällt. Sie klumpen schließlich zu einer weißen Masse zusammen. Der wäßrige Überstand wird **Molke** genannt. Wie Columella schon richtig bemerkte, gibt es dazu zwei Vorgehensweisen, die auch heute noch ihre Anwendung finden – die Fällung der Proteine durch Säure oder durch das aus dem Kälbermagen gewonnene Lab-Ferment. Beides wird in unterschiedlichem Ausmaß miteinander verknüpft.

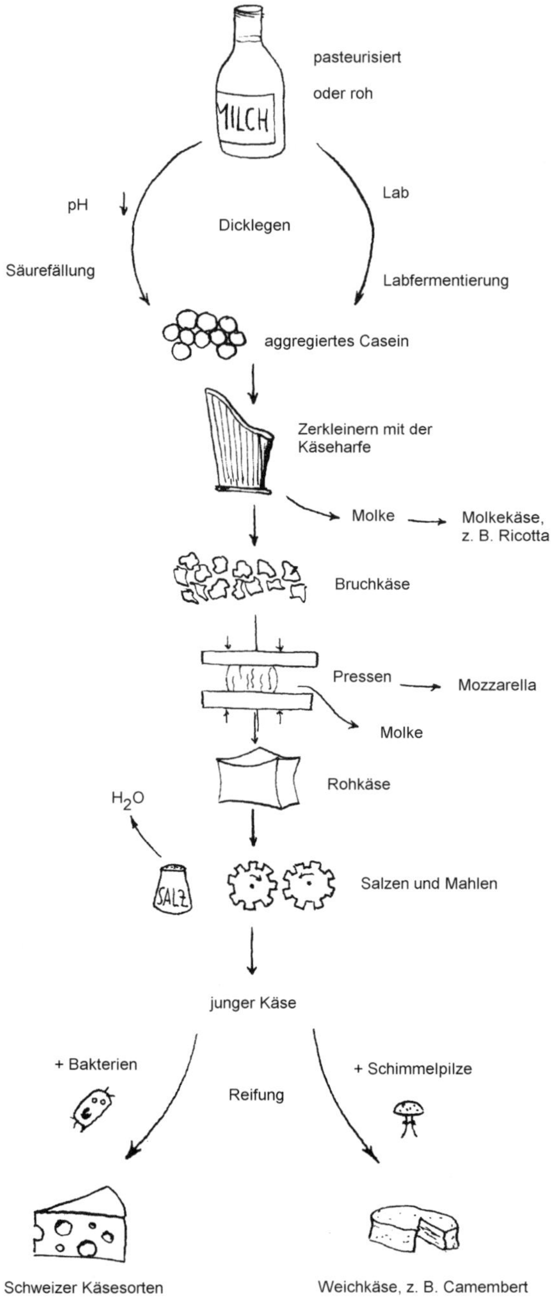

Käse

pasteurisiert
oder roh

pH ↓   Lab

Dicklegen

Säurefällung   Labfermentierung

aggregiertes Casein

Zerkleinern mit der
Käseharfe

Molke ⟶ Molkekäse,
z. B. Ricotta

Bruchkäse

Pressen ⟶ Mozzarella

Molke

Rohkäse

H_2O

Salzen und Mahlen

junger Käse

+ Bakterien   + Schimmelpilze

Reifung

Schweizer Käsesorten   Weichkäse, z. B. Camembert

Abbildung 1 Käseherstellung: Von der Milch zum Käse.

216

Biochemisch läuft folgendes ab: Zuerst werden zur (pasteurisierten) Milch die sogenannten Starterbakterien (*Streptococcus lactis* und *Lactobacillus*-Arten) gegeben, die auf dem Wege der Glycolyse den Milchzucker (Lactose, ein Disaccharid aus Galactose und Glucose; siehe Box „Kohlenhydrate") in Milchsäure (Lactat) umwandeln. Dadurch sinkt der pH-Wert auf 4,5 bis 5,2 (siehe Box „pH-Wert"). Die vermehrten Wasserstoffionen verdrängen das Calcium von den Phosphatresten in den Casein-Micellen und neutralisieren so deren Ladung. Die Micellen lösen sich auf, und die Caseine ballen sich zusammen (aggregieren). Der niedrige pH-Wert aktiviert außerdem das zugegebene Lab-Enzym Chymosin. Dieses wiederum greift das κ-Casein an und spaltet die Peptidkette in zwei Teile. Dadurch verlieren die Casein-Micellen (siehe Abbildung 3 im Kapitel „Milch") ihre Hydrathüllen, aggregieren zu verzweigten Fibrillen und bilden ein dreidimensionales Netzwerk, in dessen Hohlräumen die Molke gefangen bleibt.

Zerkleinern und Pressen

Um diese Flüssigkeit abfließen zu lassen, wird die nunmehr zusammengesinterte weiße Masse mit der sogenannten **Käseharfe** zerkleinert. Anschließend wird der Bruchkäse auf 41 bis 54 °C erhitzt. Aus dem aufgebrochenen Kapillarsystem wird die Molke abgeleitet (**Synärese**). Durch Austausch von Wasserstoff- gegen Calciumionen kommt es nach dem oben beschriebenen Vorgang zum kompletten Verschwinden der Casein-Micellen und zur weiteren Aggregation (Gelkontraktion). Die Abführung (Drainage) der Molke geht so weit, daß der fertige Käse später nur noch etwa ein Zehntel des eingesetzten Milchvolumens ausmacht. Ein Großteil der Lactose und viele andere wichtige Nährstoffe werden mit der Molke entfernt, so daß es sich lohnt, diese weiterzuverarbeiten, etwa zu speziellen Molkekäsen wie dem Ricotta. Je feiner zerkleinert und je länger erhitzt wird, desto vollständiger ist die Synärese und desto härter wird der fertige Käse. Bei manchen Weichkäsen, wie etwa beim Roquefort, verzichtet man anderseits ganz darauf.

Der nächste Schritt ist das **Pressen** des Rohkäses, um die Molke-Drainage abzuschließen. Dabei lagern sich die Casein-Fibrillen zu langen Filamenten zusammen und richten sich parallel aus: Die Käsemasse wird dehn- und knetbar, wie wir es vom italienischen Mozzarella kennen, einem Produkt aus Büffelmilch, das die weiteren Produktionsstadien nicht mehr durchläuft.

217

Mahlen und Salzen

Die mittlerweile schon ziemlich trockene Käsemasse wird erneut **zerkleinert** und dann gesalzen. Dies bewirkt einen osmotischen Wasserentzug. Außerdem wird dadurch die Aktivität der Starterbakterien vermindert, was einer besseren Reifungskontrolle dient. Das **Salzen** kann sehr unterschiedlich erfolgen: Griechischer Käse zum Beispiel wird regelrecht eingepökelt, was jegliche Reifung unterbindet. Bestimmte Schweizer Käsesorten werden in Salzsole eingelegt. Der italienische Parmesan wird nicht zerkleinert, sondern an seiner Oberfläche mit Salz eingerieben. Dies führt zur oberflächlichen Austrocknung und somit zur Schalenbildung.

Manche Käse werden nun mit Karottensaft oder *Carotinoiden* gefärbt, um im Winter den herabgesetzten Vitamin-A-Gehalt der Milch heugefütterter Kühe auszugleichen und den optischen Eindruck zu verbessern. Konzentriert man nämlich frische Milch wie bei der Käseherstellung oder der Produktion von Kondensmilch, so tritt die gelbe Eigenfarbe des Vitamin A deutlich zutage.

Jetzt kommen die Löcher in den Käse

Nun kommen wir zum wichtigsten Schritt in der Käseherstellung, nämlich zur **Reifung.** Der Rohkäse wird in die endgültige Form gebracht und anschließend bei etwa 10 °C und hoher Luftfeuchtigkeit (80–95 %) gelagert. Dies garantiert ein gleichmäßiges Reifen, und man vermeidet die Bildung sogenannter Schnellreife-Produkte (wie z. B. von Ammoniak aus dem Aminosäureabbau). Beim Hartkäse wird während der Reifung weiterhin Lactose zu Lactat umgesetzt. Manche Starterbakterien setzen darüber hinaus linksdrehende (L–) in rechtsdrehende (D–) Milchsäure um und bilden so eine Mischung aus gleichen Teilen L- und D-Lactat. Die Proteine werden teilweise zu geschmackswirksamen Oligopeptiden umgesetzt oder ganz zu Aminosäuren abgebaut, von denen einige weiter in Amine umgewandelt werden (z. B. Histidin in Histamin oder Tyrosin in Tyramin). Die Franzosen schwören übrigens darauf, daß der Tyramingehalt in Käse und Rotwein vorbeugend gegen Arteriosklerose wirkt und somit das Herzinfarktrisiko deutlich senkt (siehe Kapitel „Wein"). Die Statistiken geben ihnen dabei recht. Die Fette (Triglyceride) werden durch die Lipase teilweise in Glycerol und Fettsäuren gespalten, die weiter zu Aromastoffen umgebaut werden (beim Hartkäse sind dies besonders Carbonylverbindungen).

Beim Weichkäse steht für die Geschmacksentwicklung die Umwandlung von Fettsäuren im Vordergrund. Ein besonders wichtiger Schritt hierbei ist die Decarboxylierung von β-Ketocarbonsäuren zu Methylketonen. Häufige Ausgangsstoffe dieser Reaktion sind *Butter-, Capron- und Caprylsäure.*

Das Ende der Reifezeit ist erreicht, wenn eine ausgewogene Mischung der Abbau-produkte entstanden ist. Dies wird durch eine Geschmacksprobe festgestellt. Die Dauer der Reifung variiert zwischen wenigen Wochen (Weichkäse) und mehreren Monaten (Hartkäse, z. B. 36 Monate für Parmesan; siehe Tabelle 1).

Wie schon erwähnt, kann man die Käsesorten nach der Art und Weise der Reifung einteilen (Abbildung 2). Dies erklärt gleichzeitig die vielen charakteristischen Ge-schmacksrichtungen. Beim Hartkäse (Parmesan, Cheddar, Gouda usw.) sorgen die in der Käsemasse gleichmäßig verteilten Starterbakterien für die weitere Reifung. Bei Schweizer Käsesorten, wie zum Beispiel dem Emmentaler, wird zusätzlich noch *Propionibacterium shermanii* zugesetzt, welches das anfallende Lactat weiter zu Ace-tat, Propionat und Kohlendioxid umsetzt. Propionat sorgt für den spezifischen Ge-schmack des Emmentalers, das Kohlendioxid für die Löcher im Käse.

Bei der Herstellung von Roquefort wird der Pilz *Penicillium roqueforti* nach seiner Anzüchtung auf Roggenbrot in den weißen Rohkäse gespritzt; er bildet entlang einer feinen Äderung den charakteristischen blaugrünen Schimmel dieses Käses. In den Höhlen des Cambalou, dem einzigen Ort auf der Erde, der optimale Reifebedingungen garantiert, muß der lagernde Roquefort regelmäßig durch Spießen belüftet werden, um das anfallende Kohlendioxid herauszulassen. Camembert und Brie reifen, indem ihr Reifungsorganismus (*Penicillium caseicolum*, ebenfalls ein Pilz), außen aufgebracht,

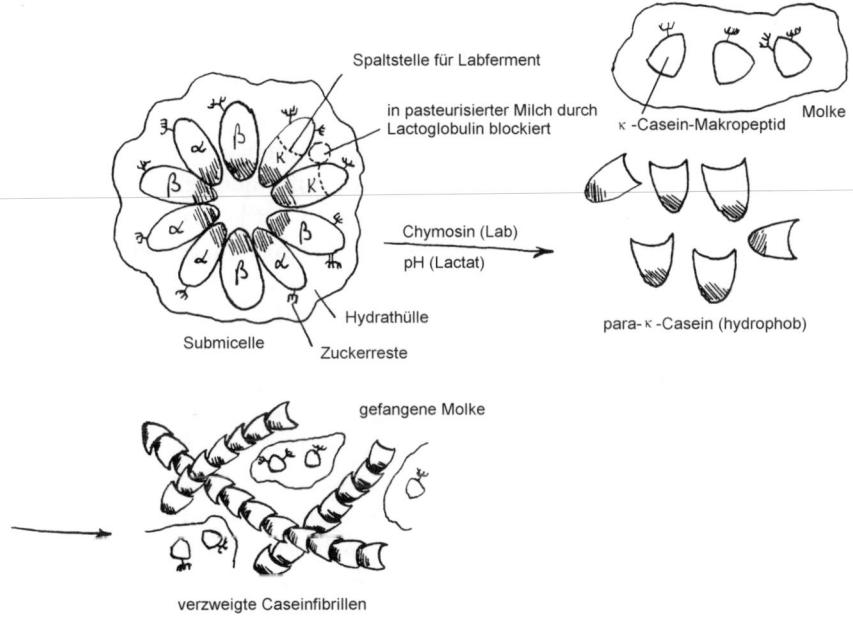

Abbildung 2 Spaltung der Milchproteine beim Dicklegen.

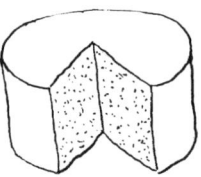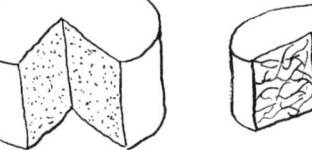

| durch die Starterbakterien | durch später eingebrachte Schimmelpilzkulturen | durch auf die Oberfläche aufgebrachte Pilze oder Bakterien |

Abbildung 3 Wege der Käsereifung.

Enzyme ins Innere eindringen läßt, bis schließlich der kalkig-brüchige Kern weich und cremig wird. Aus diesem Grund sind die Käseräder des Camembert auch nicht so dick wie die des Emmentalers. Brick und Limburger reifen ebenfalls mit Hilfe außen aufgebrachter Bakterien. Viele dieser Reifungsorganismen, besonders die *Penicillium*-Arten, hemmen übrigens Konkurrenzkeime, sogar schädliche *Staphylococcus*-, *Clostridium*- und *Bacillus*-Arten. Der Genuß eines Roquefort am Abend beugt daher zwar der Karies vor, ersetzt aber keinesfalls das Zähneputzen!

Fett im Käse muß sein!

Und nun noch einige praktische Hinweise zum unbeschwerten Genuß von Käse. Wie bereits dargelegt, enthält derjenige Käse die meisten Aromastoffe, der aus besonders fettreicher unpasteurisierter Milch hergestellt worden ist. Dennoch ist die Bezeichnung „Rohmilchbrie" nicht automatisch gleichbedeutend mit einem intensiveren Geschmack. Fest steht aber, daß man beim Kauf eines Käses auf keinen Fall ein fettarmes „Light-Produkt" auswählen sollte, um sich gesund zu ernähren. Fett im Käse muß sein und sollte lieber bei anderen Nahrungsmitteln eingespart werden, zum Beispiel beim Fleisch (siehe Kapitel „Fleisch"). Besonders bei Weichkäse ist darauf zu achten, daß er nach dem Kauf nicht zu lange aufbewahrt wird. Zur Aufbewahrung ist Kühlschranktemperatur (4–8 °C), zum Genuß dagegen Raumtemperatur (ca. 20 °C) zu empfehlen – das heißt, man sollte den Käse etwa eine Stunde *vor* dem Essen aus dem Kühlschrank nehmen. Brillat-Savarin und alle Franzosen essen Käse erst *nach* dem Essen, sozusagen als krönenden Abschluß vor oder anstelle eines Desserts. Dies zeigt, welchen Stellenwert ein guter Käse bei einem Mahl eigentlich einnehmen sollte: Wenn der Hunger bereits gestillt ist, sollte er zu einem angenehmen Ausklang des Essens als Genußmittel dienen und keineswegs als Sättigungsmittel. „Käse schließt den Magen" – auch wenn diese Weisheit nur schwer auf eine physiologische oder biochemische Grundlage zu stellen ist.

Käse schmeckt dort am besten, wo er hergestellt wird, also Camembert in Frankreich oder Gorgonzola in Italien. Um die gastronomische Seite eines Gastlandes wirklich kennenzulernen, ist das Probieren seiner Käsesorten mindestens ebenso wichtig wie das seiner Weine. Am besten verbindet man beides.

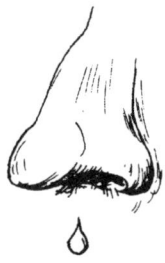

Riechen und Schmecken

Claus Kremoser

Fragt man einen Menschen, welches der wichtigste Wahrnehmungssinn sei und auf welchen er am wenigsten verzichten könne, so wird man fast immer als Antwort erhalten: das Augenlicht. Es stimmt, wir nehmen den größten Teil (schätzungsweise 80 %) der Information über unsere Umwelt visuell auf. Der nächstgrößere Teil, etwa 10 %, entfällt auf Eindrücke, die uns unser Gehör vermittelt, und der Rest verteilt sich auf die anderen Wahrnehmungsqualitäten wie Tasten, Riechen und Schmecken. Lohnt es sich dann überhaupt, dem Riechen und Schmecken ein eigenes Kapitel zu widmen?

Riechen und Schmecken sind entwicklungsgeschichtlich betrachtet sehr „alte" Sinne. Bereits so einfache Einzeller wie Hefepilze geben Signalstoffe in ihre Umgebung ab, mit deren Hilfe die verschiedenen Paarungstypen, Vorläufer der Geschlechter, einander erkennen können. Bei Insekten spielen sowohl die Geschlechtserkennung über flüchtige Sexuallockstoffe, die von speziellen Antennen des Geschlechtspartners wahrgenommen werden, als auch die Erkennung der chemischen Umgebung eine wichtige Rolle. Fliegen zum Beispiel schmecken Rohrzucker (Saccharose) oder Kochsalz (NaCl) mit speziellen „Schmeckhaaren" an ihren Beinen.

Bei den Wirbeltieren ist die Fähigkeit zur chemischen Wahrnehmung stark erweitert. Fische sind Meister in der Erfassung geringster Substanzmengen: Aale können β-Phenylethylalkohol (einen Duftstoff des Rosenöls) schon in Konzentrationen von $2,9 \times 10^{-18}$ mol/L wahrnehmen, das entspricht einer Verdünnung von 1 mL Duftstoff in der 58fachen Wassermenge des Bodensees. Das hervorragende Geruchssystem ist es auch, das es Lachsen ermöglicht, die spezifischen Duftkomponenten ihrer Heimatflüsse wiederzuerkennen.

Bei den Säugetieren unterscheidet man Arten mit hohem Riechvermögen (Nagetiere, Huftiere, Raubtiere), „**Makrosmaten**", von „**Mikrosmaten**", zu denen die Primaten und damit auch der Mensch zählen. Während ein Hund bereits 9000 Moleküle Buttersäure (Schweißgeruch) pro Milliliter Luft wahrnehmen kann, liegt die Schwelle beim Menschen millionenmal so hoch! Dennoch können auch wir Menschen die erstaunliche Zahl von etwa 10 000 verschiedenen Gerüchen unterscheiden.

Die Bedeutung des Riechens und Schmeckens liegt bei uns nur zu einem Teil in der rein rationalen Verarbeitung der Information über Geruchs- und Geschmacksstoffe. Zwar begutachten wir die Qualität einer Speise mit Nase und Gaumen – falls sie verdorben ist, alarmieren uns die chemischen Sinne –, aber ein guter Teil des Riechens und Schmeckens wird in unserem Kopf als emotionale Komponente wiedergegeben. Ein gutes Essen, ein guter Tropfen, in entsprechender Stimmung eingenommen, lösen viel mehr Wohlgefühl aus als der reine Anblick der Speisen. Schmecken und Riechen haben als stark affektbehaftete Sinne eine ganz andere Qualität des Empfindens als die primär kognitiven Eindrücke des Sehens. Ist das der Grund, weshalb so viele Menschen, die von Geburt an blind sind, meistens in heiterer und gelöster Grundstimmung sind? Die rein rationale moderne Naturwissenschaft tut sich schwer, solche Aspekte menschlichen Erlebens zu untersuchen. Deswegen bleibt es den etwas esoterischeren Ansätzen wie der Aromatherapie oder dem kommerziellen Interesse der Parfümindustrie vorbehalten, das Potential auszuschöpfen, das in diesem Empfindungsreichtum liegt.

Wie erfolgt nun die chemische Erkennung von Geruchs- oder Geschmacksstoffen auf molekularer und physiologischer Ebene? Die wichtigsten Erkenntnisse über die Signaltransduktion – die Übermittlung der Information von einem „fremden" Molekül zum Aktionspotential im Nervensystem – wurden erst in den letzten zehn Jahren zusammengetragen (siehe Box „Signaltransduktion"). Sie vermitteln ein faszinierendes Bild von der Art und Weise, wie unser Körper das komplexe Muster der Umwelteindrücke in ein geordnetes Bild von Riech- und Geschmackswerten sortiert.

Aus der Luft gegriffen

Beim Menschen liegt es auf der Hand, wie das Riechen vom Schmecken zu unterscheiden ist. **Riechen** ist die Wahrnehmung von Stoffen in der Luft (Gasphase) und findet in der Nase statt. **Schmecken** ist die Wahrnehmung von gelösten Stoffen (Flüssigphase) und findet in der Mundhöhle statt. Bei den Fischen, die ein beliebtes Studienobjekt für das **olfaktorische System** (Riechsystem) sind, steht man vor dem Problem, daß das Riechen auch in der wäßrigen Phase stattfindet. Dies ist aber nur scheinbar ein Problem, da die Geruchsstoffe auch bei Landtieren zunächst in eine wäßrige Phase über dem Riechepithel hineingelangen müssen.

Das **Riechepithel** (Abbildung 1) ist die geruchswahrnehmende Struktur der Wirbeltiere. Es bedeckt beim Menschen etwa 5 cm² im rückwärtigen Teil der Nasenhöhle und ist aus drei Zelltypen aufgebaut: den Sinneszellen (Rezeptorzellen), den Basalzellen und den unterstützenden Zellen (siehe Box „Zelle").

Die **Rezeptorzellen** sind echte bipolare Nervenzellen: Sie besitzen an ihrem Zellkörper zwei Fortsätze. Der eine ist zur Außenseite gerichtet, also zum Schleimfilm, der das Epithel bedeckt. Dieser Fortsatz endet in einem Büschel aus bis zu 200 μm langen Härchen (**Cilien**), die in diese zähe Schleimschicht hineinragen. Auf ihnen sitzen die eigentlichen **Geruchsrezeptoren**, die mit den Riechstoffen in Wechselwirkung treten. Der andere Fortsatz ist das Axon der Riechsinneszelle (siehe Box „Erregungsleitung"). Es tritt durch die Basalmembran des Epithels hindurch und vereinigt sich anschließend mit den Axonen anderer Rezeptorneurone zu einem Nervenfaserbündel, das zum **Riechkolben** (*Bulbus olfactorius*) im Vorderhirn zieht. Dort enden die Riechfasern in **Riechknötchen** (*Glomeruli olfactorii*), wo sie insbesondere mit den für die Informationsübertragung wichtigen **Mitralzellen** synaptisch verschaltet sind.

Diese **Riechbahn** endet in der sogenannten cortikalen Riechsphäre (Riechzentrum) – das sind die Großhirnrindenbezirke für die bewußte Wahrnehmung von Duftstoffen. Weitere Neurone verbinden das Riechzentrum mit dem aus ringförmig angelegten Neuronenkernen bestehenden „**limbischen System**" (lat. „limbus" = Ring, Saum), dem die emotionale Tönung unserer Gedanken und Empfindungen zugeschrieben wird.

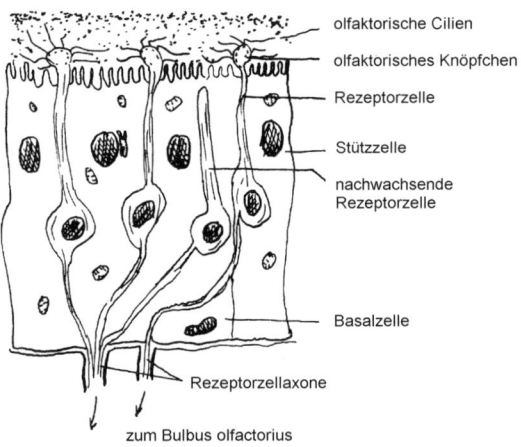

Abbildung 1 Aufbau des Riechepithels bei Wirbeltieren.

224

Über wenige Umschaltstellen bestehen Verbindungen vom *Bulbus olfactorius* zum Mandelkern (*Amygdala*) und zum **Hippocampus**. Letzterer stellt eine Art Verteiler für die mannigfaltigen Funktionen unseres Gedächtnisses dar. Damit läßt sich auch erklären, warum wir ein besonders gutes assoziatives Gedächtnis für Gerüche haben (Weihnachtsgerüche z. B. erinnern an die Kinderzeit).

Die recht komplizierten physiologischen und biochemischen Prozesse, die mit dem Riechvorgang und der Unterscheidung von Riechstoffen durch das olfaktorische System verbunden sind, werden im folgenden detaillierter erläutert.

Wie der Duft in die Zelle kommt

Das olfaktorische System steht vor der schwierigen Aufgabe, mehrere tausend verschiedene Fremdstoffe in relativ geringer Konzentration voneinander unterscheiden zu müssen. Wie kann es diese Aufgabe lösen? Schon lange vermutete man, daß es für alle Geruchsstoffe passende Rezeptorproteine in der Cilienmembran eines olfaktorischen Rezeptorneurons gibt, an welche die Geruchsstoffmoleküle als Liganden gebunden werden. Im Hormon- und im Nervensystem gibt es genügend Beispiele für solche Wechselwirkungen zwischen Liganden und Rezeptoren. In diesen Fällen hat es der Körper mit hausgemachten Stoffen zu tun, z. B. mit Hormonen oder Neurotransmittern, für die im Laufe der Evolution Rezeptorproteine „maßgeschneidert" wurden. Anders ist es bei Geruchsstoffen: Hier handelt es sich hauptsächlich um körperfremde Stoffe, die trotzdem beim ersten Kontakt als spezifischer Geruch erkannt werden. Neue Gerüche beispielsweise von exotischen Gewürzen sind zwar unbekannt im Sinne von „noch nie wahrgenommen", trotzdem dringen sie aber als Geruchsempfindung in unser Bewußtsein.

Für die Theorie, daß es viele verschiedene **Geruchsrezeptoren** gibt, die jeweils unterschiedliche Duftstoffe erkennen, gibt es einige Hinweise. Stereoisomere (das sind Formen eines Moleküls, die sich zueinander wie Bild und Spiegelbild verhalten) eines Duftmoleküls erzeugen verschiedene Gerüche. Das ätherische Öl D-Carvon z. B. riecht nach Pfefferminz und wird deswegen vielen Mundwässern und Zahnpasten zugesetzt. Das stereoisomere L-Carvon, das genauso aufgebaut ist, sich aber räumlich zu D-Carvon verhält wie die linke zur rechten Hand, riecht nach Kümmel und hat kaum eine Chance, in Mundwässern eingesetzt zu werden. Würden diese Geruchsmoleküle mit der Membran der Rezeptorzellen unspezifisch (ohne Berücksichtigung der räumlichen Verhältnisse) wechselwirken, so könnte es den Unterschied zwischen D- und L-Carvon nicht geben, da sich die Moleküle chemisch gleich verhalten. Ein Rezeptorprotein jedoch hat eine definierte Raumstruktur und umhüllt seinen Liganden wie das Schloß den Schlüssel. Darin könnte auch die Erklärung für die Unterscheidung zwischen L- und D-Carvon liegen.

Weiterhin ist bekannt, daß es bei manchen Menschen angeborene Defekte der Geruchswahrnehmung (**Anosmien**) gibt, bei denen bestimmte Geruchsstoffe nicht wahrgenommen werden können. Eine Erklärung wäre, die Anosmien auf Mutationen in den Genen für die Rezeptorproteine zurückzuführen.

Diese Theorie konnte 1985 erstmals untermauert werden: In Präparationen vom Riechepithel eines Frosches fand man die Aktivität einer Adenylat-Cyclase, eines Enzyms, das auch bei der Hormon- und Neurotransmittererkennung einer wichtige Rolle spielt (siehe Box „Signaltransduktion"). Doch im Unterschied zu den bekannten Formen war diese Adenylat-Cyclase für das Riechepithel spezifisch, weil sie nur durch bestimmte Geruchsstoffe aktiviert werden konnte. Die Adenylat-Cyclase bildet aus Adenosintriphosphat (ATP) unter Abspaltung von zwei Phosphatgruppen den Signalbotenstoff **cAMP** (cyclisches Adenosin-monophosphat). Das cAMP bindet an verschiedene intrazelluläre Proteine, die entscheidend an der Regulation von Stoffwechselwegen oder an der Weiterleitung von Informationen von der äußeren Zelloberfläche in den Zellkern beteiligt sind. Deswegen wird es auch sekundärer Botenstoff oder „**Second messenger**" genannt (der „First messenger" wäre das Hormon oder in diesem Fall der Duftstoff). Diese Komponenten der Signaltransduktion, also der Weitergabe eines Signals ins Zellinnere, waren zu diesem Zeitpunkt bereits in anderen Systemen gut untersucht und schienen unabhängig von der Art des primären Signals (Hormon oder Neurotransmitter) immer ähnlich zu sein. Nun lag es nahe, nach diesen Komponenten auch im Riechepithel zu suchen.

Die Suche war bereits 1987 erfolgreich, als die Amerikaner Nakamura und Gold zwei weitere Bestandteile des cAMP-Signalweges in den olfaktorischen Rezeptorneuronen fanden: ein sogenanntes **G-Protein** und einen Ionenkanal in der Cilienmembran, der von cAMP und vom verwandten cGMP geöffnet werden kann. G-Proteine tragen ihren Namen, weil sie GDP und GTP (Guanosindi- und -triphosphat) binden können. Im inaktiven Zustand haben sie GDP gebunden. Werden sie durch Wechselwirkung mit einem Rezeptor aktiviert, so tauschen sie GDP gegen GTP aus und sind in dieser Form in der Lage, eine Adenylat-Cyclase zu aktivieren. Das Besondere an G-Proteinen ist, daß sie eine eingebaute Selbstabschaltung haben. Sie verwandeln das GTP langsam in GDP und überführen sich damit selbst in ihre inaktive Form. Die vom GTP-G-Protein aktivierte Adenylat-Cyclase produziert dann cAMP, das wiederum an den erwähnten Ionenkanal binden kann. Dabei handelt es sich um ein Protein, das die Cilienmembran wie eine verschließbare Pore durchspannt. Bei Aktivierung durch cAMP oder cGMP öffnet sich diese Pore, und Ionen können die ansonsten dichte Membran passieren.

Im Fall des Riechepithels ist diese Ionenschleuse selektiv für positiv geladene Kationen wie Na^+, K^+ oder Ca^{2+}. Dadurch, daß diese Ionen sehr ungleich zwischen Extra- und Intrazellulärraum verteilt sind, ergibt sich eine Spannungsdifferenz zwischen Innen- und Außenseite der Zellmembran, die als Membranruhepotential bekannt ist und etwa −70 mV beträgt. Wenn dieser Kanal geöffnet wird, und Na⁺, das außerhalb der Zelle eine deutlich höhere Konzentration hat als im Innern, in die Zelle hineinströmt, kann das Membranpotential bei einem bestimmten Schwellenwert zusammenbrechen. Bei Nervenzellen, die ja für die Leitung elektrischer Signale konzipiert sind, hat das zur Folge, daß sich das Vorzeichen des Membranpotentials kurzzeitig umkehrt und ein sogenanntes **Aktionspotential** vom Ansatzpunkt des Axons am Zellkörper bis zur nächsten Umschaltstelle (Synapse) die Zellmembran entlangläuft (siehe Box „Erregungsleitung"). Auf diese Weise kommunizieren alle Nervenzellen in unserem Körper, und genauso wird auch das Potential in den olfaktorischen Rezeptorneuronen erzeugt.

Somit konnten beim Geruchssystem Komponenten der Signaltransduktion identifiziert werden, die bereits aus anderen Systemen bekannt waren. Was fehlte, waren die eigentlichen Geruchsrezeptoren.

Gibt es für jeden Duftstoff einen Rezeptor?

Auch bei der Klärung dieser Frage half die Ähnlichkeit des olfaktorischen Systems mit dem Hormon-/Neurotransmittersystem. Die Rezeptoren, die mit G-Proteinen wechselwirken, gehören zu einer Familie. Alle sind Membranproteine, deren Polypeptidkette siebenmal schraubenartig die Plasmamembran durchspannt: Man bezeichnet sie deshalb als „**7-Helix-Rezeptoren**" (Abbildung 2).

Diese Gemeinsamkeit zeigt sich nicht nur in ihrer Struktur, sondern auch in ihren Gensequenzen, woraus man folgert, daß es früh in der Evolution ein „Ur"-7-Helix-Protein gegeben hat. Dieser Urrezeptor hat sich dann durch Genverdoppelungen und Mutationen in die einzelnen Formen aufgespalten, die alle recht ähnliche DNA-Sequenzen haben.

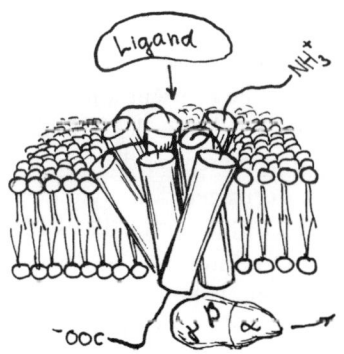

Abbildung 2 Aufbau eines 7-Helix-Rezeptorproteins.

Tatsächlich fand man eine Reihe neuer 7-Helix-Proteine, die nur im Riechepithel vorkommen, sowie Hinweise darauf, daß sich noch mehrere hundert Varianten dieser neuen Rezeptorproteine im Riechepithel verbergen. Diese Vielfalt an Rezeptoren scheint zu erklären, wie das olfaktorische System verschiedene Gerüche voneinander unterscheidet: Es hat einfach für jede Geruchsklasse einen eigenen Rezeptor.

Daß es sich bei diesen neuen 7-Helix-Proteinen wirklich um die langgesuchten Geruchsrezeptoren handelt, konnte bereits ansatzweise belegt werden: Man ließ eines dieser Proteine von Insektenzellen herstellen, die selber keine Geruchsrezeptoren besitzen. Dazu schleuste man die Gensequenz für den Rezeptor in die Zellen ein und testete dann verschiedene Geruchsstoffe darauf, ob sie diesen Rezeptor aktivieren konnten. Es zeigte sich, daß das Rezeptorprotein nur eine kleine Gruppe an Geruchsstoffen erkannte, darunter die cyclischen Aldehydverbindungen Lyral und Lilial. Die Bindungsdaten dieser Geruchsstoffe wurden mit den Bindungsdaten von Adrenalin an seinen β-Rezeptor verglichen. Aufgrund dieser Daten ließ sich ein hypothetisches dreidimensionales Bild der Bindung von Lyral an seinen Rezeptor entwerfen.

Damit ergäbe sich nun ein abgerundetes Bild der Signalübermittlung im olfaktorischen System, wenn nicht einige Entdeckungen in den letzten Jahren die Lage komplizierter gestaltet hätten. Neben den G-Proteinen, die eine Adenylatcyclase stimulieren, gibt es auch solche, die ein anderes Second-messenger-System benutzen: Sie aktivieren die membrangebundene Phospholipase C, die aus dem Vorläufermolekül Phosphatidylinositolbisphosphat ($PInsP_2$) die Signalstoffe Inositoltrisphosphat ($InsP_3$) und Diacylglycerol (DAG) freisetzt. Diese verursachen unter Beteiligung anderer Komponenten den Einstrom von Ca^{2+} durch $InsP_3$-gesteuerte Poren in der Plasmamembran. Ca^{2+} selbst hat wiederum Signalwirkung. Es wird vermutet, daß die beiden verschiedenen Second-messenger-Systeme in verschiedenen Rezeptorzellen des Riechepithels benutzt werden.

Adaptation: Man gewöhnt sich an alles

Hinzu kommt, daß beim Geruchssystem, wie bei anderen sensorischen Systemen, eine Anpassung der Wahrnehmung an die Konzentration des Geruchsstoffes (**Adaptation**) stattfindet, so daß ein strenger Geruch mit der Zeit als nicht mehr so intensiv empfunden wird. Man stelle sich vor, wie schwer das Los südländischer Fisch- oder hiesiger Parfümverkäuferinnen zu ertragen wäre, gäbe es nicht solche Anpassungsmechanismen! Die molekulare Grundlage für dieses Phänomen liegt darin, daß die Second messenger cAMP und DAG mit der Zeit Protein-Kinasen aktivieren, die die entsprechenden Rezeptoren in den olfaktorischen Cilien teilweise inaktivieren.

Viele Geruchsstoffe riechen nicht nur unangenehm, sondern können bei längerer Einwirkung auch die Membranen der Riechepithelzellen schädigen. Um diese Schäden in Grenzen zu halten, gibt es im Riechepithel Entgiftungssysteme, die in ähnlicher Form auch im Hauptentgiftungsorgan des Körpers, der Leber, existieren (z. B. Cytochrom P450, siehe „Alkohol-Stoffwechsel"). Diese Vorgänge des Transports und der Entgiftung werden, da sie mit dem eigentlichen sensorischen Vorgang nichts zu tun haben, auch als parasensorische Prozesse bezeichnet.

Das Bild vom Dufte

Prinzipiell scheint also die Frage, wie körperfremde flüchtige Moleküle im Riechepithel Aktionspotentiale erzeugen können, gelöst zu sein. Nun verbleibt noch die Schwierigkeit, zu erklären, wie verschiedene Geruchsstoffe in unserer Wahrnehmung so vielfältige Geruchsqualitäten erzeugen können. Primär erzeugen sie ja alle nur elektrische Signale, deren Frequenz von der Konzentration des Geruchsstoffes abhängt. Auch bei dieser Frage kann man von der Arbeitsweise anderer sensorischer Systeme lernen.

Beim Gesichtssinn entsteht – entsprechend der räumlichen Auflösung des Bildes auf der Netzhaut – eine räumliche Abbildung im Sehzentrum der Hirnrinde (Cortex), eine sogenannte topographische Abbildung. Beim Gehör erregen unterschiedlich hohe Frequenzen verschiedene Sinneszellen in der Cochlea (Schnecke im Innenohr). Diese projizieren getrennt voneinander zu den Hörzentren im Großhirn; hier entsteht also eine tonotope oder Frequenzabbildung.

Wie könnte dann eine Geruchsabbildung, eine sogenannte **„odotope Karte"**, im Cortex entstehen? Nach Untersuchungen zur Verteilung einzelner Geruchsrezeptorproteine mit definierter Geruchsspezifität im Riechepithel zeigte sich, daß nicht alle Zellen einheitlich alle Geruchsrezeptoren darbieten, sondern daß eine bestimmte Zelle nur eine oder einige wenige Arten von Rezeptoren bildet. Nun wäre es denkbar, daß alle Zellen, die einen bestimmten Rezeptor tragen, in der nachfolgenden Verschaltung auf eine gemeinsame Weiterleitungseinheit projizieren, die dann für genau eine Geruchsqualität unter den Tausenden verschiedenen zuständig wäre.

Eine solche Umschaltstelle könnte der bereits beschriebene Glomerulus sein, die synaptische Endstelle der Rezeptoraxone. Die Anzahl der Glomeruli korreliert auch ungefähr mit der Anzahl der Geruchsrezeptorgene.

Doch wie ließe sich eine solche Arbeitshypothese bestätigen? Einen Ansatz bieten Studien, bei denen man das Epithel einem definierten Geruchsstoff, z. B. Campher oder Amylacetat, aussetzt und dann beobachtet, wo im *Bulbus olfactorius* die Neuronen eine erhöhte Aktivität zeigen (meßbar an der Aufnahme eines radioaktiven Stoffs). Es bilden sich immer „heiße Zonen" erhöhter Aktivität, sogenannte „foci", um einzelne oder wenige Glomeruli herum.

Nun scheint das Rätsel gelöst: Ein Geruchsstoff gelangt in den rückwärtigen Teil der Nasenhöhle, durchdringt die schützende Schleimschicht, gelangt zu seinem Rezeptorprotein und aktiviert dieses. Dabei kann ein Molekül verschiedene funktionelle Gruppen haben, die mit verschiedenen Rezeptoren in Wechselwirkung treten.

Im Anschluß erfolgt eine Signaltransduktionkaskade wie oben beschrieben mit der Wirkung, daß einzelne Rezeptorzellen Aktionspotentiale zu ihren Glomeruli schicken. Dort wird die Stärke des Signals integriert und zur Weiterverarbeitung an die sekundären olfaktorischen Zentren geleitet. Die Signale verschiedener Glomeruli, die dem Vorhandensein bestimmter Odotope entsprechen, werden hier miteinander verrechnet und durch die Kombination verschiedener Odotope als bestimmter Geruch interpretiert. Ob dieses bestechende Modell im Prinzip der Wirklichkeit entspricht, oder ob Korrekturen vorgenommen werden müssen, werden genauere Analysen in der Zukunft zeigen.

Geschmackssache

Über die biochemischen und biophysikalischen Vorgänge bei der **Geschmackswahrnehmung** ist weniger bekannt als über das Riechen. Das hat mehrere Gründe – unter anderem den, daß das Riechepithel eine zwar kleine, aber eng umgrenzte Struktur ist. Die **Geschmackspapillen,** kleine Erhebungen in der Mundschleimhaut, sind hingegen über die ganze Zunge sowie den Gaumen- und Rachenraum verteilt. Das hat zur Folge, daß man sie schwer isoliert vom umgebenden Gewebe studieren kann. Dem Schmecken haftet außerdem etwas Vulgäres an, da es mit dem banalen Vorgang des Fressens assoziiert ist. Dagegen erheben uns Vorstellungen über das Riechen eher in ätherische Sphären, sie sind mit Leidenschaft und Sinnlichkeit verbunden (siehe Patrick Süßkind „Das Parfüm"). Auch „rational denkende" Wissenschaftler sind nur Menschen und deshalb Emotionen unterworfen, die sie selten in Worte kleiden.

Das Schmecken verdient es dennoch nicht, stiefmütterlich behandelt zu werden. Die großen Lebensmittelkonzerne investieren viel Geld, um ihre Produkte geschmacklich um Nuancen von denen der Konkurrenz abzugrenzen – und dies, obwohl man nur vier Geschmacksqualitäten unterscheiden kann: **süß, sauer, salzig** und **bitter.** Die höchste Dichte an Geschmackspapillen findet man auf der Zunge. Abbildung 3 zeigt, wie die vier **Geschmacksqualitäten** in rezeptiven Zonen über die Zunge verteilt sind. Der Aufbau einer Papille (Abbildung 4) hat Ähnlichkeit mit dem Aufbau des Riechepithels. Auch hier findet man Basalzellen und Rezeptorzellen, die sich von ihren olfaktorischen Pendants allerdings dadurch unterscheiden, daß sie keine echten Nervenzellen sind: Sie erzeugen selbst kein Aktionspotential, sondern erzeugen es in der Membran der ihnen nachgeschalteten Neuronen.

Die Wahrnehmung eines salzigen und sauren Geschmacks läßt sich biochemisch leicht erklären. Die im Kochsalz (NaCl) vorhandenen Na^+-Ionen depolarisieren direkt die Rezeptorzellen der „Salzig-Papillen" durch Einstrom in die Zelle über einen spannungsunabhängigen Na^+-Kanal. Die saure Geschmackswahrnehmung beeinflußt

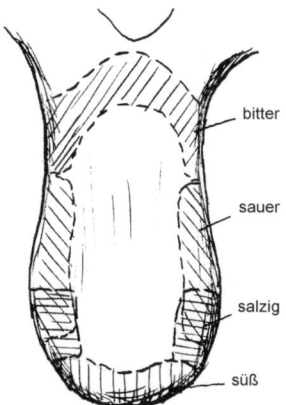

Abbildung 3   Verteilung der vier Geschmacksqualitäten auf der Zunge.

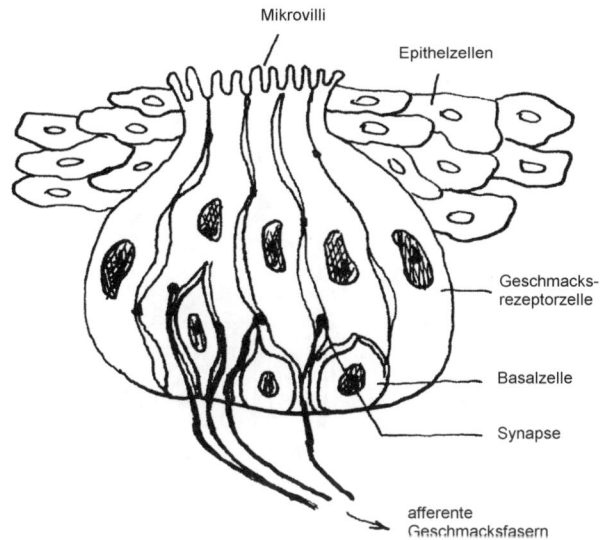

Abbildung 4   Querschnitt durch eine Zungengeschmackspapille.

die salzige: H^+-Ionen blockieren den Na^+-Kanal und auch den Ca^{2+}-Einstrom in die Rezeptorzelle. Sind nur H^+-Ionen anwesend, so wird dies als **sauer** empfunden, Na^+-Ionen allein werden als **salzig** interpretiert. Gibt man allerdings Probanden eine saure NaCl-Lösung zu schmecken, z. B. eine Kochsalzlösung mit einem pH-Wert von 2,6, so wird diese weder als sauer noch als salzig empfunden, sondern als neutral oder von „metallischem" Geschmack.

231

Am Schmecken bitterer und süßer Stoffe sind „echte" Signaltransduktionskaskaden beteiligt (Abbildung 5). Auch hier tauchen die bereits erwähnten Second messenger InsP$_3$, Ca^{2+} und cAMP auf, die das Geschmacksstoffsignal an die nachgeschaltete Nervenzelle weiterleiten. Beim Schmecken gibt es große Unterschiede zwischen verschiedenen Tierarten, so daß sich kein einheitliches Bild zeichnen läßt. Allerdings scheinen sowohl Süß- als auch Bitterstoffe einen K$^+$–Kanal zu beeinflussen, was die nachgeschalteten Neurone als Aktivierung auffassen und entsprechend Aktionspotentiale abgeben.

Bei dem **Süß**- und **Bittergeschmack** ist vor allem interessant, daß ganz unterschiedliche Stoffe den gleichen Geschmack erzeugen können, obwohl es wahrscheinlich nur jeweils einen (bisher noch nicht identifizierten) Rezeptor für diese Geschmacksrichtungen gibt. Ein gutes Beispiel dafür sind die Proteine Monellin und Thaumatin. Beide schmecken, bezogen auf ihr Molekulargewicht, 100 000mal süßer als Saccharose (Rohrzucker), sind jedoch ganz unterschiedlich aufgebaut. Wenn man gegen diese Proteine jedoch Antikörper erzeugt, so zeigt sich, daß manche Antikörper gegen Monellin auch Thaumatin erkennen und umgekehrt. Offenbar sind beiden Proteinen Oberflächenstrukturen gemeinsam; der Süßrezeptor „sieht" nur diese gleichartigen Bezirke auf der Oberfläche der Proteine und unterscheidet Monellin daher nicht von Thaumatin. Wahrscheinlich wirken die verschiedenen synthetischen Süßstoffe auf eine ähnliche Weise (siehe „Zusatzstoffe in Lebensmitteln").

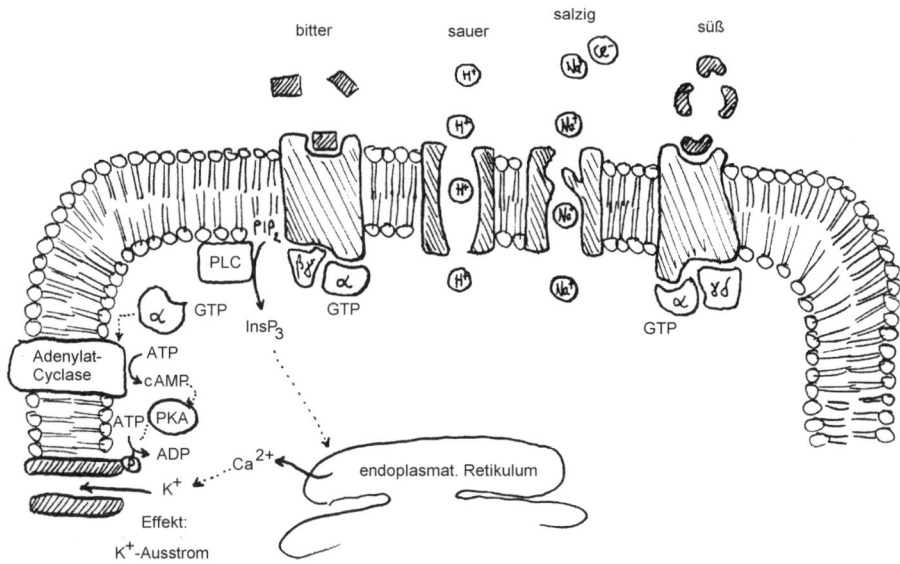

Abbildung 5 Signaltransduktionswege für verschiedene Geschmacksstimuli. (GDP/GTP: Guanosindibzw. triphosphat; PLC: Phospholipase C; PKA: Protein-Kinase A; InsP$_3$: Inositoltrisphosphat; (c)AMP/ATP: (cyclisches) Adenosinmonophosphat/triphosphat)

Zahn- und Mundpflege

Thomas Paul

Unter Karies (exakter einer kariösen Läsion) versteht man die säurebedingte Entkalkung der Zahnhartsubstanz. Die Säure dazu stammt aus dem Stoffwechsel von Mikroorganismen in der Zahnplaque, dem bakteriellen Zahnbelag. Parodontopathien sind Erkrankungen des Zahnhalteapparates, des Parodonts. Hier ist an erster Stelle die Entzündung des Zahnfleisches, die Gingivitis, zu nennen. Sie kann in Erkrankungen der tieferen Abschnitte des Parodonts münden. Karies und Parodontopathien entwickeln sich nur, wenn mehrere Faktoren gemeinsam auftreten. Eine Karies entsteht dann, wenn kariesverursachende Mikroorganismen die Mundhöhle besiedelt haben und am Zahn geeignete Stellen finden, um sich festzusetzen. Sie müssen dort über einen genügend langen Zeitraum haftenbleiben, und schließlich muß ihnen genügend häufig Substrat für ihren Energiestoffwechsel zugeführt werden, so daß über lange Zeit hohe Konzentrationen an Säure die Zahnoberfläche erreichen. Entsprechend besteht eine wirksame Kariesprophylaxe in der Bekämpfung dieser ursächlichen Faktoren.

Aufbau der Zähne

Abbildung 1 zeigt schematisch den Aufbau eines menschlichen Zahnes. Die Krone des Zahnes ist von **Zahnschmelz** überzogen, der als oberflächliche Schicht den schä-

233

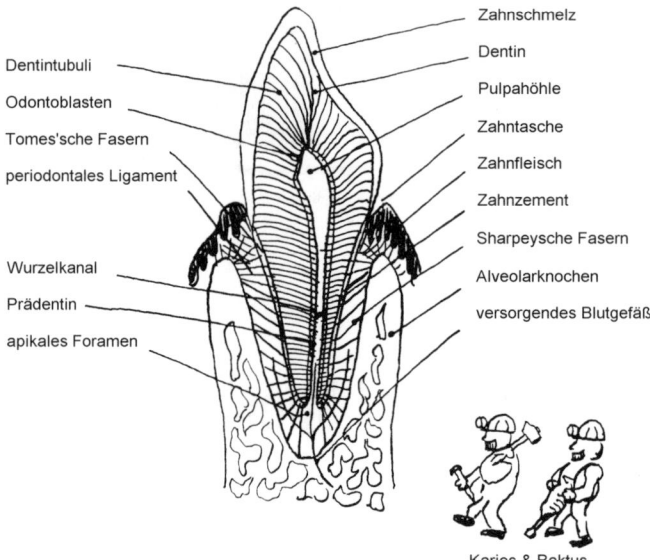

Dentintubuli
Odontoblasten
Tomes'sche Fasern
periodontales Ligament
Wurzelkanal
Prädentin
apikales Foramen

Zahnschmelz
Dentin
Pulpahöhle
Zahntasche
Zahnfleisch
Zahnzement
Sharpeysche Fasern
Alveolarknochen
versorgendes Blutgefäß

Karies & Baktus

Abbildung 1 Schematische Darstellung eines Längsschnittes durch einen menschlichen Zahn [nach E. Buddecke (1981) Biochemische Grundlagen der Zahnmedizin. Walter de Gruyter Verlag, Berlin].

digenden Einflüssen der Mundhöhle ausgesetzt ist. Im Inneren besteht der Zahn aus **Dentin,** das weicher ist als der Schmelz, und der Pulpahöhle, in der Blutgefäße und Nerven enden. Im Bereich der Wurzel ist das Dentin von Zahnzement überzogen, das für die Verankerung des Zahnes im Kieferknochen eine Rolle spielt.

Der Schmelz des reifen Zahnes setzt sich zusammen aus anorganischen Bestandteilen, organischen Bestandteilen und Wasser. Im Vergleich zu anderen Hartgeweben im Körper hat er den höchsten Anteil an anorganischer Substanz. Als organische Bestandteile finden sich Proteine, Kohlenhydrate und Lipide. Bei den Proteinen handelt es sich um die **Enameline,** Strukturproteine, die in ihrer Anordnung den Schmelzprismen (s. u.) folgen. Während der Zahnentwicklung werden von den schmelzbildenden Zellen zunächst diese Proteine gebildet und abgelagert. Erst danach erfolgt die Einlagerung der anorganischen Bestandteile; die Schmelzproteine dienen also als Gerüst für den Einbau der Mineralien in den Schmelz, die Biomineralisation. Der wichtigste und quantitativ bedeutendste Bestandteil der Mineralien im Schmelz ist der **Apatit,** ein Phosphatmineral der allgemeinen Summenformel $Ca_{10}(PO_4)_6X_2$ (X ist meist ein Hydroxyl- oder Fluoridion). Hydroxylapatit kristallisiert in Form sechseckiger Kristallite, die zu Schmelzprismen zusammengelagert sind. In Abbildung 3 ist die Kristallstruktur des Schmelzes schematisch dargestellt.

Apatite können als Ionenaustauscher fungieren – das heißt, sie können Ionen ihres Kristallgitters durch andere Ionen ähnlicher Größe ersetzen. Ausgetauscht werden

234

insbesondere Hydroxylionen gegen Fluoridionen und Phosphationen gegen Hydrogen-phosphat- und Carbonationen. Der hohe Gehalt an Mineralien macht den Zahn-schmelz sehr empfindlich gegen Säuren, da diese die Mineralien aus dem Schmelz herauslösen, ihn entkalken. Diese säurebedingte Entkalkung ist der zentrale Mecha-nismus in der Entstehung der Karies.

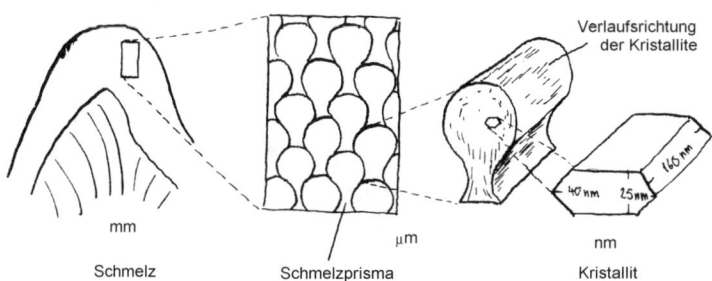

Abbildung 2 Schematischer Aufbau der Kristallstruktur des Schmelzes: a) Die Dicke des Schmelzüber-zuges variiert je nach Lokalisation in der Größenordnung von Millimetern. b) Ausschnitt aus dem Schmelz mit Schmelzprismen, die einen Durchmesser von 5–8 μm haben c) Schmelzprisma mit Verlaufsrichtung der Kristallite d) Kristallite haben die Form hexagonaler Stäbe, die Abmessungen im reifen Schmelz be-tragen 25 × 40 × 160 nm [nach K. G. König (1987) Karies und Parodontopathien. Georg-Thieme-Verlag, Stuttgart].

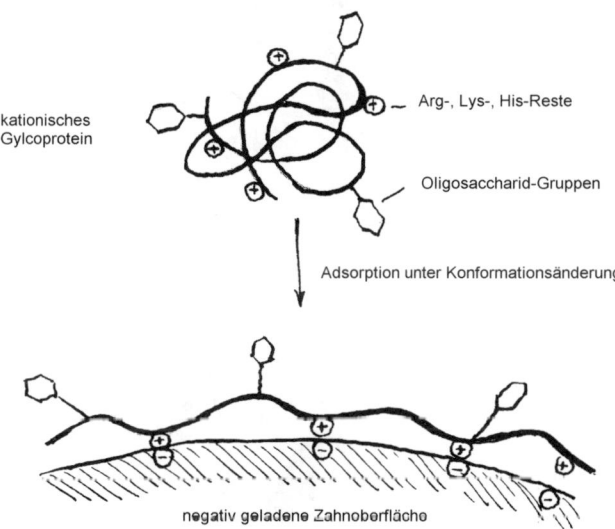

Abbildung 3 Bildung der Cuticula durch Anlagerung von Glycoproteinen an den Zahnschmelz [nach E. Buddecke (1981) Biochemische Grundlagen der Zahnmedizin. Walter de Gruyter Verlag, Berlin].

Dentale Plaque ist der Ursprung allen Übels

Unter der dentalen **Plaque** versteht man einen der Zahnoberfläche anhaftenden Bakterienrasen, der dicker als einige Mikrometer ist. Die Bakterien haften auf der Zahnoberfläche mit Hilfe von Proteinen, die an diese Oberfläche angelagert sind und in ihrer Gesamtheit die *Cuticula dentis* (oder auch Pellikel), das Schmelzoberhäutchen, bilden. Auf der sauberen Zahnoberfläche bildet sich die **Cuticula** unter normalen Umständen sehr rasch aus. Sie entsteht zum größten Teil aus Proteinen, die dem Speichel entstammen, vor allem einem Bestandteil des Sekrets der Ohrspeicheldrüse, der mit den Phosphatgruppen des Apatits in Wechselwirkung treten und sich so an der Schmelzoberfläche festsetzen kann.

Auf der Cuticula siedeln sich schon nach kurzer Zeit Bakterien an. Unter dem Einfluß bakterieller Enzyme, der *Glucosidasen,* geht die Cuticula in eine wasserunlösliche, fest haftende Form über. Die mikrobielle Plaquebildung beginnt also mit der Besiedlung der Cuticula mit Keimen aus der Mundhöhle. Die Bindung der Bakterien an die Cuticula erfolgt u. a. zwischen negativ geladenen Gruppen auf der Bakterienzellwand und den Cuticula-Proteinen. Daran sind Calciumionen als Komplexbildner beteiligt.

Die Plaque ist in dieser Form noch nicht pathogen (krankheitsverursachend). Sie wird es erst in ihrer weiteren Entwicklung, bei der sich durch Ausleseprozesse die prozentualen Anteile der einzelnen Bakterienarten ändern: In dem sauerstoffarmen Milieu der tieferen Plaqueschichten vermehren sich vor allem Organismen mit vorwie-

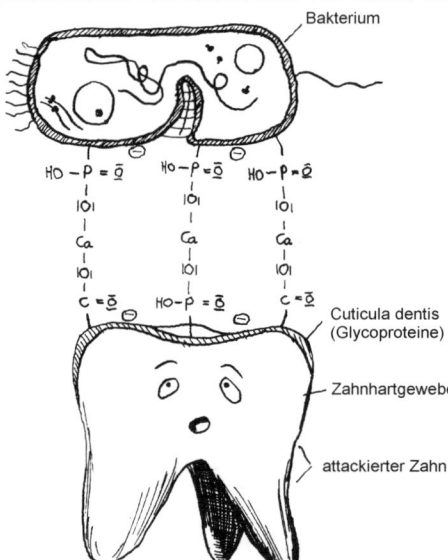

Abbildung 4 Bindung von Bakterien an Glycoproteine der Cuticula durch Komplexbildung mit Calciumionen.

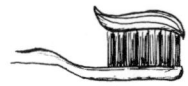

gend anaerobem Stoffwechsel, die durch ihre säurehaltigen Stoffwechselprodukte den pH-Wert der Plaque stark in den sauren Bereich verschieben. Überleben können in diesem Milieu nur die säurebildenden und säuretoleranten Arten, die in ihrer Gesamtheit die pathogene Plaqueflora bilden.

Als Prototyp eines kariesverursachenden Mikroorganismus gilt *Streptococcus mutans*, dessen hohes kariogenes Potential auf bestimmten Fähigkeiten seines Kohlenhydratstoffwechsels beruht. Zum einen verstoffwechselt *S. mutans* niedermolekulare Kohlenhydrate in organische Säuren: Glucose wird anaerob zu Milchsäure, Propionsäure, Essigsäure und Buttersäure vergoren. Diese Säuren sind für die Entmineralisierung des Schmelzes verantwortlich. Weiterhin ist *S. mutans* in der Lage, aus dem Glucose-Anteil von Saccharose (Rohrzucker) ein dextranähnliches Polymer aufzubauen, das der Haftung der Bakterienkolonien an der Zahnoberfläche dient. Außerdem bildet es eine Barriere, die eine die Bakterien schützende Mikroumgebung umschließt, in der das saure Milieu aufrechterhalten werden kann. Schließlich besitzt *S. mutans* die Fähigkeit, aus dem Fructoseanteil der Saccharose ein Polysaccharid aufzubauen, zu speichern und bei Nahrungsmangel als Reservekohlenhydrat zu verwenden.

Angriff auf die Zahnhartsubstanz

Die Schädigung der Zahnhartsubstanz erfolgt durch den Angriff organischer Säuren aus dem Stoffwechsel pathogener Plaque-Bakterien. Dabei wird der Apatit des Schmelzes nach der Gleichung

$$Ca_{10}(PO_4)_6(OH)_2 + 8\ H^+ \rightarrow 10\ Ca^{2+} + 6\ (HPO_4)^{2-} + 2\ H_2O$$

aufgelöst. Man erkennt die Freisetzung von Ca^{2+}-Ionen; dadurch wird das Schmelzmaterial so instabil, daß die kristalline Struktur zerfällt und das Material als Ganzes in Lösung geht.

Der „kritische" pH-Wert, unterhalb dessen sich Schmelzapatit auflöst, liegt bei etwa 5,5. Bei der kariösen Demineralisation des Schmelzes werden zunächst die oberflächlichen Schmelzschichten angegriffen. Im weiteren Verlauf findet jedoch in erster Linie eine Tiefenentkalkung statt, da kleinste Lücken zwischen den Kristalliten Spalte bilden, durch die die Säuren in die Tiefe gelangen.

Mit dem Fortschreiten der Abtragung und der weiteren Vermehrung der Keime in der Tiefe wird die gesamte Schmelzschicht durchdrungen. Ist das Dentin erst erreicht, breitet sich die weitere Schädigung unterminierend entlang der Schmelz-Dentin-Grenze und schließlich, den Dentinkanälchen folgend, bis in die Pulpahöhle aus. Die Infektion der Pulpahöhle führt im Endstadium zum Vitalitätsverlust des Zahnes und kann eine Quelle für weitere und gefährlichere Infektionen sein.

Natürliche Schutzfaktoren: Wenn die Spucke wegbleibt...

Der wichtigste natürliche Schutzfaktor in der Kariesabwehr ist der Speichel. Durch seinen Spüleffekt reinigt er die Mundhöhle von Speiseresten und Bakterien. Diese Wirkung ist um so ausgeprägter, je größer die abgesonderte Speichelmenge ist.

Tagsüber werden ohne Stimulation etwa 20 ml/h Speichel abgegeben, bei Nahrungsaufnahme steigt die Speichelsekretion auf ein Mehrfaches davon. Während Nachtruhe ist die Selbstreinigungskraft der Mundhöhle dagegen deutlich geringer. Die durchschnittliche Sekretionsrate beträgt dann nur etwa 4 ml/h, und die für den Reinigungseffekt wichtigen Mund- und Zungenbewegungen treten während des Schlafens kaum auf (aus diesem Grunde ist die Zahnreinigung vor dem Schlafengehen besonders wichtig). Daneben besitzt der Speichel eine ausgeprägte Neutralisations- und Pufferwirkung gegenüber den Säuren der Mundhöhlenflora. Sie hängt hauptsächlich mit seinem hohen Gehalt an Hydrogencarbonat, HCO_3^-, zusammen.

Der Speichel ist normalerweise mit Calcium- und Phosphationen übersättigt, die damit zur Remineralisation (s. u.) der Schmelzoberfläche zur Verfügung stehen. Daneben enthält Speichel auch Abwehrsysteme, die direkt gegen Bakterien gerichtet sind, zum Beispiel Immunglobuline vom Typ IgA oder das Enzym Lysozym, das die Zellwand von Bakterien angreift und so bakterizid wirkt. Verschiedene andere Bestandteile sind durch Einwirkung auf den Bakterienstoffwechsel unspezifisch an der Keimabwehr beteiligt. Zu erwähnen wäre das Lactoferrin, ein Protein, das Eisenionen bindet und sie so dem Stoffwechsel der Bakterien entzieht.

Der Schutzeffekt der physiologischen Faktoren hat jedoch nur eine begrenzte Wirksamkeit. Ihr gemeinsamer Nachteil ist die Tatsache, daß sich ihre Wirkung hauptsächlich auf die oberflächlichen Schichten der Plaque beschränkt. Die Keime der tieferen Schichten sind durch dicke Lagen von Polysacchariden vor den Abwehrmechanismen des Speichels geschützt. Dieses Problem findet sich auch bei der alleinigen Verwendung von Mundspüllösungen zur Zahnpflege: Ohne die mechanische Reinigungswirkung von Zahnbürste und Zahnseide ist deren Wirkung auf die oberflächlichen Schichten der Plaque beschränkt. Gerade die Bakterien in den der Zahnoberfläche anhaftenden tiefen Schichten, besonders in den schwer zugänglichen Fissuren und Zahnzwischenräumen, werden nicht erreicht und können ihre unheilvolle Wirkung ausüben. Mundspüllösungen allein können daher nicht die Verwendung von Zahnbürste und Zahnseide ersetzen. Eine Ausnahme bildet in besonderen Fällen die Verwendung bestimmter medizinischer Mundspüllösungen, die jedoch für eine allgemeine Anwendung ungeeignet sind.

Mittel zur Zahn- und Mundpflege

Folgende Mittel zur Zahn- und Mundpflege haben eine praktische Bedeutung: Zahnpasten, Mundspüllösungen, Mittel zur örtlichen Fluoridierung und Mittel zum Weißen der Zähne. Daneben kann Kariesprophylaxe durch Verwendung von Süßstoffen anstelle von Zucker und durch Fluoridzusatz zur Nahrung (zum Beispiel zum Tafelsalz) betrieben werden.

Zahnpflegemittel können zu folgenden Gruppen zusammengefaßt werden: antimikrobielle Wirkstoffe, Fluorverbindungen, Detergenzien, zahnsteinlösende Stoffe, Schleif- und Schmirgelstoffe und Wirkstoffe gegen entzündliche Parodontopathien. Je nach gewünschtem Effekt werden diese Stoffe Zahnpflegemitteln in unterschiedlicher Menge und Kombination zugesetzt.

Antimikrobielle Wirkstoffe: Diese Zusätze töten Bakterien ab oder hemmen ihre Vermehrung. Einige der Stoffe werden in medizinischen Mundspüllösungen eingesetzt (z. B. Chlorhexidin), andere finden in Zahnpasten und nichtmedizinischen Mundspüllösungen Verwendung (z. B. Cetylpyridiniumchlorid).

Fluorverbindungen: Die Fluorverbindungen stellen die wohl wichtigsten Wirkstoffe in der Zahnpflege und der Kariesprophylaxe dar. Das von ihnen freigesetzte Fluoridion, F^-, ist die wirksame Form des Fluors. Seine Wirkung beruht auf verschiedenen Mechanismen: Zum einen wird die Widerstandsfähigkeit des Schmelzes gegen Säuren erhöht, indem die Hydroxylionen im Kristallgitter des Schmelzapatits gegen Fluoridionen ausgetauscht werden.

Eine weitere Wirkung des Fluorids ist die Verbesserung der Remineralisation des Schmelzes: Wurde der Schmelz durch Säureangriff demineralisiert, besteht die Möglichkeit, daß bei entsprechendem Angebot von Calcium und Phosphat wieder Apatit in den geschädigten Schmelz eingebaut wird. Calcium und Phosphat sind im Speichel enthalten und können am demineralisierten Schmelz neue Apatitkristallite bilden. Diese durch Remineralisation entstandenen Kristallite sind größer und haben weniger Diffusionsspalten als die ursprünglichen, ihre Säureresistenz ist dadurch höher.

Fluoridionen besitzen auch Wirkungen, die gegen die Plaquebakterien gerichtet sind: Sie binden freies Calcium und entziehen es damit den Bakterien, die Calciumionen, wie erwähnt, als Komplexbildner zur Haftung an der Cuticula benötigen. Weiterhin hemmen Fluoridionen sehr wirksam Enzyme des Kohlenhydratstoffwechsels der Bakterien. Sie wirken dadurch antimikrobiell und vermindern direkt die bakterielle Säureproduktion. Eine Übersicht über die verwendeten Fluorverbindungen zeigt Abbildung 5.

Der klassische Vertreter der in der Zahnpflege eingesetzten Fluorverbindungen ist das Natriumfluorid. Eine höhere Wirksamkeit wird dem Monofluorphosphat zugeschrieben. Es enthält im Gegensatz zu den anderen Verbindungen das Fluorid kom-

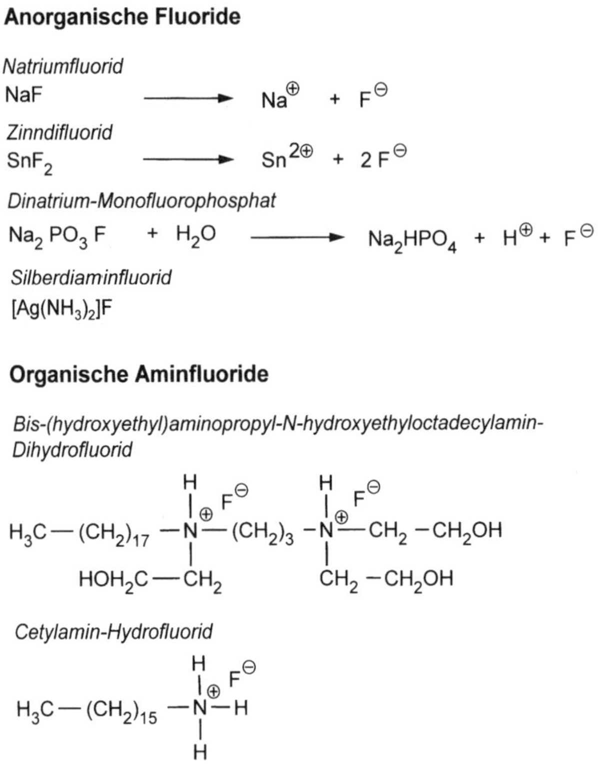

Anorganische Fluoride

Natriumfluorid

$$NaF \longrightarrow Na^{\oplus} + F^{\ominus}$$

Zinndifluorid

$$SnF_2 \longrightarrow Sn^{2\oplus} + 2\,F^{\ominus}$$

Dinatrium-Monofluorophosphat

$$Na_2\,PO_3\,F + H_2O \longrightarrow Na_2HPO_4 + H^{\oplus} + F^{\ominus}$$

Silberdiaminfluorid

$$[Ag(NH_3)_2]F$$

Organische Aminfluoride

Bis-(hydroxyethyl)aminopropyl-N-hydroxyethyloctadecylamin-Dihydrofluorid

$$H_3C - (CH_2)_{17} - \overset{\overset{\displaystyle H}{|}}{\underset{\underset{\displaystyle HOH_2C - CH_2}{|}}{N}}{}^{\oplus}\,F^{\ominus} - (CH_2)_3 - \overset{\overset{\displaystyle H}{|}}{\underset{\underset{\displaystyle CH_2 - CH_2OH}{|}}{N}}{}^{\oplus}\,F^{\ominus} - CH_2 - CH_2OH$$

Cetylamin-Hydrofluorid

$$H_3C - (CH_2)_{15} - \overset{\overset{\displaystyle H}{|}}{\underset{\underset{\displaystyle H}{|}}{N}}{}^{\oplus}\,F^{\ominus} - H$$

Abbildung 5 In der Zahnpflege verwendete Fluorverbindungen.

plex gebunden. Daher kann ein Teil des Monofluorphosphats bei der Remineralisation direkt als Austauschion anstelle von Phosphat in den Schmelz eingebaut werden. Ein anderer Teil wird in der Mundhöhle durch bakterielle Enzyme, die Phosphatasen, in Phosphat und freies Fluorid gespalten, das dann seine obengenannten Wirkungen entfalten kann.

Die organischen Aminfluoride haben unter den Fluorverbindungen die höchste Wirksamkeit. Außer der eigentlichen Fluoridwirkung besitzen sie benetzende und antimikrobielle Eigenschaften und sollen die Einlagerung von Fluorid in den Schmelz verbessern.

Neben der Anwendung von Fluorid in Zahnpasten und Mundspüllösungen gibt es die Möglichkeit, den Schmelz durch örtliche Fluoridierung zu versiegeln. Dazu stehen Gele oder Lacke zur Verfügung, die Fluorid in hoher Konzentration enthalten. Bei diesem Verfahren wird das Gel oder der Lack auf den Schmelz aufgebracht, was an der Schmelzoberfläche zu einer Übersättigung mit Fluorid, Calcium und Phosphat führt. Fluoridreiche Apatitvorläufer- und Calciumfluorid-Kristalle fallen aus und la-

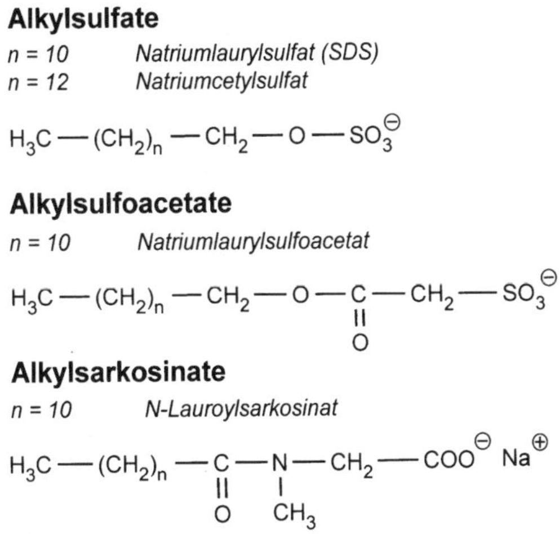

Alkylsulfate

n = 10   Natriumlaurylsulfat (SDS)
n = 12   Natriumcetylsulfat

$$H_3C - (CH_2)_n - CH_2 - O - SO_3^{\ominus}$$

Alkylsulfoacetate

n = 10   Natriumlaurylsulfoacetat

$$H_3C - (CH_2)_n - CH_2 - O - \overset{\displaystyle}{\underset{\displaystyle O}{C}} - CH_2 - SO_3^{\ominus}$$

Alkylsarkosinate

n = 10   N-Lauroylsarkosinat

$$H_3C - (CH_2)_n - \overset{\displaystyle}{\underset{\displaystyle O}{C}} - \overset{\displaystyle}{\underset{\displaystyle CH_3}{N}} - CH_2 - COO^{\ominus} \; Na^{\oplus}$$

Abbildung 6 Beispiele für oberflächenaktive Substanzen in Zahnputzmitteln.

gern sich in die Poren und Diffusionskanäle des Schmelzes ein. Diese Fluorid-Depots können dann über längere Zeit (Tage bis Wochen) hinweg Fluorid direkt an der Schmelzoberfläche freisetzen. Eine weitere sehr wirksame Möglichkeit der Karies-prophylaxe ist die Fluorierung des Trinkwassers, die in den USA, in England und in skandinavischen Ländern üblich ist.

Detergenzien: Detergenzien sind oberflächenaktive Stoffe, die der Emulgierung schlechtlöslicher Partikel wie Speisereste und Plaque dienen. Sie sind Bestandteil der meisten Zahnpasten und Mundspüllösungen.

Zahnsteinlösende Stoffe: Unter Zahnstein versteht man mineralisierte Zahnbeläge. Sie entstehen aus Plaquebelägen, in die sich Calciumsalze, hauptsächlich Phosphate und Carbonate, eingelagert haben. Zahnsteinlösende Stoffe bilden mit Calcium leicht lösliche Salze. Dadurch entmineralisieren sie die Beläge, die dann mit der Zahnbürste leichter entfernt werden können. Häufige Verwendung in Zahnpasten finden Poly-phosphate, Citrate und Lactate.

Schleif- und Schmirgelstoffe: Schleif- und Schmirgelstoffe dienen der mechanischen Reinigung der Zahnoberfläche. Sie werden Zahnpasten in unterschiedlicher Menge zugesetzt, um den Reinigungseffekt zu erhöhen. Pasten zum Weißen der Zähne ent-halten neben bleichenden Stoffen meist größere Mengen an Schleifstoffen. Ihre Ver-wendung ist jedoch nicht unbedenklich, da der Abrieb des Schmelzes je nach Art und Dauer der Anwendung erheblich sein kann. Als Schleif- und Schmirgelstoffe werden Feststoffe in geeigneter Korngröße und Härte verwendet, so z. B. Carbonate, Silicate oder Kieselsäure.

Wirkstoffe gegen entzündliche Parodontopathien: Vielen Zahnpasten werden Stof-fe zugesetzt, die eine schützende Wirkung auf das Zahnfleisch besitzen. Häufig findet

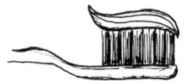

man pflanzliche Wirkstoffe aus Kräutern wie Kamille, Myrrhe oder Salbei. Sie verbessern die Durchblutung des Zahnfleisches und wirken bei Entzündungen heilend. Ein anderer Zusatz ist das *Retinol* (Vitamin A), das als lipophiles, also fettlösliches Vitamin auch bei lokalem Auftragen eine Wirkung auf das Gewebe besitzt. Es schützt das Epithel des Zahnfleisches und soll der Bildung von Zahnfleischtaschen entgegenwirken. Zum Teil finden sich in Zahnpasten adstringierende (zusammenziehende) Substanzen, die sich mit den Proteinen im Zahnfleischgewebe zusammenlagern und sie verdichten. Dadurch straffen sie die durch eine Entzündung aufgelockerte Schleimhaut und machen sie widerstandsfähiger. Verwendet werden u. a. Polyphenole, Aluminiumlactat und Silberverbindungen.

Süßungsmittel: Sie finden breite Verwendung als kalorienarmer Zuckerersatz und als Mittel zur Kariesprophylaxe. Man unterscheidet dabei zwischen Zuckeraustauschstoffen und Süßstoffen (siehe Kapitel „Zusatzstoffe in Lebensmitteln"). Zuckeraustauschstoffe können von den Plaquebakterien im Energiestoffwechsel ebenso wie Saccharose zu Säuren umgesetzt werden. Sie sind dennoch weniger kariesverursachend als Zukker, da sie eine höhere Süßkraft besitzen und außerdem schlechter von den Bakterien verstoffwechselt werden. Süßstoffe dagegen werden von den Bakterien nicht umgesetzt, sie besitzen daher keinerlei Kariogenität. Zu den Zuckeraustauschstoffen zählen Polyalkohole wie Sorbit, Xylit und Mannit. Synthetische Süßstoffe sind z. B. Saccharin, Cyclamat und Aspartam. Daneben gibt es natürliche Süßstoffe wie Monellin, Miraculin und Talin.

Wie soll man seine Zähne pflegen?

Es muß sicherlich dazu geraten werden, die Zähne unmittelbar nach jeder der drei Hauptmahlzeiten und nach jeder zuckerhaltigen Zwischenmahlzeit mit der Zahnbürste zu reinigen. Zwar dauert es mindestens 24 Stunden, bis sich nach absoluter Plaqueentfernung wieder eine pathogene Plaque gebildet hat. Eine absolute Plaquefreiheit ist jedoch durch einfache Zahnreinigung nicht zu erreichen, eine häufigere Reinigung daher sinnvoll. Weiterhin ist die Verwendung von Zahnseide dringend zu empfehlen, um auch die mit der Zahnbürste nur schwierig zu erreichenden Zahnzwischenräume zu reinigen. Die häufig gestellte Frage, welche Zahnpaste man verwenden sollte, läßt sich nicht ohne weiteres beantworten. Man kann davon ausgehen, daß die meisten modernen fluoridhaltigen Zahnpasten eine ausreichend hohe kariesprophylaktische Wirkung besitzen, solange die Zahnreinigung nur regelmäßig und häufig genug durchgeführt wird. Eine nachgewiesene Reduktion der Karies läßt sich außerdem durch regelmäßige Verwendung von Fluorid-Gel oder -Lack erreichen, weshalb diese Mittel ebenfalls Teil einer effektiven Zahnpflege sein sollten. Sinnvoll ist weiterhin die regel-

mäßige Anwendung von Mundspüllösungen, wobei man darauf achten sollte, fluoridhaltige Lösungen zu verwenden, da diese eine nachhaltige und klinisch nachweisbare Hemmung der Plaquebildung bewirken. Schließlich kann man seine Zähne, wie allgemein bekannt sein dürfte, durch entsprechende Ernährungsgewohnheiten schützen. Als wichtigste Maßnahme ist dabei sicherlich die Reduktion zuckerhaltiger Nahrungsmittel zu nennen.

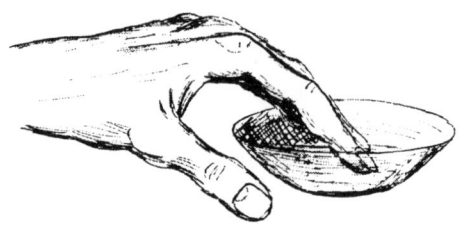

Hautpflegemittel

Martin Albrecht, Andreas Doll und Markus Fries

Das Geschäft mit der Schönheit hat gewaltige Dimensionen angenommen, und für kaum eine andere Produktgruppe wird in den Medien so intensiv geworben. Vom wissenschaftlichen Standpunkt aus sind viele Argumente der Werbestrategen fragwürdig oder gar unsinnig. Die Verbraucher scheint das aber wenig zu stören. Trotzdem sollten wir uns fragen, welche Möglichkeiten es gibt, Aussehen und Gesundheit der Haut günstig zu beeinflussen. In anderen Worten: Wieviel Kosmetik braucht der Mensch?

Unumstritten ist, daß kosmetische Präparate allein der Reinigung, der Pflege und dem Schutz gesunder oder leicht gestörter Haut dienen sollten. Zur Behandlung von Hauterkrankungen dürfen sie auf keinen Fall verwendet werden. Kosmetisch verwendete Wirkstoffe sollen also nur auf die Haut Einfluß nehmen; ihr Eindringen in die Blutbahn muß ausgeschlossen werden.

Die Haut, das flache Organ

Die Haut der Säugetiere wird in drei Schichten eingeteilt. Sie heißen (von unten nach oben) Unterhaut, Lederhaut und Oberhaut (siehe Kapitel „Leder").

Die **Unterhaut** (Subcutis) besteht aus lockerem Bindegewebe mit eingelagerten Fettzellen. In der Subcutis liegen die Schweißdrüsen und die tiefsten Anteile der Haar-

244

follikel. Ein reichlicher Fettgehalt der Subcutis erhöht die Spannung der Haut, wodurch diese straffer und jugendlicher erscheint: Dicke Menschen wirken jünger!

Die **Lederhaut** (Dermis, Corium) besteht aus festem Bindegewebe (in eine Grundsubstanz eingebettete kollagene, elastische und Retikulin-Fasern) mit Gefäßen und Nerven, die die Haut versorgen. Die kollagenen Fasern sind die wichtigsten Bauelemente. Junge kollagene Fasern binden reichlich Wasser, was einen entscheidenden Einfluß auf die Spannung der Haut hat. Im Alter kommt es zunehmend zu einer Vernetzung der Kollagenfasern. Dies hat ein geringeres Wasserbindungsvermögen zur Folge: Die Haut wird schlaffer. Von Bedeutung ist auch, daß elastische Fasern im Laufe des Lebens nicht mehr nachgebildet werden. Ihre Degeneration ist deshalb für die Faltenbildung mitverantwortlich.

Die **Oberhaut** (Epidermis) enthält keine Blutgefäße. Die Nährstoffe, die diese Schicht versorgen, gelangen aus den Gefäßen der Lederhaut durch den in die Oberhaut aufsteigenden Gewebeflüssigkeitsstrom zu den Stellen des Verbrauchs. Der funktionell wichtigste Bestandteil der Oberhaut ist die Hornschicht. Sie ist für die Funktion der Haut als Barriere verantwortlich und besteht aus Zellen (Corneocyten), die durch eine zementartige Kittsubstanz zu einer Lamelle verbunden sind, vergleichbar einer Ziegelsteinmauer. Zerfällt die Zementsubstanz, bröckelt auch die Hornschicht. Die Hornschicht ist sehr widerstandsfähig gegen mechanische Einflüsse und chemische Reize, z. B. Säuren und Laugen. Relativ empfindlich ist sie jedoch gegenüber organischen Lösungsmitteln wie Benzin: Solche Flüssigkeiten lösen die Zementsubstanz auf und zerstören dadurch die Hornschicht. Auch waschaktive Stoffe (Detergenzien), wie sie z. B. in Geschirrspülmitteln enthalten sind, greifen die Haut an, indem sie Zellmembranen schädigen.

Oberflächliches

Die Oberfläche der Haut hat ein welliges Relief, das durch die Ablösung von Hornlamellen hervorgerufen wird. Eine besonders wichtige Funktion übernimmt die Fettschicht (der Hydrolipidfilm), die die Hornlamellen bedeckt. Sie besteht aus Schweiß, Wasser sowie aus Lipiden des Talgdrüsensekrets und der Kittsubstanz der Hornzellen (siehe Box „Lipide").

Mit zunehmendem Alter verändert sich die Zusammensetzung dieses Oberflächenfilms. Durch die Verminderung der Talg- und Schweißdrüsensekretion geht Wasser verloren, die Haut trocknet aus. Sie verliert an Geschmeidigkeit, wird empfindlicher und damit pflegebedürftiger. Das Wasser (Gehalt: 10–20 %) ist besonders wichtig für die Geschmeidigkeit der Hornschicht. Bestimmte wasserbindende Substanzen, die aus den Drüsensekreten und dem Verhornungsprozeß stammen, halten das Wasser in der

Hornschicht fest und verhindern seine Abgabe selbst bei extremer Trockenheit der umgebenden Luft. Hier wiederum liegt ein Grund für die Empfindlichkeit der Haut gegenüber Detergenzien: Diese lösen die wasserbindenden Substanzen aus der Haut heraus.

Auch ein Überangebot an Komponenten des Hydrolipidfilms kann die Ursache von Störungen sein. Überfeuchtung bedingt eine Quellung der Hornschicht durch Eindringen von Wasser, was eine Besiedlung mit Bakterien oder das Eindringen von Fremdstoffen erleichtert. Ein überreichliches Lipidangebot (durch Überfunktion von Talgdrüsen) begünstigt das Bakterienwachstum und führt leicht zu Mitessern.

Wesentlich für die Schutzfunktion der Haut ist außerdem ihr niedriger pH-Wert von 5,4–5,9 (saurer Bereich; siehe Box „pH-Wert"). Die Säuren stammen aus drei Quellen: dem Schweiß (Milchsäure, verschiedene Aminosäuren), dem Talg (nach enzymatischer Zerlegung der Fette in freie Fettsäuren durch Bakterien) und dem Verhornungsprozeß (Aminosäuren, Pyrrolidoncarbonsäure). Die Bedeutung des Säuremantels liegt in dem Schutz vor Alkalien und vor mikrobiellem Angriff. Bei niedrigen pH-Werten liegen optimale Lebensbedingungen für die normalen Oberflächenkeime (Saprophyten, Kommensalen) vor, die das wichtigste Verteidigungssystem der Haut gegen Fremdmikroben bilden.

Intakte Haut läßt die meisten Stoffe nicht in nennenswertem Maße eindringen. Die Barrierefunktion ist aus physiologischen Gründen allerdings nicht ganz perfekt – sie erlaubt einen minimalen Flüssigkeits- und Stoffaustausch zwischen Organismus und Umwelt. In geringem Umfang kann fast jeder Stoff durch die Haut gelangen, wobei lipidlösliche Substanzen gegenüber wasserlöslichen bevorzugt sind.

Mit Tiefenwirkung?

Das Eindringen (die Penetration) kosmetischer Stoffe, also ihre Diffusion durch die Hornschicht, hängt vom Zustand der Haut, von den Eigenschaften und der Konzentration des Wirkstoffes sowie von der Art der Auftragung ab. Vor allem die Dicke der Haut und und ihr Feuchtigkeitsgehalt sind wichtig für die Penetration von Fremdstoffen in tiefere Schichten. Jede Auflockerung oder Reduzierung der Hornschicht begünstigt sie.

Substanzen, die sowohl lipophile als auch hydrophile Eigenschaften haben (amphipathische Stoffe), dringen schneller ein. Dagegen spielt das Molekulargewicht eine untergeordnete Rolle, sofern es eine bestimmte Obergrenze nicht wesentlich überschreitet.

Massage- und Wärmebehandlung fördern die Penetration. Dies beruht zum Teil auf einer verbesserten Wassereinlagerung in die Hornschicht, aber auch auf beschleunigter Diffusion.

Öle, Pasten, Salben

Nach ihrem physikalisch-chemischen Zustand und ihren Gebrauchseigenschaften kann man die Hautpflegeprodukte in mehrere Gruppen einteilen.

Die Gliederung in Tabelle 1 beruht auf Eigenschaften, die eine deutliche Abgrenzung der einzelnen Produkte voneinander ermöglichen. Bei den flüssigen Systemen unterscheidet man zwischen einphasigen und mehrphasigen Systemen. Die wichtigsten Vertreter der letzteren Gruppe sind die **Öl-in-Wasser-Emulsionen (O/W)** und die **Wasser-in-Öl-Emulsionen (W/O)**. Als Emulsionen bezeichnet man mehr oder weniger stabile Mischungen hydrophiler und hydrophober Substanzen (siehe Box „Hydrophil-Hydrophob"). Bei den O/W-Emulsionen besteht die äußere Phase, die man auch Dispersionsmittel nennt, aus Wasser. Die darin verteilte (disperse, innere) Phase ist hingegen aus öligen Bestandteilen aufgebaut. Milch ist ein gutes Beispiel für eine Öl-in-Wasser-Emulsion (Abbildung 1; siehe Kapitel „Milch"*)*. Genau das umgekehrte Prinzip ist bei den W/O-Emulsionen verwirklicht: Hier besteht das Dispersionsmittel aus einer öligen Komponente, während die disperse Phase wäßrig ist. Ein Beispiel für diese Art von Emulsion ist Butter.

Um solche O/W- bzw. W/O-Systeme herzustellen, benötigt man einen Hilfsstoff, der die disperse Phase in feiner Verteilung hält. Einen solchen Vermittler nennt man

Tabelle 1. Gliederung der Kosmetika

Flüssige Systeme		
Einphasige Systeme		
wäßrige Lösungen		feuchte Umschläge
alkoholische Lösungen		feuchte Umschläge
ölige Systeme		Massageöle
Mehrphasige Systeme		
O/W-Emulsionen		Hautmilch
W/O-Emulsionen		
Suspensionen		Schüttelmixturen
Halbfeste Systeme		
Wasserfreie Systeme (Salben)		
apolare Systeme, Kohlenwasserstoff-Gele		Vaseline
polare Systeme		
Wasserhaltige Systeme		
Hydrogele		Methylcellulosegel
O/W-Cremes		Feuchtigkeitscremes
W/O-Cremes		Babycremes
hochkonzentrierte Suspensionen		Pasten (z. B. Zinkpaste)
Pulverförmige Systeme (Puder)		

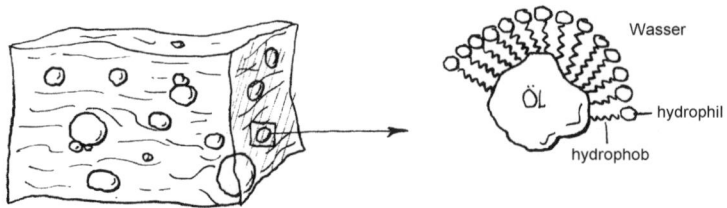

Abbildung 1 Schematische Darstellung einer Öl-in-Wasser-Emulsion.

Emulgator. Emulgatoren sind amphiphile Moleküle. Sie besitzen sowohl einen „wasser-liebenden" (hydrophilen) als auch einen „fettliebenden" (lipophilen) Anteil und stabilisieren die Grenzfläche zwischen Wasser und Öl, indem sie Emulgatorfilme ausbilden. Die Art der Emulsion wird durch die Löslichkeit des Emulgators in der äußeren Phase bestimmt. Für eine O/W-Emulsion muß der Emulgator einen stark hydrophilen Anteil besitzen. Das Gegenteil gilt für die W/O-Emulsion: Hier benötigt man Emulgatoren mit stark lipophilen Anteilen. Beachtet man diese Regel, so wird verständlich, daß Alkalisalze von Fettsäuren und Fettalkoholsulfate wegen ihres hydrophilen „Köpfchens" meist als O/W-Emulgatoren Verwendung finden. Die mit ausgeprägt lipophilen Anteilen ausgestatteten Kohlenwasserstoffe und Sterine sind dagegen bessere W/O-Emulgatoren (Abbildung 2).

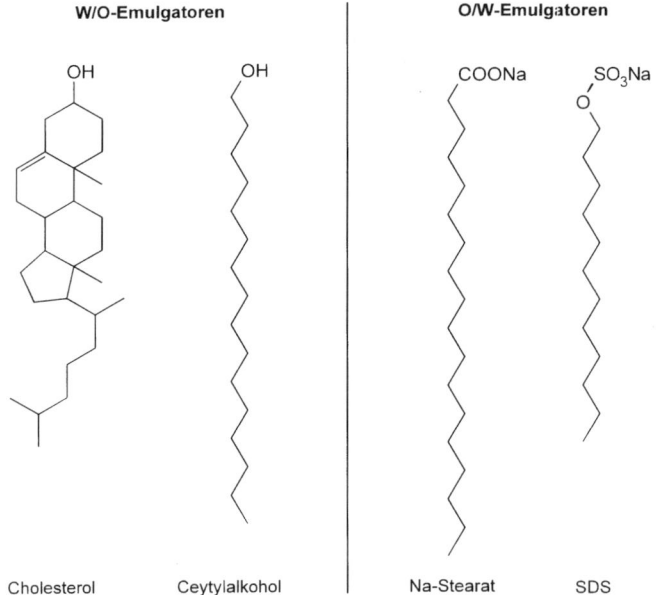

Abbildung 2 Emulgatoren.

Zu den mehrphasigen Systemen gehören auch die **Suspensionen** – das sind Aufschwemmungen von Feststoffen in einer Flüssigkeit. Kosmetische Suspensionen bestehen in der Regel aus pulverförmigen Anteilen in einer wäßrigen Komponente.

Auch **halbfeste Systeme** können in zwei Untergruppen eingeteilt werden: in wasserfreie und wasserhaltige Systeme. Die bekannten **Salben** (oder besser: deren Grundlagen) ordnet man der ersten Untergruppe zu. Als Salbengrundlage ist die Vaseline weitverbreitet, ein Gemisch aus festen und flüssigen gesättigten Kohlenwasserstoffen, das in Form eines plastischen Gels mit netzartiger Struktur vorliegt. Die weniger bewegliche Gerüstphase besteht aus höheren, langkettigen Verbindungen, die mobile oder flüssige Phase aus niederen, kurzkettigen Kohlenwasserstoffen (Paraffinen). Da es sich bei den beiden Komponenten des Gels um chemisch gleichartige Substanzen handelt, die sich nur in ihrer Molmasse unterscheiden, spricht man auch von einem **Isogel** (Abbildung 3).

Zur zweiten Untergruppe der halbfesten Systeme gehören die **Hydrogele**. Wie der Name andeutet, zeichnen sich diese durch ein ausgesprochen gutes Wasserbindungsvermögen aus. Hydrogele gehören zur Gruppe der Heterogele (im Gegensatz zu den Isogelen). Dies bedeutet, daß die beiden Komponenten des Gels unterschiedlichen Substanzklassen angehören (z. B. Zuckerpolymere und Wasser). Zur Herstellung dieser Gele verwendet man anorganische Hydrogelbildner wie Siliciumdioxid oder organische Polymere wie Polyacrylsäure oder Methylcellulose (Abbildung 4).

Ebenfalls zu den wasserhaltigen Systemen gehören die **Cremes**. Zur Herstellung einer Creme braucht man ein Absorptionsgel, das Wasser aufnehmen kann. Hierzu besonders geeignet sind Kohlenwasserstoffe, in die Tenside eingearbeitet wurden, um das Wasserbindungsvermögen zu verbessern. Je nach Art des benutzten Tensids kann die Creme den Charakter einer W/O- oder einer O/W- Emulsion besitzen.

W/O-Cremes sind durch ein Gelgerüst stabilisierte Emulsionen. Dominierender Gerüstbildner ist die Vaseline mit ihren bereist erwähnten typischen Gelstrukturen. Die zugefügten Emulgatoren (Cholesterol, Cetylstearylalkohol) reichern sich bevorzugt an der Grenzfläche zwischen der lipophilen Phase (Vaseline) und Wasser, das in

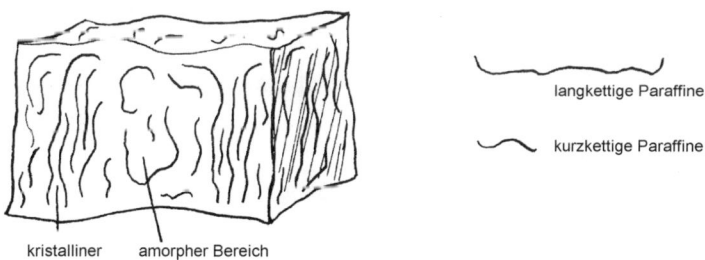

kristalliner   amorpher Bereich

langkettige Paraffine

kurzkettige Paraffine

Abbildung 3   Ein Isogel bildet kristalline und amorphe Bereiche aus.

Hautpflegemittel

Form von Tröpfchen in der Creme verteilt ist, an. Ein Überschuß an Emulgator kristallisiert in Lamellen aus und kann dadurch den Aufbau des Gelgerüstes verstärken (Abbildung 5).

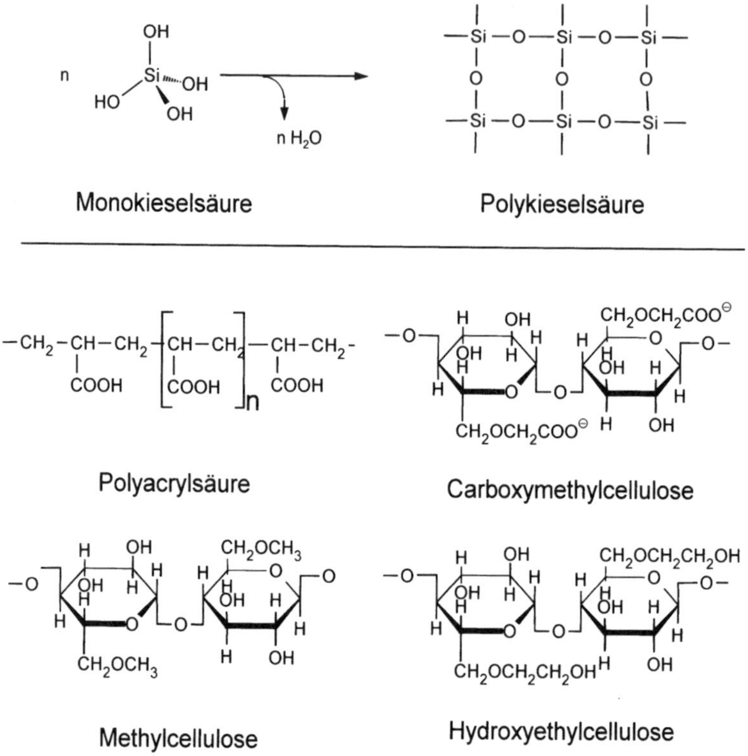

Monokieselsäure

Polykieselsäure

Polyacrylsäure

Carboxymethylcellulose

Methylcellulose

Hydroxyethylcellulose

Abbildung 4 Anorganische Hydrogelbildner.

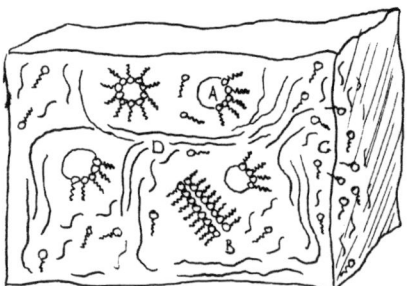

A: Wassertröpfchen, durch Mischemulgatorsystem stabilisiert

B: Überschußkristallisat-Emulgatoren

C: lipophile Phase mit gelösten Emulgatormolekülen

D: lipophile Gelphase

Abbildung 5 Schematischer Aufbau einer W/O-Creme.

250

Was an die Haut geht

Normalerweise sorgt die Haut selbst für ihren Schutz. Ihr natürlicher Schutzmantel enthält Lipide und Feuchtigkeit in einer ausgewogenen Mischung. Der Fettanteil besteht zu einem Drittel aus freien Fettsäuren, zu einem weiteren Drittel aus Fetten, der Rest entfällt auf Cholesterol und seine Ester sowie auf Wachse, Kohlenwasserstoffe und Steroide. Solange man das natürliche Gleichgewicht nicht stört, liefert der Körper Lipide und Feuchtigkeit in ausreichenden Mengen nach. Durch unseren modernen „Waschzwang" entzieht man der Haut häufig mehr Lipide, als sie nachliefern kann. In diesem Fall können Hautcremes in der Tat die gesteigerten Verluste ausgleichen.

Vor noch nicht allzulanger Zeit war Rindertalg die Hautcreme der Wahl. Er ist weitgehend geruchlos und in seiner Zusammensetzung dem Hautfett nicht unähnlich. Sein einziger „Nachteil": Er ist zu billig. Die Produkte der modernen Kosmetikindustrie sind komplexer zusammengesetzt. Hautcremes, wie erwähnt meist O/W-Emulsionen, seltener W/O-Emulsionen, enthalten die folgenden typischen Bestandteile:

Die wichtigste Komponente ist schlicht **Wasser** (von den Kosmetikfirmen als „Feuchtigkeit" und intern als „Profitin" bezeichnet). Wasser ist ungewöhnlich preiswert, macht die Creme leicht verstreichbar und sorgt durch Verdünnung dafür, daß beim Eincremen nicht zuviel Öl auf die Haut gelangt. Eine normale Creme enthält meist 60–75 % Wasser. Dies ist aber auch ein entscheidender Schwachpunkt: In einer Creme können gerade bei hohen Wassergehalt Pilze und Bakterien gut gedeihen. Nicht nur lebende Keime schaden der Creme, sondern auch tote und deren Bestandteile, die Enzyme (siehe Box „Enzyme"), die die Creme zersetzen können. Deshalb enthalten wasserhaltige Cremes in der Regel **Konservierungsmittel**. Früher gerne benutzte Stoffe, wie z. B. Formaldehyd, vernichten leider auch die nützlichen Bakterien, die normalerweise auf der Hautoberfläche leben und einen wichtigen Teil des Verteidigungssystems der Haut ausmachen. Heute setzt man meist mildere Konservierungsmittel ein. Auch diese sind zwar nicht unbedingt gut für die Haut, sorgen aber dafür, daß der Cremetiegel immer das gleiche Produkte liefert – wie schmutzig die Finger auch immer sein mögen, die dort hineinlangen und Keime auf der Cremeoberfläche hinterlassen.

Die andere Hauptkomponente von Cremes ist die **Fettphase**. Sie besteht aus meist dünnflüssigen Ölen, hochschmelzenden Fetten und Wachsen, z. B. Wollfettprodukten (Lanolin), Vaseline (Paraffine) und Pflanzenölen. Diese Lipide glätten die Hautoberfläche, machen sie geschmeidig und verhindern das Eindringen von Schmutz in die oberen Hautschichten. Wenn sie allerdings als dichter Fettfilm auf der Hautoberfläche liegen, sind sie eher belastend, weil dann jegliche Wasserabgabe verhindert wird.

Da die nichtwäßrigen Anteile der Creme sich nicht mit den wäßrigen Anteilen vertragen, muß man die schon erwähnten Emulgatoren zusetzen, die Öl und Wasser mischbar machen. Weitere Substanzen stabilisieren die Emulsion, ohne selbst ausgeprägte Emulgatoreigenschaften zu haben. Um den Cremes einen angenehmen Geruch zu verleihen und nachteilige Eigengerüche bestimmter Bestandteile zu überdecken, setzt man außerdem eine Parfümölkomposition zu.

In den Tabellen 2 und 3 sind die Inhaltsstoffe zweier Cremes zusammengestellt.

Tabelle 2. Nivea-Creme ist eine Fettcreme in Form einer Öl-in-Wasser-(O/W-)-Emulsion

Inhaltsstoff	Funktion
Wasser (69 %)	Wasserphase
Paraffinöl (25 %)	Ölphase
Vaseline	Ölphase
Glycerin	Feuchthaltemittel
Lanolin-Alkohol (Eucerit)	Emulgator, Stabilisator
Ceresin	Ölphase
Paraffinwachs	Ölphase
Octyldodecanol	Ölphase, rückfettend
Decyloleat	Ölphase
Magnesium-Aluminium-Sterate	Emulgatoren, Konsistenzgeber
Magnesiumsulfat	Emulgator, Stabilisator
Zitronensäure	pH-Wert-Einsteller
Panthenol	zur Hautberuhigung
„Fragrance"	Duftstoffe

Tabelle 3. Die vor allem in der Säuglinngspflege verwendete Penaten-Creme ist eine Wasser-in-Öl-Emulsion (W/O)

Inhaltsstoff	Funktion
Petrolatum (Vaseline)	Ölkomponente
Zinkoxid	entzündungshemmend
Lanolin (Wollfett)	Konsistenzgeber, rückfettend
Talkum	Pudergrundlage
Wasser	Wasserphase
Panthenol	hautberuhigend
Zaubernußextrakt	entzündungshemmend
Allantonin	fördert Wundheilung, Hautglättung
Sorbitan-Sesquioleat	Emulgator
Cetylpyridinumchlorid	Emulgator
„Fragrance"	Duftstoffe

Ob's hilft?

Viele weitere Inhaltsstoffe von Hautpflegemitteln werden uns täglich in Werbesendungen angepriesen. Dazu gehören diverse Feuchtigkeitsspender, Kollagen zur Straffung der Haut oder das (nicht existierende) Vitamin B_5. Ob diese Ingredienzien wirklich der Schönheit und Gesundheit der Haut dienen oder eher dem Umsatz des betreffenden Produktes, mag hier einmal dahingestellt bleiben.

Hydrophil-Hydrophob

Wasser ist ein polares Lösungsmittel, in dem sich Salze gut lösen. Auch andere **polare Verbindungen**, die durch eine ungleiche Verteilung der Elektronen im Molekül gekennzeichnet sind, zum Beispiel Zucker, lösen sich gut in Wasser. Solche Substanzen bezeichnet man als **hydrophil** (= wasserliebend). Ihre Löslichkeit beruht darauf, daß sie sich mit einem Mantel von Wassermolekülen, einer Hydrathülle, umgeben. Schlecht löslich sind polare Verbindungen dagegen in **unpolaren Lösungsmitteln** wie Chloroform, Benzol oder Speiseöl.

Unpolare Verbindungen wie Fette und andere Lipide, haben eine gleichmäßige Elektronenverteilung, sie können deshalb keine Hydrathülle ausbilden und lösen sich schlecht in Wasser. Man bezeichnet sie als **hydrophob** (= wasserfeindlich) oder **lipophil** (= fettfreundlich).

Daneben gibt es Verbindungen, die sowohl hydrophile als auch hydrophobe Eigenschaften besitzen, zum Beispiel die Seifen und die Gallensäuren. Man bezeichnet sie als **amphiphil** (= beides liebend). Amphiphile Moleküle haben in der Biochemie eine besondere Bedeutung, weil sie in der Lage sind, hydrophobe Stoffe auch in Wasser zu lösen. Sie spielen beispielsweise eine Rolle bei der Verdauung von Fetten und beim Waschen.

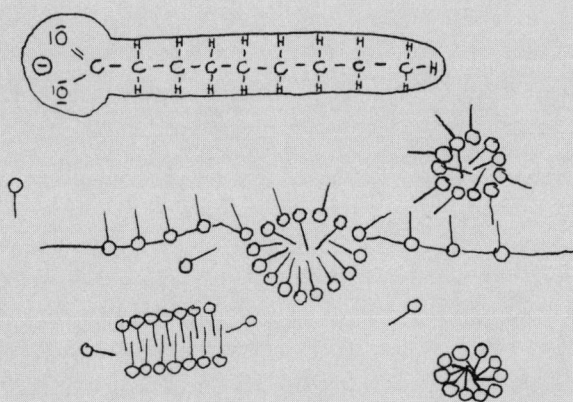

Abbildung 6 Die Abbildung zeigt (oben) ein amphiphiles Seifen-Molekül mit hydrophilem Kopf (links) und hydrophobem Schwanz. Darunter ist dargestellt, wie sich die Seifen-Moleküle im Wasser anordnen: Der polare Kopf (Kugel) ist immer zum Wasser gerichtet. Mit dem unpolaren Schwanz können unpolare Verbindungen (Lipide) eingehüllt werden. Damit werden die Lipide wasserlöslich.

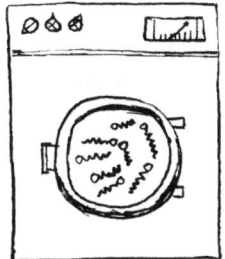

Waschmittel

Esther Hedderich

Waschmittel im weiteren Sinne gibt es schon sehr lange. Die Sumerer und Babylonier entwickelten eine etwas anrüchige Methode, um ihre Textilien zu säubern: Sie benutzten die Zersetzungsprodukte von Urin als erstes „Waschmittel". Der Erfolg dieses Mittels war so beeindruckend, daß es einige Jahrtausende – bis zur Zeit der Römer – auf dem Markt blieb. Welches moderne Waschmittel wird das je von sich behaupten können?

Ganz konkurrenzlos war dieses erste Produkt allerdings nicht. Die Sumerer haben sich auf dem Waschmittelsektor noch durch die Entdeckung einer anderen reinigungs-aktiven Substanz hervorgetan. Ihr zweites „Waschmittel" war Asche. *Pottasche,* oder chemisch korrekt Kaliumcarbonat, reagiert in wäßriger Lösung alkalisch und verstärkt so die negative Aufladung der Oberflächen von Fasern und Schmutzpartikeln. Der Reinigungseffekt wird also durch die elektrostatische Abstoßung von Stoff und Schmutz erzielt. Das von den Ägyptern als Waschmittel entdeckte *Soda* (Natriumcarbonat) wirkt auf die gleiche Weise.

In Anbetracht der Tatsache, daß wir den Sumerern auch die Seife verdanken, könnte man auf die Idee kommen, daß diese wahre Sauberkeitsfanatiker gewesen sein müssen. Aber weit gefehlt: Seife wurde von den Sumerern als Haarpomade und als Medizin gegen Hautkrankheiten eingesetzt. Daß Seife auch reinigt, fanden erst sehr viel später die Römer heraus. Wahrscheinlich hatten sie von verfaultem Urin im wahrsten Sinne des Wortes die Nase voll. Nachdem die Seife als potentielles Waschmittel ent-

255

deckt worden war, blieb sie dennoch lange Zeit ein Luxusartikel, der für die „große Wäsche" viel zu teuer war. Folgerichtig war sie dann auch im ersten Markenwaschmittel, das 1878 in Deutschland eingeführt wurde, nicht enthalten. Es bestand aus Natriumcarbonat – die Ägypter lassen grüßen – und aus Natriumsilicat. Beide Substanzen bewirken oder verstärken, wie schon erwähnt, die elektrostatische Abstoßung zwischen Fasern und Schmutzpartikeln. Zusätzlich fällen sie die für die Wasserhärte (s. u.) verantwortlichen Calcium- und Magnesiumionen aus und verbessern dadurch die Waschwirkung der Seife, die zusammen mit dem Waschmittel eingesetzt werden konnte.

Das erste Waschmittel auf dem deutschen Markt, das Seife enthielt, dürfte allen bekannt sein: *Persil* war ab 1907 käuflich zu erwerben. Der Name Persil leitet sich von zweien seiner Bestandteile – nämlich Natrium**per**borat und Natrium**sil**icat – ab. Zusätzlich enthielt dieses selbsttätige Waschmittel – als solches wurde es damals in der Werbung angepriesen – noch Seife und Natriumcarbonat.

Nicht nur sauber...

Ein Markstein in der Waschmittelgeschichte war die Erfindung synthetischer waschaktiver Substanzen – kurz auch Tenside genannt – im Jahre 1933. Zwischen 1950 und 1970 wurden die Waschmittelrezepturen nach und nach um verschiedene andere mehr oder weniger notwendige Inhaltsstoffe, wie z. B. optische Aufheller, Enzyme und Duftstoffe, erweitert. Bis heute versucht die Waschmittelindustrie, ihre Kunden durch neue, verbesserte Rezepturen zu erfreuen. Insbesondere der Umweltverträglichkeit der Waschmittelinhaltsstoffe wird in letzter Zeit immer mehr Aufmerksamkeit gewidmet, und es sind auch durchaus Erfolge zu verzeichnen.

Alle bekannten deutschen Markenwaschmittel sind phosphatfrei und tragen deshalb nicht mehr zu der gefährlichen Überdüngung der Gewässer bei. Der Einsatz von Tensiden in Waschmitteln wurde 1961 auf Substanzen beschränkt, die zu mindestens 80 % biologisch abbaubar sind. Auch kommen immer mehr Konzentrate auf den Markt, die erstens weniger Verpackungsmaterial benötigen und zweitens keine Stellmittel (s. u.) mehr enthalten, die die Rieselfähigkeit des Waschmittels verbessern.

Trotz dieser positiven Aspekte stellen Waschmittel nach wie vor eine Belastung der Umwelt dar – manche mehr, manche weniger. Und auch die Verbraucher tragen durch ihren oft unsachgemäßen Umgang mit Waschmitteln viel dazu bei. Ist es denn wirklich zuviel verlangt, die Härte des zum Waschen benutzten Wassers zu erfragen und die Waschmittel entsprechend zu dosieren? Neben der Bequemlichkeit ist auch übertriebener, durch die Werbung noch verstärkter Sauberkeitswahn an einer unnötigen

Belastung der Umwelt schuld. Die Wäsche muß strahlendweiß und kuschelweich sein, nach Frühling duften und nicht nur sauber, sondern rein sein!

Anionische Tenside, Zeolithe, Silicate, Natriumcitrat, Polycarboxylate, Cellulose-Derivate ... Diese Aufzählung ist keiner Chemiestunde entnommen, sondern einer handelsüblichen Waschmittelverpackung. Immerhin schreiben die Hersteller mittlerweile auf die Verpackung, was in ihrem Wunderwaschmittel alles drin ist. Aber was hilft das, wenn man sich unter den chemischen Fachbegriffen nichts vorstellen kann? Vielleicht kann der folgende Abschnitt ein wenig Licht in das Dunkel bringen, das die Waschmittelinhaltsstoffe trotz der großzügigen Verbraucherinformation auf den Verpackungen umhüllt.

Eine zusammenfassende Übersicht der Inhaltsstoffe pulverförmiger Waschmittel bietet Tabelle 1. Neben den in Waschmitteln enthaltenen Wirkstoffgruppen nennt die Tabelle auch deren prozentuale Anteile. Man unterscheidet dabei Inhaltsstoffe mit direkter und indirekter Reinigungswirkung. Zu den Inhaltsstoffen mit direkter Reinigungswirkung gehören die **Tenside**, die „**Builder**", die **Enzyme** und die **Bleichmittel**. Da die Stoffe mit direkter Reinigungswirkung die wichtigsten Waschmittelbestandteile sind, werden sie im folgenden zuerst besprochen. Eine indirekte Wirkung haben die **Hilfsstoffe** oder „Performance Additives".

Tabelle 1. Die gebräuchlichsten Waschmittelinhaltsstoffe

Wirkstoffgruppe	Beispiele	Pulverförmiges Universalwaschmittel
Tenside (gesamt)		5–20 %
Anionische Tenside	Alkylbenzolsulfonat, Alkylsulfat	5–10 %
Nichtionische Tenside	Fettalkoholpolyglykolether	0–10 %
Builder oder Gerüststoffe		25–40 %
Alkalien	Natriumcarbonat	5–10 %
Komplexbildner	Natriumcitrat	0–5 %
Ionenaustauscher	Zeolithe	20–25 %
Enzyme	Proteasen, Lipasen	0,3–0,8 %
Bleichmittel	Natriumperborat, Natriumpercarbonat	20–25 %
Bleichaktivatoren	TAED	0–2 %
Stabilisatoren	EDTA, Magnesiumsilicat	0,2–0,5 %
Vergrauungsinhibitoren	Carboxymethylcellulose	0,5–1,5 %
Optische Aufheller	Stilben-disulfon-säure, Bi(styryl)-biphenyl-Derivate	0,1–0,3 %
Schaumregulatoren	Seifen, Siliconöl	1–5 %
Verfärbungsinhibitoren	Polyvinylpyrrolidone	?
Korrosionsinhibitoren	Natriumsilicat	2–6 %
Duftstoffe		>> 1 %
Farbstoffe		>> 1 %
Stellmittel	Natriumsulfat	2–15 %

Biologisch abbaubar?

Die wichtigsten Inhaltsstoffe jeden Waschmittels sind **Tenside**. Dabei handelt es sich um kettenförmige, manchmal auch verzweigte Moleküle, die einen hydrophoben und einen hydrophilen Teil und deshalb **amphiphile** Eigenschaften haben (siehe Box „Hydrophil-Hydrophob").

Nach der Beschaffenheit des hydrophilen Anteils unterscheidet man zwischen ungeladenen Tensiden (Niotenside bzw. **nichtionische** Tenside), negativ geladenen (**anionischen**) Tensiden, positiv geladenen (**kationischen**) Tensiden sowie positiv und negativ geladenen (**amphoteren**) Tensiden.

Ein weiteres Einteilungskriterium ist die Beschaffenheit des hydrophoben Teils, der entweder verzweigt oder kettenförmig (linear) sein kann. In Waschmitteln werden hauptsächlich anionische, nichtionische und lineare Tenside eingesetzt, da verzweigte Tenside schwer abbaubar sind.

Beim Waschprozeß erfüllen die Tenside zwei wichtige Aufgaben: Sie vermitteln den Kontakt zwischen Wasser und Textilien und lösen so hydrophoben Schmutz von den Fasern ab. Für Tenside, die in Waschmitteln eingesetzt werden dürfen, ist eine mindestens 80%ige biologische Abbaubarkeit gesetzlich vorgeschrieben. Das entsprechende Gesetz entstand als Reaktion auf die Schaumberge, die vor allem im Sommer 1959 viele Flüsse und Bäche zierten und durch nicht abgebaute Waschmitteltenside verursacht worden waren. Dieses Gesetz ist auf jeden Fall ein Fortschritt. Man sollte allerdings bedenken, daß der Test zur Abbaubarkeit der Tenside lediglich den Verlust der Tensideigenschaften überprüft. Wie weit und zu welchen Stoffen das Ex-Tensid dann noch weiter abgebaut wird, ist anscheinend weniger interessant, obwohl es gerade diese Stoffe sind, die letztlich ins Wasser gelangen.

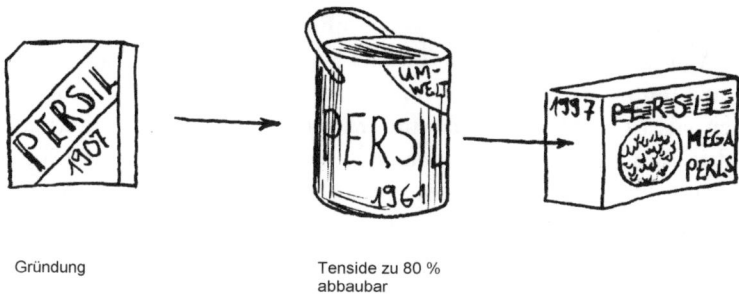

Gründung   Tenside zu 80 %
                  abbaubar

Ganz schön komplex

Die zweite Wirkstoffgruppe mit direkter Reinigungswirkung sind die „**Builder**" oder Gerüststoffe. Dazu zählt man Alkalien, Komplexbildner und Ionenaustauscher.

Die **Alkalien** wirken (wie für Soda und Pottasche in der Einleitung beschrieben) dadurch, daß sie die negative Ladung von Oberflächen verstärken und so eine gegenseitige Abstoßung von Schmutz und Gewebe erzeugen.

Die **Komplexbildner** und auch die **Ionenaustauscher** haben hauptsächlich die Aufgabe, die Wasserhärte zu vermindern. Diese ist definiert als der Gesamtgehalt des Wassers an Calciumhydrogencarbonat $Ca(HCO_3)_2$, Magnesiumhydrogencarbonat $(Mg(HCO_3)_2)$ und Calciumsulfat (Gips, $CaSO_4$) und wird in mmol/L angeben (siehe auch Kapitel „Bier"). In Tabelle 2 werden den abstrakten Zahlen die Härtebereiche und die Bezeichnungen weiches bis sehr hartes Wasser zugeordnet.

Die eigentlichen Härtebildner des Wassers sind jedoch die zweiwertigen Kationen Ca^{2+} und Mg^{2+}; sie bilden mit vielen Tensiden unlösliche Kalkseifen. Diese Reaktion hat gleich zwei unliebsame Folgen: Erstens müssen mehr Tenside eingesetzt werden, um eine gute Reinigungswirkung zu erreichen, und zweitens können die unlöslichen oder schwerlöslichen Kalkseifen unschöne Ablagerungen auf den Wäschestücken bilden. Diese beiden negativen Effekte verhindern die Builder.

Der in Waschmitteln am weitesten verbreitete Komplexbildner – das Pentanatriumtriphosphat – ist wegen seines Beitrags zur Überdüngung der Gewässer in Verruf geraten. Sein Einsatz in Waschmitteln wurde 1977 durch die Phosphathöchstmengenverordnung gesetzlich eingeschränkt. Die daraufhin einsetzende Suche nach Ersatzstoffen führte schließlich zu der Entdeckung von Natriumaluminiumsilicaten, die als unlösliche Ionenaustauscher fungieren und Calcium- und Magnesiumionen gegen die als Härtebildner unwirksamen Natriumionen austauschen. In Abbildung 1 ist der Ionenaustauscher *Sasil* dargestellt.

Die unlöslichen Ionenaustauscher können allerdings nur in Kombination mit Komplexbildnern optimal wirken, wobei die Komplexbildner quasi als Zubringersystem die Härtebildner des Wassers binden und sie zu den Ionenaustauschern transportieren. Weil sich also die Komplexbildner als unverzichtbar erwiesen haben, mußte man wiederum nach einem Ersatz für Pentanatrium-triphosphat suchen. Mögliche Kandidaten wie EDTA (Ethylendiamintetraacetat) und NTA (Nitrilotriacetat) sind aus umwelttechnischen Gründen bedenklich und werden in deutschen Waschmitteln nicht oder nur in geringem Maße eingesetzt. Durchgesetzt hat sich hierzulande das *Citrat* (Abbildung 2), ein Molekül, das auch im menschlichen Stoffwechsel vorkommt und weder umwelt- noch gesundheitsschädigend ist.

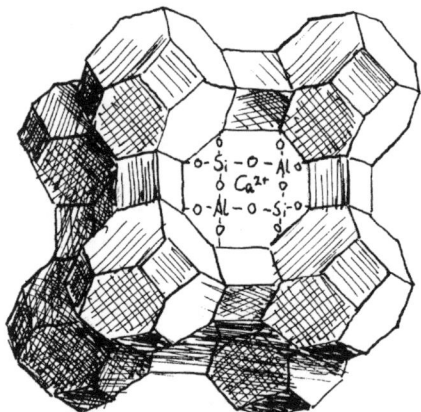

Abbildung 1 Schematische Darstellung des Ionenaustauschers Sasil.

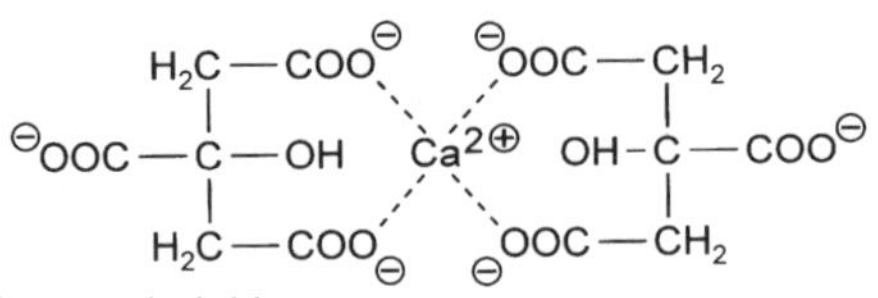

Abbildung 2 Citrat als Komplexbildner.

Schmutzpartikel enthalten auch Calciumionen. Durch selektives Herauslösen dieser Ionen können Komplexbildner den Schmutzverband auf den Fasern auflockern. Diese Aufgabe kann von den Ionenaustauschern aufgrund ihrer Unlöslichkeit und Sperrigkeit nicht übernommen werden – ein weiterer Grund dafür, daß Komplexbildner in Waschmitteln unersetzlich sind.

Proteine in der Maschine

Was verbindet Waschmittel mit Biochemie? Die Antwort lautet **Enzyme**, denn diese sind wichtige Waschmittelbestandteile (siehe Box „Enzyme"). Theoretisch könnte man vier verschiedene Gruppen von Enzymen in Waschmitteln einsetzen: Proteasen (bauen Eiweiße ab), Lipasen (bauen Fette ab), Amylasen (bauen Stärke ab) und Cellulasen (bauen Cellulose ab). Die meisten im Handel erhältlichen Waschmittel enthalten jedoch entweder nur Proteasen oder Proteasen und Lipasen. Die Enzyme der vier Gruppen gehören alle zur Klasse der Hydrolasen, und ihre Rolle besteht darin, höhermolekulare Verschmutzungen in ihre Bausteine zu zerlegen und so die Aufgabe der Tenside, den Schmutz von der Faser abzulösen, zu erleichtern oder überhaupt erst zu ermöglichen.

Die Cellulasen nehmen in diesem Zusammenhang eine Sonderstellung ein, weil sie weniger Schmutz entfernen, als vielmehr Faserkosmetik betreiben. Bei Baumwollfasern, die im Laufe der Zeit immer mehr aufspleißen und dadurch unschön werden, entfernt die Cellulase viele kleine Härchen, die der ursprünglich glatten Faser ein aufgerauhtes Aussehen geben. Die Faser selbst wird dabei nicht angegriffen.

Ein Vorteil der Enzyme ist, daß man ihrer Umweltschädlichkeit keinen Gedanken widmen muß, da sie auf natürlichem Wege abgebaut werden können. Problematisch ist allerdings, daß Enzyme nur unter bestimmten Bedingungen stabil sind. Oft werden sie durch zu hohe Temperaturen, extreme pH-Werte und die Anwesenheit von amphiphilen Molekülen wie Tensiden denaturiert und können dann ihre Funktion nicht mehr erfüllen. Das hört sich zunächst so an, als wären Enzyme als Waschmittelinhaltsstoff ungeeignet. Als Otto Röhm 1913 als erster den Einsatz von Enzymen in Waschmitteln vorschlug, traf das auch noch zu. Mittlerweile hat man jedoch aus verschiedensten Bakterien zahlreiche Enzyme isoliert, die auch unter den extremen Bedingungen, die in der Waschlauge herrschen, nicht zersetzt werden, sondern katalytisch aktiv bleiben.

Ein weiteres Problem bei der Herstellung enzymhaltiger Waschmittel ergab sich in den sechziger Jahren. Die Enzymstäube, die in der Produktion freiwurden, lösten bei einigen Arbeitern Allergien und Asthma aus. Als Reaktion darauf ging die Produktion von enzymhaltigen Waschmitteln zunächst stark zurück, stieg aber nach der Entwicklung von Herstellungsverfahren, bei denen keine allergieauslösenden Stäube mehr erzeugt wurden, genauso drastisch wieder an. Fälle, in denen durch das Tragen von Wäschestücken, die mit enzymhaltigen Waschmitteln gewaschen worden waren, eine Kontaktallergie ausgelöst wurde, sind nicht bekannt. Man kann also nach dem heutigen Wissensstand von einer gesundheitlichen Unbedenklichkeit der Enzyme als Waschmittelbestandteile ausgehen.

Die weiße Weste

Den **Bleichmitteln** haben wir es zu verdanken, daß unsere weiße Lieblingsbluse oder das Lieblingshemd nach einer ungewollten Begegnung mit Tomatenketchup oder Gras wieder makellos weiß werden. Die oxidative Form des Bleichens, die sich in Waschmitteln durchsetzte, hat übrigens eine lange Geschichte. Früher arbeitete man mit der sogenannten Rasenbleiche: Die zu bleichenden Wäschestücke wurden auf dem Rasen ausgebreitet und dort der oxidierenden Wirkung des Luftsauerstoffs ausgesetzt.

Heute werden weltweit vorwiegend zwei Bleichsysteme eingesetzt: In Europa ist die Peroxid-Bleiche dominierend, während beispielsweise in Amerika die Hypochlorit-Bleiche verwendet wird. Beide Systeme haben ihre Vor- und Nachteile.

Die **Hypochlorit-Bleiche** ist temperaturunabhängig. Das Bleichmittel kann dem Waschmittel aber nicht als Inhaltsstoff beigegeben werden, weil es instabil ist und schon bei kurzen Lagerzeiten zerfallen würde. Folglich muß es der Waschlauge nachträglich zugesetzt werden. Die Dosierung bleibt dabei dem Verbraucher überlassen. Das ist nicht ganz unproblematisch, da schon geringfügig zu hohe Dosen eine erhebliche Schädigung der Textilien bewirken können. Die genaue Wirkungsweise der Hypochlorit-Bleiche ist nicht bekannt.

Bei der **Peroxid-Bleiche** (Abbildung 3) sind Wasserstoffperoxid (H_2O_2) oder davon abgeleitete Peroxide die eigentlich bleichenden Substanzen. Auch diese Bleichmittel sind instabil und können deshalb dem Waschmittel nicht direkt beigegeben werden. Statt dessen verwendet man Natriumperborat und Natriumpercarbonat, aus denen das

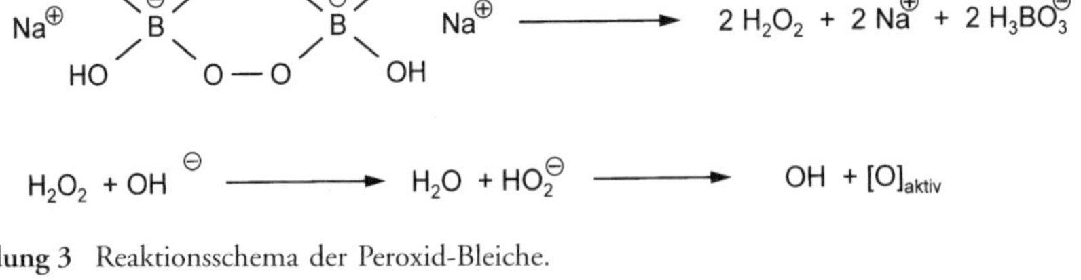

$$Na^{\oplus} \; \overset{HO}{\underset{HO}{>}} \overset{O-O}{\underset{O-O}{B}} \overset{OH}{\underset{OH}{<}} Na^{\oplus} \longrightarrow 2\,H_2O_2 + 2\,Na^{\oplus} + 2\,H_3BO_3^{\ominus}$$

$$H_2O_2 + OH^{\ominus} \longrightarrow H_2O + HO_2^{\ominus} \longrightarrow OH + [O]_{aktiv}$$

Abbildung 3 Reaktionsschema der Peroxid-Bleiche.

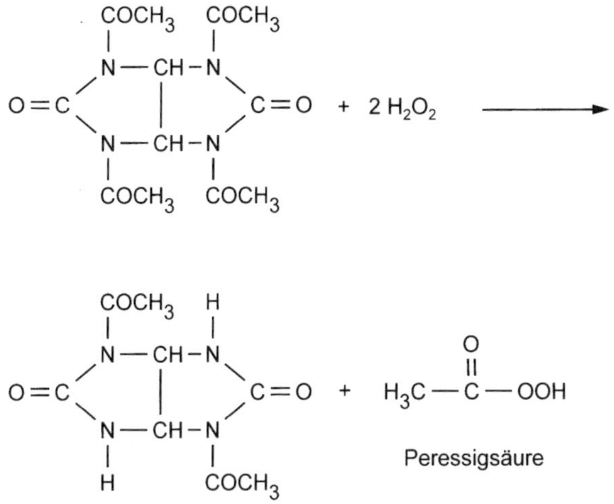

$$O=C \begin{array}{c} COCH_3 \quad COCH_3 \\ | \qquad | \\ N-CH-N \\ | \\ N-CH-N \\ | \qquad | \\ COCH_3 \quad COCH_3 \end{array} C=O \quad + \quad 2\,H_2O_2 \longrightarrow$$

$$O=C \begin{array}{c} COCH_3 \quad H \\ | \qquad | \\ N-CH-N \\ | \\ N-CH-N \\ | \qquad | \\ H \qquad COCH_3 \end{array} C=O \quad + \quad H_3C-\overset{\overset{\displaystyle O}{\|}}{C}-OOH$$

Peressigsäure

Abbildung 4 So entsteht aus einem Bleichaktivator die bleichende Peressigsäure.

Perhydroxyl-Anion freigesetzt werden kann. Allerdings benötigt man zu einer effektiven Freisetzung dieses Ions Temperaturen von über 60 °C. Da einige Stoffe, vor allem die aus synthetischen Fasern, diese hohen Waschtemperaturen nicht vertragen und auch bestimmte Waschmittelinhaltsstoffe wie die Enzyme besser bei niedrigeren Temperaturen arbeiten, hat man sogenannte Bleichaktivatoren entwickelt.

Die **Bleichaktivatoren** haben selbst keine Reinigungswirkung und gehören deshalb zu den Hilfsstoffen oder „Performance Additives". Der wichtigste Bleichaktivator dürfte den meisten schon in diversen Waschmittelwerbespots begegnet sein, denn nichts anderes verbirgt sich hinter dem so oft zitierten TAED-System. TAED (Tetraacetylethylendiamin – ein wahres Wortungetüm) reagiert schon bei niedrigen Temperaturen mit Natriumperborat oder Natriumpercarbonat. Dabei entstehen organische Persäuren, die dann als Bleichmittel wirken (Abbildung 4).

Auch die **Stabilisatoren** sind im Zusammenhang mit dem Peroxidbleichsystem wichtig. Schwermetallionen wie Mangan, Kupfer und Eisen katalysieren den Zerfall von Natriumperborat und beeinträchtigen so die Bleichwirkung. Außerdem wirkt der beim Zerfall von Natriumperborat freigesetzte atomare Sauerstoff faserschädigend. Um das Perborat zu stabilisieren, setzt man deshalb Komplexbildner zu, die bevorzugt diese Schwermetallionen binden. Verwendung findet hier vor allem EDTA, das allerdings vom umwelttechnischen Standpunkt her nicht unbedenklich ist, da es nicht abgebaut werden kann. Hinzu kommt, daß es durch Komplexierung Schwermetallionen im Abwasser anreichert, die auch in Klärwerken nicht aus dem Wasser entfernt werden können. Als zusätzlichen Stabilisator setzt man feinverteiltes Magnesiumsilicat ein, an das sich die Metallionen binden.

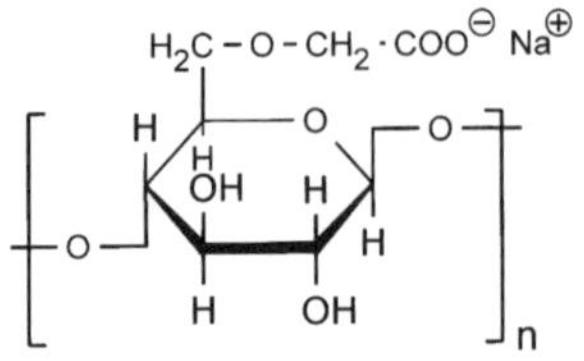

$$H_2C - O - CH_2 \cdot COO^{\ominus} \; Na^{\oplus}$$

Carboxymethylcellulose

Abbildung 5 Carboxymethylcellulose, ein Vergrauungshemmer.

Lauge des Grauens

Die sogenannten Vergrauungsinhibitoren sollen verhindern, daß sich Schmutzpartikel, die bereits von der Faser abgelöst wurden und in der Waschlauge suspendiert oder emulgiert sind, wieder an den Fasern festsetzen. Die dazu eingesetzten Polycarbonsäuren oder Cellulosederivate (z. B. Carboxymethylcellulose, siehe Abbildung 5) sind höhermolekulare und folglich auch entsprechend sperrige Verbindungen, die sich sowohl an die Fasern als auch an die abgelösten Schmutzpartikel anlagern und so eine Annäherung von Faser und Schmutz verhindern. Vergrauungsinhibitoren müssen so fest an die Fasern binden, daß sie durch Wasser nicht abgespült werden können. Da es viele verschiedene Faserarten gibt (hydrophobe oder hydrophile Fasern, Cellulosederivate und andere natürliche oder synthetische Fasern), sind auch verschiedene Inhibitoren nötig: So sind die Cellulosederivate nur bei Cellulosefasern wirksam, während man für hydrophobe Fasern Vergrauungsinhibitoren mit hydrophoben Anteilen benötigt.

Strahlend weiß

Die optischen Aufheller sind für das strahlende Weiß verantwortlich. Wenn man sich mit ihrer Wirkungsweise näher beschäftigt, muß man zugeben, daß die Werbung ausnahmsweise einmal recht hat: Sie erzeugen tatsächlich ein Weiß, das weißer ist als weiß. Optische Aufheller sind organische Verbindungen mit einem komplizierten Aufbau, die sich dauerhaft an die Oberfläche der Fasern anlagern. Sie absorbieren ultraviolettes Licht, also Licht, das für das menschliche Auge unsichtbar ist, und strahlen statt dessen längerwelliges, blaues Licht aus (Fluoreszenz). Da normale Wäsche oft einen leichten Gelbstich hat und Blau die Komplementärfarbe von Gelb ist, addieren sich die beiden Farben zu einem weißen Gesamteindruck. Besonders strahlend wird das Weiß dadurch, daß die optischen Aufheller Licht, das für uns unsichtbar ist, in sichtbares Licht umwandeln (das kann man beispielsweise in der Disco unter UV-Lampen gut beobachten). Optische Aufheller können allerdings auch Kontaktallergien auslösen.

Gebremster Schaum

Schaum ist zwar ein Zeichen dafür, daß die Waschlauge genügend Tenside enthält – aber seit der Erfindung der Waschmaschine ist zuviel Schaum unerwünscht. Erstens führt er zum Überschäumen der Waschlauge und damit zum Verlust waschaktiver Substanzen. Zweitens wirkt er als Dämpfer und verringert den durch mechanische Bearbeitung der Wäsche hervorgerufenen Wascheffekt. Deshalb werden Waschmitteln **Schaumregulatoren** zugesetzt. Schaum ist nichts anderes als eine Ansammlung von Luftblasen, die von einem zweischichtigen Tensidfilm umhüllt werden, in dessen Mitte sich ein dünner Wasserfilm befindet. Daher sind Stoffe, die sich in die Tensidfilme einlagern und so deren Stabilität beeinträchtigen, wirksame Schaumregulatoren. Eingesetzt werden zum Beispiel Siliconöl und Seifen, die leicht unlösliche Kalkseifen bilden. Beide Substanzgruppen verfügen über hydrophobe Anteile, mit denen sie sich in die Tensidfilme einlagern können.

Eine neuere Entwicklung sind die **Verfärbungsinhibitoren.** Sie umhüllen Farbpartikel, die sich in der Waschlauge befinden, und verhindern dadurch, daß diese sich auf den Fasern absetzen und sie so verfärben.

Die **Korrosionsinhibitoren** sollen die Metalloberflächen der Waschmaschinen vor einer Schädigung durch die aggressive Waschlauge schützen. Die hierfür eingesetzten Natriumsilicate setzen sich auf den Metalloberflächen ab und bilden dort eine inerte Schutzschicht. Bei den modernen, aus Edelstahl bestehenden Waschmaschinen sind

Korrosionsinhibitoren eigentlich überflüssig. Trotzdem sind sie in den meisten Waschmitteln noch enthalten.

Lavendel, Oleander, Jasmin und mehr

Duftstoffe werden Waschmitteln zugesetzt, um den unangenehmen Geruch der Waschlauge zu überdecken und den Verbraucher wahlweise mit aprilfrischer oder frühlingsduftender Wäsche zu beglücken. Verwendet wird alles, was gut riecht und sich mit den anderen Waschmittelbestandteilen verträgt. Zur Reinigung der Textilien tragen die Duftstoffe aber nichts bei; ihre Wirkung ist höchstens eine psychologische: Was gut riecht, ist auch sauber und frisch. Ein solch fragwürdiges Motto herrschte auch im 16. und 17. Jahrhundert an vielen europäischen Fürstenhöfen, als Parfüm und Puder Ersatz für körperliche Hygiene durch Waschen und Baden waren. Ein negativer ökologischer Aspekt des Duftes der Waschmittel ist, daß hohe Konzentrationen von Duftstoffen im Abwasser die Orientierung und das Sozialverhalten von im Wasser lebenden Tieren stören. Die Waschmittelduftstoffe überdecken andere Duftstoffe, die von vielen Tieren zur Kommunikation abgegeben werden.

Auch **Farbstoffe** sind als Waschmittelinhaltsstoffe vollkommen überflüssig. Sie dienen lediglich der optischen Kennzeichnung von bestimmten Komponenten und – zumindest bei Flüssigwaschmitteln – auch der Abgrenzung gegenüber Konkurrenzprodukten.

Als **Stellmittel** wird im allgemeinen Natriumsulfat eingesetzt. Es soll die Rieselfähigkeit des Waschpulvers erhöhen, verhindern, daß das Pulver klumpt oder staubt, und die Dosierbarkeit und Löslichkeit verbessern. Stellmittel dienen lediglich einer besseren Handhabung und unserer Bequemlichkeit. Da Natriumsulfat zur Versalzung der Gewässer beiträgt, sollten die Hersteller auf Stellmittel als Waschmittelbestandteil verzichten. Wer als Verbraucher diesbezüglich etwas für die Umwelt tun will, sollte die im Handel befindlichen pulverförmigen Konzentrate benutzen, die keine Stellmittel enthalten und die sich auch immer mehr durchsetzen.

Weg mit dem Dreck!

An dieser Stelle soll keineswegs unterschlagen werden, daß auch die Physik einen wichtigen Beitrag zum Wascherfolg liefert: Ohne Zufuhr von thermischer und mechanischer Energie kein Wascherfolg! Während diese Aufgabe früher mit erheblicher Mühe verbunden war, übernimmt heute die Waschmaschine diesen Part.

Am Waschvorgang sind vier Komponenten beteiligt: erstens die verschmutzten Textilien, die möglichst gründlich, aber auch faserschonend gereinigt werden sollen, zweitens der Schmutz, der entfernt werden soll, drittens das Waschmittel, das den Schmutz entfernen soll, und viertens das Wasser, dessen chemische Eigenschaften und Besonderheiten die Zusammensetzung der Waschmittel in vielen Punkten bestimmen.

Wasser ist eine besondere Flüssigkeit. Das Wassermolekül besitzt ein Sauerstoffatom, das Elektronen anzieht, und zwei Wasserstoffatome, die dazu neigen, Elektronen abzugeben. Dies führt zu einer ungleichen Elektronenverteilung und macht das Wassermolekül zu einem elektrischen Dipol. Außerdem bestehen schwache Bindungen zwischen dem Sauerstoffatom eines Moleküls und Wasserstoffatomen von Nachbarmolekülen. Diese sogenannten Wasserstoffbrückenbindungen sind, zusammen mit den Dipoleigenschaften, für den hohen Siedepunkt und die große Grenzflächen-(Oberflächen-)-spannung des Wassers verantwortlich. An Grenzflächen gehen die äußersten Moleküle Wechselwirkungen vor allem mit ihren Nachbarn in der Flüssigkeit ein. Diese Kräfte sorgen dafür, daß die Oberfläche gut zusammenhält. Wasserläufer nutzen die hohe Oberflächenspannung des Wassers, um sich darauf fortzubewegen.

Für den Waschvorgang bringt das Phänomen der **Oberflächenspannung** einige Schwierigkeiten mit sich, denn schließlich muß das Wasser die Textilien ja benetzen, um den Kontakt mit dem Waschmittel herzustellen, den Schmutz zu lösen und ihn abzutransportieren. Dieses Problem wird durch die Tenside, die wichtigsten Bestandteile aller Waschmittel, gelöst. An einer Grenzfläche kann der hydrophile Teil der Tenside mit den Wassermolekülen ebenso interagieren wie Wassermoleküle untereinander. Der längere hydrophobe Teil tritt mit der Luft oder dem anderen angrenzenden Stoff in Wechselwirkung. Tenside vermitteln also gleichsam den Kontakt zwischen Wasser und angrenzenden Stoffen und ermöglichen so die Benetzung der Textilien durch das Wasser (siehe Box „Hydrophil-Hydrophob").

Das ist aber noch lange nicht alles, denn jetzt kommt der **Schmutz** ins Spiel. Der wasserlösliche (hydrophile) Schmutz stellt kein großes Problem dar, macht aber leider auch nur den geringeren Anteil am Gesamtschmutz aus. Wasserunlöslicher (hydrophober) Schmutz wie fester Pigmentschmutz (z. B. Ruß), fettiger und öliger Schmutz (z. B. Sonnencreme), Eiweiß und eiweißhaltige Verbindungen sowie Farbstoffe enthaltende Verunreinigungen (z. B. Obstsaft) sind das eigentliche Übel. Die Tenside lagern sich mit ihrem hydrophoben Anteil an die ebenfalls hydrophoben Schmutzpartikel an – man spricht auch von Adsorption – und lösen sie von der Faser ab, indem sie die Partikel vollständig umgeben. Dabei ist ihnen ihre negative Ladung am hydrophilen Teil behilflich: Die Tenside, die sich mit ihrem hydrophoben Teil an die Schmutzpartikel anlagern, werden von denen abgestoßen, die sich mit ihrem hydrophoben Teil an das Gewebe angelagert haben (Abbildung 6). Die Schmutzpartikel sind jetzt zwar nicht im Wasser gelöst, ballen sich aber auch nicht mehr zusammen, wie das normalerweise bei hydrophoben Stoffen in Wasser der Fall ist.

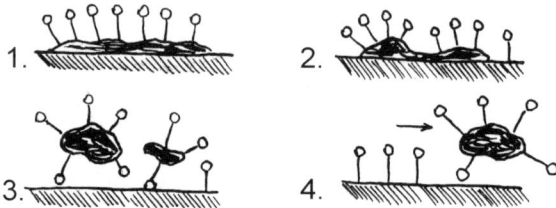

Abbildung 6 So lösen Tenside den Schmutz von der Faser.

Für hydrophobe Stoffe in Wasser gilt das gleiche wie für Wasser auf einer Fläche oder in der Luft: Sie sind bemüht, mit dem jeweils anderen Stoff eine möglichst kleine Grenzfläche zu bilden. Mehrere kleine Tropfen haben aber eine viel größere Oberfläche als ein großer. Aus diesem Grund verteilen sich hydrophobe Partikel nicht im Wasser, sondern bilden möglichst große Aggregate. Durch die Umhüllung der Schmutzpartikel mit Tensiden wird die Aggregation verhindert, da die hydrophoben Bereiche maskiert sind. Der Schmutz ist emulgiert oder suspendiert (ist der Schmutz flüssig, spricht man von einer **Emulsion**, ist er fest, von einer **Suspension**). Je feiner der Schmutz in der Waschlauge verteilt ist, desto geringer ist die Wahrscheinlichkeit, daß er sich wieder auf der Faser absetzt.

Tabelle 2. Einteilung des Wassers in verschiedene Härtegrade.

Härtebereich	Bezeichnung	mmol Gesamthärte je L	°d (Grad deutscher Härte)
Härtebereich 1	weiches Wasser	0–1,3	0–7
Härtebereich 2	mittelhartes Wasser	1,3–2,5	7–14
Härtebereich 3	hartes Wasser	2,5–3,8	14–21
Härtebereich 4	sehr hartes Wasser	> 3,8	> 21

pH-Wert

Im täglichen Leben erscheinen uns viele Dinge sauer: Obst, Kaffee, Regen, Abwässer, Wein und vieles mehr.

Ein objektives Maß für die in wäßrigen Lösungen vorhandene Säure ist der pH-Wert. In Wasser liegt folgendes Ionengleichgewicht vor:

$$2\ H_2O \rightleftharpoons H_3O^+ + OH^-$$

In neutralem Wasser sind gleichviel Hydroniumionen (H_3O^+) und Hydroxylionen (OH^-) vorhanden. Unter Standardbedingungen (20 °C und 1,013 MPa) betragen ihre Konzentrationen je ca. 10^{-7} mol/L. Als es noch keinen Taschenrechner gab und die Arbeit mit solchen kleinen Zahlen unpraktisch erschien, führte man ein, statt dessen den Logarithmus der Ionenkonzentration in mol/L anzugeben, den man pH-Wert nannte. Der pH-Wert von Wasser unter Standard-Bedingungen ist also 7:

$$pH = -\log_{10} 10^{-7} = 7$$

Bei der Dissoziation von Verbindungen wie z. B. Salzsäure (HCl), einem Bestandteil des Magensaftes, bilden sich Hydroniumionen. Dadurch sinkt der pH-Wert.
Rechenbeispiel: 18 mg HCl (0,01 mol) gelöst in 1 L H_2O:

$$pH = -\log_{10} 10^{-2} = 2$$

Die pH-Wert-Skala reicht von 0 bis 14.

Einige Flüssigkeiten, denen wir im Alltag begegnen, haben folgende pH-Werte:

Flüssigkeit	pH-Wert
Magensäure	1,3–3
Zitronensaft	2,1
Weißwein	3
Bier	4,4–4,6
schwarzer Kaffee	5
Milch	6,9
Eiweiß	7,6–9,5
Cola	2,7
Seifenlauge	12

Abbildung 7 Die Skala der pH-Werte.

Haare

Bernadett Karges

Haare sind ein Charakteristikum der Säugetiere. Sie dienen den Tieren zur Erhaltung des Wärmegleichgewichtes, zur Sensibilisierung von Tast- und Berührungssinn, zur Tarnung oder zur Partnerwerbung.

Beim Menschen schützen die Haare den Kopf vor der Sonne, und sie haben große Bedeutung für das Aussehen. Die menschliche Kopfbehaarung ist geschichtlich und kulturell ein wichtiges äußerliches Zeichen der Menschenwürde. Die Sagenwelt des Mittelmeerraumes kennt, genau wie die Bibel im Buch der Könige, die Haare als Sitz der Kraft. Im griechischen Altertum kannte man Haaropfer bei wichtigen Anlässen wie Todesfällen oder Hochzeiten. Auch versuchte man schon früh, auf die Haarfarbe Einfluß zu nehmen. Im alten Peru badeten die Frauen ihre Haare in einem heißen Kräutersud, um sie zu bleichen. In Ostafrika wurde eine Mischung aus Holzasche und flüssiger Butter unter Einwirkung von Sonnenlicht dazu verwendet, das schwarze, krause Haar glatter und rötlich schimmernd zu machen.

Wenn die Haare zu Berge stehen

Im Laufe der Evolution wurde die Körperbehaarung des Menschen an vielen Stellen lichter. Doch ist immer noch der größte Teil des menschlichen Körpers mit Haaren bedeckt. In Tabelle 1 sind die verschieden Bereiche der Körperbehaarung des Menschen aufgeführt.

Tabelle 1. Die verschiedenen Körperzonen und ihre Behaarung

Haarlose Bereiche	Fußsohlen, Handinnenflächen, Endglieder von Fingern und Zehen
Velli-Behaarung (kurze, schwach pigmentierte Wollhaare, Ersatz der vorgeburtlichen Lanugobehaarung)	Arme, Beine, Rumpf, Rücken, Gesicht
Terminalbehaarung (dickere, längere, stark pigmentierte Haare)	Kopf-, Bart-, Achsel- und Schamhaare, Haare von Ohr- und Naseneingang, Augenbrauen und Wimpern

Die **Haupt- und Barthaare**, von denen der Mensch 100 000–150 000 besitzt, sind lange, verhornte Fasern mit Durchmessern zwischen einigen Mikrometern und 0,5 Millimetern (siehe Abbildung 1). Sie wachsen pro Tag etwa 0,35 mm, also 15–20 cm pro Jahr. Der freistehende Haarschaft wird durch den von einem bindegewebigen Balg (Wurzelscheide) umkleideten **Haarfollikel** bis zu 3 mm tief in der Haut verankert. Das untere Ende des Follikels ist zu einem sogenannten Bulbus verbreitert und enthält undifferenzierte, teilungsfähige Matrixzellen, Keratinocyten und Melanocyten. Jeder Haarfollikel wird über eine Blutkapillare versorgt und besitzt einen eigenen (glatten) Muskel, den *Musculus arrector pili*, der das Haar (z. B. bei „Gänsehaut") aufrichten kann. Außerdem werden die Haare von Schweiß- und Talgdrüsen umgeben, die Haar und Kopfhaut salben.

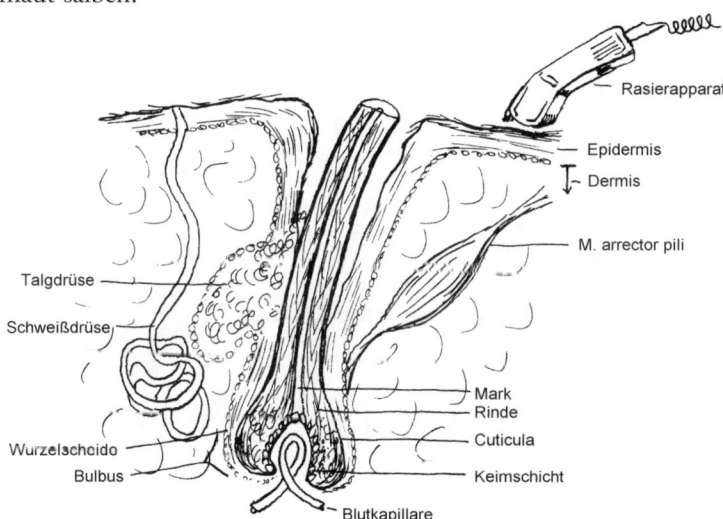

Abbildung 1 So sitzt das Haar in seiner natürlichen Umgebung, der Haut.

Schwefel gibt Halt

Haare bestehen zu mehr als 80 % aus **α-Keratin**, einem Faserprotein. Keratin ist nicht genau zu definieren, da der Name sowohl für eine Gruppe verwandter Proteine als auch für die daraus gebildeten regelmäßigen Mikrofibrillen benutzt wird (siehe Box „Proteine" und Kapitel „Leder"). Der hohe Schwefelanteil des Keratins ist bedingt durch den hohen Gehalt an der schwefelhaltigen Aminosäure Cystein. Die Moleküle dieser Aminosäure bilden miteinander **Disulfidbrücken** und damit sehr stabile Strukturen. Daneben bestimmen auch die zahlreichen hydrophoben Aminosäuren wie Phenylalanin, Isoleucin, Valin, Methionin und Alanin die Eigenschaften der Mikrofibrillen wie z. B. ihre Festigkeit und die Unlöslichkeit in Wasser.

Lebenslauf eines Haares

Das Haar durchläuft verschiedene Phasen (Abbildung 2). Die **Wachstumsphase** des Haarfollikels bezeichnet man auch als anagene Phase. Bei Männern dauert sie etwa drei Jahre, bei Frauen bis zu sechs Jahren. Es werden unentwegt neue Zellen produziert (*siehe Box „Zelle"*). Jede Zelle tritt im Mittel alle 24 Stunden in eine neue Zellteilung (Mitose) ein. Auf diese aktive Phase folgt eine kurze **Übergangsperiode** von wenigen Wochen, die katagene Phase. In dieser Zeit verhornt der Bulbus. Die Papille schrumpft, und es bleiben wenige undifferenzierte Zellen übrig. Daran schließt sich eine **Ruhephase** (telogene Phase) von drei bis sechs Monaten an, in der das nicht mehr wachsende Kolbenhaar in der Haut verbleibt. Wenn die Haarwurzel in die nächste Wachstumsperiode übergeht, wird das alte Haar verdrängt und fällt aus. Es befinden sich immer ca. 85–90 % der Kopfhaare in der anagenen, 1 % in der katagenen und 10 % in der telogenen Phase. Dies erklärt auch den täglichen Ausfall von etwa 50–100 Haaren.

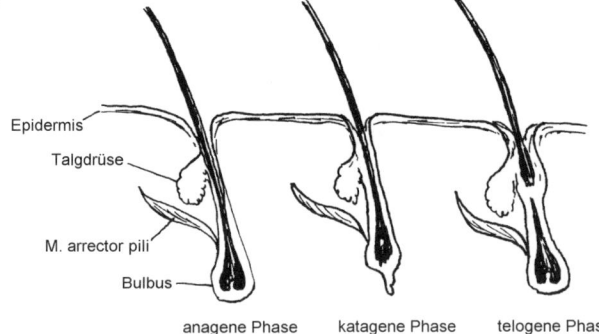

Abbildung 2 Die Wachstumsphasen eines Haares.

Von Schuppen, Rinde und Mark

Betrachtet man ein quergeschnittenes Haar im Mikroskop, kann man drei Schichten unterscheiden: außen die **Schuppenschicht** (Cuticula), die **Rinde** (Cortex) und innen das **Mark** (Medulla).

Das Wachstum eines Haares ist ein interessantes Zusammenspiel der Haarzellen (**Keratinocyten**), die sich im Bereich des Bulbus sehr schnell teilen. Auf dem Weg zur Hautoberfläche reichern sie dann Keratin an. Während die am weitesten außen liegenden Zellen zuerst verhornen und eine feste Rohrwandung bilden, werden die weiter innen liegenden Zellen in dieser Röhre weitergeschoben. Sie verformen sich spindelartig und verhornen ebenfalls, wobei der Zellkern in mumifizierter Form erhalten bleibt. Schließlich flachen sich die außen liegenden Zellen ab und schieben sich dachziegelartig übereinander. Die so entstandene Schuppenschicht besteht aus Zellringen von etwa sieben Zellen und ist ca. sechs Schichten dick.

Auch die Rinde besteht aus Keratinocyten, die in Längsrichtung angeordnet sind. Das kleinste Strukturelement bilden die **Protofibrillen**. Darunter versteht man mehrere Proteinketten des α-Keratins, die umeinander geschlungen und durch Disulfidbrücken miteinander verknüpft sind. Die Protofibrillen sind in sich wiederum verdreht, so daß man von einer doppelt verdrillten Struktur spricht. Mehrere Protofibrillen bilden zusammen **Mikrofibrillen**, aus denen durch Zusammenlagerung **Makrofibrillen** entstehen (siehe Abbildung 3).

Es ist weiterhin auffällig, daß die Makrofibrillen nicht völlig gleichmäßig im Haarinneren vorliegen. Die Cortexzellen, die der äußeren Cutikulaschicht unmittelbar benachbart sind, sind abgeflacht und ihre Keratinmasse, die das Innere der Zelle ausfüllt, ist in Makrofibrillen organisiert, die durch komplexe Verknüpfungen fest mit benachbarten Zellen zusammenhalten. Daran anschließend findet sich ein Zellring,

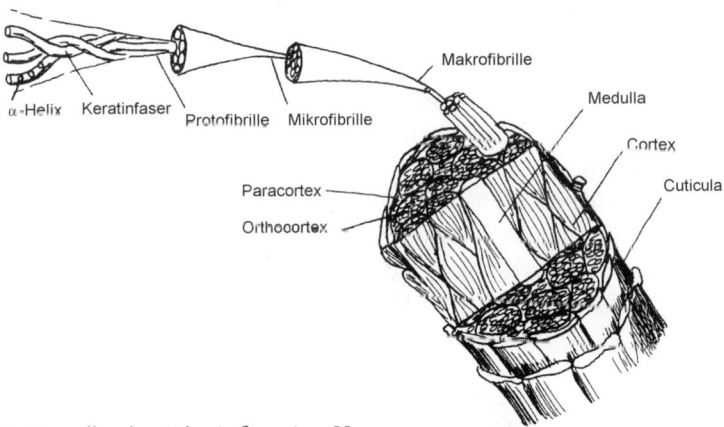

Abbildung 3 Der mikroskopische Aufbau eines Haares.

273

in dem das Keratin zu einer homogenen Masse verschmolzen ist. Näher am Zentrum des Haarquerschnitts werden die Makrofibrillen innerhalb der Zellen wieder deutlicher sichtbar. Diese Anordnung in konzentrischen Zellschichten mit unterschiedlicher Packungsdichte der Makrofibrillen ist typisch für glattes Haar und wird *periphero-axiale Struktur* genannt.

Lockiges Haar hingegen besitzt eine *bilaterale Struktur*. Im Querschnitt sieht man zwei voneinander abgrenzbare Bereiche, die verschiedene Mengen zweier unterschiedlich angeordneter Keratine enthalten. Im Orthocortex ist das Keratin fibrillär organisiert. Der andere Bereich, der Paracortex, besteht hauptsächlich aus schwefelreichen Proteinen mit wenigen Mikrofibrillen. Die konkave Seite der gekrümmten Haare enthält dicht gepackte paracorticale Zellen, der konvexe Teil orthocorticale. Dabei sind die Übergänge fließend.

Im innersten Bereich menschlicher Haare findet sich im Gegensatz zu den dickeren Tierhaaren nur ein zarter Markstrang. Im Follikel enthalten die Medullazellen nur wenige stark aufgelockerte Fibrillenbündel neben nicht-fibrillären Abbauprodukten. Sie unterliegen einer starken Quellung, die weitere Synthesevorgänge verhindert. Weiter zur Haarspitze hin findet man nur noch ehemalige Bestandteile von abgebauten Zellen. Nach und nach verschwinden auch diese, und es bleiben luftgefüllte Zellkammern zurück. Zur Wärmeisolierung eignen sich Tierhaare besser als menschliche, weil ihr luftgefülltes Mark dicker ist.

Ob blond, ob braun...

Von Natur aus sind Keratine farblos, Haare dagegen nicht. Ihre Farbe verdanken sie dem körpereigenen Pigment **Melanin**, das in der Follikelmatrix durch eine Reihe von enzymatisch gesteuerten Oxidationsschritten aus der Aminosäure Tyrosin gebildet wird. Das **Eumelanin** ist ein schwarzes, unlösliches Polymer, das – je nach Menge – blonde, braune und schwarze Haare ergibt. Rote Haare enthalten **Phäomelanin**, das aus einer anderen, wasserlöslichem Vorstufe entsteht. Daneben ist wahrscheinlich auch ein eisenhaltiges Pigment, das **Trichosiderin**, für die rote Haarfarbe verantwortlich.

Weiße Haare enthalten gar kein Melanin. Bei Albinos ist das Enzym *Tyrosinase* defekt. Die in Haut und Haarfollikeln vorhandenen Melanocyten können deshalb kein Pigment bilden. Die weißen Haare des Alters beruhen vermutlich auf der Apoptose (dem „programmierten Zelltod") der Melanocyten. Vermutlich ist es eine Vorstufe des Melanins, die zur Apoptose führt.

Für normales und empfindliches Haar

Das Ziel der Haarpflege ist, das Haar in seiner natürlichen Schönheit zur Geltung zu bringen, oder es – je nach Geschmack – in Form und Farbe zu verändern. Dabei ist einiges zu beachten.

Beim Austritt der Haare aus der Kopfhaut ist die Schuppenschicht noch glatt und völlig intakt. Beim längerem Wachsen ist sie ständig Umwelteinflüssen wie Bestrahlung, mechanischer und chemischer Belastung ausgesetzt. Als Folge davon rauht sie auf. Elektronenmikroskopisch sieht man einzelne Zellen abgehoben und zurückgebogen. Das Haar erscheint matt und ist bruchanfälliger. In Extremfällen treten ganze Zellverbände auseinander, und es kommt zu Längsspaltung, zum *Spliß*. Diesen irreparablen Schaden gilt es, durch schonende Behandlung zu vermeiden.

Shampoo ist ein Wort aus dem Hindi und bedeutet Massage. Diese Produkte zur Haarpflege sind heute in allen Haushalten vorhanden. Bis weit in dieses Jahrhundert hinein stand zum Waschen nur die übliche, stark alkalische Seife zur Verfügung, die je nach Wasserhärte unlösliche Kalkrückstände hinterließ und dann eine Nachbehandlung mit Zitronensaft oder Essig nötig machte. Die Kosmetikindustrie trägt seit den 60er Jahren in der Entwicklung von flüssigen Shampoos dem menschlichen Bedürfnis Rechnung, die Haare von Fett, Staub und frisurgebenden Rückständen zu befreien. Mit verschiedenen Inhaltsstoffen wird versucht, das Reinigungsbedürfnis zu befriedigen. In Tabelle 2 sind gängige Shampoo-Sorten und in Tabelle 3 deren Hauptbestandteile aufgeführt.

Obwohl Shampoos mit ihren ausgesuchten Rezepturen die Haare und die Kopfhaut nicht beeinträchtigen sollten, empfiehlt die Kosmetikindustrie bei längeren und vorgeschädigten Haaren eine weitere Behandlung mit auswaschbaren **Spülungen und Packungen**.

Das Wirkprinzip besteht darin, die einzelnen Haare mit einem dünnen Film zu überziehen, um die geschädigte Schuppenschicht zu glätten. Dadurch verbessern sich die Haareigenschaften wie Kämmbarkeit, Griffigkeit und Glanz. Durch längerkettige, fettartige Alkohole werden Wachse oder kationische Polymere in diesen Präparaten in einer Gelstruktur gehalten. Nach dem Auftragen auf das feuchte Haar verschwindet der Alkoholanteil, und das Wachs schlägt sich auf den Haaren nieder.

Tabelle 2. Verschiedene Shampoo-Sorten

Art	Wichtige Inhaltsstoffe
für Babys, für häufigen Gebrauch	milde anionische und nichtionische Tenside, reizmindernde Proteinhydrolysate
für trockenes, angegriffenes Haar	kationische Polymere, natürliche Öle
gegen Schuppen	Fungizide, z. B. Zinkpyrithonin
Trocken-„Shampoo" (tensidfrei)	Reisstärke, Kieselgel, Hilfsstoffe

Haare

Tabelle 3. Inhaltsstoffe von Haarshampoos

Substanz	Beispiel	Wirkung
Tenside:		
anionisch (Standard)	Laurylsulfat, Alkylethersulfat, Alkylarylsulfonat	Emulgierung von Proteinen, Fetten und Staubpartikeln
kationisch (Spezialshampoo)	quartäre Ammoniumsalze mit langen Alkylresten	
amphoter (Haarschonung)	Alkylbetain Alkylamphoglycinat	schlechtere Emulgatoren, aber bessere Schaumbildner
Schaumbildner und Rückfetter	Fettsäuremono- und dialkylamine	cremiger, haltbarer Schaum mit rückfettender Wirkung
Weichmacher, Antielektrika	kationische Polymere	bessere Kämmbarkeit, reduzierte statische Aufladung
Hautpflegemittel	Proteinhydrolysate	Reizminderung an Auge und Haut
Verdickungsmittel	anorganische Salze (NaCl, NH_4Cl), Natriumalginat, Acrylpolymerisate	verbesserte Handhabbarkeit, Schonung der Augen
Farbstoffe, UV-Stabilisatoren	von Kosmetikindustie zugelassene Substanzen	Akzeptanzerhöhung durch Farbe
„Perlglanzmittel"	kristalline Fettsäureester	Perlmuttglanz, Stabilisierung
Duftstoffe		verdecken Geruch, geben dem Haar Duft oft schlecht mischbar, brauchen Stabilisatoren
pH-Stabilisatoren	Citrat-, Lactat-, Phosphorpuffer	Hautschonung, Produktstabilisierung
Konservierungsmittel	p-Hydroxybenzoesäureester	bakterizid, fungizid

Perfekter Sitz

Die Verformung feuchter Haare mittels eines Fönstabes (**Wasserwelle**) führt gewöhnlich nicht zu einer wesentlichen Veränderung der Haarstruktur, da im stark gequollenen Haar nur Wasserstoffbrücken und Salzbrücken neu geknüpft werden. Bei der nächsten Einwirkung von Wasser werden diese Brücken wieder gelöst, und das unter Spannung stehende Haar kehrt in seine ursprüngliche Form zurück.

Bei der permanenten Verformung auf chemischem Wege, der **Dauerwelle**, wird ein ganz erheblicher Eingriff in die Chemie der Haare vorgenommen. Dennoch entschieden sich im Jahr 1984 in den alten Bundesländern rund 56 % aller Frauen und 3 % der Männer für eine Dauerwelle. Die verschiedenen Arbeitsschritte und die dabei stattfindenden chemischen Vorgänge sind in Tabelle 4 und Abbildung 4 zusamengestellt, die Vor- und Nachteile der verschiedenen Methoden in Tabelle 5.

276

Tabelle 4. Die verschiedenen Schritte bei der dauerhaften Verbiegung des Haares (saure und alkalische Methode)

Arbeitsschritte	Chemie	Wirkung
Auftragen von 8 % Ammoniumthioglycolat (oder Thioglycolsäureester) in Zubereitungen in verschiedenen pH-Bereichen: sauer bis pH 7, schwach alkalisch (pH 7,5–9,0) mit NH_4HCO_3, alkalisch (pH 9,5) mit Ammoniak (veraltet)	Spaltung von ca 25 % der Disulfidbrücken der Keratinketten durch Reduktion zu Sulfhydrylgruppen (Abbildung 22-4)	Quellung der Haare und Verminderung der Stabilität des Keratins „Formbarmachen"
Verformung durch Aufrollen (meist vor Reduktion)	(Abbildung 22-4)	Verschieben der vorherigen Partner
Auswaschen des Reduktionsmittels	reichliche Anwendung von Wasser	Beendigung der reduzierenden Wirkung
Behandlung mit Fixierlösung saure Oxidation: 0,5–2,5 % H_2O_2 und schwache organische Säure (pH 2–4) oder alkalische Oxidation: Bromatlösung. pH 6,5–8,5, bei leichter Erwärmung (40–50 °C)	Oxidation der Sulfhydrylgruppen zu neuen Disulfidbrücken (Abbildung 22-4)	Restabilisierung der Haare in einer neuen Form.

Tabelle 5a. Vor- und Nachteile der Reduktionsmethoden

saure Reduktion

Vorteile: schwache Quellung der Haare, wenig strapazierend für die Haare, geringe Gefahr des „Überwellens", auch anwendbar bei strapaziertem und dünnem Haar.

Nachteile: längere Einwirkzeit als bei alkalischer Methode, strenger Geruch, weniger haltbare Wellen.

schwach alkalische Reduktion

Vorteile: größere Stabilität der Verformung, kurze Einwirkdauer.

Nachteile: Überwellung bei zu langer Einwirkzeit, weniger geeignet für angegriffenes Haar.

alkalische Reduktion

Vorteile: ?

Nachteile: Hautreizung, übler Geruch.

Tabelle 5b. Vor- und Nachteile der Reoxidationsmethoden

saure Oxidation

Vorteile: Entquellung der Haare durch Senkung des pH-Wertes, chemische Unbedenklichkeit von Wasserstoffperoxid (Reduktion zu Wasser).

Nachteile: Instabilität der Chemikalie gegen katalytische Metallionen, macht Zusatz von Stabilisatoren nötig. Bleichwirkung bei längerer Einwirkzeit und höheren Konzentrationen.

alkalische Oxidation

Vorteile: größere Stabilität der Verformung, keine haaraufhellende Wirkung.

Nachteile: größere Einsatzmenge, höherer Preis, geringere Haut- und Umweltverträglichkeit, lange Einwirkdauer (Verkürzung durch Erwärmen), trockene Reste sind leicht entzündlich.

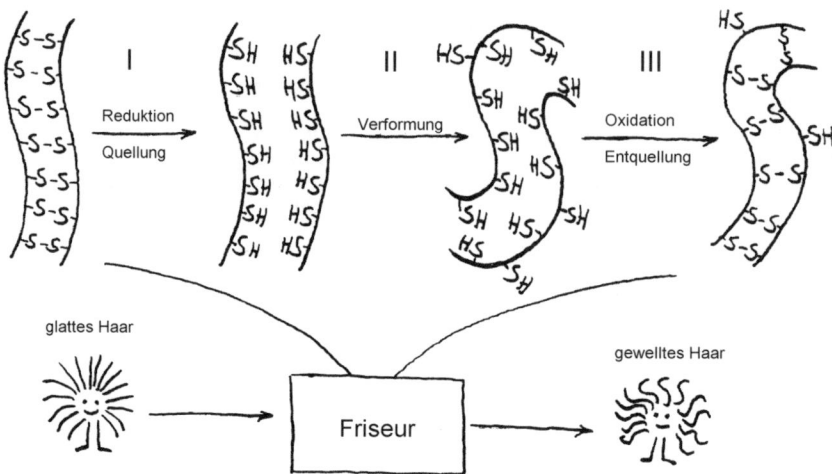

Abbildung 4 Die chemischen Umstrukturierungen beim Dauerwellen.

Waschen, Schneiden, Färben

Das **Bleichen** (**Blondieren**) ist eine einfache Methode, die darauf beruht, das Melanin zu einer farblosen Leukoverbindung zu oxidieren. Meist wird dies durch eine alkalische Wasserstoffperoxidlösung (Konzentration unter 10 %) erreicht. Um die Bleichwirkung zu erhöhen, werden auch Peroxodisulfate zugesetzt. Das durch die Oxidation entfärbte, teilweise depolymerisierte Melanin wird allmählich aus dem Haar ausgewaschen. Nachteilig ist, daß bei dieser Prozedur auch Disulfidbrücken gespalten werden, wodurch die Stabilität des Keratins abnimmt: Das Haar wird empfindlicher gegen Umwelteinflüsse, trockener, spröder und dadurch schlechter kämmbar.

Beim **temporären Färben** sollen die farbgebenden Substanzen die Haarfarbe nur vorübergehend ändern und sich einfach mit Shampoo auswaschen lassen. Dazu werden Pigmentstoffe eingesetzt, die sich auf dem Haar ablagern, ohne sich fest an das Keratin zu binden. Die verwendeten Farben (Azo-, Triphenylmethan-, Anthrachinon- und Indaminfarbstoffe) stammen aus der Wollfärberei. Sie werden heutzutage oft als alkoholisch-wäßrige Lösungen angeboten, in denen anionische Polymere, vergleichbar denen in Haarsprays oder Festigern, die Anlagerung der Pigmente an die Haare erleichtern.

Die Farbveränderungen beim **semipermanenten Färben** (**Tönen**) überdauern bei zunehmender Abschwächung fünf bis sechs Haarwäschen. Die eingesetzten Farbstoffe binden fest an Keratin und dringen auch in die Haare ein. Um natürlich wirkende Nuancen zu erreichen, müssen Mischungen von Farbstoffen eingesetzt werden, die sich in ihrer Beständigkeit und Bindungsfähigkeit gleichen. Häufig werden pro Nuance acht bis zehn unterschiedliche Farbstoffe gemischt.

Eingesetzt werden überwiegend nichtionische oder kationische Moleküle niedriger Masse, die sich schlecht in Wasser lösen. Wichtige Vertreter dieser Gruppe sind Nitrophenylendiamine und Nitroaminophenole, die je nach Substitution verschiedene Farben besitzen. Außerdem finden sich Azo- oder Chinoniminfarbstoffe mit quartären Ammoniumgruppen als Vertreter der kationischen Gruppe. Entscheidend für die Keratinaffinität dieser Präparate sind die Lösungsmittelsysteme (Glycolether, Cyclohexanol oder Benzylalkohol).

In die Kategorie des semipermanenten Färbens gehört auch das Färben mit Naturfarbstoffen wie Henna, Kamille und Rotholz (Abbildung 5).

Beim **permanenten Färben** wird die dauerhafte Haltbarkeit durch Einbringen der Farbstoffmoleküle unter die Cuticula des Haares erreicht. Die größte Bedeutung hat hierbei die oxidative Färbung mit Farbvorstufen, die nacheinander durch die Cuticula dringen und anschließend chemisch gekoppelt werden. Der große Haltbarkeitsvorteil ergibt sich dadurch, daß die Volumenvergrößerung der Moleküle ein Auswaschen erschwert und die darüberliegende Schuppenschicht nachteilige äußere Einflüsse abmildert. Die benötigten chemischen Substanzen sind im eigentlichen Sinn keine Farbstoffe, sondern Vorläuferverbindungen, die erst durch eine oxidative Kopplung farbig werden.

Der chemische Vorgang setzt sich aus drei Reaktionsschritten zusammen: Ortho- oder parasubstituierte Benzolringe (am häufigsten 1,4-Diaminobenzol und 2,4-Diaminotoluol) werden im ersten Schritt mit Wasserstoffperoxid zur Iminverbindung oxidiert. Sie verbinden sich mit anschließend eingebrachten Nuancierern, organischen

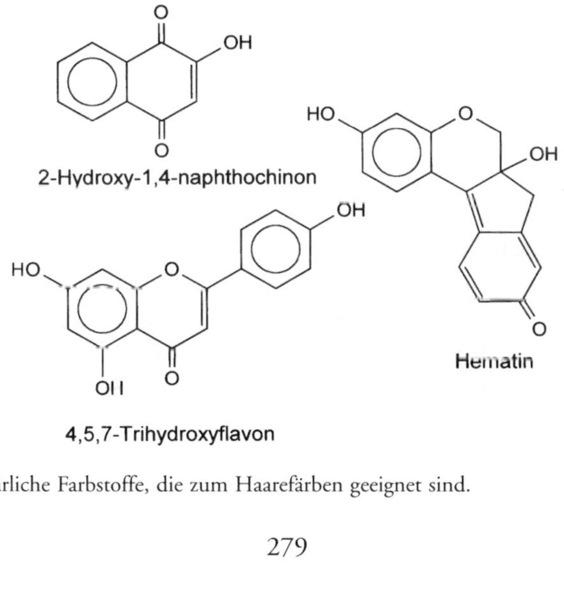

2-Hydroxy-1,4-naphthochinon

Hematin

4,5,7-Trihydroxyflavon

Abbildung 5 Natürliche Farbstoffe, die zum Haarefärben geeignet sind.

279

Molekülen, die ebenfalls einen elektronenabgebend substituierten Benzolring enthalten (meist metasubstituierte Amino- oder Hydroxyverbindungen, z. B. 1,3-Di-aminobenzol). Abschließend werden die entstandenen gekoppelten Moleküle nochmals oxidiert.

Durch Variation der eingesetzten Substanzen können fast alle Haarfarben erzielt werden. Das zur Oxidation notwendige Wasserstoffperoxid unterstützt durch Bleichen des haareigenen Melanins die Gleichmäßigkeit des Ergebnisses. Die Färbemittel werden in Form von Lotionen, Cremes, Ölen und Gelen angeboten, die alle die für ihre Produktgruppe charakteristischen Vorteile aufweisen.

Zuviel des Guten

Zur Entfernung unerwünschter Haare sind in der Vergangenheit Alkalilösungen, heiße Asche und verschiedene Schneidwerkzeuge zum Einsatz gekommen. Heute stehen uns einige zusätzliche Methoden zur Verfügung.

- **Rasieren**
  Pro Anwendung werden die Haare auf physikalischem Wege bis zu zwei Tage lang kurzgehalten. Die Kosmetikindustrie hilft durch die Bereitstellung von Rasierseifen und -wässern.

- **Zupfen**
  Das Haar wird mit einer Pinzette oder durch Einbetten in Wachs herausgerissen. Das Nachwachsen dauert einige Wochen.

- **Zupfen unter Verödung der Wurzel**
  Die Haare werden einzeln gezupft. Dabei wird die Papille durch einen Stromstoß zerstört: Diese Entfernung ist permanent.

- **Enthaarungscremes**
  Das Keratin des Haares wird unter der Einwirkung von Lithium-, Calcium- oder Strontiumsalzen der Thiolglycolsäure bei durch Hydroxide stark alkalischen pH-Werten aufgequollen und fast aufgelöst. Nach der Einwirkung werden die Haare einfach abgestreift. Wichtig ist das anschließende gründliche Abspülen der hautschädigenden Zubereitung, gefolgt vom Eincremen der Haut.

Das Haar in Gefahr

Es gibt verschiedene, häufig erbliche Störungen der Haarstruktur, die zu glanzlosen, brüchigen und schlecht frisierbaren Haaren führen. Zum Glück sind diese Erkrankungen selten.

Die **Trichothiodystrophie** ist eine seltene Stoffwechselkrankheit, die auf einen defekten Schwefelstoffwechsel zurückgeht. Sie führt zu extrem leicht abbrechenden und schütteren Haaren.

Verschiedene Ursachen führen zum Ausfall von Haaren und damit längerfristig zur **Glatzenbildung** (Alopezie). Die häufigste Glatzenbildung ist bei Männern im Rahmen des natürlichen Alterungsprozesses anzutreffen. Die genetischen Anlagen im Zusammenwirken mit den körpereigenen androgenen Hormonen wie dem Testosteron führt bei Männern zur Verkürzung der anagenen und Verlängerung der telogenen Phase der Papille. Nach einiger Zeit wächst nur noch ein Vellum-Haar (das ist ein kurzes, schwach pigmentiertes Körperhaar).

Die schleichende „Vergiftung" der Haarwurzeln durch Testosteron folgt einem ganz bestimmten Schema. Meist beginnen sich die Haare der Stirn zu lichten, dann am Hinterhaupt. Nach und nach vereinigen sich die haararmen Flächen zu einer Vollglatze, die von einem stirnseitig offenen Haarkranz gesäumt wird. Es ist schwierig, diesen natürlichen Prozeß zu beenden, es sei denn durch chemische oder operative Kastration, die zum Verlust der Androgenproduktion führt. Ein zeitweiliger Teilerfolg läßt sich durch das Auftragen von *Minoxidil* in alkoholischer Lösung erzielen. Kosmetisch wird das Problem auch mit Haarverpflanzungen angegangen. Haare von den Seitenpartien und dem tiefen Hinterhaupt werden ausgestanzt und in die lichten Stellen eingepflanzt. Dabei wachsen sie genauso weiter, wie sie es an ihrem Ursprungsort getan haben.

Bei Frauen kann die ohnehin viel glimpflicher ablaufende altersbedingte Haarausdünnung sehr gut mit Hormongaben (Antiandrogenen) unter Kontrolle gebracht werden, da diese bei Frauen kaum Nebenwirkungen haben. Nichtphysiologische Gründe für den Haarausfall sind geringfügige Schädigungen der Follikelmatrix, zum Beispiel durch kurzfristig hohe Streßhormonspiegel, die zum vorzeitigen Übergang in die Telogenphase führt. Es resultiert ein verstärkter Haarausfall innerhalb von zwei bis vier Monaten. Stärkere Schädigung der Matrix kann zu Haarausfall in wenigen Tagen führen. Einige Arzneimittel (z. B. Heparin, Cytostatika, Levodopa) führen nach Absetzen zu reversibler Haarausdünnung.

Ein noch nicht vollständig verstandenes, aber für den Betroffenen sehr erschreckendes Krankheitsbild ist die *Alopezia areata*, der kreisrunde Haarausfall. Dieser ist durch den büschelweisen, meist herdförmigen Ausfall von Kopfhaaren gekennzeichnet. Die meisten Patienten weisen mehrere kreisrunde kahle Stellen am Kopf auf. Eventuell spielt eine belastende psychische Situation eine Rolle. In vielen Fällen wachsen die Haare nach einiger Zeit wieder nach. Es gibt auch Therapieversuche, wie die Behandlung mit Cortikosteroiden, die aber auch nicht allen Betroffenen helfen können.

Eine weitere, etwas kuriose Form der Haarausdünnung ist als *„hessische Glatze"* *(Alopecia hassica)* beschrieben worden. Die Ursache für diesen bei Frauen auftretenden Haarverlust liegt in den straffen Duttfrisuren mit Häubchen, die die bäuerlichen Trachten vervollständigen. Die Haarfollikel gehen durch den beständigen Zug oder Druck irreversibel zugrunde.

Im Gegensatz zur Alopezie steht der *Hirsutismus,* die vermehrte Körperbehaarung bei Frauen mit männlichem Behaarungsmuster. Dieses Phänomen kann ganz unterschiedliche Ursachen haben:

- endokrine, d. h. auf einer Hormonstörung beruhende, z. B. eine Vergrößerung der Nebennierenrinde,
- andere organische Gründe, z. B. *Anorexia nervosa* (Magersucht) oder durch Medikamente bedingte, z. B. durch Anabolika.

Behandeln läßt sich der Hirsutismus durch Bekämpfung der Ursachen oder symptomatisch durch Auszupfen oder Rasieren der überschüssigen Haare.

Die Zelle

Lebende Organismen bestehen aus Zellen, deren Anzahl von 1 bei Einzellern über ca. 10^{13} beim Menschen bis zu noch höheren Zahlen bei größeren Lebewesen reicht. Zellen unterscheiden sich in Funktion, Größe (10–100 μm bei kernhaltigen Zellen), Form, Stoffwechsel, Syntheseleistung und vielem mehr. Es gibt aber auch Gemeinsamkeiten: Alle Zellen haben Membranen, die sie von ihrer Umgebung trennen und das Zellinnere in abgetrennte Bereiche (Kompartimente, Organellen) aufteilen. Diese **Organellen** sind für die Aufrechterhaltung der Zellfunktionen verantwortlich. Im **Kern** befindet sich die **genetische Information (DNA)** der Zelle. Sie wird bei Zellteilung an die Tochterzellen weitergegeben oder von der Zelle selbst als Bauplan für die Produktion von **Proteinen** genutzt. Für die Proteinsynthese sind **Ribosomen** im Cytoplasma und am **endoplasmatischen Retikulum** verantwortlich. Im **Golgi-Apparat** werden die für den Export (Exocytose) bestimmten Proteine sortiert und verpackt. Die **Mitochondrien** sind die Kraftwerke der Zellen, in denen die Energie erzeugt wird.

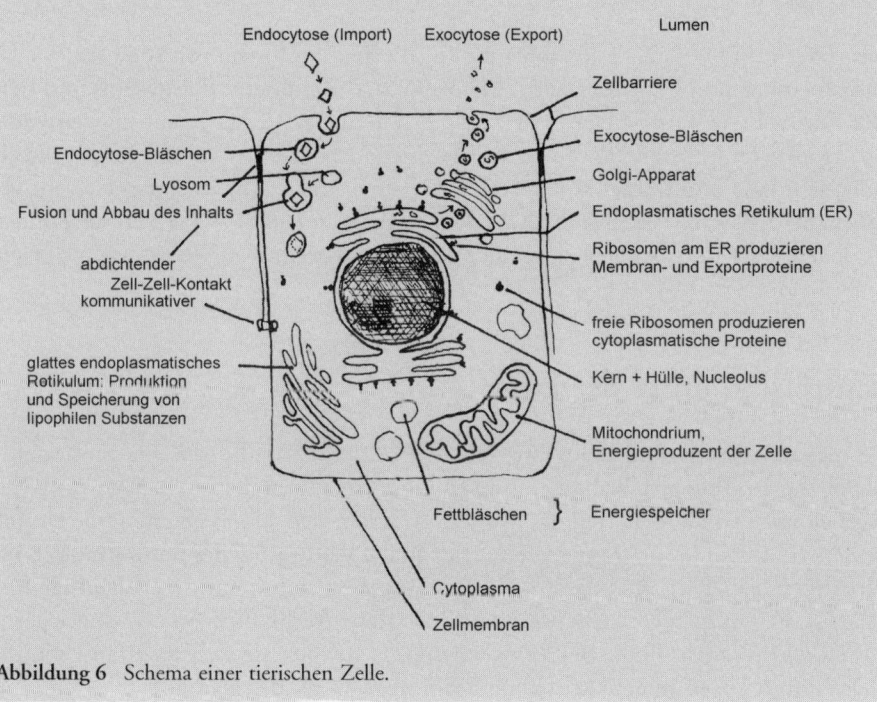

Abbildung 6 Schema einer tierischen Zelle.

Naturfasern

Stephan Lanz

Naturfasern sind vor allem als Rohstoffe für die Textilindustrie von Interesse. Sie lassen sich einteilen in **Pflanzenfasern** (Pflanzenhaare, Bastfasern, Hartfasern) und **tierische Fasern** (Wolle und Haare sowie Seide). Die meist 10 bis 50 μm dicken Fäden aus organischer Substanz kommen in verschiedenen Formen vor: In Seide sind die Fäden sehr lang und werden direkt (oder als verzwirntes Garn) zu einem Gewebe verwoben. Stapelfasern (Fäden endlicher Länge) werden zunächst zu Garnen versponnen, aus denen dann Textilien gewoben oder gestrickt werden.

Naturfasern unter der Lupe

Die meisten Fasern sind langgestreckte, zylindrische Strukturen aus gebündelten Biopolymeren. Ihre physikalischen und chemischen Eigenschaften hängen vom Wassergehalt ab. Verbleibt ein Teil des Wassers zwischen den Molekülketten, die ein lockeres Netz bilden, so spricht man von Gelen (nach Verdunsten des Lösungsmittels von getrockneten Gelen). Aus diesem Zustand ergeben sich besondere Eigenschaften: Gelartige Fasern quellen leicht auf und bilden dann Verbindungen mit eingelagerten Stoffen (z. B. Farbstoffen). Bei Hitzeeinwirkung dehnen sie sich nicht aus, sondern erhärten und gehen in eine kristalline Form über, wenn das gebundene Lösungsmit-

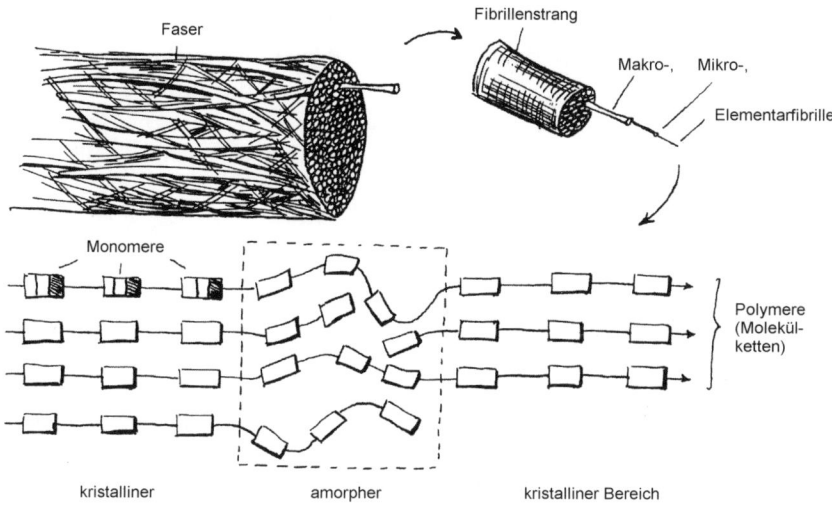

Abbildung 1 Aufbau der Naturfasern.

tel entwichen ist (z. B. bei zu heißem Bügeln). Je nachdem, wie die Polymere im Faserstoff angeordnet sind, unterscheidet man kristalline und amorphe Bereiche (Abbildung 1). In den **amorphen Bereichen** sind die Ketten wenig geordnet und unregelmäßig gelagert. So entstehen Hohlräume, in die ein Lösungsmittel eindringen kann. Je mehr amorphe Bereiche in einem Faserstoff vorhanden sind, desto ungeordneter sind die Wechselwirkungen zwischen den Faserketten. Bei äußeren Einflüssen, die bis ins Innere wirken, werden diese Kräfte verschoben bzw. aufgehoben. Dadurch ergeben sich eine geringere Temperaturbeständigkeit und Zugfestigkeit im nassen Zustand, höhere Feuchtigkeitsaufnahme, Quellfähigkeit bzw. bessere Anfärbbarkeit und höhere Biegefähigkeit und Dehnbarkeit von Faserstoffen.

In den **kristallinen Bereichen** sind die Ketten annähernd parallel und meist regelmäßig angeordnet, so daß Fibrillen entstehen. Je regelmäßiger diese Anordnung ist, desto dichter sind die Ketten aneinandergelagert (hohe Packungsdichte). In diese Zonen können Lösungsmittel nicht eindringen. Erfolgt die Anordnung der Fibrillen parallel zur Faserachse, ergibt sich ein hoher Orientierungsgrad. Je mehr kristalline Bereiche ein Faserstoff enthält und je geordneter diese sind, umso höher ist die Zugfestigkeit, aber auch die Sprödigkeit der Faser.

Die Anteile der kristallinen und amorphen Bereiche innerhalb eines Faserstoffes und deren Beziehungen zueinander sind von den Bausteinen der Polymere und verschiedenen Einflüssen während ihrer Entstehung abhängig. Meist bestehen keine scharfen Grenzen zwischen den Bereichen. Bei vielen Naturfasern hat man durch spezielle Veredlungsverfahren die Möglichkeit, die Anordnung amorpher und kristalliner Bereiche zu beeinflussen.

Je nach Anordnung der Molekülketten im Faserstoff kann man innerhalb der Faser verschiedene Organisationsstufen unterscheiden. Faserschichten (Lamellen) bestehen z. B. aus gleichartig ausgerichteten Fibrillensträngen, die eine ringförmige Schicht bilden. Die einzelnen Zellen setzen sich aus mehreren solcher Faserschichten zusammen und können, mit einer Art „Kitt" verbunden, sogenannte Zellbündel ausbilden.

Der Stoff, aus dem die Kleider sind

Cellulose (z. B. Baumwolle, Flachs), der häufigste Naturstoff überhaupt, ist ein pflanzlicher Faserstoff und chemisch ein Polysaccharid (siehe Box „Kohlenhydrate"). Sie besteht aus Ketten von Glucoseresten, die über eine Sauerstoffbrücke zwischen den Kohlenstoffatomen C_1 und C_4 β-glycosidisch miteinander verknüpft sind. Die durchschnittliche Zahl der Bausteine pro Kette beträgt 2500–3000.

Die tierischen Faserstoffe (z. B. Wolle, Seide) sind aus Proteinen zusammengesetzt. Proteine sind aus Aminosäuren aufgebaut, die – in unterschiedlicher Reihenfolge über Amidbindungen verknüpft – eine Peptidkette bilden (siehe Box „Proteine"). Die Anzahl, Art und Reihenfolge der Aminosäuren sowie die räumliche Anordnung (Konformation) der Peptidkette sind für die Eigenschaften eines Proteins ausschlaggebend. Man unterscheidet schraubenförmig gewundene Strukturelemente (Helices) in Wolle und Haaren von gefalteten Strukturen, die typisch sind für Seidenfibroin, Federkeratin sowie gedehnte Wollen und Haare. Durchschnittlich sind die Peptidketten 100 (Wolle) bzw. 1300 (Seide) Bausteine lang.

Seide ist tierisch

Als Seide im allgemeinen bezeichnet man Gespinste aus Proteinen, die von bestimmten Raupen, Spinnen und Muscheln erzeugt werden. Die echte Seide ist ein Produkt der Raupe (Larve) des Maulbeerspinners (*Bombyx mori*), eines Nachtfalters, der durch Überzüchtung nicht mehr flugfähig ist. Vor der Verpuppung am Ende ihrer 31tägigen Entwicklung bilden die etwa 9 cm langen Larven mächtige Spinndrüsen, die an der Oberlippe in zwei eng benachbarte Gänge münden. Die ausgepreßte zähflüssige Spinnlösung wird durch Kopfbewegungen der Raupe zu einem sogenannten *Fibroinfaden* verstrickt, der an der Luft rasch erstarrt. Dabei wird das entstandene Fadenpaar (Abbildung 2) durch einen Klebstoff – das *Serizin* – verleimt. So entsteht in rund drei Tagen ein etwa taubeneigroßer Kokon.

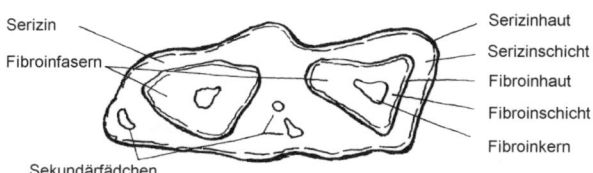

Abbildung 2 Querschnitt durch einen Seidenfaden.

Nach Entfernung der wirren Kurzfäden *(Flockseide)* werden die Kokons zum Ab-töten der Puppen mit Wasserdampf oder Heißluft behandelt und dann in heißes Wasser getaucht, wobei sich das Serizin teilweise löst. Rotierende Bürsten erfassen die freige-legten Fadenanfänge der Kokons, von denen eine bestimmte Anzahl vereinigt, aufge-wickelt und schließlich getrocknet wird *(Grège-Seide)*. Von dem etwa 1000–3000 m langen Seidenfaden eines Kokons können nur etwa 500–1000 m abgewickelt werden. Die nicht abwickelbaren äußeren und inneren Schichten des Kokons werden zusam-men mit Abfällen zu anderen Produkten verarbeitet *(Schappe-Seide)*.

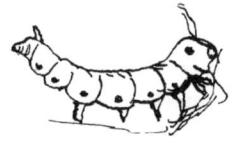
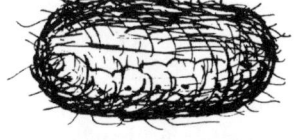

Hallo, ich bin die Seidenraupe ...   und das ist mein Kokon

Das Ursprungsland der Seide ist China, wo die Seidenraupenzucht schon um 2600 v. Chr. betrieben wurde. Um 200 v. Chr. gelangte die Seide nach Korea und von dort nach Japan. Im Jahre 552 n. Chr. schmuggelten persische Mönche in ihren hohlen Wanderstäben Seidenraupeneier und Samen des Maulbeerbaumes nach Byzanz. Von hier aus breitete sich die Seidenraupenzucht im Laufe des 13. und 14. Jahrhunderts über die Mittelmeerländer aus und drang Anfang des 17. Jahrhunderts über die Schweiz und Deutschland bis nach England vor.

Seide wird patentgefaltet

In der Rohseide macht das Seidenfibroin als faserbildender Bestandteil ca. 76 % des Gewichtes aus, während der Serizin-Anteil im Mittel bei 22 % liegt. Fibroin und Serizin sind, wie erwähnt, Proteine bzw. Proteingemische. Wachse und Fette (1,5 %) sowie Farbstoffe und mineralische Bestandteile (etwa 1 %) befinden sich ausschließlich in der Serizinhülle. Als farbgebende Stoffe wurden Xanthophyll, Carotin und Flavone nachgewiesen. Die 10–20 nm dicken Mikrofibrillen sind parallel zur Faserachse in bis zu 2000 nm breiten Fibrillenbündeln zusammengefaßt.

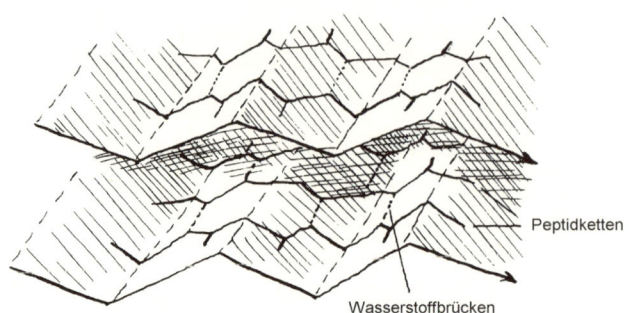

Abbildung 3 β-Faltblatt-Struktur von Fibroin.

Fibroin besteht aus zahlreichen Schichten zickzackförmig angeordneter Polypeptidketten, die sogenannte β-Faltblatt-Strukturen ausbilden (Abbildung 3). Wasserstoffbrückenbindungen zwischen NH- und CO-Gruppen verbinden nebeneinanderliegende Ketten miteinander. Die Schichten sind so angeordnet, daß sich einmal nur die seitenkettenfreien Glycin-Reste, in der folgenden Schicht nur die etwas größeren Alanin-und Serinreste gegenüberliegen (Abbildung 3).

Fibroin enthält zwar 18 der insgesamt 20 in Proteinen vorkommenden Aminosäuren (siehe Box „Proteine"); den Hauptteil (93 %) machen allerdings Glycin, Alanin, Serin und Tyrosin aus.

Über den chemischen Aufbau des Fibroins sind einige Details bekannt. Rund 60 % können als kristallines Pulver isoliert werden. In diesem Anteil (Phase I) kommen Glycin, Alanin und Serin in einem Molverhältnis von etwa 3 : 2 : 1 vor. Die vorherrschende Wiederholungseinheit der Primärstruktur in diesem Anteil ist die Sequenz Ser-Gly-Ala-Gly-Ala-Gly. Das Vorliegen zweier weiterer Phasen wird diskutiert: Phase II (30 %) soll aus Tetra- und Octapeptiden mit vorwiegend Glycin-, Alanin-, Tyrosin- und Valin-Resten bestehen; Phase III (10 %) soll alle Aminosäurereste mit sperrigen Seitenketten enthalten und den amorphen Teil des Proteins bilden. Für das Fibroinmolekül wurde eine molekulare Masse von $3,7 \times 10^5$ Da errechnet.

Serizin ist ein Protein oder Proteingemisch mit kautschukelastischen Eigenschaften. Die am häufigsten vorkommende Aminosäure im Serizin ist Serin.

Seide nimmt bei Normalklima etwa 11 % Wasser auf und liegt damit in dieser Hinsicht zwischen Baumwolle und Wolle. Die Faserquellung ist mit 1,7 % (längs) und 18,7 % (quer) stark anisotrop (richtungsabhängig). Gegen Erhitzen auf bis zu 120 °C ist die Seide nahezu unempfindlich. Die Beständigkeit gegenüber Lichteinwirkung und Wettereinflüsse ist gering; Mikroorganismen vermögen die Faser kaum zu schädigen. Während Seidenfibroin gegen kalte, verdünnte Säuren und Laugen ziemlich resistent ist, lösen heiße, konzentrierte Mineralsäuren und Ätzalkalilaugen die Faser allmählich auf und führen schließlich zur Spaltung in die einzelnen Aminosäuren. Hingegen bewirkt eine kurze Behandlung mit konzentrierter Säure lediglich eine maximal 50%ige Kontraktion, ohne daß die Faser merklich an Festigkeit verliert. Man macht sich dieses Verhalten zur Erzeugung eines Kreppeffektes zunutze. Schwermetalle werden in geringen Konzentrationen leicht aufgenommen. Gegenüber Oxidations- und Reduktionsmitteln, wie sie z. B. beim Bleichen verwendet werden, ist Seide sehr empfindlich.

Edel sei die Seide

Die Rohseide kann auf verschiedene Art und Weise weiterbehandelt werden. Beim **Entbasten** wird das Serizin durch heiße Seifenlaugen, Alkalilösungen oder Enzyme ganz oder teilweise entfernt. Dadurch kommt es zu einem Gewichtsverlust von 20–30 % und zu einem Festigkeitsverlust von etwa 20 %. Um den Gewichtsverlust auszugleichen, werden anschließend Metallsalze oder pflanzliche Stoffe in das Fibroin eingelagert. Dies bewirkt außerdem eine Erhöhung des Faservolumens und eine Verbesserung in Glanz und Griff. In den meisten Fällen werden mit dem Entbasten auch die im Serizin enthaltenen Farbpigmente entfernt.

Der Verwendungszweck der Seide bestimmt die Höhe der **Erschwerung**. Sehr hohe Erschwerungen vermindern die Qualität, die Seide wird brüchig und morsch; Sonnenlicht und Feuchtigkeit führen dann zu frühzeitiger Abnutzung. Ferner wird die Bindungsfähigkeit für Farbstoffe und die Waschechtheit der gefärbten Ware verringert. Erschwert wird mit wäßrigen Lösungen von Zinntetrachlorid und Dinatriumhydrogenphosphat. Das in der Faser gebildete Zinnphosphat wird anschließend in komplexe Silicate überführt (mineralische Erschwerung). Die Anzahl der Behandlungen mit Zinnsalz bestimmt die Erschwerungshöhe, wobei Gewichtszunahmen von über 100 % möglich sind.

Zur Erzielung klarer Weißtöne wird eine oxidative und/oder reduktive **Bleiche** vorgenommen (z. B. mit H_2O_2 oder SO_2, siehe „Waschmittel"). Zum **Färben** von Seide eignen sich nahezu alle Typen von Farbstoffen, die auch für die Wollfärbung in Betracht kommen. Dazu gehören saure, basische, Metallkomplex-, Reaktiv- und Pigmentfarbstoffe, aber auch Naturfarbstoffe wie z. B. Gerbstoffe. Häufig bewirkt die Färbung mit Reaktivfarbstoffen auch eine zusätzliche Fixierung des Farbstoffs an der Faser über Bindungen zwischen dem Farbstoff und funktionellen Gruppen der Aminosäurereste.

Wolle – eine haarige Sache

Die Bildungszone des Säugetierhaares ist die am Grunde des Haarfollikels gelegene Papille (siehe Kapitel „Haare"). Hier werden die Zellen und in ihnen die Proteine zunächst als wenig geordnete, leicht lösliche Aggregate gebildet. Beim Auswachsen durch den Follikelkanal treten bereits längsgerichtete Polypeptidketten (sogenanntes Präkeratin) auf. Durch den Prozeß der Verhornung entsteht daraus Keratin.

Obwohl die Wolle verschiedener Tiere verwendet wird, sind Schafe nach wie vor die wichtigsten Wollieferanten. Die Qualität der Wollen (Feinheit, Farbe, Länge, Reinheit) bestimmt die weitere Verwendung. Sie wird vom Klima des Herkunftslandes und der Ernährung der Tiere (beispielsweise von den Spurenelementen des Weidebodens) beeinflußt. Schafe aus trockenen Klimazonen wie Australien und Südafrika liefern sehr feine Wolle. In feuchteren Regionen haben Schafe gröbere und längere Wolle.

Die Ursprünge der Schafzucht liegen vermutlich im zweiten vorchristlichen Jahrhundert in Syrien, Palästina und Anatolien. Eine systematische Züchtung von Schafrassen, die heute die verschiedenen Wollqualitäten liefern, begann 1765 mit der Ausfuhr der in Spanien beheimateten Merinos nach Sachsen. Ab Anfang des 19. Jahrhunderts führte die Merinozucht in Australien und Südafrika zu den heute bekannten Rassen.

Unter Schafen

Der größte Teil der Wolle wird durch Schur lebender Schafe gewonnen (**Schurwolle**). Beim biologischen Verfahren werden die Haarwurzeln durch Enzyme angegriffen, so daß die Wolle abgezogen werden kann (**Schwitzwolle**); sie ist in der Qualität der Schurwolle gleichwertig. Die durch Schur gewonnene Wolle enthält wechselnde Mengen an Verunreinigungen (Mittelwerte): 5 % Hautschuppen-Protein, 14 % Wollfett (Lanolin), 4 % Wollschweiß, zwischen 6 % und 20 % Erd- und Pflanzenrückstände, 12 % Feuchtigkeit. Nur 55 % sind reine Wollsubstanz! Die Verunreinigungen müssen durch die Rohwollwäsche mit Wasser oder wäßrigem Alkohol entfernt werden. Die gewaschene Wolle wird im wesentlichen zu Kammgarn (vorwiegend längere Fasern), Streichgarn (vorwiegend kürzere Fasern) oder Filzen verarbeitet.

Die aus Häuten von Schlachttieren nach chemischen oder biologischen Verfahren gewonnene **Hautwolle** macht nur etwa 10 % des Wollaufkommens aus. Beim sogenannten Schwödeverfahren wird die Wolle durch 18- bis 24stündige Einwirkung einer Mischung von Kalk und Sulfiden auf die Fleischseite der Felle entfernt.

Eine Faser in der Faser in der...

Wollfasern haben einen mittleren Durchmesser von 16–40 µm, sind zwischen 2,5 und 25 cm lang und haben eine komplexe Feinstruktur (Abbildung 4). Ihre Cuticula (Deckschicht) besteht aus einzelnen Zellen, die sich dachziegelartig in Richtung der Faserachse überlappen. Die sogenannte Epicuticula ist aus Fettsäuren zusammengesetzt, die aus der Exocuticula hervorragen.

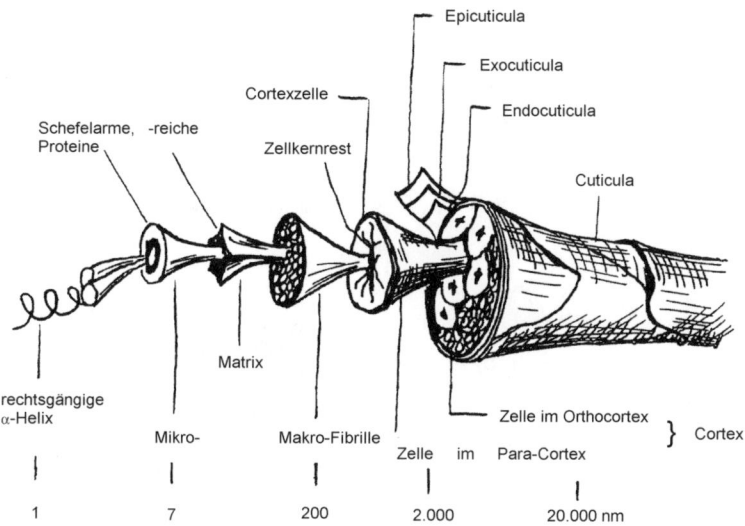

Abbildung 4 Feinstruktur der Wollfaser.

Der Zellmembrankomplex ist aus Lipiden (siehe Box „Lipide"), Proteinen und zu etwa 50 % aus Membranen aufgebaut. Er bildet ein kontinuierliches Netzwerk, das die Cortexzellen vollständig umschließt und so als Kleber an den Kontaktflächen benachbarter Zellen wirkt. Die Cortexzellen sind so eng benachbart und miteinander verzahnt, daß sie nur gemeinsam auf Kräfte oder Verformungen reagieren können. Die Cortexzelle besteht aus Makrofibrillen und aus zwischen diesen eingelagertem Zement, der sich wiederum hauptsächlich aus den Nicht-Keratin-Proteinen von Cytoplasma- und Zellkernresten zusammensetzt (etwa 15 % des Cortex). Die schnell wachsende, weichere **Orthocortex** besitzt mehr Zement und hat einen höheren Wassergehalt als die härtere **Paracortex**, deren Wachstum länger dauert. Aus dieser bilateralen Struktur ergibt sich die charakteristische Wellung (bogiger Verlauf des Haares in einer Ebene) und Kräuselung (bogiger Verlauf in verschiedenen Ebenen) des Schafwollhaares.

Die Mikrofibrillen der Wolle gehören zur Familie der Intermediärfilamente. Ihre chemischen Monomere sind vier saure und vier neutral-basische Keratinmoleküle. Die Intermediärfilamente mit einem Durchmesser von etwa 10 nm sind Bündel von acht Protofilamenten. Die extreme Unlöslichkeit der Filamente beruht auf der hohen Konzentration von Disulfidbrücken zwischen den endständigen Segmenten der Keratine. Im Intermediärfilament sind alle Monomere nahezu parallel zur Faserachse orientiert, so daß die Elastizität des gesamten Filaments der der einzelnen Monomere proportional ist. Die **Matrix**, in die die Mikrofibrillen eingebettet sind, besteht aus tyrosin- und schwefelreichen Proteinen.

291

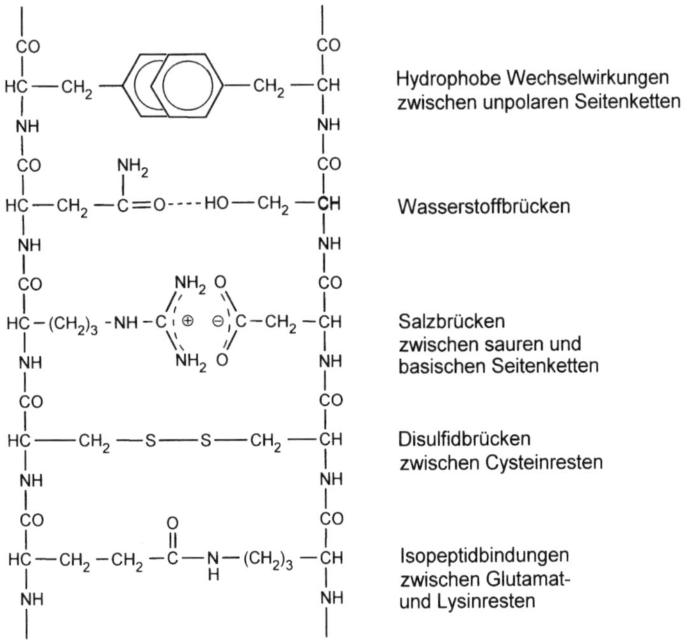

Abbildung 5 Verschiedene Arten von Brücken zwischen Peptidketten.

Wolle besteht zu mehr als 80 % aus Keratinproteinen. Daneben enthält sie ca. 17 % Nicht-Keratin-Proteine, 1 % Lipide, 0,5 % Mineralsalze sowie Spuren von Nuclein-säuren. Die Seitenketten der Keratine, die in Wolle den relativ hohen Anteil von 50 % der Proteinsubstanz ausmachen, stehen miteinander in Wechselwirkung, stabilisieren dadurch die Peptidkette und führen zur Ausbildung von Brücken zwischen den Ketten und von Ringen innerhalb einer Kette (Abbildung 5).

Im Härtetest

Obwohl Wolle sehr hygroskopisch (wasseranziehend) ist, verhält sich ihre Oberfläche hydrophob (wasserabstoßend; siehe Box „Hydrophil-Hydrophob"), wird also nur schwer von flüssigem Wasser benetzt. Dieses unterschiedliche Verhalten ist darauf zurückzuführen, daß für die Aufnahme von Wasserdampf der Faserstamm verantwort-lich ist, während die Benetzbarkeit von der Grenzflächenspannung zwischen Wasser und Faseroberfläche abhängt. Eine Folge der Wasseraufnahme ist die **Quellung**. Wol-le zeigt eine ausgeprägte Richtungsabhängigkeit der Quellfähigkeit: Bei Änderung des Feuchtigkeitsgehaltes von 0 % auf 33 % tritt eine Längsquellung von etwa 2 % und eine Durchmesserquellung von 16 % auf.

Trockene Wolle hält stundenlanges Erhitzen auf 150 °C aus. Erhitzen in Wasser führt zu einer reversiblen Abnahme der Festigkeit, da zwischenmolekulare Bindungen gespalten werden. Diese Veränderungen werden von chemischen Reaktionen des Wassers mit den Wollproteinen überlagert (abhängig von Temperatur, Dauer der Einwirkung, pH-Wert; siehe Box „pH-Wert"), die nicht rückgängig zu machen sind. Das Erwärmen von Wolle mit Wasser bei pH-Werten von 7–10 bewirkt schon unterhalb von 100 °C eine Zersetzung, wobei Schwefelwasserstoff frei wird, der das Wollcystin angreift und die Zersetzung autokatalytisch beschleunigt (Abbildung 6).

Bei Einwirkung von **Säurelösungen** auf Wolle läuft die reversible Aufnahme von Säure (unter chemischer Bindung) ab. Dabei quillt die Faser stärker als in Wasser. Mineralsäuren wie Salz- oder Schwefelsäure dringen rasch in die Wollfaser ein; die Wasserstoffionen reagieren mit den Carboxylat-Anionen unter Bildung von Carboxylgruppen. Die Anionen der Mineralsäuren (im Beispiel der Abbildung 6 handelt es sich um Hydrogensulfationen aus Schwefelsäure) gleichen die positive Ladung der Wollproteine aus. Die Bindung der sauren **Wollfarbstoffe** an die Wolle beruht zum Teil auf Anziehungskräften zwischen den organischen Farbstoffmolekülen und den

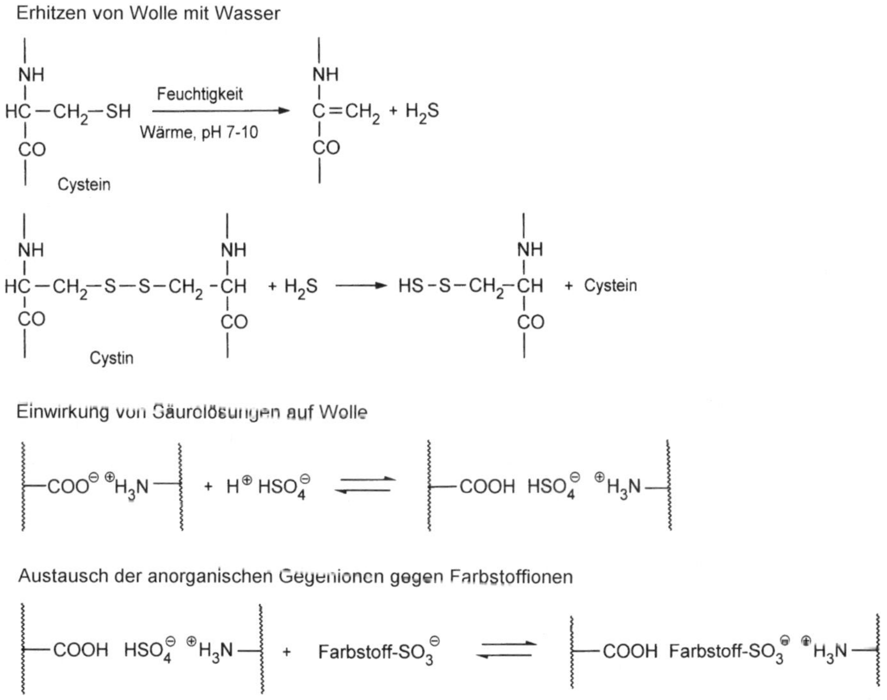

Erhitzen von Wolle mit Wasser

$$
\begin{array}{c}
\mid \\
NH \\
\mid \\
HC-CH_2-SH \\
\mid \\
CO \\
\mid \\
\text{Cystein}
\end{array}
\quad
\xrightarrow[\text{Wärme, pH 7-10}]{\text{Feuchtigkeit}}
\quad
\begin{array}{c}
\mid \\
NH \\
\mid \\
C=CH_2 + H_2S \\
\mid \\
CO \\
\mid
\end{array}
$$

$$
\begin{array}{c}
\mid \\
NH \\
\mid \\
HC-CH_2-S-S-CH_2-CH \\
\mid \qquad\qquad\qquad \mid \\
CO \qquad\qquad\qquad CO \\
\mid \qquad\qquad\qquad \mid \\
\text{Cystin}
\end{array}
+ H_2S
\longrightarrow
\begin{array}{c}
\mid \\
NH \\
\mid \\
HS-S-CH_2-CH \\
\mid \\
CO \\
\mid
\end{array}
+ \text{Cystein}
$$

Einwirkung von Säurelösungen auf Wolle

$$
-COO^{\ominus} \ {}^{\oplus}H_3N- \quad + \quad H^{\oplus} \ HSO_4^{\ominus} \quad \rightleftharpoons \quad -COOH \ HSO_4^{\ominus} \ {}^{\oplus}H_3N-
$$

Austausch der anorganischen Gegenionen gegen Farbstoffionen

$$
-COOH \ HSO_4^{\ominus} \ {}^{\oplus}H_3N- \quad + \quad \text{Farbstoff-}SO_3^{\ominus} \quad \rightleftharpoons \quad -COOH \ \text{Farbstoff-}SO_3^{\ominus} \ {}^{\oplus}H_3N-
$$

Abbildung 6 Reaktionen und Modifikationen von Wolle.

Wollproteinen. Die Farbstoffmoleküle können in schwefelsaurem Bad die Hydrogen-sulfationen von ihren Plätzen verdrängen – der eigentliche Färbevorgang besteht in einem Austausch der Mineralsäureanionen gegen Farbstoffanionen (Abbildung 6).

Mineralsäuren bewirken aber auch irreversible Reaktionen wie den hydrolytischen Abbau von Wollproteinen. Je nach pH-Wert, Temperatur und Einwirkungsdauer kommt es zu einer Hydrolyse der Amidgruppe von Asparagin und Glutamin, einer Spaltung von Peptidbindungen, besonders an der Aminogruppe von Serin und Threonin, und einer Freisetzung von Asparaginsäure.

Auch in **alkalischen Lösungen** können reversible Vorgänge und irreversible Abbau-reaktionen nebeneinander ablaufen. Unter den letzteren ist die Cystin-Zersetzung, die zur Wollschädigung führt, am wichtigsten.

Die einzige leicht **reduzierbare** Gruppe des Wollkeratins ist die Disulfidgruppe von Cystinresten. Textilchemische Bedeutung besitzt die Reaktion mit Natriumsulfid – einem Reduktionsmittel – bei der Gewinnung von Wolle durch Enthaaren von Fellen geschlachteter Schafe (Schwödewolle).

Auch **Oxidationsmittel** können die Disulfidbindung des Cystins unter Bildung von Cysteinsäuren spalten. Neben Cystin werden auch Cystein, Methionin, Tryptophan und Tyrosin oxidativ verändert. Das Ausmaß der Oxidation hängt vom pH-Wert, der Temperatur und dem Reaktionsmedium ab. Technische Bedeutung hat die Oxidation mit Wasserstoffperoxid (Bleiche) sowie mit Kaliumpermanganat, Chlor, Peroxomono-schwefelsäure und Peroxoessigsäure zur Erzielung von Antifilzeffekten.

Wollverarbeitung

Bedingt durch ihre Schuppenstruktur haben Wollfasern unterschiedliche Reibungs-koeffizienten in Richtung zur Wurzel und zur Spitze: Faserverschiebungen, die in Richtung zur Wurzel relativ leicht möglich sind, lassen sich in entgegengesetzter Richtung gegen die dann sperrenden Schuppen nur schwer oder überhaupt nicht rückgängig machen. (Einen ähnlichen Effekt kann man leicht nachvollziehen, indem man mit den Fingerspitzen auf- und abwärts über eine eigene Haarsträhne streicht.) Die Verfahren zur **Filzfreiausrüstung** beruhen entweder darauf, die Schuppenschicht teilweise zu entfernen, sie aufzuweichen, zu überdecken oder die Bewegung der Fasern gegeneinander durch Verkleben zu verhindern. Das Verkleben ist nur am fertigen Produkt anwendbar. Die Verfahren müssen so geführt werden, daß nur die Schuppen und nicht das Faserinnere angegriffen werden.

Im Vergleich zu anderen Textilfasern ist die Färbung von Wollfasern relativ einfach. Die Cuticula stellt normalerweise eine Barriere gegen die Einwirkung von Chemikalien dar. Eine Beschädigung der Cuticula, insbesondere durch oxidative Eingriffe wie das Chlorieren, beschleunigt das Eindringen von Färbechemikalien. Die wichtigsten Bindungskräfte zwischen Wolle und Farbstoff sind die weiter oben bereits erläuterten elektrostatischen Anziehungskräfte zwischen positiv geladenen Aminogruppen der Wolle und negativ geladenen Farbstoffionen (siehe Abbildung 6). Eine unterstützende Rolle spielen Wasserstoffbrückenbindungen. Von Bedeutung sind außerdem koordinative Bindungen zwischen Metallkomplexfarbstoffen und den Amino- und Iminogruppen der Wolle sowie kovalente Bindungen zwischen Reaktivfarbstoffen und funktionellen Gruppen des Keratins, wie Thiol-, Amino- und Iminogruppen.

100% Baumwolle

Bei der Baumwolle, die von Pflanzen der Gattung *Gossypium* gebildet wird, handelt es sich um echte Pflanzenhaare, d. h. um Einzelzellen, die aus den Epidermiszellen der Samenschale durch starkes Längenwachstum hervorgehen (Abbildung 7). Nach der sechswöchigen Kapselreifung stirbt die Zelle ab und fällt zu einem bandartigen flachen Gebilde zusammen. Diese 2,5 bis 5,5 cm langen Samenhaare quellen dann als Watte aus den reifen, sich öffnenden Samenkapseln hervor.

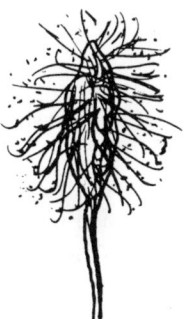

Abbildung 7 Baumwollhaare.

Indien und Peru gelten als die Heimatländer der Baumwolle. Das älteste erhaltene Baumwollgewebe ist 5000 Jahre alt und wurde in Indien gefunden. Die Einführung der Baumwolle in Europa wird Alexander dem Großen zugeschrieben. Während die Pflanze in Mittel- und Südamerika schon lange bekannt war, begann ihr Anbau in Nordamerika erst 1621 (in Florida). Der Aufstieg der Baumwolle zu der heute am meisten verwendeten Naturfaser nahm jedoch erst mit der Mechanisierung der Spinnerei (1787) und mit der Einführung von Maschinen zur Trennung der Fasern von den Samen seinen Anfang.

Bei dieser Trennung fallen bis zu 75 % des Gewichtes als Samen und Linters an, beides wertvolle Nebenprodukte der Baumwollerzeugung: *Linters,* kurze Faserreste aus nahezu reiner Cellulose, bilden ein gutes Ausgangsmaterial für Cellulose-Chemiefasern und Papier. Die Samenkerne dienen zur Ölgewinnung.

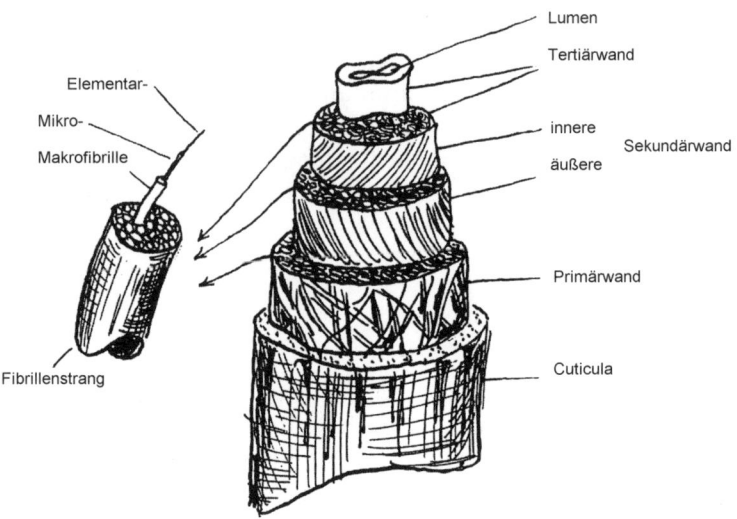

Abbildung 8 Aufbau der Baumwollfaser.

Was von der Zelle übrigbleibt

Die rohe, entkörnte Baumwollfaser (Abbildung 8) besteht zu etwa 94 % aus Cellulose (bezogen auf das Trockengewicht). Der Rest sind andere Fasern (1 % Hemicellulose und Pectin sowie 0,6 % Lipide), die sich überwiegend an der Oberfläche der Haare befinden. Beim Wachstum der Baumwollfaser entsteht zuerst eine röhrenförmige Außenhaut, die Cuticula, in der sich innen Cellulose anlagert. Am Ende des Wachstums verbleibt ein leerer Zellkanal, das Lumen, welches die abgestorbenen Cytoplasmareste enthält. Die im Querschnitt ursprünglich runde Faser nimmt dann die Form eines plattgedrückten bzw. bandartigen, in sich verdrehten Schlauches an. Der Durchmesser der Einzelfasern liegt zwischen 12 und 22 μm (an der Ansatzstelle am Samen ist er am größten). Auf Cuticula und Primärwand entfallen etwa 3 % der Masse des Baumwollhaares. Die Sekundärwand besteht aus konzentrischen Schichten (Lamellen) eng gepackter paralleler Fibrillenstränge mit gegenläufigen, schraubenförmigen Windungen zur Faserlängsachse.

Der Feuchtigkeitsgehalt der Baumwollfaser beträgt bei 65 % relativer Luftfeuchtigkeit und 20 °C etwa 8 % des Gesamtgewichts. Die rauhe, unregelmäßige Oberfläche sowie die Verdrehungen der Faser ermöglichen eine gute Verspinnbarkeit und hervorragende Festigkeit der Fäden. Dadurch gelingt die Herstellung außerordentlich feiner Garne.

Die Metamorphose der Faser

Bei der Vorbehandlung werden abstehende Faserenden durch **Sengen** oder **Scheren** entfernt. Um natürliche Verunreinigungen und bei der Verarbeitung aufgebrachte Substanzen („Schlichten") zu entfernen, folgt das **Entschlichten** durch Behandeln mit heißem Wasser unter Zusatz von Netzmitteln (bei Schlichten aus Polyvinylalkohol, Acrylaten, Celluloseäthern) oder mit Oxidationsmitteln bzw. Enzymen (bei stärkehaltigen Schlichten). Schwerlösliche natürliche Begleitstoffe (Frucht- und Samenschalen sowie Pectine, Fette und Wachse in der Faseroberfläche) werden beim **Beuchen**, dem alkalischen Abkochen unter erhöhtem Druck, entfernt. Dadurch werden Benetzbarkeit und Saugfähigkeit der Faser wesentlich erhöht. Zur Verhinderung einer oxidativen Faserschädigung darf die Baumwolle dabei nicht mit Luftsauerstoff in Berührung kommen. Beim **Bleichen** werden mit starken Oxidationsmitteln (Natriumhypochlorit oder Wasserstoffperoxid) in schwach saurem oder alkalischem Medium farbige Verunreinigungen entfernt.

Beim **Mercerisieren,** der Behandlung der Baumwolle mit 20–25 %iger Natronlauge (1–3 min bei 35–40 °C) unter gleichzeitiger oder anschließender Streckung, erzielt man eine waschbeständige Erhöhung des Glanzes, Zunahme der Festigkeit und eine gesteigerte Farbstoffaufnahme. Die Glanzerhöhung ist auf Veränderungen der Primärwand und das Strecken der Faser zurückzuführen (der Querschnitt wird rund, das Lumen fast völlig entfernt und durch das Trocknen bedingte Spannungen werden abgebaut). Die Festigkeitszunahme beruht auf einer Verminderung der Größe und einer Erhöhung der Anzahl der Fibrillenbündel, wodurch die Gleichmäßigkeit der Fibrillenpackung erhöht wird. Die verbesserte Farbstoffaufnahme ist auf eine Zunahme weniger geordneter, d. h. leicht zugänglicher Bereiche zurückzuführen. Ähnliche Effekte wie beim Mercerisieren erzielt man auch mit flüssigem Ammoniak.

Bei der spannungslosen Behandlung mit 15 %iger Natronlauge (**Laugieren**) zur Herstellung elastischer Artikel erzielt man eine Faserschrumpfung von etwa 20 %. Die Mikrofibrillen werden in der Sekundärwand gekräuselt, so daß die Faser einer äußeren Zugkraft ähnlich wie eine Feder entgegenwirkt und dadurch elastisch wird.

Die Färbung der Baumwolle erfolgt mit Direkt-, Küpen-, Reaktiv-, Schwefel- und Entwicklungsfarbstoffen, die sowohl über physikalische Kräfte (Direktfarbstoffe) als auch chemisch durch Umsetzung mit den Hydroxylgruppen der Celluloseketten (Reaktivfarbstoffe) gebunden werden. Um Knittern zu verhindern, werden bei der **Appretur** polymere Harze in die Faser eingelagert und/oder eine Quervernetzung der Celluloseketten vorgenommen.

Stoffe aus Rinde

Bei Fasern aus Flachs, Hanf und Jute handelt es sich um Rindenfasern, die aus verholzten, spindelförmigen Einzelzellen bestehen. Diese werden von sogenannten Mittellamellen (aus Hemicellulosen, Pectinen und Lignin) zusammengehalten. Wegen des hohen Gehaltes an Holz und weiterer Begleitstoffen sind die Verluste bei der Fasergewinnung, der Spinnerei und der Bleiche erheblich. Charakteristisch für Rindenfasern ist ihre Festigkeit, geringe Dehnbarkeit, unterschiedliche Länge sowie der uneinheitliche Stapel und die glatte Oberfläche.

Flachs oder Lein (*Linum usitatissimum*) ist die wichtigste Quelle von Bastfasern und eine der ersten von Menschen genutzten Faserpflanzen. Der älteste Fund von kultiviertem Lein stammt aus sumerischer Zeit. In Ägypten wurde Flachs schon in vorchristlicher Zeit angebaut. Zur Fasergewinnung dienen die Stengel des einjährigen Sommerleins der Gattung *Linum*. Sie werden zunächst maschinell von den Kapseln befreit. Aus den abgetrennten Samenkapseln wird Saatgut und Viehfutter gewonnen.

Die als Strohflachs anfallenden Rohfasern können auf verschiedenen Wegen entholzt werden: Bei der Röste werden die Faserbündel durch Bakterien oder Pilze freigelegt, d. h. vom Holzkörper getrennt; beim Entholzen werden die Holzkerne der Stengel maschinell zerbrochen und die Holzstücke in Schwingturbinen entfernt. Beim Schwingen werden 25–50 % der Fasern als Werg abgeschlagen oder herausgezogen, zurück bleibt die höher bewertete Langfaser als Schwingflachs. Im anschließenden Hechelprozeß werden die Langfasern gekämmt und verfeinert (Länge der technischen Fasern bis zu 700 mm). Die beim Schwingen als Werg anfallenden Fasern (bis zu 300 mm lang) werden getrennt in der Wergspinnerei verarbeitet. Das Material wird in rohem Zustand bis zum Feingarn versponnen. Veredelt und gebleicht werden erst das Garn oder das Gewebe. **Leinen** findet Verwendung zur Herstellung von Geschirrtüchern, Tischdecken, Bettwäsche und Textilien.

Die Fasern des zwei bis drei Meter hohen **Hanfs** (*Cannabis sativa*, siehe Kapitel „Hanf") können über zwei Meter lang sein. Sie müssen daher vor der Verarbeitung geschnitten werden (Hecheln). Die Gewinnung und Verarbeitung verlaufen ähnlich wie beim Flachs. Hauptverwendungsgebiete sind Segel, Planen, Gurte und Netze sowie Dekorations- und Bespannungsstoffe.

Die **Jute** wird überwiegend aus den Arten *Corchorus capsularis* und *Corchorus olitorius* gewonnen, deren Stengel eine Höhe von drei bis vier Metern erreichen. Trotz der großen Stengellänge sind die Einzelfasern jedoch nur 1,5–4 mm lang. Vor dem Verspinnen wird eine Behandlung mit einer sogenannten Batsche durchgeführt, um weicheres Material für den Spinnprozeß zu erhalten und die einzelnen Fasern besser aufzuteilen. Die Batsche besteht aus einer 10–15 %igen wäßrigen Emulsion (siehe Kapitel „Hautpflegemittel) eines Öls, wobei als Emulgator im einfachsten Fall Seife verwendet wird. Jute findet Verwendung bei der Herstellung von Heimtextilien sowie von

Sack- und Verpackungsmaterial, besonders für überseeische Waren, die vor Feuchtigkeit geschützt werden sollen, da Jute ein besonders hohes Aufnahmevermögen für
Feuchtigkeit hat (ohne sich dabei naß anzufühlen!).

Leder

Wolff Graulich

Den meisten von uns ist Leder heute als ein attraktives, modisches Material zur Herstellung von Kleidung und Schmuck vertraut, und nicht wenige verbinden mit dem griffigen, festen und doch weichen und warmen Stoff eine gewisse Lebenseinstellung, die auch die Werbung an den Schlagwörtern „Freiheit" und „Natur" festmacht. Dennoch hat das Leder bis zum Ende der Industrialisierung eine weitaus wichtigere Rolle für die Entwicklung gespielt, und es ist eines der ältesten Kulturgüter der Menschheit.

Die Geschichte des Leders beginnt irgendwann in der Frühgeschichte der Menschheit und vermutlich sogar vor der Entdeckung des Feuers. Damals handelte es sich jedoch noch nicht um gegerbte Häute (zur Definition der Gerbung später mehr), sondern um die von Fleischresten gereinigten Felle des erlegten Wildes. Über 20 000 Jahre alte Höhlenmalereien in Frankreich zeigen uns in Felle gekleidete Schamanen, die Tiere beschwören. Die Verwendung dieses „Abfallproduktes" der Jagd lag sicher sehr nah, warf jedoch sofort einige Probleme auf. Die Häute pflegten nämlich nach einiger Zeit bretthart zu werden, oder, wenn sie Feuchtigkeit ausgesetzt waren, zu faulen und damit den Geruch der Höhlenmenschen nicht gerade zu verbessern. Das erste Problem konnte man umgehen, indem man die Felle im Fett oder Hirn der erlegten Tiere walkte. Mit dieser Methode sowie dem Räuchern über dem Feuer konnte man auch die Haltbarkeit der Felle leidlich gewährleisten. Der Geruch aber blieb für unsere Vorfahren wohl ein Problem!

Bis hierhin kann man noch nicht von einer „echten" **Gerbung** gemäß der unten folgenden Definition sprechen, dieser Schritt war jedoch nicht mehr fern. Er fand vermutlich in der älteren Steinzeit mit der „Sämischgerbung" statt, einer Fettgerbung, bei der man statt des Talgs von Landsäugetieren den Tran von Fischen und Meeressäugern benutzte, was zu einer wirklichen Gerbung führte. Mit dem Übergang vom Jäger- und Sammlerdasein zum seßhaften Ackerbauern und Viehzüchter verfügte der Mensch über die notwendige Zeit und die stetige Menge an Fellen und Häuten, um das Gerben als Handwerk mit neuen Techniken zu etablieren. Die ersten vegetabilen (pflanzlichen) Gerbungen und die erste Mineralgerbung mit **Alaun** (einem Metall-Sulfatsalz, das ähnliche Gerbeigenschaften wie Chromsalze besitzt) wurden in der jüngeren Steinzeit entwickelt. In Mesopotamien und bei den Sumerern finden sich die ältesten schriftlichen und bildlichen Hinweise auf die Lederherstellung aus der Zeit um 3500 v. Chr., und aus dieser Zeit wissen wir von den Ägyptern, daß die Gerberei bei ihnen ein sehr angesehenes Handwerk war. Diese antiken Gerber färbten hauptsächlich mit Alaun und **Gerbstoffen** aus Akazien. Von den Ägyptern stammt auch der älteste Lederfund (5000 v. Chr.), der besonders fasziniert, da das Leder gefärbt war!

Römer und Griechen übernahmen die Gerbetechnik der ägyptischen Kultur und verbreiteten sie über den gesamten Mittelmeerraum. Dennoch läßt sich erkennen, daß von der Antike bis zum Ende des Mittelalters eine lange Zeit der Stagnation in der Entwicklung der Gerberei eintrat. Die genau ausgearbeiteten Zunftregeln im Mittelalter führten zu einer „Planwirtschaft", die jeden Fortschritt erschwerte. Zudem war die Gerberei kein Gegenstand der Wissenschaft. Das heißt nicht, daß dem Leder keine Bedeutung zugekommen wäre; neben dem Eisen war es der Gebrauchswerkstoff schlechthin, und die Gerberzünfte in Gent, Straßburg oder Worms kamen im 10. bis 12. Jahrhundert zu großer Macht. In viel größerem Maße als heute wurden neben Schuhen auch Mützen, Wamse, Hosen und natürlich Harnische, Schilde, Waffen und Zaum- oder Fuhrzeug aus Leder hergestellt.

Ja, man kann sagen, daß der Ausgang von Kriegen zu einem guten Teil von der Verfügbarkeit großer Mengen an Leder abhing. So ist es vermutlich kein Zufall, daß der nächste große Innovationsschub in der Gerberei in die Zeit der französischen Revolution fiel. Zu dieser Zeit bestand ein großer Bedarf an Leder, um die französische Nationalarmee auszurüsten. Ein Franzose namens Séguin ersann 1794 ein deutlich verbessertes Verfahren, welches die Gerbung erheblich verkürzte (die weiter unten beschriebene klassische **Lohgerbung** mit Eichenrinde in einer Grube konnte 18 Monate dauern!). Die neue Technik umfaßte die Verwendung von Gerbextrakten statt der zerkleinerten Pflanzenteile und ein Vorquellen der Häute, um die Aufnahme des Gerbstoffes zu erleichtern. Dieses Verfahren wurde der Ausgangspunkt der modernen vegetabilen Gerbung. Vielleicht noch wichtiger aber ist, daß Séguin, der in erster Linie Chemiker war, die erste wissenschaftliche Theorie der Gerberei entwickelte, nach der die Gerbung eine chemische Reaktion zwischen Gerbstoff und Haut ist. Diese uns heute selbstverständliche Aussage war damals revolutionär und führte zur Etablierung der Gerberei als Gegenstand der Wissenschaft.

In das anschließende 19. Jahrhundert fällt der Übergang von der handwerklichen Lederherstellung zum industriellen Prozeß. Parallel zur allgemeinen Mechanisierung aller Produktionsprozesse wurden Techniken eingeführt oder perfektioniert, die die Verarbeitung billiger und vor allem schneller machten. Die im Rückblick wichtigste Neuerung fällt jedoch in die zweite Hälfte des vergangenen Jahrhunderts: die Einführung der **Chromgerbung.** Sie wurde 1858 von dem deutschen Professor Knapp erstmals beschrieben, patentieren ließ sie jedoch 1893 der Amerikaner Dennis. Die Chromgerbung dient der Herstellung von leichten Ledern, wie sie heute für Schuhe und Bekleidung verwendet werden. Rund 80 % aller hergestellten Leder sind inzwischen zumindest teilweise chromgegerbt.

Die moderne Forschung in der Leder- und Gerbereitechnologie ist hauptsächlich eine Reaktion auf die steigenden und ständig wechselnden modischen Bedürfnisse. Auch die steigenden Umweltanforderungen tragen zu Neuerungen in diesem Industriezweig bei.

Der Rohstoff: Haut

Die Haut ist das größte Organ eines Säugetiers, und ein sehr interessantes dazu. Im folgenden werden jedoch nur die für die Lederherstellung relevanten Aspekte beschrieben.

Die Haut erfüllt vielfältige Aufgaben: Sie reguliert den Feuchtigkeits- und Wärmehaushalt, dient als mechanischer Schutz gegen die Umwelt, beherbergt Sinnesorgane, stellt eine wichtige Barriere des Immunsystems dar, und aus ihr wachsen Haare und Nägel. Beim Menschen beträgt das Gewicht der Haut etwa 16 % des Körpergewichtes, die Fläche beträgt beim Erwachsenen 1,5–1,8 m². Wichtig für das Verständnis der Lederherstellung ist die Unterteilung der Haut in drei Schichten: *Epidermis*, *Dermis* und *Subcutis* (Abbildung 1).

Die **Epidermis** oder Oberhaut ist ein sich ständig regenerierendes, mehrschichtiges, verhorntes Plattenepithel, das oben die abgestorbenen Hornzellen als Schuppen abstößt, während unten in der Basalschicht Zellen nachwachsen. Die Oberhaut hat hauptsächlich die Aufgabe, eine Austrocknung des Körpers zu verhindern und einem „Abschleifen" entgegenzuwirken (daher die Schwielen an den Händen nach längerer körperlicher Arbeit).

Die **Dermis** (Corium) oder Lederhaut ist der mittlere Bereich, der für die meisten Funktionen der Haut verantwortlich ist – wie der Trivialname sagt, ist er auch derjenige, der zur Herstellung des Leders verwendet wird. Die Dermis setzt sich zum über-

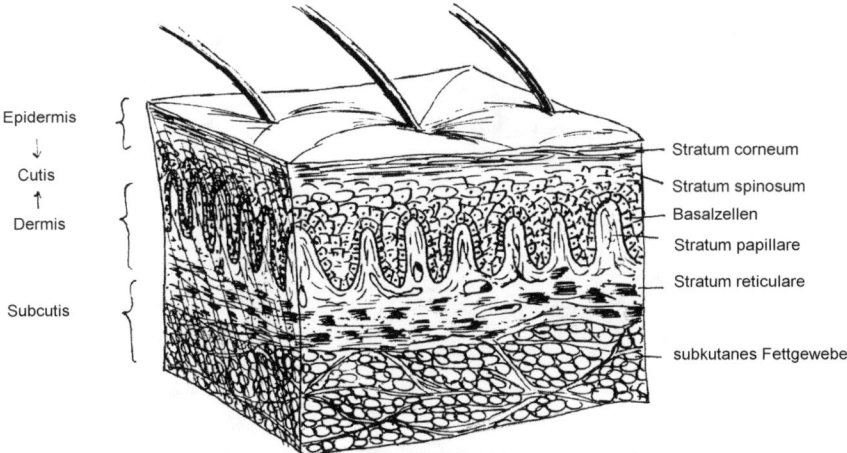

Epidermis

↓

Cutis

↑

Dermis

Subcutis

Stratum corneum

Stratum spinosum

Basalzellen

Stratum papillare

Stratum reticulare

subkutanes Fettgewebe

Abbildung 1 Die drei Schichten der Haut.

wiegenden Anteil aus Bindegewebsfasern zusammen, die aus Kollagen bestehen und die eigentliche „Bausubstanz" des Leders ausmachen.

Die **Subcutis** oder Unterhaut besteht aus einem lockeren Bindegewebe mit normalerweise hohem Fettanteil. Sie hat die Aufgabe, als Verschiebeschicht zu den darunterliegenden Muskeln oder Knochen zu dienen. Außerdem dient ihr Fett als Puffer gegen Druck und Stöße (Baufett, z. B. in der Fußsohle) und als Depotfett (was das bedeutet, wissen wir aus eigener Erfahrung).

Die Dermis läßt sich anhand der Art, in der die Kollagenfasern sie durchziehen, in zwei Teile gliedern. Im *Stratum papillare* verlaufen die Fasern parallel zur Hautoberfläche und sind locker angeordnet. Der Name leitet sich aus Papillen her, die in das Epithel hineinragen. Es sind diese Papillen, welche die charakteristische Struktur unserer Hautoberfläche hervorrufen (Fingerabdruck!). Auch im Leder bleiben diese Maserungen erhalten, sie werden dann als „Narben" bezeichnet. Das *Stratum reticulare* ist dicker und fester. In ihm verlaufen dichte Kollagenfaserbündel, die sich in einem dreidimensionalen Geflecht überkreuzen. Dieser Bereich bewirkt die extreme Zug- und Reißfestigkeit der Haut und später auch des Leders.

Analysiert man die Bestandteile der Haut, so stellt man fest, daß 99 % des Trockengewichts der Lederhaut auf **Kollagen** entfallen. Dieses Protein gewährleistet in erster Linie die mechanischen Eigenschaften der Haut und des Leders und verdient deshalb eine genaue Betrachtung.

Kollagen, ein Faserprotein, ist das im Körper am häufigsten (30 %) vorkommende Protein (siehe Box „Proteine"). Jede Kollagenfaser (Durchmesser 1–20 μm) besteht aus vielen kleinen Kollagenfibrillen (Durchmesser 0,2–0,5 μm), die wiederum aus noch kleineren Mikrofibrillen (Durchmesser 20–200 nm) zusammengesetzt sind. Diese

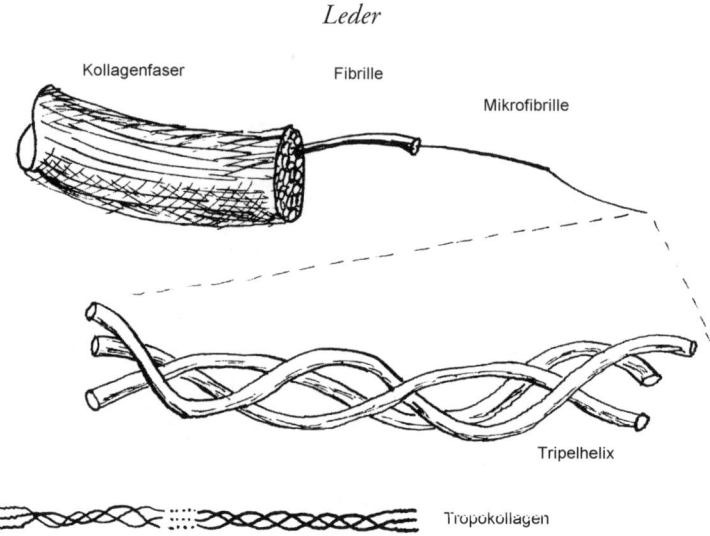

Abbildung 2 Der Aufbau des Kollagens aus Faserbündel, Fasern, Mikrofibrillen und Tropokollagen.

Mikrofibrillen werden aus den eigentlichen Kollagenmolekülen, dem **Tropokollagen** (Länge 280 nm), gebildet, einem Strang aus drei umeinander gedrehten Aminosäureketten (einer Tripelhelix), die ihrerseits gewunden sind (Abbildung 2).

Dieses einigermaßen komplizierte Bild wird vielleicht verständlicher, wenn man das Tropokollagen mit einem gedrehten Hanfseil vergleicht und die Kollagenfaser mit einem dicken Stromkabel, in das die kleineren Drähte (die Fibrillen) eingebettet sind.

Die biochemischen Eigenschaften der Aminosäureketten sind entscheidend für die Funktion des Kollagens. Ihre typische Aminosäuresequenz lautet *Glycin*-X-Y, wobei X häufig für *Prolin* und Y häufig für *Hydroxyprolin* steht. Glycin ist nötig für die Ausbildung der Windung des Moleküls, der sogenannten Kollagen-Helix. Hydroxyprolin ist eine modifizierte Aminosäure, die für die Stabilisierung des Tropokollagens mitverantwortlich ist. Die Bildung der Tripelhelix des Tropokollagens wird über Wasserstoffbrückenbindungen vermittelt, welche durch die Hydroxygruppen des Hydroxyprolins zustande kommen. Bei der Vitamin-C-Mangelkrankheit **Skorbut,** unter der früher viele Seefahrer litten, ist die Synthese von Hydroxyprolin gestört, zu der Vitamin C notwendig ist. So kommt es letztlich zur Schwächung des Kollagens und des gesamten Bindegewebes. Zwei weitere wichtige Aminosäuren im Tropokollagen sind Lysin und Hydroxylysin. Sie vernetzen die Tropokollagene untereinander durch kovalente Bindungen besonders an ihren Enden, im Gegensatz zu den schwächeren Wasserstoffbrückenbindungen der Hydroxyproline.

Die Kollagenfasern an sich haben schon eine bemerkenswerte Zugfestigkeit, die höher ist als die von Stahl (bis zu 60 kg/mm²). Sie kreuzen nun in dicken Bündeln die Lederhaut und sind untereinander durch andere Proteine (z. B. *Fibronectin*) quervernetzt. Es ist dieses dreidimensionale Kollagen-Netzwerk, das man bei der Gerbung von Haut zu Leder erhalten möchte.

Netze vernetzen

Die Gerbung ist der Prozeß, bei dem die Kollagenfasern der vorbehandelten Haut durch den Gerbstoff quervernetzt und die Zwischenräume mehr oder weniger durch eingelagerten Gerbstoff ausgefüllt werden.

Auf der Seite des Kollagens können verschiedene chemische Gruppen an der Vernetzung beteiligt sein: das Amino- und Carboxylende der Polypeptide, die Peptidbindungen, die ε-Aminogruppen der Lysine und die Carboxylgruppen der Aminosäuren Aspartat und Glutamat. Wie sehen nun auf der anderen Seite die Gerbstoffe chemisch aus, und welche chemischen Reaktionen liegen ihrer Wirksamkeit zugrunde?

Obwohl es viele Gerbstoffe gibt und sie häufig kombiniert eingesetzt werden, kann man sie nach Herkunft und chemischem Aufbau einteilen in

- vegetabile (pflanzliche) Gerbstoffe
- Aldehydgerbstoffe
- Mineral-(Chrom-)-gerbstoffe

Pflanzliche Gerbstoffe wurden schon sehr früh eingesetzt. Manche Zeitgenossen kennen noch den Gebrauch von gehäckselter Eichenrinde in der **Lohgerbung,** wie sie jahrhundertelang in Europa praktiziert wurde. Dabei wurden die vorbehandelten Häute schichtweise mit der Eichenrinde in Gruben eingelegt, befeuchtet und dann bis zu 18 Monate lang gegerbt. Heutzutage werden Extrakte aus den gerbstoffliefernden Pflanzen verwendet, z. B. Akazien-, Quebracho- oder Kastanienextrakt.

So verschieden ihre Herkunft auch sein mag, und so kompliziert sie auch chemisch aufgebaut sind, alle vegetabilen Gerbmethoden beruhen auf dem gleichen Wirkungsmechanismus. Pflanzliche Gerbstoffe enthalten Verbindungen mit vielen (manchmal mehr als einem Dutzend) phenolischen Hydroxylgruppen, die in saurer Umgebung über Wasserstoffbrückenbindungen mit dem Sauerstoff der Peptidbindungen des Kollagens wechselwirken (Abbildung 3). Die Stärke einer solchen Bindung ist sehr gering, daher müssen effektive pflanzliche Gerbstoffe viele solcher Bindungen ausbilden und in großer Menge im Leder eingelagert werden.

Die **Aldehydgerbung** ist schon seit vielen Jahrzehnten bekannt. Die Konservierung von Leichen in der Anatomie mit Formaldehyd beruht auf dem gleichen Prinzip. Rechnet man die Sämischgerbung hinzu, so ist die Aldehydgerbung das älteste vom

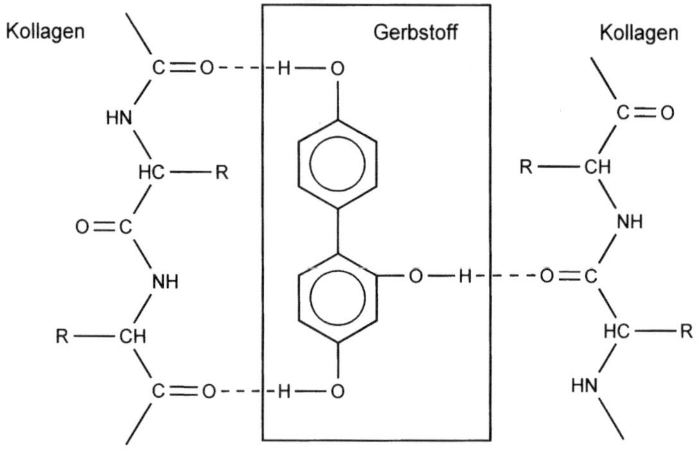

Kollagen   Gerbstoff   Kollagen

Abbildung 3 Wasserstoffbrückenbildung zwischen den Peptidbindungen des Kollagens und den phenolischen Hydroxylgruppen der Gerbstoffe.

Menschen eingesetzte Gerbverfahren. Bei der Sämischgerbung wird Tran in die Haut eingewalkt, der mehrfach ungesättigte Fettsäuren enthält.

Und so funktioniert die Aldehydgerbung chemisch: Aus Gründen der Vereinfachung und der praktischen Bedeutung soll hier die Gerbung mit **Glutardialdehyd** als Beispiel dienen. Die Aldehydgruppen können mit einer oder zwei Hydroxylgruppen im Kollagen zu sogenannten *Hemiacetalen* oder *Acetalen* umgesetzt werden, oder sie können mit einer oder zwei Aminogruppen (vor allem der ε-Aminogruppe des Lysins) Quervernetzungen ausbilden (Abbildung 4). Da Glutardialdehyd über zwei Aldehydgruppen verfügt und kovalente Bindungen entstehen, ist die Quervernetzung sehr fest. Aldehyde werden normalerweise in Kombination mit den anderen Gerbstoffen und zur Nachgerbung eingesetzt.

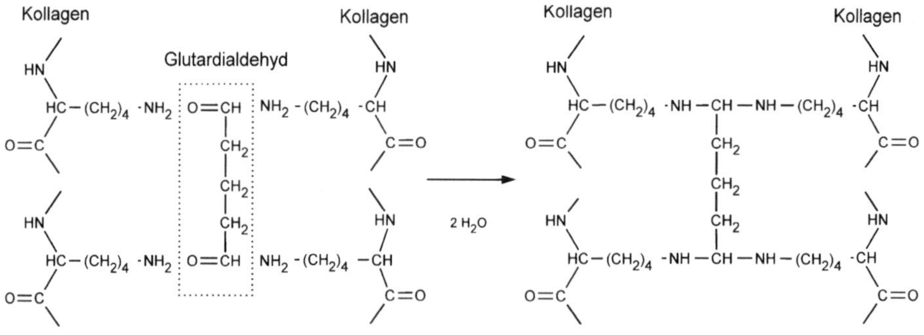

Kollagen   Kollagen   Kollagen   Kollagen

Glutardialdehyd

Abbildung 4 Bildung von Schiffschen Basen bei der Gerbung.

306

Bei den **Mineralgerbstoffen** hat sich die **Chromgerbung** durchgesetzt. Sie ist das am häufigsten angewendete Gerbverfahren überhaupt. Obwohl es sich beim *Chromgerbstoff* um relativ kleine anorganische Komplexe handelt, ist die Chemie der Gerbreaktion und die Komplexchemie des Chroms im allgemeinen sehr kompliziert. Man weiß noch nicht einmal, welche Komplexe in der Gerbstofflösung bei der Chromgerbung überhaupt im einzelnen vorliegen.

Der grundsätzliche chemische Mechanismus ist jedoch geklärt: Gerben kann man nur mit dem dreiwertigen Chrom-Kation Cr^{3+}, welches in Wasser als Aqua-Komplex $Cr(OH_2)_6^{3+}$ vorliegt. Die Komplexchemie ist nicht einfach zu verstehen und würde hier Verwirrung stiften. Merken sollte man sich nur, daß koordinierte Liganden (im Beispiel oben das Wasser, H_2O) sich besonders leicht gegen andere Gruppen austauschen lassen.

Der oben beschriebene Chromkomplex gerbt zunächst überhaupt nicht. Befinden sich jedoch Hydroxyl(OH^-)-Ionen in der Lösung, werden sie leicht gegen ein Wassermolekül ausgetauscht. Es entsteht der Komplex $[Cr(H_2O)_5(OH)]^{2+}$, und dieser Komplex hat eine gerbende Wirkung. Wieso gerbt er, und wie macht man sich diese Eigenschaft verfahrenstechnisch zunutze?

Als Vorbereitung zur Gerbung wird die Gerbbrühe sauer eingestellt (pH 3, siehe Box „pH-Wert"). Wird nun der pH-Wert langsam erhöht, werden mehr und mehr OH^--Ionen frei, die von den Chromkomplexen aufgenommen werden. „Basische" Chromkomplexe, wie sie nach der Komplexierung von OH^- genannt werden, haben nun die interessante Eigenschaft, sich zu größeren Gruppen zusammenlagern zu können. Dabei „teilen" sich mehrere Chromatome eine Hydroxylgruppe. Diese mehrkernigen Komplexe können nun mit dem Kollagen in Wechselwirkung treten, vor allem mit den freien Carboxylgruppen, die sehr leicht Komplexbindungen eingehen. Dadurch entstehen Vernetzungen, wie etwa in Abbildung 5.

Obwohl sich dieses Verfahren einfach anhört, ist es doch schwer zu steuern. Tritt der Gerbeffekt zu schnell ein, kommt es leicht zur „Totgerbung": Die äußeren Schichten der Haut werden intensiv gegerbt und ziehen sich zusammen. Dadurch kann der Gerbstoff nicht mehr in die tieferen Hautschichten eindringen. In der Praxis verwendet man daher meistens mit Sulfaten „maskierte" Chromkomplexe. Diese liegen am Anfang als inaktive Anionen vor, zerfallen mit der Zeit jedoch zu den gerbaktiven Kationen und reagieren dann mit dem Kollagen.

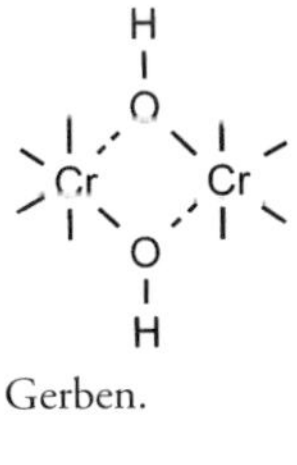

$$
\begin{array}{c}
H \\
| \\
O \\
\diagup \; | \; \diagdown \quad \diagup \; | \; \diagdown \\
Cr \qquad Cr \\
\diagup \; | \; \diagdown \quad \diagup \; | \; \diagdown \\
O \\
| \\
H
\end{array}
$$

Abbildung 5 Chromkomplexbildung beim Gerben.

Echt Leder

Die von einem Tier abgezogene Haut kann nicht sofort gegerbt werden, und die anderen Abschnitte des Herstellungsprozesses sind genauso wichtig wie die Gerbung selbst (Abbildung 6). Die Haut war von der Natur nicht dazu vorgesehen, zu Leder verarbeitet zu werden, und es gehört für einen Einkäufer in der Lederindustrie viel Erfahrung dazu, Rohstoffe guter Qualität einzukaufen.

Der Weg zum Leder beginnt also beispielsweise mit der Kuh auf der Weide (sie liefert 70 % des Leders, neben Schafen und Ziegen) – und diese Kuh ist primär kein Haut-, sondern ein Milch- oder Fleischlieferant. Die Tiere werden also nicht im Hinblick auf die Lederherstellung gezüchtet und gepflegt, sondern auf andere Merkmale hin, die der Qualität der Haut entgegenstehen können (etwa bei Schafen, bei denen die Haut durch die hochgezüchtete Wollproduktion leiden kann). So kann die Haut schon vor der Schlachtung eine Menge verschiedenartiger Schäden aufweisen, z. B. Risse durch Stacheldraht oder Dornen, Narben durch Entzündungen, Insektenbefall oder „Liebesbisse" und vieles mehr. Später bei der Schlachtung können dann Schnitte hinzukommen.

Als nächstes wird die Haut in den meisten Fällen konserviert, da bis zur Weiterverarbeitung in den Lederfabriken Wochen bis Monate vergehen können. Man konserviert in der Regel mit Kochsalz, das nachher mit zur Gewässerbelastung beiträgt. Es gibt Alternativen, die jedoch nicht für längere Lagerung oder Transport geeignet sind. Eine interessante Entwicklung sind dagegen die sogenannten „wet blues". Dies sind Häute, die noch vor dem Transport mit Chromsalzen vorgegerbt werden, was die nachfolgenden Schritte nicht negativ beeinflußt und die Lagerfähigkeit deutlich erhöht. Generell geht der Trend in die Richtung, daß die Häute schon am Herstellungsort bis zur Gerbung verarbeitet werden und nur die letzten Schritte (Färben, Finishing) in den Lederfabriken stattfinden.

Kommen die normal konservierten „grünen" Häute in der Fabrik an, werden sie zunächst zugeschnitten (nur kleine Schaf- und Ziegenhäute werden am Stück gegerbt). Die Haut ist nicht überall gleich dick und auch nicht überall gleich dicht. Um eine möglichst gleichmäßige Durchdringung und Gerbung der Haut zu gewährleisten, schneidet man große Häute zu Flächen gleicher Struktur zu (Abbildung 7). Das größte, gleichmäßigste und daher wertvollste Stück ist der Rücken oder **Croupon**. Die Haut am Hals ist loser strukturiert und kann bei Bullen sehr dick werden. Die Flanken und der Bauch sind sehr locker strukturiert und liefern minderwertiges Leder.

Die zugeschnittenen Häute werden dann einer Behandlung unterzogen, die im Fachjargon als „Wasserwerkstatt" bezeichnet wird. Hierbei wird die Haut in Wasser unter leichtem Alkalizusatz von Konservierungssalz, Restschmutz und löslichen Proteinen gereinigt. Bei diesem Vorgang, den man „Äschern" nennt, quillt die Haut leicht auf, und Falten und Unregelmäßigkeiten können geglättet werden. Vor dem Gerben

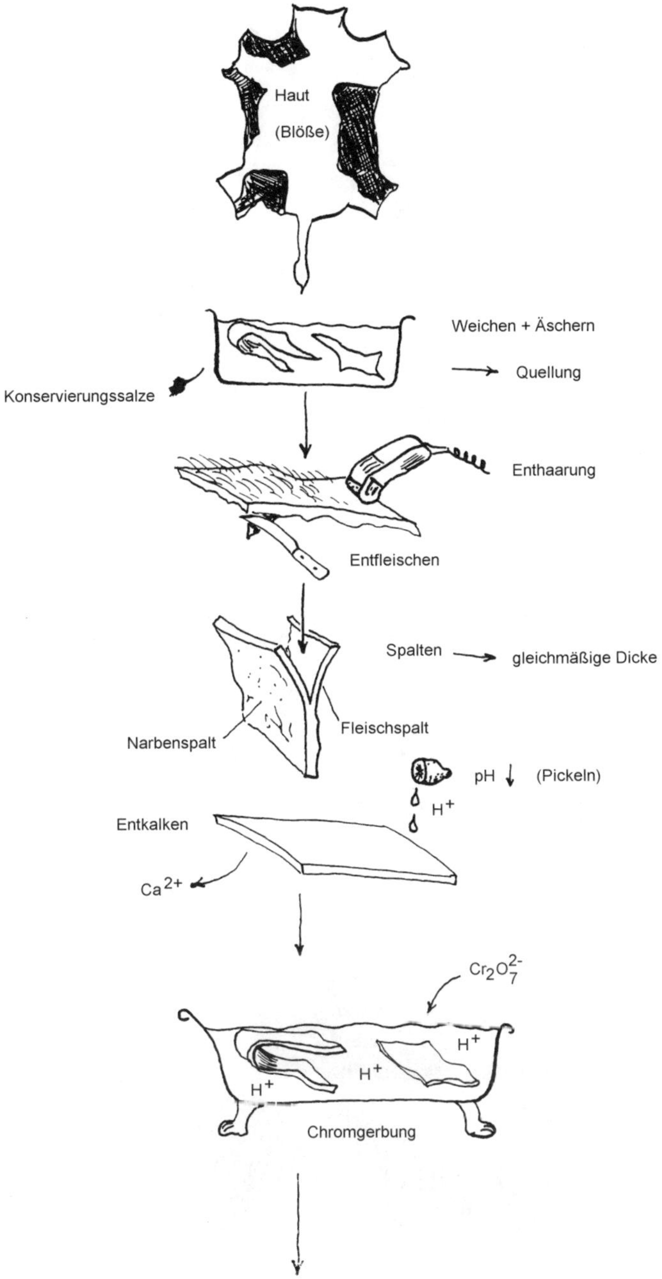

Haut

(Blöße)

Weichen + Äschern

$\longrightarrow$ Quellung

Konservierungssalze

Enthaarung

Entfleischen

Spalten $\longrightarrow$ gleichmäßige Dicke

Narbenspalt

Fleischspalt

pH $\downarrow$ (Pickeln)

H^+

Entkalken

Ca^{2+}

$Cr_2O_7^{2-}$

H^+

H^+

H^+

Chromgerbung

Abbildung 6 Schema der Lederherstellung.

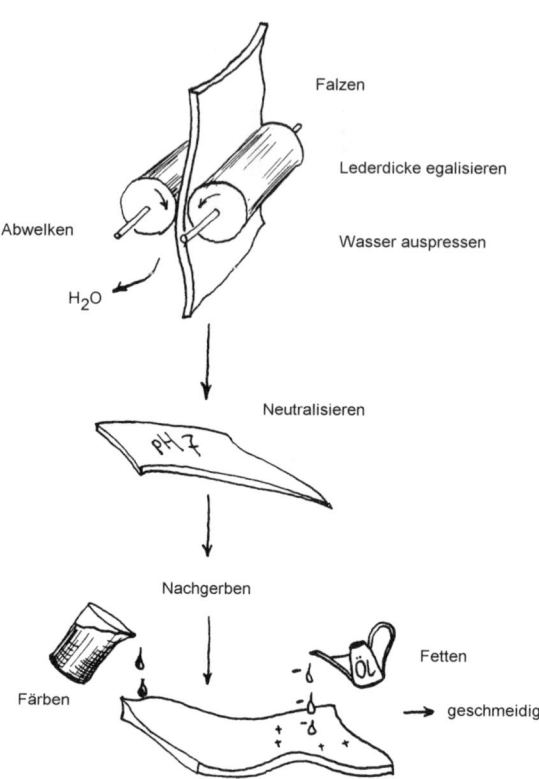

Falzen

Lederdicke egalisieren

Abwelken

Wasser auspressen

H_2O

Neutralisieren

pH 7

Nachgerben

Färben

Fetten

ÖL

geschmeidig

Abbildung 6 Schema der Lederherstellung.

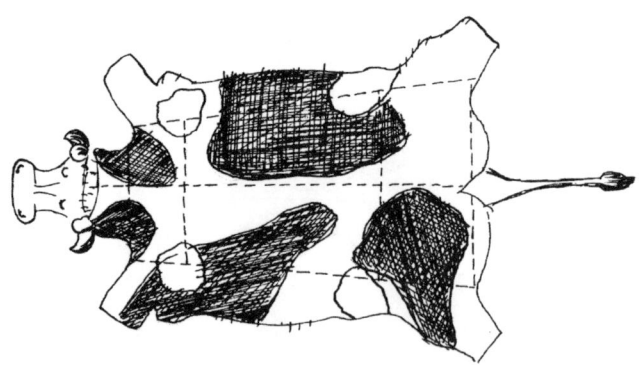

Abbildung 7 Die Teile der Kuhhaut, die zur Lederherstellung verwendet werden.

müssen nun noch die Fleischreste auf der einen und die Haare und das Epithel auf der anderen Seite entfernt werden (dies ist der einzige prinzipielle Unterschied zur Herstellung von **Pelzen**, bei denen das Haarkleid durch schonende Behandlung erhalten bleibt). Das Entfernen der störenden Hautanteile geschieht sowohl chemisch als auch mechanisch. Mit Calciumhydroxid und Natriumsulfid quillt die Haut relativ stark auf. Interfibrilläre, nichtkollagene Proteine werden aus ihr herausgelöst. Außerdem löst Natriumsulfid die Disulfidbrücken des Keratins im Haar (siehe Kapitel „Haare"). Dies schwächt die Haarsubstanz oder löst sie ganz auf, und Fleisch und Haarreste sowie die Epidermis können dann stumpf abgeschabt werden. Nach diesem Schritt ist die Haut gereinigt, mit Wasser gequollen und „aufgeschlossen". Das heißt, außer dem Kollagengerüst ist eigentlich nur noch wassergefüllter Zwischenraum vorhanden, in den die Gerbstoffe eindringen können. Diese gerbfertige Haut nennt man „**Blöße**".

An dieser Stelle wird häufig ein weiterer Arbeitsschritt eingefügt: das „Spalten". Da die Blöße an verschiedenen Stellen unterschiedlich dick ist, trimmt man sie auf eine einheitliche Dicke. Dabei wird die Blöße parallel zur Oberfläche geschnitten, wobei ein gleichmäßiger „Narbenspalt" (mit der Narbenseite) und ein uneinheitlich dicker „Fleischspalt" anfällt. Diese werden dann getrennt zu Ledern mit unterschiedlichen Eigenschaften verarbeitet.

Für die Gerbung muß die Blöße zunächst auf einen niedrigen pH-Wert eingestellt werden. Die pflanzlichen Gerbstoffe haben nur im sauren Medium Gerbwirkung, und die Chromgerbstoffe liegen in alkalischer Umgebung als Hydroxide vor und fallen aus. Wird der pH-Wert nicht langsam unter guter Wässerung gesenkt, bilden sich bei der Gerbung Kalkflecken (das Calcium stammt aus der Wasserwerkstatt). Sind außerdem die Anfangsbedingungen der Gerbung schlecht gewählt, kann es zur oben erwähnten „Totgerbung" kommen. Im Anschluß an das Sauerstellen der Blöße, das man aufgrund eines Salzanteils in der Säurelösung als „**Pickeln**" bezeichnet, wird der Gerbstoff zugesetzt.

Nach der Gerbung ist das Leder natürlich noch längst nicht fertig. Neben mechanischen Schritten wie dem Auspressen überflüssigen Wassers oder dem Falzen zu gleichmäßiger Dicke schließt sich im allgemeinen eine Nachgerbung an, um dem Leder zusätzliche Eigenschaften zu verleihen. Danach wird das Leder normalerweise gefärbt und gefettet, damit es beim Trocknen nicht bretthart wird. Man verwendet dazu nicht Schuhcreme, sondern feine Emulsionen, deren Öle anionisch geladen sind. Da chromgegerbtes Leder überwiegend kationische Ladungen trägt, werden die Öle gut durch die Fasern aufgenommen und können durch Wasser nur schlecht ausgewaschen werden. Das Trocknen ist verfahrenstechnisch nicht einfach, da sich keine Falten bilden dürfen, die nachher kaum noch zu entfernen sind. Das Leder wird im allgemeinen erst gepreßt und dann getrocknet, zum Beispiel durch Aufspannen oder Aufkleben auf eine beheizte Glasplatte. Zuletzt werden Chemikalien aufgetragen, die entweder einen optischen Effekt oder besondere mechanische Eigenschaften verleihen.

Ein Naturprodukt?

Als altes Handwerk ist die Gerberei schon früh mit dem sprichwörtlichen „Gestank wie in einer Gerberei" sowie mit Abfall in Verbindung gebracht worden. Die Gerbereien waren im Mittelalter in bestimmten Vierteln der Städte konzentriert. Heute kann man die Umweltbelastung als klassische Emissionen zusammenfassen: feste Abfälle und Schlämme aus der Klärung, Abwasser sowie Abluft, die allerdings heute keine große Rolle mehr spielt.

Zu den festen Abfällen gehören die Haut- und Fleischreste aus der Reinigung, dem Zuschnitt sowie aus der Äscherung. Gegerbte Abfälle wie Falzspäne und Lederabschnitte und -reste sowie Borsten und Haare fallen ebenfalls an. Die ungegerbten Hautabfälle werden teilweise von Leim- und Gelatinefabriken weiterverarbeitet (gute Nachricht für Gummibärchen-Fans!). Nicht verwertbare Anteile müssen deponiert werden, was wegen des hohen Fettanteils nicht unproblematisch ist. Um den Anforderungen für Hausmüll zu genügen, müssen die Abfälle außerdem neutralisiert und entwässert werden. Die gegerbten Abfälle können zu Faserleder verarbeitet oder deponiert werden. Die Entsorgung der Schlämme aus der Vorklärung ist wegen ihres hohen Wassergehaltes nur möglich, wenn sie durch Filtrieren und Zentrifugieren vorher entwässert werden.

Die Abwässer bringen die größten Probleme mit sich. Wenn man von einer Lederfabrik ausgeht, die alle Verarbeitungsschritte bei den Rohhäuten beginnend vornimmt, sind bestimmte Abwässer charakteristisch: Salz aus der Weiche, Sulfide in alkalischem Abwasser aus dem Äscher, dazu gelöste organische Verbindungen (Eiweiß), außerdem saure Abwässer mit Gerbstoffresten, Farbstoffen, Fetten und eventuell Chromsalzen. Besonders die gelösten organischen Bestandteile tragen zu einem hohen Sauerstoffbedarf bei (siehe Kapitel „Abwassertechnologie"). Auch das Salz ist ein Problem, dem man durch Einsatz anderer Konservierungsmittel zu begegnen sucht. Die Sulfide werden meist katalytisch zu Sulfaten oxidiert – so umgeht man auch das Problem, daß beim Neutralisieren der Abwässer hochgiftiger Schwefelwasserstoff (H_2S) entweicht. Danach kann man die alkalischen Abwässer aus dem Äscher und die sauren Abwässer aus der Gerbung miteinander neutralisieren. Die Chrom(III)-Komplexe fallen dabei als Hydroxide aus und können isoliert und teilweise wiederverwertet werden. Es gibt auch Verfahren, bei denen überhaupt keine Chromabfälle mehr auftreten. Nach den eben beschriebenen Schritten findet die biologische Reinigung dann meistens in kommunalen Kläranlagen statt. Der chemische Sauerstoffbedarf (CSB; zur Erklärung siehe das Kapitel „Abwassertechnologie") liegt bei Gerbereiabwasser dabei meistens dreimal so hoch wie der biologische Sauerstoffbedarf (BSB_5).

Für den Gerber selbst liegen die Gefahren in der Giftigkeit einiger Stoffe wie z. B. Schwefelwasserstoff (in den 80er Jahren gab es noch tödliche Arbeitsunfälle). Bei der Zurichtung des gegerbten Leders fallen auch giftige Lösungsmittel an. Insgesamt waren 1994 im Arbeitsbereich etwa 1 % aller eingesetzten Stoffe als „giftig" und 1,3 % als „mindergiftig" eingestuft.

Immer in Mode

Viele Faktoren tragen zum Erscheinungsbild des fertigen Leders bei. Von der Auswahl der Haut und der Gerbstoffe bis zur Farbe und dem Finishing gibt es eine breite Palette von Einflußmöglichkeiten, um alle möglichen Arten von Leder zu erzeugen. Tabelle 1 bietet dabei nur eine Auswahl.

Gemeinsam ist allen Ledern ein im Gegensatz zu anderen Materialien (z. B. Kunststoffen) sehr hoher Wasseranteil. Dieser ist abhängig von der umgebenden Luftfeuchtigkeit und kann über einen weiten Bereich schwanken (Tabelle 2) – dies gilt besonders für Chromleder, das sich in der Schuhherstellung durchgesetzt hat. Ein gesunder

Tabelle 1. Verschiedene Lederarten und ihre Eigenschaften

Lederart	Verwendung/Eigenschaften
ASA-Leder	Schutzartikel aus Leder wie Schürzen oder Handschuhe aus schwerem chromgegerbten Rindleder
Blank- oder Geschirrleder	kräftiges, vegetabil gegerbtes Rindleder für Militärartikel oder Pferdegeschirre
Boxcalf	elegantes, geschmeidiges chromgegerbtes Leder aus Kalbfellen
Buchbinderleder	vegetabil gegerbte, dünn gespaltene Schaffelle
Chevreau- Leder	sehr dünnes, aber festes Oberleder für elegante Damenschuhe aus chromgegerbten Ziegenfellen
Fahlleder	vegetabil gegerbte und stark gefettete Rindhäute für Berg- und Arbeitsschuhe
Fensterleder	sämischgegerbte Schaffelle
Lackleder	verschiedene mit Polyurethan-Lacken behandelte Leder für Schuhe und Modeartikel
Möbelleder	dünne chromgegerbte Leder aus großflächigen Häuten (Croupons)
Nappaleder	sehr dünne chromgegerbte Leder für Handschuhe, Schuhe und Bekleidung
Nubukleder	chromgegerbte Rindleder für Schuhe und Bekleidung, die Narbenseite wird geschliffen, was einen samtigen Effekt hervorruft
Rindbox	chromgegerbtes Oberleder aus dem Narbenspalt von Rindhäuten
Schleifbox	Rindboxleder mit Narbenschäden, das leicht angeschliffen und wieder geglättet wird
Sohlleder	vegetabil gegerbte Croupons vom Rind für Schuhsolen
Velourleder	durch Schleifen aufgerauhtes (Spalt-) Leder, meistens chromgegerbt
Wildleder	populäre, aber irreführende Bezeichnung für Veloursleder

Tabelle 2. Wassergehalt von Leder und Kunstleder in Abhängigkeit von der relativen Luftfeuchtigkeit

Ledersorte	relative Luftfeuchtigkeit			
	35 %	65 %	85 %	95 %
	(Wohnzimmer)	(Normalklima)	(im Schuh)	(im Schuh)
Chromoberleder	12 %	18 %	23 %	31 %
Lohgares und Semichrom-Leder (Vachette und Sohlleder)	11 %	15 %	19 %	24 %
Waterproof (20 % Fett)	10 %	15 %	16 %	18 %
Kunstleder auf Vliesbasis (ohne Cellulose- oder Lederfasern)	1 %	1,5 %	2 %	3 %

Männerfuß kann bei normaler Beanspruchung in zwölf Stunden 60 ml Wasser an den Schuh abgeben. Diese Feuchtigkeit wird nicht etwa durch besonders gute Luftdurchlässigkeit des Leders abgeführt; nur etwa 10 % werden als Wasserdampf nach außen transportiert. Weitere 40 % (bei hohen Schuhen erheblich weniger) gelangen durch den Schaft nach außen. Dann bleiben 50 %, also 30 ml Wasser, die vom Leder tagsüber aufgenommen und nachts wieder „abgedampft" werden. Diese Menge kann sich bei warmem Wetter und Beanspruchung leicht verdoppeln, ohne daß sich das Leder dabei feucht anfühlt, da 20–35 % des Wasseranteils im Leder direkt an Proteine gebunden sein können.

Ein damit einhergehender Effekt, der durch synthetische Materialien nicht nachzuahmen ist, ist die Paßform des Schuhs, die sich bei regelmäßigem Tragen einstellt. Sie kommt dadurch zustande, daß sich Leder bei Feuchtigkeit ausdehnt, was die leichte Schwellung der Füße bei Beanspruchung ausgleicht. Noch wichtiger ist dabei das Zug- und Dehnungsverhalten von neuem Leder: Bei leichtem Druck der Füße gibt das Leder nach, während es hohem Druck oder Zug zunehmend widersteht und daher stramm am Fuß liegt. Dabei gibt es ein gewisses Maß an Restdehnung an häufig beanspruchten Stellen; der Schuh schmiegt sich nach dem Einlaufen an den Fuß an.

Andere Eigenschaften von Leder sind speziell von der Herstellung abhängig, wie man auch in Tabelle 1 sehen kann. Chromleder ist leicht und wegen der festeren Bindungen hitzebeständiger als Vegetabilleder. Dieses wiederum ist wegen des höheren Gerbstoffgehaltes fester und griffiger. Leder kann zwischen 0,5 mm und 5 mm dick sein. Feines, leichtes Handschuhleder fühlt sich angenehm warm an und schmiegt sich an die Haut, ist allerdings sehr dünn und reißt leicht (Zugfestigkeit ca. 100 kg/cm^2 Querschnitt). Gutes Sattelleder ist fest, dick und griffig, es hält alles aus. Die Zugfestigkeit ist dreimal so hoch wie beim Handschuhleder. Dafür könnte man in einem Handschuh aus Sattelleder wohl kaum die Finger bewegen. So handelt es sich bei Leder nicht nur um ein Material mit einigen einzigartigen Eigenschaften, sondern man kann die Beschaffenheit auch weitgehend speziellen Anforderungen anpassen, wobei weitere Arbeitsschritte wie das Finishing, das so unterschiedliche Stoffe wie Lackleder für Schuhe oder Brandschutzkleidung für Arbeiter möglich macht, hier gar nicht berücksichtigt wurden.

Da wir Leder zum größten Teil als modisches Material kennen, soll hier noch kurz etwas zur **Färbung** gesagt werden. Generell färbt man das Leder vor dem Fetten und Trocknen ein und kann dazu prinzipiell die gleichen Farbstoffe benutzen wie für Textilien. Da das Leder nach einer Chromgerbung kationisch ist, sind anionische Farbstoffe besonders gut geeignet. Leider ergibt sich beim Leder ein doppeltes Problem: Ähnlich wie der Gerbstoff wird auch der Farbstoff an verschiedenen Stellen besser oder schlechter aufgenommen. Dies wirkt sich auf die Gleichmäßigkeit des Farbtons natürlich negativ aus. Außerdem schauten die Färber in der Lederindustrie lange Zeit neidisch auf ihre Textilienkollegen, da dort im allgemeinen trichromatisch gefärbt wird: Man benutzt die drei Grundfarben Gelb, Blau und Rot und mixt sich wie im Malkasten den gewünschten Farbton. Dies war lange Zeit für Leder nicht möglich – denn wenn ein Farbstoff nicht gleichmäßig färbt, ist dies für drei Farbstoffe noch unwahrscheinlicher. Die Folge wäre Leder, das zum Beispiel an einer Stelle blau, an der anderen grün und am Rand schließlich gelb wäre! So mußte lange Zeit für jeden Farbton ein eigener monochromatischer Farbstoff gefunden und verwendet werden.

Wenn man an Leder denkt, dann denkt man als erstes an die Farben schwarz und braun. Firmen handeln teilweise mit einigen Dutzend Schwarz- und Brauntönen. Allerdings wurden unter dem Druck der Nachfrage nach Farben in der Modebranche in den letzten Jahren auch trichromatische Farbstoffe für Leder entwickelt, die zur Marktreife gelangt sind.

Zivilisation

Insektizide

Peter Pytel

Wer kennt sie nicht, die Situationen, in denen man sich wünscht, man könnte dem Kriechen und Krabbeln einer Unzahl kleiner Quälgeister ein Ende bereiten? Seien es die Mücken beim Sommerurlaub, die Wespen, die im Frühherbst denken, die Küche gehöre ihnen, oder vielleicht auch die Küchenschaben, die sich nur selten bei Tage sehen lassen und über die man lieber nicht redet. Da haben die Pullover, die man aus dem Schrank holt, auf einmal Löcher, und im Garten wird das liebevoll gepflanzte Gemüse von nimmersatten Raupen aufgefressen. Für den Kampf gegen Schädlinge ganz allgemein und im speziellen gegen Insekten werden uns heute viele „chemische" und „biologische" Mittel angeboten. In diesem Kapitel werden wir uns damit beschäftigen, was diese Substanzen mit den Insekten machen und ob sie auch eine Wirkung auf den Menschen haben.

Tabelle 1 faßt die wichtigsten Substanzen, die zur Insektenbekämpfung eingesetzt werden, und ihre Wirkungsmechanismen zusammen.

Tabelle 1. Die wichtigsten Insektizide und ihre Wirkmechanismen

Wirkort	Substanzgruppe (Beispiele)	Symptome bei Insekten	Anwendung	Mechanismus
Nervensystem cholinerges System	Organophosphate (Dichlorvos, Parathion = E 605, Paraxon, Malathion, Malaxon, TEPP)	Tremor (Zittern), Paralyse (Lähmung)	Ernteschutz, Forst, Parasiten, Haushalt	Hemmung der Acetylcholin-Esterase (AChE)
Nervensystem cholinerges System	Carbamate (Carbaryl, Eserin, Isolan, Carbafuran, Propuxur)	Tremor (Zittern), Paralyse (Lähmung)	Bodeninsekten (Carbafuran), Früchte (Carbaryl), Haushalt (Propuxur)	Hemmung der Acetylcholin-Esterase (AChE)
Nervensystem Transmitterfreisetzung	Cyclodiene (Heptachlor, Aldrin, Dieldrin, Chlordane)	Tremor v. a. der Beine (zentral)	Heptachlor: saatgutgefährdende Insekten (Mais, Reis)	erhöht die intrazelluläre Ca^{2+}-Konzentration, vermehrte Transmitterausschüttung, Wirkung auf das GABAerge System (?)
Nervensystem Transmitterfreisetzung	Hexachlorcyclohexane (HCH) Lindan	ähnlich wie bei DDT Tremor (Zittern), Ataxie (schwankender Gang)	Bodenschädlinge, Forst, Parasiten, Vorratsschädlinge	erhöht die intrazelluläre Ca^{2+}-Konzentration, vermehrte Transmitterausschüttung
Nervensystem Rezeptoren	Nicotin	Tod innerhalb von Stunden		wirkt als Agonist an bestimmten cholinergen Synapsen im zentralen System
Nervensystem Aktionspotential	DDT und Analoga (Methoxy-chlor, Prolan, Bulan)	Hyperreaktivität, Tremor	lang anhaltende Wirkung; Kontrolle von Insekten, die Krankheiten übertragen	Änderungen der Ionendurchlässigkeiten: verzögerte Schließung der Na^+-Kanäle, Hemmung des repolarisierenden K^+-Einstroms
Nervensystem Aktionspotential	Pyrethroide	Typ I: wie bei DDT Typ II: Blockierung der neuromuskulären Übertragung	Haushalt, Innenräume, Baumwollanbau	Wechselwirkung mit Na^+-Kanälen Typ I): wirkt wie DDT Typ II): Wirkung hält länger an und führt zur Speicherentleerung
Cuticula-Chitinbildung	Benzoylharnstoffe (Diflubenzuron, Penfluron)	Schädigung des Chitins, Tod von Larven bei ihrer nächsten Häutung	Agrarwirtschaft, z. B. Reis-, Baumwoll-, Maisanbau	stört die Ausschleusung von synthetisierten Chitin-Vorstufen aus den Zellen
Hormonsystem Häutungen	Azadirachtine	verändertes Freß- und Paarungsverhalten; reduzierte „Fitness"; Entwicklungsstörung bei Larven		Hemmung der Ecdyson-Bildung
Atmungskette	Rotenone	Senkung der Herzfrequenz, Atemdepression, Paralyse (Lähmung)		Elektronentransfer der Atmungskette wird blockiert

Der Unterschied zwischen Insekt und Mensch...

Wenn man sich dazu entschließt, die Insekten im eigenen Haushalt zu bekämpfen, so ist man daran interessiert, die als Plage empfundenen Tiere zu töten, ohne sich selbst in Gefahr zu bringen. Damit ist schon ein wichtiges Ziel für den Einsatz von Insektiziden angesprochen: Man versucht bei der Bekämpfung von Insekten, biochemische Unterschiede zwischen Insekt und Mensch auszunutzen. Auf den ersten Blick mag man wohl geneigt sein, jegliche Ähnlichkeit mit einer Stubenfliege weit von sich zu weisen. Doch zum Leidwesen derer, die versuchen, Insektizide zu entwickeln, haben Insekt und Mensch auf der molekularen Ebene viele Gemeinsamkeiten. Hinzu kommt, daß die Insekten nicht nur in Hinblick auf Form und Farbe eine enorme Vielfalt zeigen. Sie haben auch einen sehr anpassungsfähigen Stoffwechsel und entwickelten vielfältige Strategien, um ihren Feinden zu entkommen.

Äußerlich sind die Insekten an ihren sechs Beinen und dem in drei Abschnitte gegliederten Körper zu erkennen (Abbildung 1). An diesem kann man einen Kopf, einen Brustbereich und einen Hinterleib unterscheiden. Wie auch andere Gliederfüßler (*Arthropodae*), z. B. Spinnen und Krebse, haben die Insekten ein festes Außenskelett, das vor allem aus **Chitin** besteht, einem sehr festen und in Wasser unlöslichen Makromolekül aus zuckerähnlichen Bausteinen. An diesem Außenskelett sitzen Antennen (Fühler), Beine und Flügel. Da den Insekten ein inneres Skelett fehlt, dient dieser Panzer auch der allgemeinen Stabilisierung des Körpers, und er ist ein hervorragender mechanischer Schutz. Neben diesen mechanischen Funktionen verhindert die Hülle durch wachsartige Bestandteile das Eindringen schädlicher Substanzen und mindert das Verdunsten von Wasser.

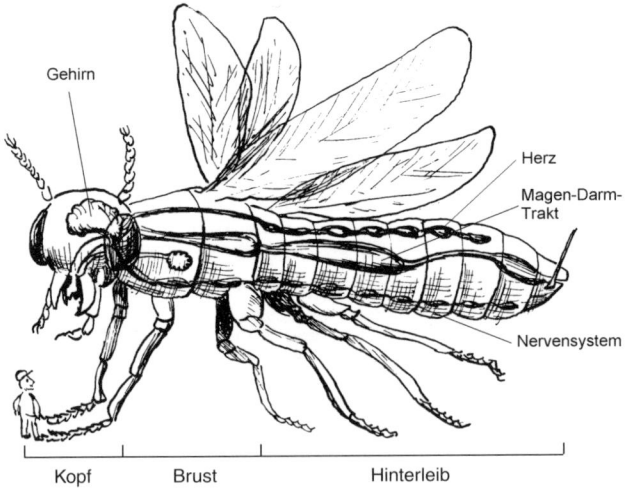

Gehirn

Herz

Magen-Darm-Trakt

Nervensystem

Kopf Brust Hinterleib

Abbildung 1 Längsschnitt eines Insekts.

Auch im Blutsystem unterscheiden sich die Insekten vom Menschen und den anderen Wirbeltieren. Statt eines komplizierten Adernetzes, durch welches bei Wirbeltieren das rote Blut gepumpt wird, besitzen sie ein offenes Kreislaufsystem mit einer meist farblosen Lymphe. Ein schlauchförmiges Herz verteilt die Lymphe, um Nährstoffe, Blutzellen und Hormone zu allen Geweben zu bringen. Anders als bei Wirbeltieren, die zum Sauerstofftransport den roten Blutfarbstoff (Hämoglobin) benötigen, werden beim Insekten die Blutgase Sauerstoff und Kohlendioxid von den Tracheen transportiert, einem mit der Außenwelt verbundenen Rohrsystem, das den gesamten Körper durchzieht.

Der Lebenszyklus der Insekten ist charakteristisch. Aus den vom Weibchen gelegten Eiern schlüpfen nach einiger Zeit winzige Larven, die nur eines im Sinn haben: das Fressen. Dadurch können die Larven wachsen – und zwar in sichtbaren Etappen, den Stadien; denn damit sie wachsen können, müssen sich die Larven der Insekten häuten. Dabei werfen sie ihr altes Außenskelett ab und bilden ein neues, größeres. Man unterscheidet zwei Entwicklungswege. Die Larven mancher Insekten, z. B. die von Libellen und Heuschrecken, wandeln sich durch Häutungen schrittweise von der Jugendform zum erwachsenen Tier um. Bei den Larven der anderen Insekten, wie zum Beispiel der Schmetterlinge oder der Fliegen, geht die Entwicklung sprunghaft vonstatten. Die Larven entwickeln sich zu immer größeren Maden oder Raupen, die sich schließlich verpuppen. In der Puppe machen die Larven einen vollständigen Wandel ihrer Gestalt durch: Aus einer unscheinbaren Larve entwickelt sich z. B. ein wunderschöner Schmetterling oder eine krankheitsübertragende Fliege.

Allgemein dauern die Larvenstadien, in denen die Tiere nur mit Fressen beschäftigt sind, wesentlich länger als die Lebenszeit der erwachsenen Tiere, die nur der Vermehrung dient. Gesteuert wird dieser Lebenszyklus durch Hormone, die sich von denen der Wirbeltiere deutlich unterscheiden.

Den Insekten „auf die Nerven gehen"

Das Nervensystem der Insekten ist ebenfalls anders gebaut als das der Wirbeltiere: Es ist nicht so zentralisiert, und die Nervenzellen sind häufig in Gruppen zu sogenannten Ganglien zusammengelagert, die untereinander durch Fortsätze vernetzt sind. Solche Fortsätze führen auch zu den einzelnen Organen eines Organismus, z. B. den Augen und den Muskeln. Die Ganglien der Insekten liegen im Gegensatz zum Rückenmark der Wirbeltiere auf der Bauchseite. Im Kopfsegment bilden besondere Ganglien das Gehirn der Insekten.

Einer strukturellen Gliederung des Nervensystem entsprechen auch funktionelle Einheiten. Während ein Teil der Nervenzellen über die Sinnesorgane Informationen aus der Umwelt aufnimmt, beeinflußt ein anderer die Organsysteme des Körpers. Diesen Teil kann man weiter untergliedern. Es gibt Bereiche, die die Muskulatur steuern, und andere, die die Funktion der inneren Organe regulieren – den letztgenannten Anteil nennt man auch das autonome Nervensystem. Es ist verantwortlich für lebenswichtige Funktionen, unter anderem den Kreislauf, die Atmung, die Aktivität der Drüsen und des Magen-Darm-Traktes.

Die Leistungen des Nervensystems beruhen auf der Verknüpfung und den Eigenschaften der einzelnen Nervenzellen. Diese leiten elektrische Impulse entlang ihrer Fortsätze und beeinflussen über Kontakte an den Synapsen die Funktion anderer Zellen (siehe Box „Erregungsleitung"). Eine solche neuronale Kommunikation ist der Angriffsort vieler Insektizide.

Organophosphate

Bei den Bemühungen, neue chemische Kampfstoffe zu entwickeln, entdeckten deutsche Wissenschaftler während des Zweiten Weltkrieges die insektizide Wirkung einer Familie von Verbindungen, die als Organophosphate bezeichnet werden. Man könnte fast von einem der wenigen Beispiele für die erfolgreiche Verwandlung von Schwertern zu Pflugscharen sprechen. Aber leider sind Organophosphate als menschenvernichtende Kampfstoffe Tabun, Sarin, Cyclosarin, Soman oder VX zum Teil sogar eingesetzt worden.

Der Begriff Organophosphate bezeichnet organische phosphorhaltige Verbindungen (Abbildung 2). Ihre Toxizität (giftige Wirkung) beruht darauf, daß die Funktion von Nervenzellen gestört wird. Angriffsort der Gifte ist ein bestimmtes Enzym im synaptischen Spalt, dem schmalen Raum zwischen Nervenzellen sowie zwischen Nerven- und Muskelzellen, an dem die Erregung übertragen wird. Dieses Enzym, die Acetylcholin-Esterase (AChE), hat die Aufgabe, den Neurotransmitter (Botenstoff) Acetylcholin zu spalten, wenn dieser von Nervenzellen zur Erregungsleitung ausgeschüttet wird. Die Esterase sorgt durch Spaltung des Acetylcholins dafür, daß die Erregung der Nachbarzelle rasch wieder abklingt.

Die Organophosphate schädigen die Acetylcholin-Esterase dadurch, daß sie mit einer OH-Gruppe im aktiven Zentrum des Enzyms reagieren und auf diese ihr Phosphat übertragen (Abbildung 3). Dadurch wird das Enzym blockiert. Die Folge ist eine

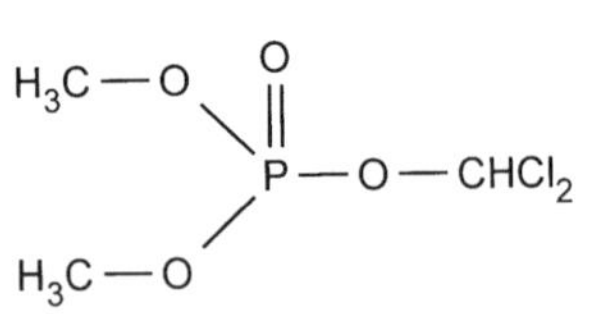

$$H_3C-O \quad \overset{\displaystyle O}{\underset{\displaystyle |}{\overset{\displaystyle ||}{P}}}-O-CHCl_2$$
$$H_3C-O$$

Abbildung 2 Dichlorvos, ein Organophosphat.

320

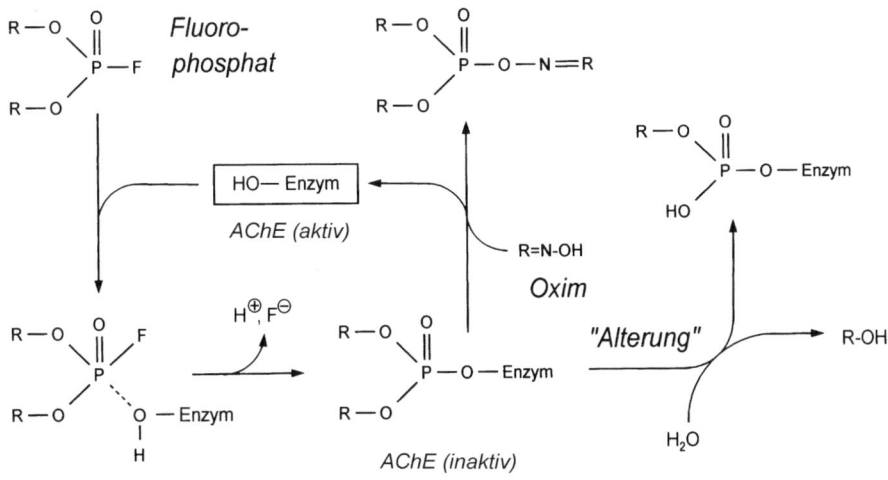

Abbildung 3 Wirkungsmechanismus von Organophosphaten und Oximen.

Anhäufung des Acetylcholins im synaptischen Spalt. Die Zellen bleiben dauerhaft erregt, und es kommt zu einer ansteigenden Aktivierung der Organe, die schnell zum Funktionsverlust führt.

Die Auswirkungen hängen davon ab, welche Funktionen das Acetylcholin im betroffenen Organismus steuert. Bei den Insekten beobachtet man eine erhöhte Erregbarkeit der Extremitäten, die in Zitterbewegungen und schließlich in eine Lähmung übergeht. Es kann Stunden dauern, bis der Tod eintritt. Bei Säugetieren wie dem Menschen kann man sehr viel genauer sagen, welche Übertragungswege betroffen sind: Zum einen wird das autonome Nervensystem beeinträchtigt. Dies macht sich besonders durch Übelkeit, starken Speichelfluß, Darm- und Blasenentleerung sowie einen Abfall von Puls und Blutdruck bemerkbar. Zum anderen wird die Erregungsübertragung von den Nervenzellen auf die Muskulatur gestört. Wenn es zu einer starken Erregung der Muskelzellen kommt, erschöpft sich nach einiger Zeit ihre Fähigkeit, adäquat zu reagieren; es kommt zu Lähmungserscheinungen. Der Tod tritt durch Ersticken (Atemlähmung) ein.

Wir müssen also feststellen, daß als Insektizide eingesetzte Organophosphate nicht nur auf Insekten, sondern auch auf andere Tiere und auf Menschen wirken. Nur die unterschiedliche Körpergröße und Empfindlichkeit bewirken, daß bei einer entsprechend kleinen Dosis des Wirkstoffs nur die Insekten geschädigt werden.

Die Vergiftung des Menschen mit kleinen Mengen von Organophosphaten, z. B. mit *Parathion* (E 605), kann bei wiederholter Aufnahme während einer Insektenbekämpfungsaktion schleichend sein. Sie drückt sich in Störungen des Nervensystems aus, beispielsweise in der Abnahme der Sensibilität und der Steuerbarkeit der

Extremitäten. Akute Vergiftungen mit größeren Mengen führen dagegen zu den oben geschilderten Schäden. Dem Arzt stehen bei Vergiftung mit Organophosphaten nur wenige Gegenmittel mit begrenzter Wirksamkeit zur Verfügung, denn die Gifte wirken schnell und schon in kleinen Mengen.

Carbamate

Auf diese chemischen Verbindungen wurde man im 18. Jahrhundert durch einen Ritus westafrikanischer Volksgruppen aufmerksam. Dort verabreichte man einem nicht geständigen Angeklagten eine Mahlzeit aus Bohnen der Pflanze *Physostigma venenosum*. Starb er an den Folgen dieser Mahlzeit, so hatten ihn die Götter für schuldig befunden, andernfalls war er freigesprochen. Möglicherweise verspeiste der Unschuldige seine Mahlzeit schneller als der innerlich stärker angespannte Schuldige, so daß es eher zu einer Irritation des Magens und zum Erbrechen kam!

Aus dieser Bohne wurde 1864 als wirksames Gift das *Physostigmin* (Eserin) isoliert und bald darauf wegen seiner Wirkung auf das Nervensystem in der Medizin eingesetzt (Abbildung 4). 1947 wurde dann eine dem Physostigmin ähnliche Verbindung synthetisiert, die keine Ladungen trägt und eine wesentlich stärkere insektizide Wirkung hat.

Ähnlich wie die Organophosphate reagieren die Carbamate mit dem Enzym Acetylcholin-Esterase und hemmen dessen Wirkung (Abbildung 3). Dadurch zeigen diese beiden Insektizide die gleiche Wirkung auf Mensch und Tier. Allerdings hält die Wirkung der Carbamate nicht so lange an, weil das von ihnen blockierte Enzym durch Reaktion mit Wasser langsam wieder aktiviert wird. Vergiftungen des Menschen durch Carbamate sind deshalb nicht so häufig und schwerwiegend wie durch Organophosphate.

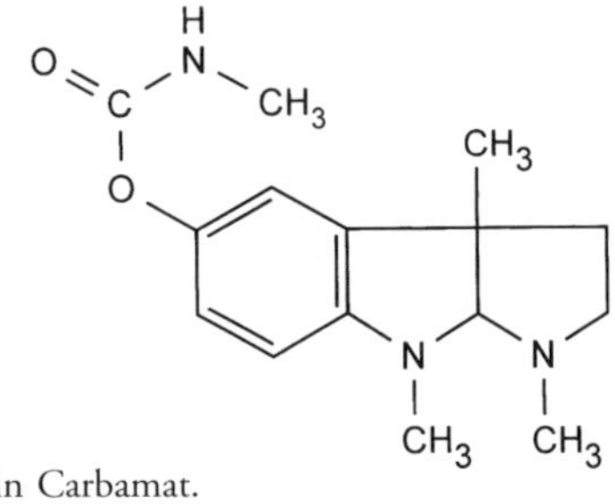

Abbildung 4 Physostigmin, ein Carbamat.

Cyclodiene

Den bisher besprochenen Insektiziden ist gemeinsam, daß sie die Konzentration eines Transmitters im synaptischen Spalt erhöhen, indem sie seinen Abbau hemmen.

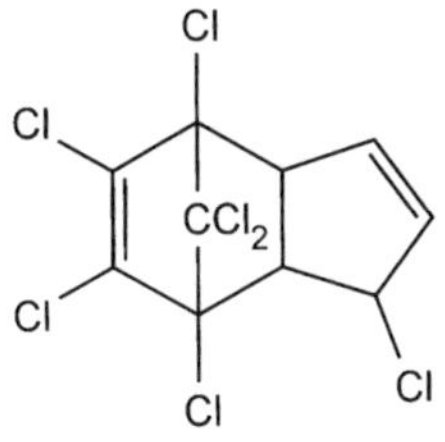

Abbildung 5 Heptachlor, ein Cyclodien.

Eine Gruppe anderer Insektizide dagegen erhöht die Konzentration des Transmitters dadurch, daß sie dessen Freisetzung aus der präsynaptischen Zelle verstärkt (siehe Box „Erregungsleitung"). Zu dieser Gruppe gehören die Cyclodiene, zu denen das Aldrin, das Dieldrin und das Heptachlor zählen (Abbildung 5).

Die Ausschüttung von Neurotransmittern aus den Nervenzellen steht allgemein unter der Kontrolle von Calciumonen (Ca^{2+}). Vermutlich wirken die Cyclodiene dadurch insektizid, daß sie die Ca^{2+}-Konzentration in Nervenzellen stark erhöhen. Dies führt zu einer Entleerung der Speicher der präsynaptischen Zelle und einer vermehrten Ausschüttung von Transmittern in den synaptischen Spalt. Man beobachtet bei Insekten vor dem Eintreten des Todes vor allem ein Zittern der Extremitäten, das in erster Linie auf einer Störung des zentralen Nervensystems und nicht so sehr auf einer Wirkung auf Muskulatur oder periphere Nerven beruht.

Bei den Wirbeltieren ist die Wirkung der Cyclodiene weniger einheitlich. Einige Verbindungen, wie etwa das *Aldrin,* stören bestimmte Teile des autonomen Nervensystems. Andere Cyclodiene beeinflussen die Funktion des zentralen Nervensystems recht unspezifisch. Man vermutet auch, daß Cyclodiene bei Wirbeltieren auf diejenigen Teile des Nervensystems wirken, die den Neurotransmitter GABA (γ-Aminobuttersäure) als Botenstoff benutzen. Offensichtlich sind die Kenntnisse über den Wirkungsmechanismus dieser Gifte in Wirbeltieren unzureichend, obwohl einige von ihnen seit einem halben Jahrhundert bekannt sind und bis vor kurzem als Insektizide auch in Deutschland eingesetzt wurden.

Lindan

Wahrscheinlich verstärkt das synthetische Lindan (γ-Hexachlorcyclohexan) wie die Cyclodiene den Einstrom von Ca^{2+}-Ionen in die Nervenzellen. Abbildung 6 zeigt schematisch die Struktur dieser Verbindung, für die die vielen Chloratome typisch sind. Die räumliche Anordnung dieser Atome in Bezug auf den dargestellten Ring kann variieren. Nur die sogenannte γ-Form, die um ein Vielfaches stärker wirkt als die anderen Formen, wird als Lindan bezeichnet – zu Ehren von Herrn Van der Linden, der zur Erforschung dieser Verbindungen beigetragen hat.

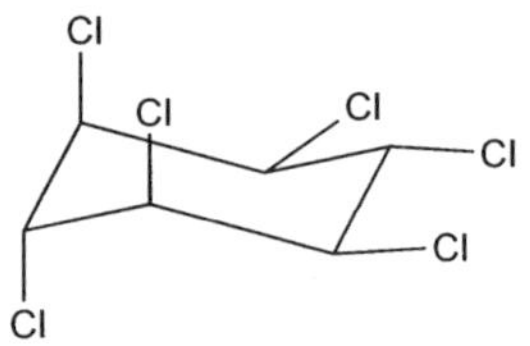

Abbildung 6 Hexachlorcyclohexan.

Die Symptome, die die Insekten bei der Anwendung von Lindan zeigen, sind denen der anderen Nervengifte ähnlich: Zittern und gesteigerte Erregbarkeit, die Bewegungen werden unkoordiniert, und bei höheren Dosen kommt es zu einer Lähmung.

Lindan wird in vielen Situationen gegen Insekten eingesetzt, z. B. äußerlich beim Menschen, um Flöhe, Läuse und Milben zu bekämpfen, und in Haushalt, Garten und Forst, um Textilien, Gemüse und Holz vor Schädlingen zu schützen.

Auf den Menschen scheint das Lindan kurzfristig keine giftige Wirkung zu haben – im Gegensatz zu einigen verwandten chlorhaltigen Insektiziden, wie z. B. *Hexachlorbenzol,* das deshalb in Deutschland verboten ist. Über die langfristige Wirkung des Lindans sind die Wissenschaftler nicht einig. Fest steht, daß sich diese und ähnliche chlorhaltige Kohlenwasserstoffe (s. u.) im Fettgewebe anreichern und nur langsam wieder aus dem Körper ausgeschieden werden.

DDT

Das DDT (**D**ichlor-**d**iphenyl-**t**richlorethan) ist das wohl bekannteste Insektizid (Abbildung 7). Wie das Lindan gehört es zu den halogenierten Kohlenwasserstoffen, aber es läßt sich leichter synthetisch herstellen und ist deshalb billiger. Obwohl DDT schon 1874 synthetisiert wurde, entdeckte erst 1939 der Schweizer Pharmakologe P. H. Müller seine Wirkung auf Insekten. Dafür wurde ihm 1948 der Nobelpreis verliehen.

Für Insekten ist DDT ein sehr wirksames und schnell wirkendes Kontaktgift. Es wurde deshalb als „Wunderinsektizid" gefeiert und in großen Mengen gegen Schädlinge eingesetzt. Besonders erfolgreich war sein Einsatz in feuchtwarmen Ländern bei der Bekämpfung von Malaria, einer ansteckenden Krankheit, die von Mücken (*Anopheles*-Arten) übertragen wird und jährlich Hunderttausende von Todesfällen zur Folge hat.

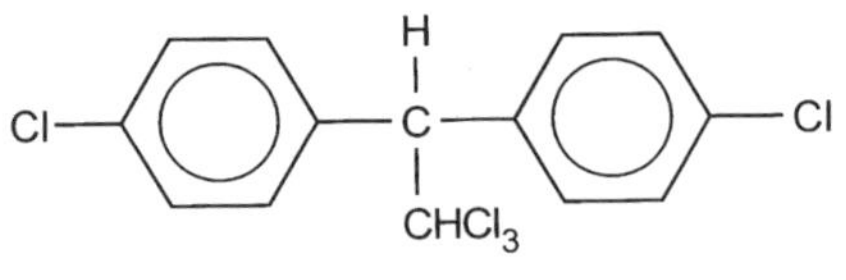

Abbildung 7 DDT (**D**ichlor-**d**iphenyl-**t**richlorethan).

Da DDT unempfindlich gegen Sonnenlicht ist und extrem langsam verdampft, eignet es sich besonders gut für die großflächige Anwendung im Freien, z. B. durch Versprühen aus Flugzeugen.

Bald nach dem Großeinsatz von DDT traten jedoch Probleme auf, die die frühe Euphorie dämpften. So wirkt das DDT nicht nur auf Schädlinge, sondern auch auf Nützlinge wie beispielsweise Bienen. Auch wurde beobachtet, daß manche Insekten gegen DDT zunehmend resistent wurden – sie hatten durch Mutation von Enzymen „gelernt", das DDT zu entgiften (s. u.). Man fand auch, daß DDT sich im Fettgewebe mancher Tiere ansammelt, weil es als Lipid gut in Fett löslich ist. Eine Anreicherung von DDT beobachtete man vor allem bei Lebewesen, die am Ende einer Nahrungskette stehen, besonders bei Vögeln und dem Menschen.

Wirbeltiere können angereichertes DDT nur sehr langsam abbauen; im Menschen beträgt seine Halbwertszeit (das ist die Zeit, innerhalb derer die Substanz zur Hälfte abgebaut wird) etwa ein Jahr. Wegen des langsamen Abbaus verbreitete sich das DDT allmählich über die ganze Erde. Man konnte es sogar noch im Fettgewebe von Pinguinen am Südpol nachweisen.

Die Wirkung des DDT in Insekten ist weitgehend aufgeklärt. Als wichtigster Wirkort werden die Na^+-Kanäle der Membran von Nervenzellen angesehen (siehe Box „Erregungsleitung"). Durch Bindung des Insektizids werden diese Kanäle zu lange für Na^+-Ionen geöffnet, so daß die Nervenzellen zu stark und zu lange depolarisiert werden. Statt einzelner Aktionspotentiale geben die Nervenzellen dann ganze Salven ab, was zu Symptomen wie dem beobachteten Tremor und der neuronalen Hyperreaktivität führt. Wirkungen des DDT auf den Insektenstoffwechsel werden auch diskutiert.

Über die Toxizität des Pestizids für den Menschen besteht bislang keine endgültige Klarheit. Akut, das heißt kurzfristig, scheint DDT keine nachteilige Wirkung auf Wirbeltiere zu haben. Eine langfristige Wirkung kann jedoch erst nach vielen Jahren der Beobachtung festgestellt werden. So ist eine Auslösung von Tumoren durch hohe DDT-Konzentrationen noch nicht völlig auszuschließen. Deshalb wird DDT seit einigen Jahren in Europa nicht mehr eingesetzt. Ob man aber weltweit auf DDT verzichten kann, ist umstritten – denn in vielen Ländern, die sich keine teuren Insektizide leisten können, ist DDT im Kampf gegen krankheitsübertragende Insekten nahezu unersetzlich.

An dem Beispiel des DDT läßt sich gut zeigen, wie Organismen langsam gegen eine Wirksubstanz resistent werden können. Insekten inaktivieren das DDT, wenn sie überleben, langsam durch Salzsäure-Abspaltung. Dabei wird das DDT zu DDE (Dichlor diphenyl-dichlorethen) umgewandelt. Diese Reaktion wird von dem Enzym DDT-Dehydrochlorinase (DDTase) katalysiert. Bei einem Einsatz von DDT überleben nun jeweils diejenigen Individuen einer Insektenart, die entweder ein besonders wirksames Enzym besitzen oder aber besonders viel von diesem Enzym bilden. Im Verlaufe vieler Generationen, die bei den Insekten sehr kurz sind, führt diese Selektion zum Leidwesen der Anwender von Insektiziden zur Entwicklung resistenter Insekten. In diesem Zusammenhang ist interessant, daß man die DDTase durch eine andere Substanz, die als „WARF-Antiresistant" bezeichnet wird, hemmen kann. Dadurch werden Insekten mit dieser Art der Resistenz wieder für DDT sensibel.

Nicotin

Auch die Natur hat ein Insektizid erfunden, das in die Erregungsleitung von Nervenzellen von Tieren eingreift, das Nicotin (Abbildung 8). Es kommt in den Blättern der Tabakpflanze vor, wie im Kapitel „Tabak" ausführlich beschrieben wird. Bei seiner Wirkung greift das Nicotin sozusagen als Dietrich in den Schlüssel-Schloß-Mechanismus von Neurotransmitter (= Schlüssel) und Rezeptor (= Schloß) ein (siehe Box „Erregungsleitung"). Das Nicotin (= Dietrich) kann wie der Neurotransmitter Acetylcholin wirken; man sagt, es wirkt als Agonist.

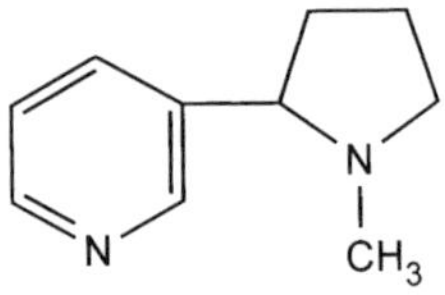

Abbildung 8 Nicotin.

Im Organismus bindet das Nicotin an eine bestimmte Gruppe von Acetylcholin-Rezeptoren, die man deshalb als die „nicotinischen" Rezeptoren bezeichnet. Auf die Wirkungen des Nicotins bei Wirbeltieren geht das Kapitel „Rauchen" näher ein.

Bereits im Jahr 1746 beschrieb der Engländer Collins in einem Brief, daß ein Aufguß von Tabakblättern eine insektizide Wirkung hat. Auch wenn noch andere als Insektizid wirkende Verbindungen in diesem Aufguß vorkommen, so ist das Nicotin doch die wichtigste. Es führt bei Insekten zu Zittern, krampfartigen Zuckungen und oft binnen einer Stunde zum Tod, wirkt allerdings nicht auf alle Insekten gleich stark.

Wie die Wirbeltiere können Insekten das Nicotin zu Cotinin abbauen. Einige Insekten haben sich auf besondere Weise an die nicotinhaltige Tabakpflanze, von der sie leben, angepaßt: Sie scheiden das aufgenommene Nicotin sofort wieder aus. Andere zapfen nur Leitungsbahnen der Tabakpflanze an, die kein Nicotin enthalten.

Pyrethroide

Eine weitere Gruppe von natürlichen Insektiziden wirkt wie das DDT auf den Mechanismus der Erregungsausbreitung: die Pyrethroide. Sie kommen in den Verwandten der Chrysanthemen vor, die sich damit gegen Insekten schützen. Herr Jamtikoff

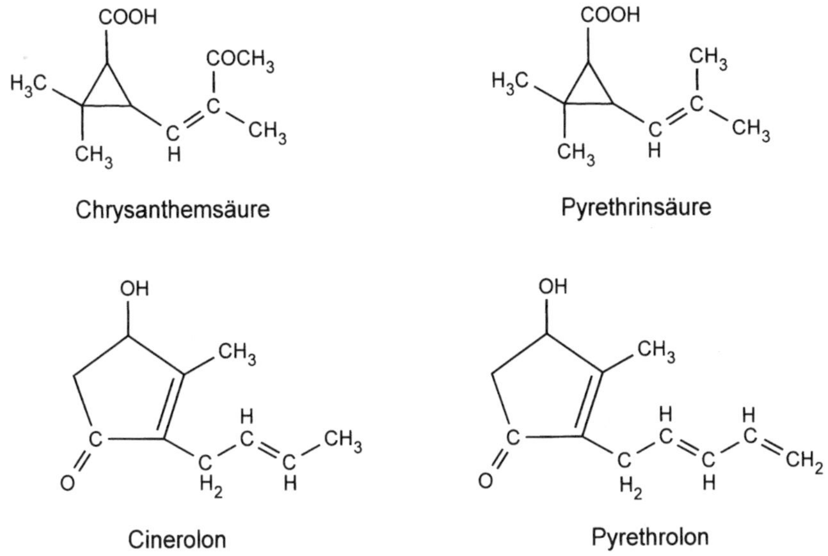

Chrysanthemsäure

Pyrethrinsäure

Cinerolon

Pyrethrolon

Abbildung 9 Bausteine der Pyrethroide.

aus Armenien stellte im 19. Jahrhundert fest, daß bestimmte Volksgruppen ein Mittel aus Pflanzen der Gattung *Chrysantemum* benutzen, um damit Insekten zu bekämpfen. Sein Sohn war sehr geschäftstüchtig – er begann 1828, diese Pflanze anzubauen und das gewonnene Mittel zu vertreiben.

Die Wirkstoffe dieses „Mittelchens" erwiesen sich später als Ester der beiden Alkohole Pyrethrolon und Cinerolon mit der Crysanthemsäure oder der Pyrethrinsäure (Abbildung 9). Die entsprechenden Verbindungen heißen *Pyrethrin* und *Cinerin.* Heute gewinnt man die natürlichen Pyrethroide vor allem aus Chrysanthemen, die für diesen Zweck auf Plantagen in Kenia und Tansania angebaut werden.

Seit 1950 kann man Pyrethroide synthetisch herstellen und tut dies auch in wachsendem Maße, obwohl die Verbindungen nicht ganz billig sind. Durch chemische Abwandlung der Grundstrukturen konnten inzwischen noch wirksamere Formen entwickelt werden, die *Cyanopyrethroide,* die sich besser für den großflächigen Einsatz im Freien eignen.

Pyrethroide sind für Insekten giftig, weil sie wie das DDT die Natrium-Ionenkanäle vermehrt öffnen (s. o.). Man unterscheidet dabei weiche Pyrethroide (Typ I) und harte Pyrethroide (Typ II): Substanzen vom ersten Typ depolarisieren die Nervenzellen der Insekten ähnlich wie das DDT. Typ-II-Pyrethroide depolarisieren die Zellen hingegen langsamer und anhaltender, so daß es zu einem Verbrauch der vorhandenen Transmitter in der Synapse und damit zu einer Blockierung der Neurotransmission kommt (siehe Box „Erregungsleitung").

Pyrethroide werden als Insektizide im Textilschutz und Holzschutz, im Haushalt (Insektensprays) und in der Landwirtschaft eingesetzt. Wegen ihres raschen Abbaus durch Hydrolyse (Spaltung durch Wasser) und Photolyse (Spaltung durch Licht) werden sie gegenüber anderen, schwerer abbaubaren Insektiziden bevorzugt. Ein weiterer Vorteil ist ihre vergleichsweise (!) geringe Toxizität für Wirbeltiere. Bei Hautkontakt kommt es auch beim Menschen zu Brennen, Jucken und Kribbeln, das jedoch meist schnell wieder verschwindet. Die Aufnahme größerer Mengen von Pyrethroiden durch Essen oder Einatmen führt zu Übelkeit, Erbrechen und Durchfall und Vergiftung des Zentralnervensystems. Auch natürliche Pyrethroide sind für den Menschen giftig.

Insekten „ausziehen"

Der Chitin-Panzer ist ein Kennzeichen der Arthropoden (Gliederfüßler), bei den Wirbeltieren gibt es nichts Vergleichbares. Daher kam man auf den Gedanken, diesen Unterschied für eine Bekämpfung der Insekten zu nutzen. Dazu ist als erstes notwendig, die Zusammensetzung dieses „Kleides" der Insekten zu kennen. Die sogenannte Cuticula besteht aus einem Grundgerüst von Proteinen, in das Chitin als Fasergerüst eingebettet ist. Chemisch betrachtet ist Chitin eine Kette von Zuckerbausteinen *(N-Acetylglucosamin)*. Im Mikroskop zeigt das Chitin eine Lamellenstruktur, die von den Epidermiszellen unter der Cuticula gebildet wird.

Benzoylharnstoffe

Die Bildung der Chitin-Lamellen wird von den Benzoylharnstoffen gestört, einer Gruppe von Insektiziden, die man in den 70er Jahren dieses Jahrhunderts entdeckte (Abbildung 10). Bei erwachsenen Tieren wird durch Benzoylharnstoffe lediglich die mechanische Stabilität des Chitins gemindert. Bei den Larven, die sich regelmäßig häuten müssen, um zu wachsen, werden die Häutungen gestört, weil keine funktionsfähige Cuticula gebildet wird. Auch die Eier der Insekten werden durch die Benzoylharnstoffe geschädigt. Da diese Verbindungen besonders während der Entwicklung wirksam sind, ist vor allem eine längerfristige Anwendung effektiv.

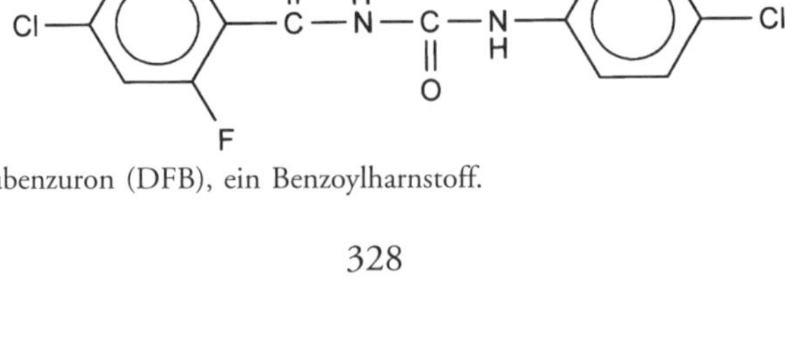

Abbildung 10 Diflubenzuron (DFB), ein Benzoylharnstoff.

Anfänglich war man der Auffassung, daß Benzoylharnstoffe auf das Enzym Chitin-Synthetase wirken, welches das Chitin aus seinen Vorstufen aufbaut. Doch inzwischen nimmt man an, daß nicht die Chitin-Synthese selbst, sondern der Transport der Chitin-Vorstufen aus den Zellen zum Ort ihrer Verwendung gestört wird.

„Die Hormone spielen verrückt..."

Lange Zeit traute man den Insekten nicht zu, daß sie über sehr wirksame, differenzierte Systeme verschiedener Hormone verfügen. Diese regulieren vor allem die Entwicklung der Insekten und ihre Häutungen. Wichtige Hormondrüsen der Insekten sind die *Prothoraxdrüse*, die *Corpora allata* und spezialisierte Zellen des Nervensystems.

Azadirachtin

In eines dieser Hormonsysteme greift eine sehr komplizierte Substanz ein, die von bestimmten Pflanzen als Insektizid gebildet wird. Man fand dieses Insektizid, als man nach der Ursache dafür suchte, daß die gefräßigen Schwärme der Wanderheuschrekke, *Locusta migratoria*, bestimmte Pflanzen nicht fressen. Bereits die Bibel berichtet, daß die Heuschreckenplagen alles vernichten, was irgendwie grün und verdaulich ist. Nicht gefressen werden jedoch die Blätter und Zweige des Neem-Baumes.

In den 70er Jahren entdeckten englische Wissenschaftler, auf welche Weise sich dieser Baum so ungenießbar macht. Seine Blätter enthalten eine Verbindung, das Azadirachtin, die Heuschrecken offensichtlich nicht schmeckt. Wird sie trotzdem aufgenommen, bewirkt sie Verdauungsstörungen, verhindert die Häutung und blockiert die Fortpflanzung. Die chemische Struktur des Azadirachtins (Abbildung 11) zeigt Ähn-

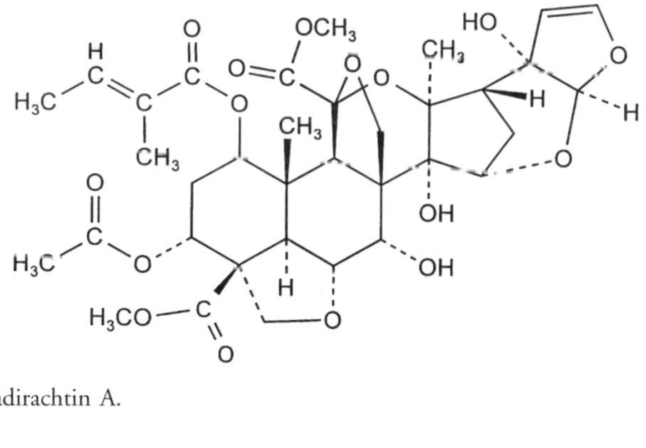

Abbildung 11 Azadirachtin A.

329

lichkeiten mit dem Steroidhormon *Ecdyson*, das als Häutungshormon der Insekten viele wichtige Entwicklungsschritte steuert (siehe Box „Signaltransduktion"). Tatsächlich scheint das Azadirachtin in die Steuerung der Biosynthese des Ecdysons einzugreifen, ohne daß bisher der genaue Angriffspunkt bekannt ist.

Azadirachtin ist aus mehren Gründen bemerkenswert. Kein Chemiker würde vorschlagen, ein so kompliziertes Molekül als Insektizid zu verwenden. Den synthetischen Aufwand zur Biosynthese dieser Verbindung kann sich nur die Natur leisten. Azadirachtin ist dabei außerordentlich wirksam, wie man an den Heuschrecken sieht. Aber es wirkt längst nicht auf alle Insekten: Die Natur hat hier ein Insektizid mit spezifischem Wirkungsprofil erfunden, denn viele Nützlinge werden in ihrer Entwicklung nicht von Azadirachtin gestört. Den Grund für diesen Unterschied kennen wir noch nicht. Als Naturstoff ist das Azadirachtin erfreulicherweise gut abbaubar, es empfiehlt sich also als fast ideales Insektizid gegen bestimmte Schädlinge.

Und wie steht es mit der Wirkung auf den Menschen? Früchte, Blätter und Holz der Neem-Bäume werden seit Jahrhunderten in Indien ohne Nachteile genutzt – Azadirachtin ist demnach für den Menschen ungiftig. Die Inder gewinnen auch Extrakte aus Teilen der Neem-Bäume, um angebautes Gemüse gegen Fraßschädlinge zu schützen. Seit kurzem werden mit deutscher Entwicklungshilfe Plantagen in Afrika und Ostasien angelegt. Aus den dort geernteten Kernen der Neemfrüchte isoliert man dann reines Azadirachtin, das als umweltfreundliches und unbedenkliches Insektizid in Haus und Garten eingesetzt werden kann.

Den Insekten „in die Suppe spucken"

Die Gesamtheit aller biochemischer Reaktionen, die in einem Organismus ablaufen, nennt man den **Stoffwechsel**. Mit der Nahrung werden verschiedene Substanzen wie Proteine, Fette und Kohlenhydrate aufgenommen. Diese werden dann in ihre Grundbausteine zerlegt, um ihre Energie nutzbar zu machen. Aus den Bausteinen kann der Organismus auch neue Verbindungen aufbauen. Nicht mehr Verwertbares wird schließlich ausgeschieden.

Innerhalb des Stoffwechsels kann man einzelne Reaktionen zu Gruppen zusammenfassen, die funktionell eine Einheit bilden. Ein solcher Stoffwechselweg ist die Atmungskette, die der Zelle zur Energiegewinnung dient. Energiereiche Elektronen durchlaufen dabei verschiedene Enzymkomplexe – vergleichbar einer Kugel, die, getrieben von ihrer potentiellen Energie, eine Murmelbahn hinabläuft. Die Energie, die dabei frei wird, kann sich die Zelle nutzbar machen, indem sie ATP erzeugt. Dieses in der Biochemie zentrale Molekül dient der Zelle sozusagen als Zahlungsmittel für alle Prozesse, die Energie benötigen.

Rotenon

Die Reaktionsabfolge der Atmungskette kann man mit Rotenon stören. Auch diese Substanz hat eine besondere Geschichte: In Malaysia erhöhten Fischer ihren Fangertrag dadurch, daß sie den Extrakt einer Wurzel als Gift benutzten. 1932 konnte man aus diesem Extrakt das Rotenon isolieren (Abbildung 12). Für Warmblüter ist diese Verbindung zwar relativ ungefährlich – nicht jedoch für Fische und auch Insekten. Wichtig für den Einsatz der Substanz ist ihre Wärme- und Lichtempfindlichkeit. Deshalb bleibt sie nicht lange wirksam, wenn man sie auf Oberflächen aufbringt.

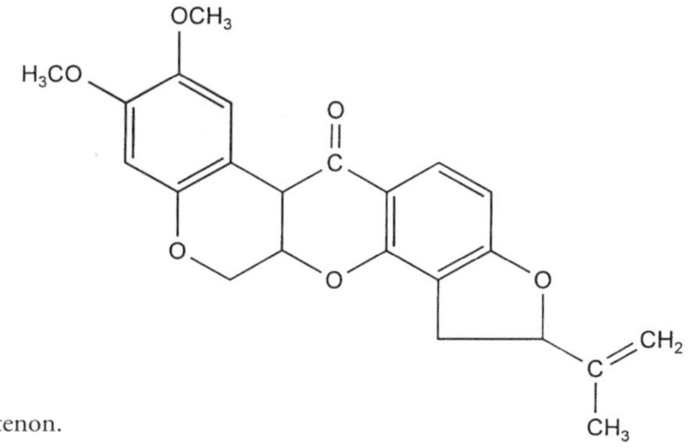

Abbildung 12 Rotenon.

Abwassertechnologie

Benjamin Bader

Viele Jahrhunderte lang konnte die Menschheit ihr Abwasser ohne irgendeine Behandlung in die Umwelt abführen. Die Selbstreinigungskraft der Gewässer reichte aus, um die Ausscheidungsprodukte der Zivilisation abzubauen und in den natürlichen Kreislauf zurückzuführen. Zwar wurde im antiken Rom durch den Bau einer Kloake schon Abwasser gesammelt, um es in den Tiber zu leiten, doch die Entwicklung von Technologien zur Abwasserbehandlung wurde erst mit der Industrialisierung im 19. Jahrhundert notwendig. In England zeigten die ersten Choleraepidemien die tödlichen Folgen der fehlenden Abwasserklärung. Als 1892 in Hamburg eine verheerende Choleraepidemie über 10 000 Menschen hinwegraffte, sagte Robert Koch nach einer Besichtigung der Elendsviertel: „Meine Herren, ich vergesse, daß ich in Europa bin."

Alles klar?

Das Abwasser im Zulauf einer kommunalen Kläranlage führt viele verschiedene Stoffe mit sich. Ungelöste Stoffe können schon in der Vorklärung durch physikalische Methoden wie Rechen, Absetzen (Sedimentation) und Filtration abgetrennt werden. Anorganische gelöste Stoffe können durch Fällung, Ionenaustausch und andere chemische oder physikalische Methoden entfernt werden. Die mikrobiologische Umwandlung von organischen Stoffen ist das Herzstück einer kommunalen Kläranlage. Die beiden wichtigsten Methoden sind das Belebtschlammverfahren und das Tropfkörper-verfahren. Wie bei anderen Biotechnologien auch, werden hier die biologischen Vor-gänge durch technische Methoden intensiviert. Erst dadurch ist es in der Kläranlage möglich, auf engem Raum eine ausreichende Abwasserklärung zu erzielen.

Abbildung 1 zeigt den Grundtyp einer **Kläranlage,** der in seiner Form vielfach va-riiert werden kann. Die mechanische Reinigungsstufe besteht aus einem Rechen, ei-nem Sandfang und einem Ölabscheider. Im Vorklärbecken werden ungelöste, absetz-bare Stoffe sedimentiert. Als biologische Reinigungsstufe ist hier ein Belebungsbecken dargestellt – das ist im Grunde nichts anderes als ein großes Zuchtbecken für Mikro-organismen, die biologisch abbaubare Inhaltsstoffe des Wassers in Biomasse umset-zen. Im anschließenden Nachklärbecken setzt sich der *Klärschlamm* ab. Anschließend verläßt das gereinigte Abwasser im Überlauf die Kläranlage. Der Überschußschlamm aus Vor- und Nachklärbecken wird teilweise in das Belebungsbecken zurückgeleitet, um hier immer ausreichend Mikroorganismen zur Verfügung zu haben. Der größere Teil wird jedoch durch Wasserentzug eingedickt und im Faulturm weiter in seiner Masse reduziert, wobei durch die Faulungsprozesse *Methangas* entsteht.

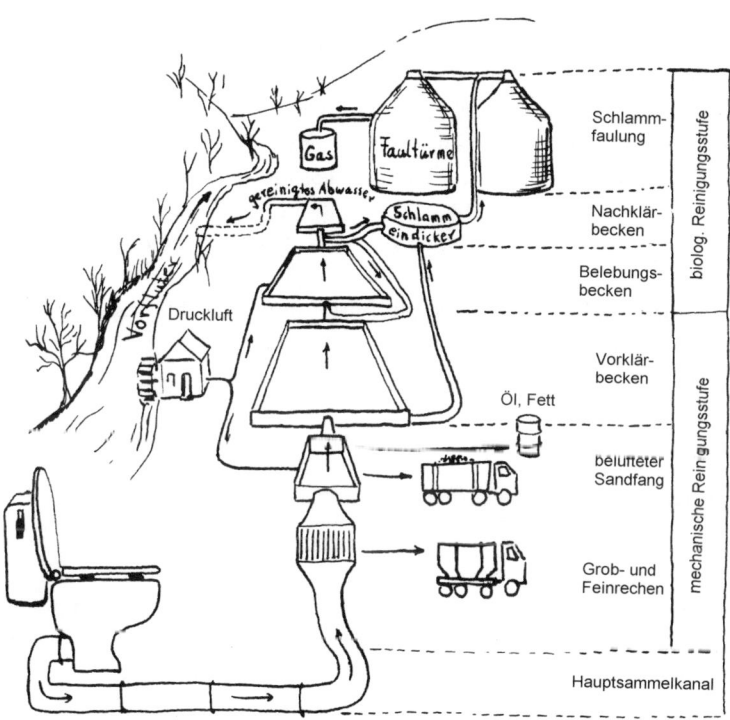

Abbildung 1 Schemazeichnung einer Kläranlage.

Für die Beurteilung der Leistungsfähigkeit einer Kläranlage benutzt man in der Abwassertechnik mehrere Parameter – BSB_5, CSB, EGW und den biochemischen Abbaugrad. Der BSB_5 ist der sogenannte **biologische Sauerstoffbedarf** einer Wasserprobe in 5 Tagen. Zu seiner Messung wird eine Wasserprobe mit einer bekannten Menge Klärschlamm versetzt. Das Gefäß wird luftdicht verschlossen, wobei genügend Luft über dem Wasserspiegel verbleiben muß. Die Mikroorganismen setzen die biologisch abbaubaren Verunreinigungen um und verbrauchen dabei Sauerstoff. Dieser Sauerstoffverbrauch, der in Form einer Druckänderung mit einem Manometer gemessen wird, ist ein Maß dafür, wieviel Schadstoffe aus der Probe entfernt wurden.

Der **chemische Sauerstoffbedarf** CSB entsprich derjenigen Menge Sauerstoff, die erforderlich ist, um sämtliche (oxidierbaren) Verunreinigungen in der Probe zu oxidieren. Er wird anhand der Umsetzung einer Wasserprobe mit kräftigen Oxidationsmitteln wie Kaliumpermanganat ($KMnO_4$) oder Kaliumdichromat ($K_2Cr_2O_7$) gemessen.

Der Quotient aus BSB_5 und CSB wird **biochemischer Abbaugrad** genannt, denn er gibt an, welcher Teil der oxidierbaren Verunreinigungen im Abwasser durch die Mikroorganismen der Anlage tatsächlich oxidiert (abgebaut) werden kann. Er hat theoretisch Werte zwischen 0 (gar kein biologischer Abbau möglich) und 1 (vollständiger biologischer Abbau aller Schadstoffe möglich). Im Zulauf einer Kläranlage liegt er bei ca. 0,5 und im Ablauf zwischen 0,1 und 0,3.

Der **Einwohnergleichwert** EGW ist ein Vergleichswert für die Schmutzfracht, die sich auf den BSB_5 bezieht. Ein EGW ist die Menge an BSB_5, die ein Einwohner pro Tag abgibt. Bei 200 L Abwasser mit einer mittleren Konzentration von 0,3 g BSB_5 pro Liter ergibt sich ein EGW von 60 g.

Weitere wichtige Abwasserparameter sind die Mengen an Stickstoff und Phosphor. Stickstoff ist in Eiweiß, Harnstoff, Ammoniak oder Nitrat enthalten. Ammoniak ist in höheren Konzentrationen ein Fischgift. Nitrat und Phosphat tragen zur **Eutrophierung** (Überdüngung) von Gewässern bei und müssen daher in ihren Konzentrationen beschränkt werden.

Biotop Kläranlage

In einer Kläranlage wird versucht, durch technische Mittel die natürlichen Selbstreinigungsvorgänge der Gewässer auf engem Raum zu imitieren. Die biologische Selbstreinigung ist ein dynamischer Vorgang. Man geht dabei vom dynamischen Gleichgewicht in einem Gewässer aus: Eine Lebensgemeinschaft von produzierenden und konsumierenden Organismen ist äußeren und von ihr selbst erzeugten, inneren Einflüssen ausgesetzt. Einzelorganismen reagieren auf Veränderungen bestimmter Faktoren wie Nährstoffangebot, Sauerstoffkonzentration oder die Zahl der natürlichen Feinde. Bei besseren Lebensbedingungen erhöhen sie ihre Stoffwechselaktivität und vermehren sich. Abbildung 2 veranschaulicht die dynamischen Vorgänge in einem Gewässer bei einer äußeren Störung.

Bei der Zufuhr von Abwasser in ein stehendes Gewässer ändern sich die Konzentrationen an Organismen und deren Nährstoffen mit der Zeit. Das Abwasser bringt viel organisches Substrat mit, so daß sich **Bakterien** mit kurzem Generationszyklus schnell vermehren können. Sie scheiden dabei Stoffe aus, die für höhere Organismen giftig sind, z. B. **Ammoniak**. Wenn nicht ständig neue Nährstoffe zufließen, sterben diese Bakterien schnell wieder ab, auch bedingt durch die abnehmende Sauerstoffkonzentration und die Zunahme an räuberischen **Ciliaten** (Wimpertierchen), die sich über das große Nährstoffangebot freuen. Andere Bakterienarten wie **Nitrifikanten** können dann den Ammoniak als Energiequelle nutzen und zu *Nitrit* und *Nitrat* umsetzen. Die hohe Konzentration an den letztgenannten anorganischen Substraten ist nun wieder Grundlage für das Wachstum von Pflanzen, und das Gewässer kann sich von Grund auf erneuern.

Diese zeitlich aufeinanderfolgenden Vorgänge können auch in örtlicher Dimension betrachtet werden. Man stelle sich dazu einen Bach vor, in den Abwasser eingeleitet wird. Die Zeitachse in Abbildung 2 definiert dann als Wegachse die Fließstrecke des Bachs unterhalb der Abwassereinleitung. Auf den Steinen des Bachs siedeln sich jeweils genau die Organismen an, die unter den dort herrschenden Bedingungen optimal wachsen können.

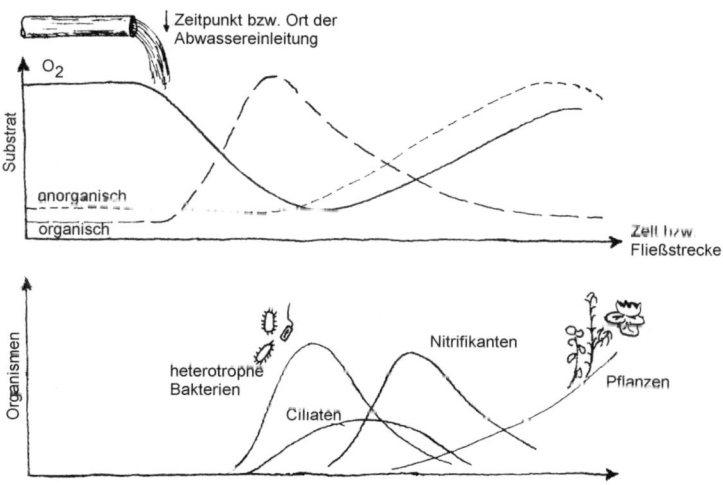

Abbildung 2 Vorgänge bei der biologischen Selbstreinigung.

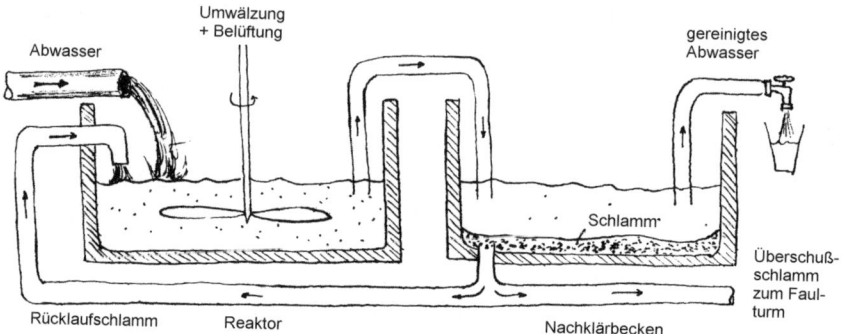

Abbildung 3 Schemazeichnung des Belebtschlammverfahrens.

Aus diesen Prozessen ergeben sich Ansatzpunkte für zwei Arten der biotechnologischen Nutzung: das Belebtschlammverfahren und das Tropfkörperverfahren.

Das **Belebtschlammverfahren** modelliert den Zustand der explosionsartigen Vermehrung von heterotrophen Bakterien in der Kläranlage, um einen effektiven Abbau organischer Substanz zu gewährleisten. Die Voraussetzungen sind eine stetige Substrat- und Sauerstoffzufuhr sowie ein Entfernen der überschüssigen Biomasse. So verhindert man das Absterben der Bakterien und damit einen zeitlichen Kreislauf, wie er oben beschrieben wurde. Im technologischen Sprachgebrauch handelt es sich hier um einen kontinuierlich beschickten **Reaktor** mit einem geschlossenen biologischen System. Das heißt, die Organismen werden im Reaktor gehalten, es fließt ständig neue Nährlösung zu, und die überschüssige Biomasse wird aus dem System entfernt und in Faultürmen weiter reduziert (Abbildung 3). Durch geschickte Wahl der Reaktionsbedingungen kann man die biologischen Vorgänge unterschiedlich weit führen.

Was versteht man nun unter **Klärschlamm?** Betrachtet man Klärschlamm unter dem Mikroskop, sieht man Partikel von 50 bis 250 Mikrometern Durchmesser. Ihren Kern bilden mineralische Stoffe, die Randzone ist oft fingerförmig ausgestülpt und besteht aus Bakterien, die in eine gemeinsame, von ihnen selbst produzierte Polysaccharid-Matrix eingebettet sind (Abbildung 4). Durch Anlagerung von Schwebstoffen aus dem Abwasser erfüllt die Polysaccharid-Matrix selbst schon eine große Reinigungsleistung, und die Ausstülpungen sorgen durch die große Oberfläche für einen optimalen Stofftransport zu den Bakterien. Sterben die Bakterien durch schlechte Führung einer Kläranlage ab, muß der Betrieb mit aktivem Klärschlamm aus einer anderen Anlage möglichst schnell weitergeführt werden.

Die Behandlung des überschüssigen Klärschlamms aus Vor- und Nachklärung zielt vor allem auf die Reduzierung des Volumens ab. Der Wassergehalt des Schlamms liegt bei 95–99 %, so daß zunächst entwässert werden muß. Durch Faulung unter Sauerstoffabschluß, an der unterschiedliche Bakterien beteiligt sind, wird ein Groß-

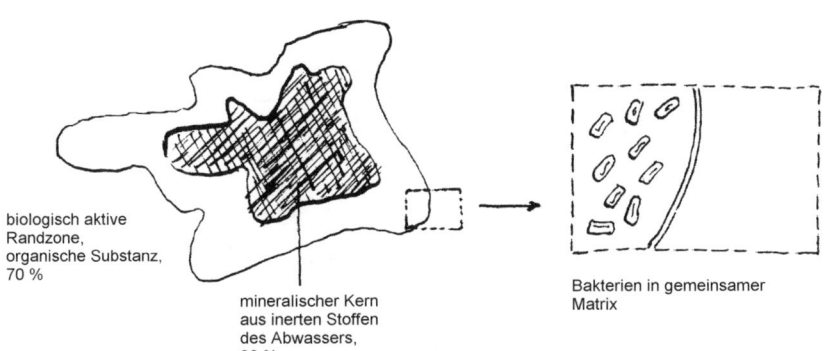

biologisch aktive
Randzone,
organische Substanz,
70 %

mineralischer Kern
aus inerten Stoffen
des Abwassers,
30 %

Bakterien in gemeinsamer
Matrix

Abbildung 4 Zusammensetzung und Aufbau von Belebtschlammpartikeln.

teil der organischen Substanz in großen Faultürmen abgebaut. Ein positiver Nebeneffekt ist dabei die Entstehung von Methan, das als Heizgas (vor allem für die Kläranlage selbst) dienen kann. Aus 1 g Trockensubstanz entsteht 1 L Faulgas, das zu 75 % aus Methan besteht. Der Restschlamm kann als Dünger und Viehfutter verwendet werden, wenn keine krankheitserregenden Bakterien oder Wurmeier enthalten sind. Bei schlechter hygienischer Beschaffenheit muß er verbrannt oder deponiert werden.

In Deutschland fielen nach Erhebungen des statistischen Bundesamtes 1991 etwa 53 Mio. m³ Klärschlamm an. Davon wurden insgesamt 2,5 Mio. t Trockenmasse verwertet oder beseitigt (Tabelle 1).

Beim **Tropfkörperverfahren** werden die Einzelschritte der biologischen Selbstreinigung nacheinander an verschiedenen Stellen ausgeführt, analog zu den oben dargelegten natürlichen Reinigungsvorgängen in einem Bach. Technisch gesehen handelt

Tabelle 1. Klärschlammentsorgung in Europa (Stand 1992). Der hohe Anschlußgrad der Bevölkerung an Kläranlagen in Deutschland, Großbritannien und den Niederlanden von ca. 90 % spiegelt sich im hohen Schlammaufkommen wieder. In Italien und Frankreich sind nur ca. 40–50 % der Haushalte an Kläranlagen angeschlossen. Die Verklappung in die See ist in der EU ab dem 1. Januar 1999 nicht mehr erlaubt.

Land	Klärschlamm (Trockenmasse)	Landwirtschaft	Deponie	Verbrennung	Verklappung in die See	Sonstiges
	1000 t/Jahr	%	%	%	%	%
Deutschland	2681	27	54	14	–	2
Frankreich	865	58	27	15	–	–
Großbritannien	1107	44	8	7	30	11
Italien	816	33	55	2	–	10
Niederlande	2335	26	51	3	–	20

337

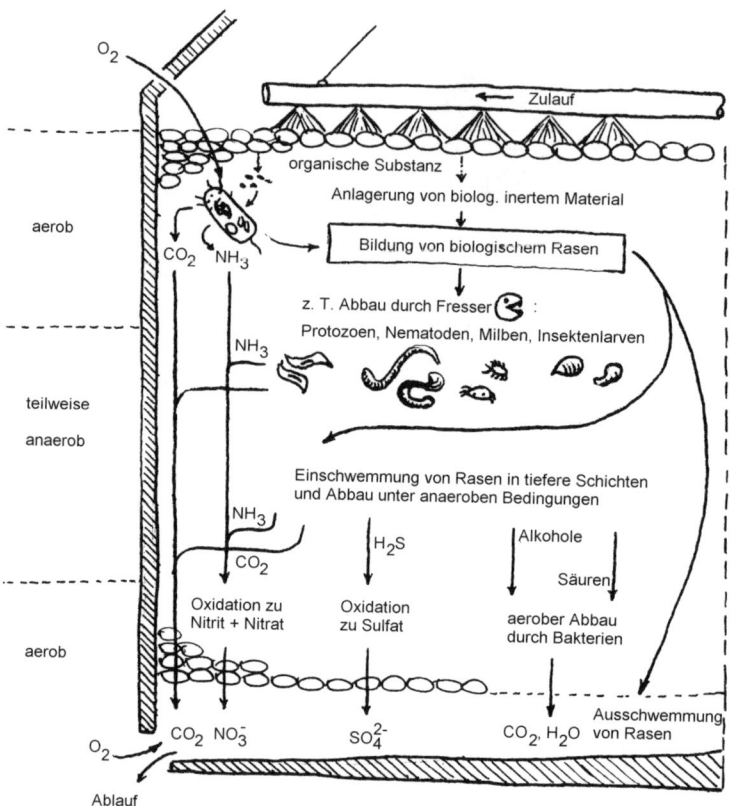

Abbildung 5   Reinigungsvorgänge im Brockentropfkörper.

es sich um einen Festbettreaktor, bei dem die Organismen als biologischer Film auf einer festen Unterlage sitzen. In einem Behälter, der bis zu acht Meter hoch sein kann, befindet sich festes Material mit großer Oberfläche, z. B. Lavagesteinsbrocken oder auch Kunststoffe (Abbildung 5). Von oben wird das Abwasser aufgesprüht. Auf dem Füllmaterial setzen sich nun Mikroorganismen des Abwassers als „biologischer Rasen" fest, und zwar unterschiedliche Organismen im Laufe der Sickerungsstrecke entsprechend ihrem Sauerstoff- und Nährstoffbedarf. Der Bewuchs auf dem Material altert mit der Zeit, verliert seine Haftfestigkeit und wird aus dem System ausgeschwemmt.

Bakterien als Saubermänner

Nitrifikation

Für die Umsetzung von Ammoniak zu Nitrit und Nitrat sind Bakterien der Gattungen *Nitrosomonas* und *Nitrobacter* verantwortlich. Diese sogenannten chemolithotrophen Organismen nutzen anorganische Verbindungen wie Ammoniak (NH_3) als Energiequelle und Kohlendioxid (CO_2) als Kohlenstoffquelle. *Nitrosomonas* kann Ammoniak zu Nitrit oxidieren und dabei ein Molekül Adenosintriphosphat (ATP) gewinnen. *Nitrobacter* oxidiert Nitrit weiter zu Nitrat. Die Energieausbeute ist bei beiden Prozessen schlecht, aber für die beteiligten Bakterien ausreichend. Allerdings sind die Generationszyklen beider Gattungen relativ lang (das heißt, die Bakterien vermehren sich langsam).

Im einzelnen laufen folgende biochemische Reaktionen ab:

Bei der **Ammoniakoxidation durch** *Nitrosomonas* (Abbildung 6) entsteht zunächst im Cytoplasma Hydroxylamin (NH_2OH). Die *Ammoniak-Monooxygenase* (AMO) führt dabei ein Sauerstoffatom in sein Substrat Ammoniak ein, das zweite Atom des Sauerstoffmoleküls wird zu Wasser reduziert. Im Periplasma, dem Raum zwischen Zellmembran und Zellwand der Bakterien, wird Hydroxylamin durch die *Hydroxylamin-Oxidoreduktase* (HAO) zu Nitrit (NO_2^-) oxidiert. Dabei werden vier Elektronen frei, die von *Cytochromen,* Transportmolekülen an der Zellmembran, aufgenommen werden. Zwei Elektronen wandern zurück zur AMO, und zwei Elektronen kön-

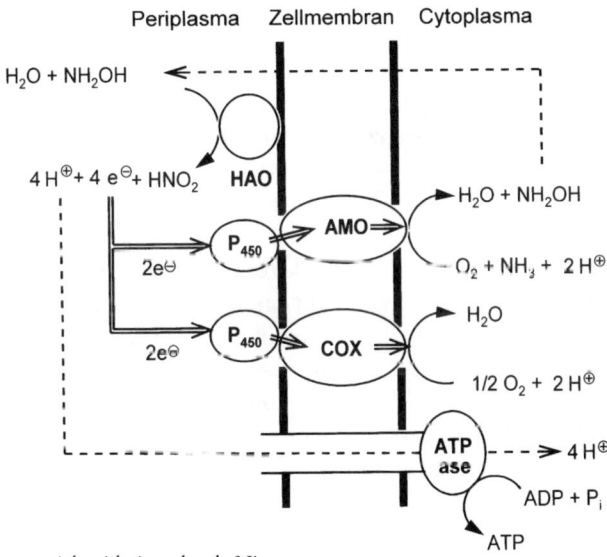

Abbildung 6 Ammoniakoxidation durch Nitrosomonas.

339

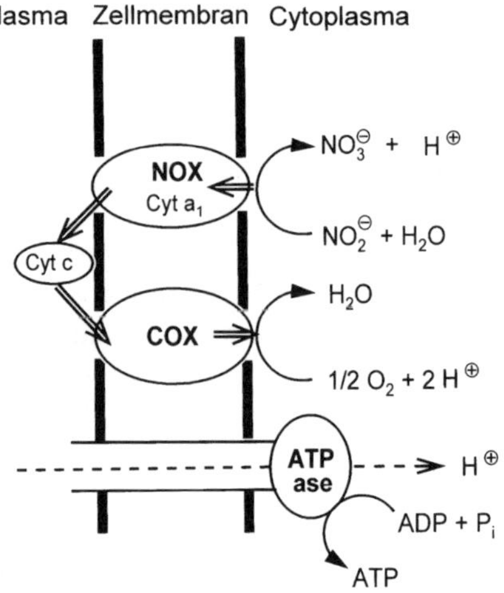

Periplasma   Zellmembran   Cytoplasma

$NO_3^{\ominus}$ + H$^{\oplus}$

NOX
Cyt a$_1$

$NO_2^{\ominus}$ + H$_2$O

Cyt c

H$_2$O

COX

1/2 O$_2$ + 2 H$^{\oplus}$

**ATP
ase**   H$^{\oplus}$

ADP + P$_i$

ATP

Abbildung 7   Oxidation von Nitrit zu Nitrat durch *Nitrobacter.*

nen zur Produktion von ATP verwendet werden, woran die Cytochrom c-Oxidase (COX) und die ATPase beteiligt sind.

Die **Oxidation von Nitrit zu Nitrat durch *Nitrobacter*** ist nicht so komplex (Abbildung 7). Das erforderliche Enzym ist die Nitrit-Oxidase (NOX). Auch hier dient Cytochrom c als Transportmolekül für die beiden Elektronen, die für die ATP-Synthese verwendet werden.

Denitrifikation

In großen Kläranlagen ist es notwendig und gesetzlich geregelt, die Nitratkonzentration im Ablauf unter bestimmten Grenzwerten zu halten. Es gibt dafür spezielle Denitrifikations-(Nitratentfernungs-)-becken, in denen optimale Bedingungen für Bakterien herrschen, die Nitrat zu Stickstoff umsetzen können.

Verschiedene Bakterien, darunter *Pseudomonas*- und *Paracoccus*-Arten, können Nitrat in Abwesenheit von Sauerstoff als Elektronenakzeptor für die Elektronen der Atmungskette verwenden. Drei Enzyme sind daran beteiligt: die Nitrat-Reduktase, die Nitrit-Reduktase und die Distickstoffoxid-Reduktase. Die für die Reaktionen notwendigen Elektronen werden von den *Cytochromen* in der Atmungskette bereitgestellt. Zunächst wird Nitrat zu Nitrit reduziert, letzteres wird anschließend weiter zu Distickstoffoxid (N$_2$O) umgesetzt. Am Ende der Reaktionskette, die noch nicht vollständig aufgeklärt ist, entsteht durch Reduktion von N$_2$O gasförmiger Stickstoff (N$_2$).

Phosphor-Eliminierung

Wie schon erwähnt, tragen Phosphate wesentlich zur Eutrophierung (Überdüngung) der Gewässer bei. Größere Kläranlagen müssen deshalb Grenzwerte für Phosphat einhalten. Bei der Verringerung der Phosphatkonzentrationen helfen Bakterien der Gattung *Acinetobacter*, die in Gegenwart von Sauerstoff (aerob) **Polyphosphate** bilden.

Dies geschieht in membranumhüllten Partikeln (Granula) im Cytoplasma (siehe Box „Die Zelle"), in denen zahlreiche Phosphatreste zu langen Polyphosphatketten verknüpft und abgelagert werden. Das Polyphosphat ist für die Bakterien ein Energiespeicher, den sie unter guten Lebensbedingungen ständig auffüllen. Ein weiterer, ebenfalls in Granula verpackter Energiespeicher ist die *Polyhydroxybuttersäure* (PHB), ein Polymer aus etwa 60 Bausteinen. In Abwesenheit von Sauerstoff (unter anaeroben Bedingungen) wird PHB von *Acinetobacter* eingelagert, kann aber nicht verstoffwechselt werden. Deshalb muß der Polyphosphatspeicher die notwendige Energie liefern. In Gegenwart von Sauerstoff dagegen wird der PHB-Speicher abgebaut und Phosphat für schlechtere Zeiten eingelagert.

Im Klärbetrieb funktioniert die Phosphatentfernung so: Der Klärschlamm, dessen Bakterien Polyphosphate gespeichert haben, wird nach einiger Zeit aus dem aeroben Becken in eine anaerobe Nebenstufe gepumpt. Dort wird Phosphat frei, und man kann es mit **Kalkmilch** (Calciumhydroxid) ausfällen. Die ausgehungerten Bakterien werden nach etwa 20 Stunden wieder zurück in das aerobe Belebungsbecken gepumpt, wo sie begierig neues Phosphat aufnehmen.

Alternative im Grünen

Für kleinere Gemeinden kommen zur Abwasserreinigung auch „**naturnahe**" **Verfahren** in Betracht. Viele der im Rohabwasser enthaltenen Stoffe setzen sich in Teichen ab und faulen dann am Grund aus. Man benötigt dazu etwa einen halben Kubikmeter Teichvolumen pro Einwohner. Oft dienen solche Absetzteiche nur als Vorstufe für unbelüftete oder belüftete Abwasserteiche. Letztere sind ein bis zwei Meter tief und sollten pro Einwohner eine Fläche von zehn Quadratmetern haben. Schönungsteiche entsprechen weitgehend natürlichen Biotopen und sind zum Schutz der Bäche und Flüsse den Abwasserteichen nachgeschaltet. Durch den großen Flächenbedarf sind solche Methoden natürlich nur in kleinen Gemeinden sinnvoll.

Bei den **Landbehandlungsverfahren** läßt man das Abwasser durch einen von Pflanzenwurzeln aufgelockerten Bodenkörper sickern. Das Wasser durchströmt die Anlage horizontal mit leichtem Gefälle (Abbildung 8). Sumpfpflanzen wie Schilf oder Binsen besitzen ein luftleitendes System, über das Sauerstoff in den Boden gelangt.

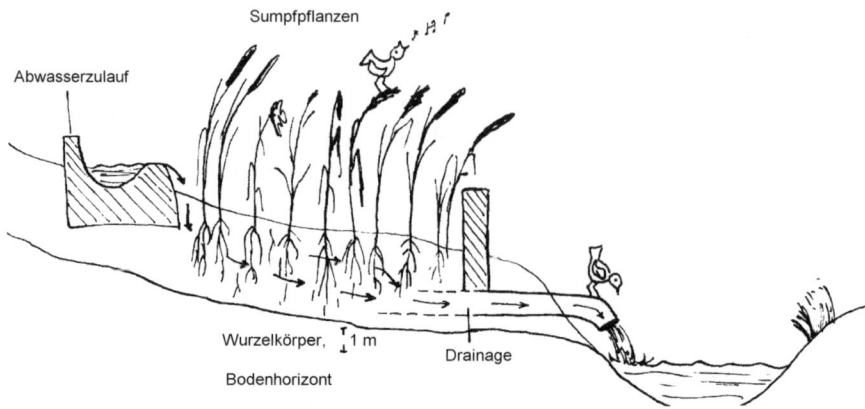

Abbildung 8 Schema einer Anlage mit Sumpfpflanzen.

Im Wurzelraum bildet sich so ein Mosaik von aeroben und anaeroben Zonen aus, das gute Bedingungen für die Entfernung von Stickstoff und Phosphor liefert. Problematisch dabei sind der hohe Flächenbedarf (fünf Quadratmeter pro Einwohner) und die Verstopfung durch absetzbare Stoffe und Frost. Außerdem brauchen solche Anlagen eine Anlaufphase von bis zu zwei Jahren, bevor die Mindestanforderungen dauerhaft eingehalten werden können.

Wasser im Recht

Das Wasserrecht der Bundesrepublik ist in drei Kompetenzbereiche geteilt:

* Bund: Rahmengesetzgebung (Wasserhaushaltsgesetz, WHG, und Abwasser-abgabengesetz, AbwAG)
* Länder: Landesgesetze, Verordnungen, Vorschriften
* Kommunen: kommunale Abwassersatzungen

Die Gesetze unterscheiden zwei Gruppen: **Direkteinleiter** (Abbildung 9) sind alle kommunalen Kläranlagen sowie meist große Firmen mit eigener Kläranlage, die ihre Abwässer direkt in einen „Vorfluter" (eine euphemistische Bezeichnung für natürliche Gewässer) einleiten. **Indirekteinleiter** sind kleinere Firmen (z. B. Wäschereien), die in die Kanalisation einleiten (Haushalte sind keine Indirekteinleiter). Für Indirekteinleiter gelten kommunale Satzungen.

Der Direkteinleiter muß gewisse Mindestanforderungen an Stoffkonzentrationen in seinem einzuleitenden Wasser erfüllen, die das Wasserwirtschaftsamt überprüft. Es

Abbildung 9 Der Direkteinleiter.

gilt die „4-von-5-Regel", die besagt, daß nur eine von fünf Messungen den Grenzwert überschreiten darf, und zwar nicht um über 50 %. Erfüllt der Einleiter die Mindestanforderungen nicht, so darf er nicht einleiten. Zahlen muß er eventuell schon vorher, denn das AbwAG legt Schwellenwerte fest, bei deren Überschreitung Abgaben in Form von Schadeinheiten fällig sind. Seit 1995 entspricht eine „Schadeinheit" einem Betrag von 70 DM, und das AbwAG legt fest, welche Menge eines Stoffes einer Schadeinheit entspricht. So muß beispielsweise eine moderne Großkläranlage die Grenze von 1 mg Gesamtphosphat pro Liter einhalten. Werden nun 0,1 mg/L und 15 kg Jahresmenge überschritten, muß der Betreiber Schadeinheiten bezahlen, wobei 3 kg Gesamtphosphor einer Schadeinheit entsprechen. Investitionen zum Ausbau einer Kläranlage kann der Betreiber mit Schadeinheiten verrechnen.

Außergewöhnliches Abwasser – außergewöhnliche Klärung

Die Abwassertechnologie ist in den letzten Jahren zunehmend multidisziplinär geworden. War sie zunächst noch eine Domäne der Bauingenieure, so sind heute auch Meßtechniker, Biologen und Chemiker beteiligt. Durch eine sinnvolle Kombination und Reihenfolge der einzelnen Klärelemente kann die Leistungsfähigkeit einer Kläranlage erheblich gesteigert werden.

Vor allem im Bereich der industriellen Abwässer gibt es einige neue Techniken, die vorwiegend für spezielle Probleme maßgeschneidert sind. Zum Beispiel fallen bei der Herstellung von Computerchips große Mengen an Ätzmitteln an. Durch Folgereaktionen entstehen daraus organische Chlorverbindungen und sehr reaktive Teilchen (Radikale). Mit Hilfe einer **UV-Oxidation** versucht man, diese Stoffe zu eliminieren. Dabei wird das Abwasser in einem Reaktor mit ultraviolettem Licht bestrahlt und zusätzlich mit Ozon versetzt. Dies startet eine Reaktionskette, in deren Verlauf die Schadstoffe sehr wirksam entfernt werden.

Eine physikalisch-chemische Methode, Schadstoffe zu binden, ist die **Flockung**. Hier hat die Polymerforschung einen wichtigen Beitrag geleistet. Durch Flockung können Schwebstoffe aus dem Abwasser entfernt werden. Dazu versetzt man das Abwasser mit wasserlöslichen Polymeren. Sie bilden zusammen mit den Schwebstoffen unlösliche Komplexe, die durch Absetzen geklärt werden können.

Die Erkenntnisse aus der Abwassertechnologie haben auch Vorbildfunktion. Zur Sanierung von ölverseuchten Böden und Geländen in der Nähe ehemaliger Kokereien und Gaswerke, wo der Boden durch polycyclische aromatische Kohlenwasserstoffe (z. B. Benzpyren) verunreinigt ist, werden auch Methoden aus der Abwassertechnologie angewendet. Auch Rüstungsaltlasten (z. B. Sprengstoffe wie **Trinitrotoluol, TNT**) auf den Geländen ehemaliger Rüstungsfabriken können durch mikrobiellen Abbau entsorgt werden.

Das Ziel neuer Entwicklungen sollte nicht nur sein, die Abwassertechnologie in ihrer Leistungsfähigkeit zu verbessern, sondern durch verantwortungsbewußten Umgang mit dem lebenswichtigen Element Wasser bereits das Aufkommen von Abwasser und Abfall zu vermeiden. Denn schon im Jahr 1894 hat der Hygieniker Max von Pettenkofer richtig erkannt:

„Auf die Verschmutzung des Grundwassers hat die Natur die Todesstrafe gesetzt. "

Bibliographie

Kapitel Bier

M. Jackson (1991, 3.Aufl.) Bier. Hallwag, Bern.
Ein Bierführer, in dem auch ein kurzer Abriß über das Brauen zu finden ist (ohne chemische Formeln). Es werden über 3000 Biere aus aller Welt beschrieben und bewertet.

R. Lohberg (1986) Das große Lexikon vom Bier. Scripta Verlagsgesellschaft, Ostfildern.
Launiges Buch mit vielen Geschichten über das Bier, die man auch an der Theke erzählen kann. Sehr ausführlich, aber wenig präzise.

H. McGee (1984) On Food and Cooking. MacMillan, New York.
Tolles Buch für alle, die sich für Physik und Chemie in der Küche interessieren; beim Kapitel „Brauen" evtl. etwas anglo-amerikanophil.

L. Narziß (1980) Abriß der Bierbrauerei. F. Enke Verlag, Stuttgart.
Erschöpfendes (im Wortsinn) Werk, in dem fast alles, was den Brauprozeß betrifft, beschrieben ist.

Kapitel   Wein und Sekt

W. Flitsch (1994) Wein – verstehen und genießen. Springer Verlag, Berlin.
Hier bekommt der interessierte Weintrinker ein sehr schönes Lesebuch an die Hand, das auch den theoretischen und biochemischen Teil verständlich behandelt.

Deutsches Weininstitut (1994) Seminarhandbuch Deutsche Weine. 1. Auflage. Deutsches Weininstitut GmbH, Mainz.
Aktuelles und Wissenswertes zum deutschen Wein.

S. Lücke (1993) Was trinken wir eigentlich? Verlag Ullstein GmbH, Frankfurt/M.
Sehr gutes und informatives Buch.

H. Johnson (1997) Der kleine Johnson für Weinkenner 1997. Hallwag.
Ein immer wieder interessantes und nützliches Nachschlagewerk für den Weineinkauf.

Kapitel   Alkohol-Stoffwechsel

T. Li, W. Borson (1987) Distribution and Properties of Human Alcohol Dehydrogenase Isoenzymes. Alcohol and the Cell. Annals of the New York Academy of Sciences, Vol. 492, Scientific Press N. Y.
Die Autoren beschreiben die unterschiedliche ethnische Verteilung der Alkohol-Dehydrogenase-Isoenzyme und stellen eine Theorie zur Erklärung der unterschiedlichen Alkoholverträglichkeiten vor.

J. Papke (1990) Neuere Aspekte zur Pharmakokinetik des Ethanols. Z. Gesamte Inn. Med. 45 (20): 616–620.
Dieser Artikel ist vor allem für gerichtsmedizinisch Interessierte aufschlußreich.

C. Lieber (1991) Alcohol, liver, and nutrition. Journal of the American College of Nutrition **10** (6): 602–632.
C. Lieber, einer der renommierten Wissenschaftler auf diesem Gebiet, gibt mit diesem Artikel eine umfassende Übersicht über die organspezifischen Effekte des Alkoholabbaus sowie den Alkoholeinfluß auf den Fremdstoff- und Vitamin-Stoffwechsel.

R. Tauber, D. Häussinger und W. Reuter (1991) Leber und Galle. Pathophysiologie des Menschen, VCH, Weinheim.
In diesem Lehrbuch ist ein Unterkapitel den Störungen des Leberstoffwechsels durch Alkohol gewidmet. In übersichtlicher Form wird deutlich gemacht, in was für komplexe Stoffwechsel-Systeme der Alkoholabbau eingreift und was die Folgen davon sind.

Kapitel Alkohol-Wirkung

L. Filippini (1971) Leberschäden durch Alkohol. Wilhelm-Goldmann-Verlag.
Medizinische Abhandlung, für Fachleute und Studenten, aber auch für interessierte Laien.

M. Hartmann (1987) Alkoholwirkung beim Menschen. 1. Auflage. Georg-Thieme-Verlag, Stuttgart.
Umfassendes, tiefergehendes Werk, leicht verständlich, für interessierte Studenten.

Verschiedene Autoren (1987) Alcohol and the Cell. Annals of The New York Academy of Sciences. Volume 492. Scientific Press, New York.
Sammlung von Originalveröffentlichungen zum Thema Alkohol, für Fachleute und ambitionierte Studenten.

K. Wanke (1985) Rauschmittel. 5. Auflage. Enke-Verlag.
Soziale Aspekte und viele klinische Bezüge, einfach zu verstehen.

Kapitel Tee

Ministry of Information (1993) The Book of Tea & Herbs. The Cole Group, Santa Rosa.
Liefert einen guten Gesamtüberblick über Tee. Als zweiten Schwerpunkt behandelt das Buch auch Heilkräuter, deren Aufgüsse und Wirkungen. In gewisser Weise ist ja auch die Teepflanze ein „Heilkraut".

H. Grösser (1994) Tee für Wissensdurstige. E. Albrecht Verlags-KG, Gräfeling bei München.
Ein zugleich unterhaltsames und informatives Buch, das in sehr anschaulicher Weise den Leser in die Welt des Tees einführt; geschrieben von einem ehemaligen Leiter des Deutschen Teebüros.

P. von Sengbusch (1989) Botanik. McGraw-Hill Book Company, Hamburg.
Fachliteratur über die anatomischen, genetischen und molekularbiologischen Grundlagen der Botanik.

W. Feldheim (1994) Tee und Teeerzeugnisse. Blackwell Wissenschafts-Verlag, Berlin.
Ein hervorragendes Fachbuch, das detailliert Auskunft über die chemischen Vorgänge bei der Teeherstellung gibt.

Kapitel Kaffee

J. J. Bavone and H. Roberts (1984) IV: Human consumptions of Caffeine. In: Caffeine, Perspectives from Recent Research (ed. Peter B. Dews) Springer-Verlag, Berlin.
Kurzer Artikel mit neueren Angaben zum Kaffeekonsum.

W. Franke (1985) Nutzpflanzenkunde. 3. Auflage. Georg-Thieme-Verlag, Stuttgart.
Enthält kurzgefaßte Informationen zur Herkunft, Biologie der Kaffeepflanze und den Ernte- und Herstellungsverfahren des Kaffees.

M. Clifford (1985) Coffee. Croom Helm.
Ausführliche Abhandlung vor allem über agrarbiologische Aspekte (Kaffeeanbau, Zucht, Sortenauswahl etc.) und die chemischen Inhaltsstoffe.

Ullmanns Enzyklopädie der Technischen Chemie (1984), Band 9. VCH Verlagsgesellschaft, Weinheim.
Standardwerk zu technischen Verfahren der Chemie und Lebensmittelindustrie

Kapitel Coffein

C. H. Gleiter, J. Deckert (1992) Coffein, klinische Pharmakologie und Anwendung als Pharmakon. Medizinische Monatsschrift für Pharmakologie 15, 258–269.
Einer der wenigen Übersichtsartikel in deutscher Sprache.

Deutsche Gesellschaft für Ernährung (1994) Was verbirgt sich hinter den Phantasienamen „Red Bull" oder „Flying Horse"? DGE-Info Juli 1994.
Eine Presseerklärung der Deutschen Gesellschaft für Ernährung über Inhaltsstoffe und Notwendigkeit dieser neuartigen coffeinhaltigen „Zuckerwasser".

A. Lopez-Ortiz (1995) Frequently asked questions about coffee and caffeine (FAQ 2.2). USENET-newsgroup NNTP://alt.drugs.caffeine
Eine Besonderheit der modernen Informationsgesellschaft. Dieser „Artikel" entstammt einem Diskussionsforum des Internet und wird regelmäßig überarbeitet. Eine Fundgrube für alle Kaffeeliebhaber und Coffeingeschädigten.

Kapitel Tabak

B. G. Thamm, W. Katzung (1994) Drogen – legal – illegal. Verlag Deutsche Polizeiliteratur, Hilden.
Dies ist ein aktuelles Buch, das übersichtlich und ohne biochemische Abhandlungen das Thema Tabak in allen Aspekten darstellt.

R. Schröder, F. Seehofer (1971) Der Tabak. Fachbereich Tabaktechnologie – Private Fachhochschule für Verfahrenstechnik, Hamburg-Bergedorf.
Diese Monographie behandelt das Thema Tabak ausführlich in biochemischer Form.

R. Schröder (1993) Taschenbuch für Lebensmittelchemiker und -technologen, Band 3, 7. Tabakerzeugnisse. W. Frede, Hamburg.
Eine hervorragende Darstellung aller Tabakthemen. Sehr zu empfehlen auch im Hinblick auf biochemische Genauigkeit.

Tabak-Info, Verlagsgesellschaft mbH, Postfach 201217, Hamburg.
6seitige Informationsbroschüre, kurz und informativ.

Kapitel   Rauchen

W. Forth, D. Henschler, W. Rummel (1987) Allgemeine und spezielle Pharmakologie und Toxikologie. 5. Auflage. BI Wissenschaftsverlag.
In dem Kapitel „Wichtige Gifte und Vergiftungen" ist dem Tabak ein ausführlicher Teil gewidmet, der die wichtigsten Informationen liefert.

David Krogh (1993) Rauchen – Sucht und Leidenschaft. Spektrum Akademischer Verlag, Heidelberg.
Ein interessantes, gut lesbares Buch, das sich allerdings weniger mit der biochemisch-medizinischen als mit der psychologischen Seite des Phänomens Tabakmißbrauch auseinandersetzt.

GEO „Wissen" (3. Spetember 1990, Nr. 3, Seite 80 ff.) Sucht und Rausch. Gruner und Jahr, Hamburg.
Populärwissenschaft mit aufschlußreichen Statistiken.

Kapitel   Hanf

H.-G. Behr (1994): Von Hanf ist die Rede. Rowohlt, Reinbeck.
Dieses Buch liefert einen historischen Abriß über die Bedeutung des Hanfs von der Antike bis zur Gegenwart. Im Mittelpunkt steht Hanf als Rauschmittel und seine Rolle in verschiedenen Kulturen.

Hainer Hai und Ronald Rippchen: „Hanf Handbuch" Der Grüne Zweig 173. Nacht-
schatten & Medienexperimente.
Lobgesang auf Hanf als universale Wunderpflanze, „die den Planeten begrünt, die Luft
verbessert, den Treibhauseffekt stoppt und die Wälder schont" (Klappentext) – natür-
lich auf Hanfpapier gedruckt.

J. Herer, M. Bröcker (1994, 19. Aufl.): Die Wiederentdeckung der Nutzpflanze Hanf.
Zweitausendeins, Köln.
Mitte der 80er Jahre in den USA geschrieben, erschien dieses Buch in der deutschen
Fassung 1993 zum ersten Mal. Es brachte den Hanf als „Biorohstoff" plötzlich in den
Mittelpunkt des öffentlichen Interesses. Die Autoren erläutern ausführlich die histori-
sche Bedeutung des Hanfs als Nutzpflanze. Ein anderer Teil des Buches befaßt sich mit
dem Rauschmittel Hanf und ist mit vielen persönlichen Erfahrungen angereichert.

Kapitel   Rauschmittel

W. Schmidbauer und J. vom Scheidt (1994) Handbuch der Rauschdrogen. Fischer
Taschenbuch Verlag, Frankfurt am Main.
Äußerst interessantes, für den Laien verständliches (und sogar erschwingliches) Buch. Es
enthält nicht nur eine alphabetische Drogenübersicht („Von Alkohol bis Zukunfts-
drogen"), sondern auch längere Rahmenartikel zu sozialen Aspekten und zur Kulturge-
schichte von Drogen.

B. G. Thamm und W. Katzung (1994) Drogen – legal – illegal. Verlag Deutsche
Polizeiliteratur, Hilden/Rheinland-Pfalz.
Übersichtlich und sehr informativ beschreibt dieses Buch die verschiedenen Drogen.
Darüber hinaus befassen sich die Autoren eingehend mit der international organisier-
ten Rauschgiftkriminalität und verschiedenen Strategien der Drogenbekämpfung. Aus-
führliche Hilfen für Drogenabhängige ergänzen das Buch.

A. Huxley (1995) Die Pforten der Wahrnehmung. Himmel und Hölle. Serie Piper,
München.
In diesen beiden Essays beschreibt Huxley eindrucksvoll seine Erlebnisse mit Mescalin.

A. Hofmann (1994) LSD – mein Sorgenkind. Deutscher Taschenbuch Verlag, München.
Autobiographisch erzählt Hofmann in diesem Buch von der Entdeckung des LSD und seinen späteren Untersuchungen über verwandte Halluzinogene in mexikanischen Pilzen.

M. Seefelder (1987) Opium – eine Kulturgeschichte. Athenäum Verlag, Frankfurt am Main.
Streckenweise etwas langatmig, aber mit spannenden Details zeichnet Seefelder die 6000 Jahre umfassende Kulturgeschichte des Opiums nach. Der Leser erfährt von den Schlummertrunk-Rezepten römischer Kaiser, von Fabrikarbeiterinnen im Zeitalter der Industrialisierung, die ihre Kinder mit Opiumsaft ruhigstellten, von Injektions- statt Kaffeekränzchen im letzten Jahrhundert und vielem mehr.

S. H. Snyder (1989) Chemie der Psyche – Drogenwirkungen im Gehirn. Spektrum der Wissenschaft, Heidelberg.
Dieses Buch erklärt anschaulich die Wirkung von Drogen und Medikamenten (Antidepressiva, Antischizophrenika, Anxiolytika ...) auf das Gehirn und enthält interessante Anekdoten der jeweiligen Entdeckungsgeschichte.

Kapitel Fleisch

W. Baltes (1992) Lebensmittelchemie. 3.Auflage, Springer-Verlag, Berlin.
Etwas trocken geschrieben, detaillierte Reaktionsgleichungen, sehr ausführliche Beschreibung der Maillard-Reaktion, für chemisch Interessierte empfehlenswert.

R. Macholz, H.-J. Lewerenz (1989) Lebensmitteltoxikologie. Springer-Verlag, Berlin.
Verständlich geschriebenes Chemiebuch, wenn auch in der Aufmachung etwas trist gestaltet.

H. McGee (1984) On Food and Cooking. MacMillan, New York.
Enthält viel Wissenswertes über Nahrungsmittel, ihre Herstellung und Zubereitung sowie die dabei ablaufenden Prozesse. Für den täglichen Gebrauch beim Kochen unbedingt empfehlenswert.

W. Root (1996) Wachtel, Trüffel, Schokolade. Goldmann-Verlag btb, München.
Von Aakerbeere bis Yamswurzel kann man in diesem amüsant geschriebenen Lexikon über alle Lebensmittel Neuigkeiten erfahren, an die man vorher nie gedacht hat. Keine naturwissenschaftliche Abhandlung, sondern eher kulturhistorisch.

Kapitel Obst und Gemüse

G. Weyel (1997) Ernährung: Grundlagen und Praxis. Schröder Verlag, Wetter.
Eine auch für Nichtfachleute verständliche Einführung in das Gebiet.

H. Kasper (1996) Ernährungsmedizin und Diätetik. Urban und Schwarzenberg, München.
Ein wissenschaftlich orientiertes, umfangreiches Werk, das u. a. ausführlich auf Ernährungsstörungen und Diäten eingeht.

W. Wirths (1996) Kleine Nährwerttabelle der Deutschen Gesellschaft für Ernährung e. V., 39. Auflage. Umschau-Buchverlag, Frankfurt am Main.
Für alle Leser, denen Tabelle 1 noch nicht reicht!

Infosystem Ernährung der Universität Hohenheim.
Internetadresse: http://www.uni-hohenheim.de/~wwwin140/info/info.htm
Eine Internetseite mit vielen nützlichen Hinweisen zu allen Ernährungsfragen.

Europäische Vegetarische Union
Internetadresse: http://www.hants.org.uk/ivu/evu/
Informationen und Links zu Themen, die Vegetarier interessieren und Nichtvegetarier interessieren sollten.

Kapitel Gewürze

W. Franke (1985) Nutzpflanzenkunde. 3. Auflage, Georg-Thieme-Verlag, Stuttgart.
Ein Lehrbuch für alle Botanik-Fans.

F. Siewek (1990) Exotische Gewürze. Birkhäuser Verlag, Basel.
Enthält Aufzählung der Gewürze und genaue Beschreibung mit Hinweisen auf Verwendung und medizinische Bedeutung.

E. Welzl (1985) Biochemie der Ernährung. 1. Auflage 1985, Walter de Gruyter & Co.-Verlag, Berlin.
Sehr biochemisch, ausführlich, mit Hinweisen auf Herkunft und Botanik.

C. A. Schlieper (1982) Grundfragen der Ernährung. 7. verbesserte und erweiterte Auflage, Dr. Felix Büchner-Verlag, Hamburg.
Lebensmittelchemiebuch mit wenigen Informationen zu Gewürzen, eine Einteilung der Gewürze ist gut dargestellt.

Kapitel   Zusatzstoffe in Lebensmitteln

W. Baltes (1992) Lebensmittelchemie. 3. Auflage. Springer-Verlag, Berlin.
Dieses Buch gibt eine übersichtliche Einführung in die Zusatzstoffe. Für Fachleute und Studenten, aber auch für interessierte Laien geeignet.

H.-D. Belitz (1987) Lehrbuch der Lebensmittelchemie. 3. Auflage. Springer-Verlag, Berlin.
Dieses sehr umfangreiche Fachbuch enthält ein ausführliches Kapitel über Zusatzstoffe, geeignet für Fachleute und interessierte Studenten.

I. Elmadfa, E. Muskat und D. Fritzsche (1991) E-Nummern/Lebensmittelzusatzstoffe. GU-Kompaß.
Eine allgemeinverständliche, verbraucherorientierte Broschüre mit vielen wertvollen Hinweisen.

Bundesministerium für Gesundheit: LMBG (Lebensmittel- und Bedarfsgegenständegesetz), Stand 1. Februar 1991.

Kapitel   Milch

H. McGee (1984) On Food and Cooking. MacMillan, New York.
Sehr unterhaltsam; enthält alles, was Naturwissenschaftliches in der Milch steckt. Bis jetzt leider auf Deutsch nicht erhältlich.

W. Ternes (1990) Naturwissenschaftliche Grundlagen der Lebensmittelzubereitung. Behr's Verlag.
Für den naturwissenschaftlich interessierten Leser, mit Details über erwünschte und unerwünschte Bestandteile der Milch.

Kapitel   Käse

H. McGee (1984) On Food and Cooking. MacMillan, New York.
Sehr lesenswert, enthält einen chronologischen Abriß der Käseherstellung.

K. Tucholsky (Peter Panter) (1928) Wo kommen die Löcher im Käse her? Vossische Zeitung 206, S. 13 f. vom 29.8.1928, in: Tucholsky, K.: Gruß nach vorn, Prosa und Gedichte, Reclam Universal-Bibliothek Nr. 8626 [2], 1989.
Diesen Klassiker sollte jeder Käsefan kennen!

Ternes, W. (1990) Naturwissenschaftliche Grundlagen der Lebensmittelzubereitung. Behr's Verlag, 1990.
Für den naturwissenschaftlich interessierten Leser, der sich genauer über die biochemischen Prozesse bei der Käseherstellung informieren möchte.

T. P. Coultate (1989) Food   The Chemistry of its Components. The Royal Society of Chemistry.
Eher lebensmittelchemisch orientiert, gibt dieses Buch interessante Aufschlüsse über den (Nähr-)Wert von Bestandteilen unserer Nahrung.

O. Kirchmeier (1971) Chemische und physikalische Grundprozesse der Käsereitechnik. mt-Heft 53, TB XXIII, 5 16.
Dieses Heft befaßt sich zwar vornehmlich mit verfahrenstechnischen Fragen, ist aber dennoch bestens zur Vorbereitung auf den Besuch einer Molkerei (mit anschließenden Kostproben) geeignet.

Kapitel   Riechen und Schmecken

E. R. Kandel, J. H. Schwartz und T. M. Jessell (Hrsg.) (1996) Neurowissenschaften: eine Einführung. Spektrum Akademischer Verlag GmbH, Heidelberg.
Sehr gutes Buch für alle, die sich intensiv mit den physiologischen Prinzipien der neuronalen Informationsverarbeitung beschäftigen wollen oder müssen. Ein Standardwerk.

R. Klinke, Silbernagel (1996) Lehrbuch der Physiologie. 2. Auflage. Georg Thieme Verlag, Stuttgart.
In diesem Buch ist die Biochemie des Riechens und Schmeckens verständlich dargestellt. Bei diesem Thema befindet man sich nämlich, wie so oft, in einem Grenzgebiet zwischen Biochemie und Physiologie.

Kapitel   Zahn- und Mundpflege

P. Riethe (1994) Kariesprophylaxe und konservierende Therapie. Georg-Thieme-Verlag, Stuttgart.
Ein umfangreiches, reich bebildertes wissenschaftliches Standardwerk für Studenten der Zahnmedizin und Zahnärzte.

K. G. König (1987) Karies und Parodontopathien. Georg-Thieme-Verlag, Stuttgart.
Ein ausführliches Taschenbuch für Studenten der Zahnmedizin und Zahnärzte, dessen Schwerpunkt auf wissenschaftlichen und klinischen Zusammenhänge liegt.

E. Buddecke (1981) Biochemische Grundlagen der Zahnmedizin. Walter de Gruyter-Verlag, Berlin.
Ein Lehrbuch für Studenten (nicht nur der Zahnmedizin), das einen guten Überblick über die biochemischen Zusammenhänge in der Zahnmedizin gibt.

H.-J. Gülzow (1995) Präventive Zahnheilkunde. Carl-Hanser-Verlag, München.
Dieses Taschenbuch für Studenten der Zahnmedizin und Zahnärzte zeigt systematisch die Grundlagen und Möglichkeiten der Karies- und Gingivitisprophylaxe.

Kapitel Hautpflegemittel

W. Raab, U. Kindl (1991) Pflegekosmetik, Gustav Fischer Verlag, Jena.
Ein informatives und umfassendes Buch. Auch für Leser ohne Vorkenntnisse leicht verständlich.

J. Pütz (1986) Cremes und sanfte Seifen. VGS Verlag.
Ein Buch aus der Hobbythek-Reihe, das vor allem Rezepte liefert, mit denen man sich selbst Cremes und Seifen mischen kann.

RORORO (1991) ÖKO Test Ratgeber Kosmetik. Rowohlt, Reinbek.
Eine kommentierte Sammlung von Kosmetiktests.

D. Wundram (1988) Kosmetik – Chemie auf Haut und Haaren. Rowohlt, Reinbek.
Eine eher kritische Betrachtung des Themas, die zum Nachdenken anregen soll. Der Autor bleibt dabei nicht neutral, sondern verurteilt die gesamte Kosmetikindustie. Dennoch ein lesenswertes Buch.

Kapitel Waschmittel

Ullmanns Enzyklopädie der technischen Chemie, Bd. 24 (1984 4.Aufl.) VCH Verlagsgesellschaft, Weinheim.
Enthält eine umfassende Abhandlung über alles, was mit dem Thema Waschmittel zu tun hat. Auch Textilien, Waschmaschinen und Wäschetrockner werden ausführlich besprochen. Stellenweise sehr wissenschaftlich.

G. Vollmer, M. Franz (1994) Chemie in Haus und Garten. Georg-Thieme-Verlag, Stuttgart.
Gelungene Mischung aus Verbraucherhinweis und wissenschaftlichen Hintergründen. Auch für den Nicht-Naturwissenschaftler gut verständlich.

Waschmittelchemie (1976) Hüthig Verlag.
Zusammenstellung von Artikeln, die „aktuelle" Themen aus Forschung und Entwicklung im Bereich der Waschmittelchemie enthalten. Nur für Leser geeignet, die sich sehr intensiv mit dem Thema Waschmittel auseinandersetzen wollen, und, wie die Jahreszahl zeigt, heute auch nicht mehr ganz aktuell.

J. Pütz, D. Wundram (1989): Wäsche waschen sanft und sauber. VGS Verlag.
Enthält einen allgemeinen Teil über Waschmittel, der sehr gut verständlich ist. Ausführliche Beschreibung des Baukastensystems der Hobbythek, mit dem man sich sein Waschmittel selbst zusammenstellen kann.

Kapitel Haare

P. Kassenbeck (1984) Das Haar und seine Struktur. Wella AG, Darmstadt.
Kurze Broschüre mit Wissenswertem zum Thema, sehr gute Abbildungen.

Ullmann's Encyclopedia of Industrial Chemistry. Band 12, Fifth Edition (1989) VCH Verlagsgesellschaft, Weinheim.
Dieses Lexikon der Industriellen Chemie enthält einen guten Überblick über Haarkosmetika.

W. Umbach (1995) Kosmetik: Entwicklung, Herstellung und Anwendung kosmetischer Mittel. 2. Auflage. Georg Thieme Verlag, Stuttgart.
Dieses Taschenbuch gibt einen bewertenden Einblick in die unterschiedlichsten Haarkosmetika.

E. G. Jung (1995) Dermatologie. Duale Reihe, 3. Auflage. Hippokrates Verlag, Stuttgart.
Enthält nach einer Einleitung über Haaraufbau die wichtigsten Haar- und Kopfhauterkrankungen, z. T. mit Abbildungen.

O. Braun-Falco, G. Plewig und H. H. Wolf (1997) Dermatologie und Venerologie. 4. Auflage. Springer Verlag, Berlin.
Ein reich bebilderter Einblick in die Krankheiten der Haare und der Kopfhaut.

Kapitel Naturfasern

J. Hölzl und E. Bancher (1965) Bau und Eigenschaften der organischen Naturstoffe.
Springer Verlag, Berlin.
*In diesem Buch wird auf 20 Seiten mit zahlreichen Abbildungen und Tabellen ein
guter Gesamtüberblick über die Vielfalt der Naturfasern gegeben.*

K. Schliefer (1974–1983) Ullmanns Encyklopädie der technischen Chemie. 4. Auflage. Band 9. VCH Verlagsgesellschaft, Weinheim.
K. Ziegler (1974–1983) Ullmanns Encyklopädie der technischen Chemie. 4. Auflage. Band 21. VCH Verlagsgesellschaft, Weinheim.
H. Zahn, U. Altenhofen und F.-J. Wortmann (1974–1983) Ullmanns Encyklopädie der technischen Chemie. 4. Auflage. Band 24. VCH Verlagsgesellschaft, Weinheim.
In diesen Bänden findet man viele Informationen über Naturfasern.

E. Viti und H.-W. Haudek (1981) Textile Fasern und Flächen. Band 1. Verlag Johann Bondi & Sohn, Wien-Perchtoldsdorf.
Dieses Berufsschul-Lehrbuch enthält neben Fachlehrstoff für Textilkaufleute auch einige sehr schöne Abbildungen und Grundinformationen zum Thema Naturfasern.

Kapitel Leder

Krysztof Bienkiewicz (1983) Physical Chemistry of Leather Making. Robert E. Krieger Publishing Company, Atlanta.
Dieses Buch enthält alles, was man schon immer über die molekularen Mechanismen beim Gerben wissen wollte, und wird auch die anspruchsvollsten Chemiefreaks zufriedenstellen. Für interessierte Laien eher eine Qual.

Fritz Stather (1967) Gerbereichemie und Gerbereitechnologie. Akademie Verlag, Berlin.
Die „Bibel" des „Lederpapstes" Stather. Sehr wahrscheinlich nach wie vor eins der vollständigsten Werke. Von der Chemie her nicht mehr ganz up to date, dafür verständlich und klar geschrieben.

Ullmanns Enzyklopädie der technischen Chemie (1979), Band 16: Leder. Verlag Chemie, Weinheim.
Etwas kompakter als der „Stather". Auch hier einige chemische Unklarheiten.

Das Leder, Fachzeitschrift für die Chemie und Technologie der Lederherstellung. Eduard Roether Verlag, Darmstadt.
Die „Nature" für den Lederfabrikanten; hier findet er alles und das neueste, was es in der Forschung gibt. Sehr speziell!! (Es gibt aber auch Übersichtsartikel.)

Kapitel Insektizide

K. A. Hussal (1990) Biochemistry and Uses of Pesticides. VCH Verlagsgesellschaft, Weinheim.
Dieses Buch ist sehr ausführlich und kann viele weitergehende Fragen beantworten.

J. Keyserlingk et al. (1985) Approaches to New Leads for Insecticides. Springer-Verlag, Berlin.
Eine Sammlung von Kongreßbeiträgen, unter anderem zu den Themen Pyrethroide und DDT.

D. Otto und B. Weber (Redaktion) (1989) Insecticides – Mechanisms of Action and Resistance. Akademie der Landwirtschaftswissenschaft der DDR, Berlin.
Auch dieses Buch ist eine Sammlung von Vorträgen eines Kongresses. Hier findet man u. a. Informationen über Azadirachtin und Benzoylharnstoffe.

F.-X. Reichl (1997) Taschenatlas der Toxikologie. Georg-Thieme-Verlag, Stuttgart.
Das Taschenbuch gibt eine knappe und anschauliche Darstellung der wichtigsten Klassen von Insektiziden. Es beschreibt insbesondere ihre Toxizität für den Menschen.

Kapitel Abwassertechnologie

L. Hartmann (1989) Biotechnologie des Abwassers. 2. Auflage. Springer-Verlag, Berlin.
Die Ausführungen über das Belebtschlammverfahren sind, wie das gesamte Buch, sehr ausführlich und beleuchten das Thema besonders von der technischen Seite.

L. Förstner (1993) Umweltschutztechnik: Eine Einführung. 4. Auflage. Springer-Verlag, Berlin.
Sehr gutes, allgemein verständliches Buch, ideal zum Einstieg.

W. Fritsche (1990) Mikrobiologie. 1. Auflage. Gustav Fischer Verlag, Jena.
Grundsätzliches über Haupttypen des Stoffwechsels und Chemolithotrophie. Das Taschenbuch bietet sich auch zum Nachschlagen anderer mikrobiologischer Themen an, wie z. B. dem Aufbau einer Bakterienzelle, deren Stoffwechsel und die Atmungskette. Es enthält auch ein Kapitel über Abwasserreinigung.

H. G. Schlegel (1992) Allgemeine Mikrobiologie. 7. überarbeitete Auflage. Georg-Thieme-Verlag, Stuttgart.
Ähnlich wie das Buch von Fritsche enthält dieses Taschenbuch das wichtigste über die Mikrobiologie in knapper Form. S. 377 ff. bietet einen Überblick über Chemolithotrophie, Nitrifikation und rückläufigen Elektronentransport.

ATV-Information (1996) Zahlen zur Abwasser- und Abfallwirtschaft. 1. Auflage. Herausgeber: Abwassertechnische Vereinigung e. V., Theodor-Heuss-Allee 17, 53773 Hennef
Sehr informative Broschüre mit vielen statistischen Daten über Abwassertechnik und Abfallentsorgung. Sie kann neben anderen Materialien kostenlos bei der ATV angefordert werden.

Register

Seitenangaben in **Fettdruck** weisen auf Formeln hin, Erklärungsboxen sind mit * gekennzeichnet.